装配式混凝土建筑设计管理指南
——以小户型装配整体式剪力墙住宅建筑为例

北京市保障性住房建设投资中心　编著

U0308981

中国建筑工业出版社

图书在版编目（CIP）数据

装配式混凝土建筑设计管理指南——以小户型装配整体式剪力墙住宅建筑为例/北京市保障性住房建设投资中心编著. —北京：中国建筑工业出版社，2019.8
ISBN 978-7-112-23707-4

Ⅰ.①装⋯　Ⅱ.①北⋯　Ⅲ.①装配式混凝土结构-建筑设计-指南　Ⅳ.①TU37-62

中国版本图书馆CIP数据核字（2019）第087623号

　　本书以小户型装配整体式剪力墙住宅建筑为例，结合《装配式建筑评价标准》GB/T 51129—2017的解读，剖析了装配式混凝土建筑的特点，详细介绍了装配式混凝土建筑全过程协同设计管理方法，以及实现标准化设计与多样性效果统一的设计管理案例。
　　本书适用于建筑设计单位、房地产开发单位的技术人员及设计管理人员使用，也可供施工单位、内装修单位以及高校相关人员参考使用。

责任编辑：刘婷婷　刘文昕
责任校对：王　瑞

装配式混凝土建筑设计管理指南
——以小户型装配整体式剪力墙住宅建筑为例
北京市保障性住房建设投资中心　编著

*

中国建筑工业出版社出版、发行（北京海淀三里河路9号）
各地新华书店、建筑书店经销
霸州市顺浩图文科技发展有限公司制版
北京建筑工业印刷厂印刷

*

开本：880×1230毫米　1/16　印张：21¾　字数：657千字
2019年11月第一版　2019年11月第一次印刷
定价：**78.00**元
ISBN 978-7-112-23707-4
（34028）

本书编写委员会

主　　任　金　焱

副 主 任　王　磊　王春河　朱　静　沈怡宏　刘晓光　李持缨

　　　　　孙　洁　王　钰　付　思

成　　员　丁晓姮　薛　梅　孟　捷　伍孝波　徐　翔　何　丹

　　　　　张广军　王志刚　李书明　王　蛟　杨　燕　周　羽

　　　　　李　旭　单振宇　张　勃　孙兴凯　黄　宁　师　政

主　　编　伍孝波　宋　梅

副 主 编　陈　彤　王　炜　何　丹　和　静　马　涛

参编人员　樊则森　杨思忠　车向东　闫俊杰　杨　帆　田　东

　　　　　张虎峰　何　威　杨朝晖　董大卫　窦　玮　李文昆

　　　　　赵　奇　刘永建　刘云龙　李　蕴　刘　畅　王　颖

　　　　　张　龙　黄小殊　滕志刚　王凌云　张　瑶　谭江山

　　　　　李　杰　杨润滨　徐玲玲　丁晓姮　李英健　宁　建

　　　　　李　昱　岳翠兰　文　硕　郑　斌　陈　楠　杨　森

序

当前，国家及地方发展装配式建筑的政策纷纷出台，市场规模持续扩大，开发企业、设计企业、施工企业、生产制造企业都热情高涨，积极投入到这场产业升级的浪潮中。北京市保障性住房建设投资中心（以下简称"北京保障房中心"），作为首都住房保障的排头兵，以"品质、创新、一流"为宗旨，打造品质高端、技术先进、功能一流的保障房。坚持以"不低于普通商品住房"为标准，在保障房建设过程中，以适应首都城市战略定位调整和建筑行业转型升级趋势为起点，围绕"建筑设计标准化、部品生产工厂化、现场施工装配化、结构装修一体化、维护保养专业化、过程管理信息化、建筑应用智能化"，大力推行住宅产业化。同时不断在保障房建设过程中向超低能耗、钢结构、被动房、BIM 应用等领域不断研发，努力向首都市民提供节能、绿色、低碳、宜居的基本住房。

截至 2018 年 5 月，北京保障房中心实施装配式技术的项目共计 54 个，房屋总套数 8.8 万套，地上总建筑面积 538.7 万 m²。这里面，既有单独实施装配式结构体系的项目，也有单独实施装配式装修技术体系的项目，但更多的是在一个项目里同时实施装配式结构技术及装配式装修技术。在《装配式建筑评价标准》GB/T 51129—2017 发布后，我们也对几个有代表性的项目进行了自评价，即使是北京地区 80m 限高的项目，也实现了高装配率。如台湖公租房项目，建筑高度 79.9m，装配率达到 97.2%，等级评价为 AAA。

为什么要推进装配式建筑？如何有效推进装配式建筑？下面来谈谈我们企业的实践。

实施装配式建筑的驱动力

切实履行市属国企社会责任的使命驱动。习总书记说"绿水青山就是金山银山"，作为特殊功能类的市属国企，有责任为实现"绿水青山"贡献一份力量。节能降耗，走资源节约型企业发展之路、发展循环经济，推进清洁生产，推进环境友好型企业建设、努力为首都百姓提供绿色宜居的高品质基本住房，是我们应承担的社会责任和肩负的使命。传统现浇建筑建造过程能源和资源消耗量大，建筑环境污染问题突出，劳动生产率总体偏低，而装配式建筑在减少人工、减少能耗方面效果非常明显。这几年的建设中，我们一直在跟踪研究建设项目中得到的数据，与传统现浇作业方式比较，装配式建筑具有精度高、节省模板，改善制作时的施工条件，提高劳动生产力，提高产品质量，加快总体施工进度、减少施工扬尘和噪声污染的综合效益。

快速满足老百姓美好生活居住需求驱动。北京保障房中心承担着全市 50% 以上的公租房配租任务，为实现住有所居，满足首都人民美好生活居住需求，我们必须探索一条快速的、高质量的、适应大规模建造的建设路径。装配式建筑创新性地把工业化生产、环保型建材、装配化技术等多种因素进行有机整合，正契合我们要走的提质增效的路径。

建筑全生命周期成本最优驱动。装配式结构的实施提升了建筑质量，与传统现浇结构相比，其墙体轴线精度和墙面表面平整度误差从厘米级降到了毫米级，有了质的飞跃，给后续装修装饰提供了更为友好和优质的工作界面；装配式装修的实施，也大大提高了住宅的品质，大大降低了运行期间的维护成本。根据北京保障房中心项目运营反馈的数据，实施装配式装修项目报修率明显低于实施传统装修项目，每千套每月报修次数下降了 82.9% 左右。装配式建筑虽然前期成本有所增加，但从它的全生命周期的可持续性来考量，从建筑产品的品质、可靠稳定的质量、便捷的维护、较少的维修需求来考量，采用装配式技术是基于建筑全生命期成本考量的最优化的选择。

实施装配式建筑管理的几方面探索

全产业链整合的探索。推动装配式建筑是生产方式的彻底变革，必须摆脱建筑业现有的分段割裂的生产方式，组建产业链完整的产业化集团，可有效避免目前设计、生产、施工、安装、装修、装饰、运维等阶段分别由不同的企业主体完成的生产方式，克服效率低下、推诿扯皮、重复纳税等问题。北京保障房中心在推动装配式技术实施的同时，也同时进行产业链整合的探索：牵头与北京市其他 4 家国企共同组建了北京市住宅产业化集团股份有限公司。北京市住宅产业化集团股份有限公司目前已成长为全国首家具有完整装配式建筑全产业链自治体系的单体法人企业，可开展建筑设计研发、部品生产、装配施工、维护保养等全产业链条业务。

标准化产品需求，实现产品跨项目迭代升级的技术创新探索。实施装配式建筑，标准化设计是基础。北京保障房中心形成了一套完整的公租房产品建设标准，包含标准化功能模块及其组成的户型、楼型库，对应的预制构件库，装修与管线集成的装配式装修技术体系及其构造图库。标准化的核心目的是适应工业化大规模生产，从而提高品质、降低成本。但也会因此带来建筑产品同质化、建筑产品更新换代升级能力受限等方面的问题，标准化与多样化是矛盾的，但如果方法得当又是统一的，这在我们的项目中有很多成功的处理措施：

1. 同户型同楼型的多样性效果。通州台湖公租房项目，有 B、D 两个地块，共 5056 套公租房，项目设计共四种户型、两种楼型（2T6 及 2T7）。但是，两个地块间所呈现的外观效果是完全不同的：通过阳台板、空调板、预制构件色彩以及装饰线脚的变化实现多样性与标准化的统一。

2. 同规格尺寸户型模块的多样性效果。百子湾公租房项目，4000 套公租房共四种户型，该项目由马岩松先生设计，实现建筑师非常有创意的山水意象设计概念，但项目设计同样执行的是北京保障房中心标准化管控，采用与台湖公租房项目统一规格尺寸的户型模块，但是楼型与台湖公租房项目完全不同，它的平面为三叉形，而立面上又多次退层，富于变化。通过标准化管控既控制了外墙板的规格种类，模板可多次周转使用，实现不同项目间模板通用性，大大节约成本，又实现每个项目独具的特色。

3. 预制构件表面处理的多样性效果。在前期，北京保障房中心项目采用的是常规清水混凝土饰面，从台湖公租房、百子湾公租房开始，在工艺上进行了提升，采用防止混凝土变色并保持自然肌理纹路的国际先进的工艺。同时在通州副中心项目，已经成功实施了预制构件瓷板反打以及硅胶膜反打工艺。我们还在继续探索预制构件表面处理的多样性和稳定性的效果，既要做好也要做精。

抓施工关键环节，实现产品质量控制的制度探索。套筒灌浆是装配式混凝土结构体系施工环节重中之重，按现行体制，一般由总包安排劳务分包去做，工人技术水平难有保证；建筑构件也由总包向其他企业采购，导致关键环节缺乏互相监督，质量很难保证。在我们的项目上，要求套筒灌浆工序由构件生产企业组织专业人选按照工厂生产工序进行施工。这样做，一是确保了灌浆料和套筒的匹配性，二是构件厂专业灌浆队伍与总包单位地相对独立，可以起到一定的制约作用，有效避免偷工减料、压缩合理工序时间等问题，从而保证套筒灌浆这一关键工序的施工质量。

以运维平台建设为抓手，从需求侧推动 BIM 应用。北京保障房中心在焦化厂超低能耗项目以及通州副中心项目，正在试点建设 BIM 运维管理平台。计划打造可实现对人（租户）的服务、对物（房屋）的管理以及对建筑物使用期间的能耗监测的信息化、智能化平台。BIM 运维管理平台的建设，是北京保障房中心从运维需求出发，拉通设计、构件及部品生产、施工的全过程、各环节间 BIM 的有效衔接。

加强建造过程管理，推动建筑业供给侧改革。推动装配式建筑，要做到充分发挥其优势，不仅仅只关注建成一个装配式的房子，要把装配式建造的理念深入贯彻到建造过程中的各环节。举例来说，在北京保障房中心的项目施工现场，所有的临建临时设施，都采用工厂化预制的、可循环周转使用的集成式产品。实现这个效果，也是费了一番周折，开始总包不主动，有市场上产品供应问题也有成本的问题，但我们必须推进这个工作，在产业化施工方案评审中装配式临设是必须的审核项。现在看来，实施效果非常好。以预制混凝土路面为例，基本重复利用两次，就可摊销成本。这是仅从成本而言，对比现浇道路，预制混凝土路面品质、精细化程度高，重复利用率高，省工、省时、省力、耗材少、污染少，无需二次破除，带来的是非常可观的综合社会效应。开发企业定位合适的装配式建筑的实现目标，在高速、高质量地建设项目的同时，也培养带动出一批领跑企业，逐步向社会普及装配式技术，推动供给侧的改革。

通过北京保障房中心的多年实践，我们体会到装配式建筑的确有利于节约资源能源、减少施工污染、提高劳动生产效率和提高建筑品质，有利于促进建筑业与信息化、工业化深度融合，培育新产业新动能，推动化解过剩产能，是推进供给侧结构性改革和新型城镇化发展的重要举措。

积极稳妥推进装配式建筑的实施和发展，既需要向前看探讨方向，也需要及时回头看总结经验教训。所以就有了《装配式混凝土建筑设计管理指南》、《装配式剪力墙结构施工指南》、《图解装配式装修设计与施工手册》三本书的出版。我们希望通过在大规模工程建设中探索出来的技术体系应用及管理实践，为推动装配式建筑持续健康发展贡献力量。

金焱

北京市保障性住房建设投资中心党委书记、总经理

2019 年 3 月

前　言

从"十二五"开始，基于绿色发展的需要，为提高质量、提高效益、减少人工、减少消耗，国家多次提出发展装配式建筑的政策要求。2016年2月6日，国务院发布《关于进一步加强城市规划建设管理工作的若干意见》，要求"大力推广装配式建筑，减少建筑垃圾和扬尘污染，缩短建造工期，提升工程质量"。2016年9月27日，国务院又发布《关于大力发展装配式建筑的指导意见》（国办发〔2016〕71号），进一步明确了装配式建筑的发展目标和八项重点工作任务，划分了装配式建筑的重点推进区域、积极推进区域和鼓励推进区域。2017年3月23日，住房城乡建设部印发《"十三五"装配式建筑行动方案》（建科〔2017〕77号），进一步明确了"十三五"期间装配式建筑发展目标。同时，各地也相继出台关于装配式建筑方面的推动政策，并将装配式建筑实施情况纳入相关任务指标内。

在政策推动下，装配式建筑相关技术体系日臻成熟，建设项目规模日益扩大。在当前起步和逐渐发展的阶段，如何来推动项目有效落地，是装配式建筑各参与方都需探讨的问题。标准化设计是装配式建筑最基本的一个要素，尽管在各地、各项目中都会面临不同的具体问题需要解决，但是立足于以设计管理为基础，从源头来指导项目的实施基本上是共通的。本书正是在这个背景下，通过对参与的大规模装配式混凝土建筑工程建设实践进行总结提炼，同时借鉴行业前沿技术的探索实践完成了编写。

本书编写的意图是，将标准化设计管理运用于装配式混凝土建筑的建设中。一是针对装配式建筑特点，建立符合全过程协同的设计流程管理方案；二是对构成装配式建筑四大系统的标准化设计要素管控，提供切实可行的系统解决方案，以期对实施装配式项目从设计策划开始，就从全建筑、全寿命、全过程、全协同、全环节的方向进行全面而整体的把控，以打造工业化产品的思维来把脉装配式建筑的实施。

本书由5章组成，主要内容如下：

第1章：装配式混凝土建筑发展概述。本章首先对装配式建筑及装配式混凝土建筑从概念、内容、构成及主要特点等方面进行全面解读，然后对国内外装配式混凝土建筑的发展历史、主要技术体系应用方面进行阐述，以期全面说明装配式建筑的特点及发展状态。

第2章：装配式混凝土建筑与《装配式建筑评价标准》匹配分析。2017年，住房城乡建设部发布国家标准《装配式建筑评价标准》GB/T 51129—2017，自2018年2月1日实施。该标准出台与国家及各地政府关于装配式建筑发展目标息息相关，也给全国关于装配式建筑的界定提供了依据。但在开始阶段，如何实施装配式？选择什么样的装配方案？采用什么样的技术体系？每一个参与方都在摸石头过河。本章在对《装配式建筑评价标准》进行解读的基础上，结合对通过2018年4月份全国装配式科技示范项目专家评审的项目案例的分析，提供有针对性的装配式技术选项方案策略。

第3章：装配式混凝土建筑设计流程管理控制点。同传统现浇结构相比，装配式建筑在设计各流程阶段要将传统设计置于后端的构件生产工艺要求、施工安装要求、内装部品选型要求等提前至设计各阶段中，需要在各设计阶段对装配式相关内容进行专项技术策划。本章介绍各设计阶段的管理控制点以及各阶段设计图纸审核要点，以全过程的思路对设计流程进行管理。

第4章：装配式混凝土建筑标准化设计管理。本章以小户型装配整体式剪力墙住宅建筑为例，按专业对装配式建筑四大组成系统的标准化要素进行分析。首先，作为龙头的建筑专业，其标准化设计概念的建立是所有专业标准化的基础，在装配式建筑设计中，将住宅建筑各组成功能以模块的概念来对待，建立基本的标准化功能模块进而形成标准化户型模块，是构成装配式住宅产品的基础，以达到最终控制预制构件种类、内装部品种类等形成规模化效应。本章从案例着手，形成一套完善的从功能结构模块、户型及楼型模块、立面构成模块到 BIM 预制构件库以及装修与设备管线集成的装配式装修技术体系（包括装修建造标准、技术规程、标准化图集以及施工图制作要求）的装配式住宅建筑的管理范例。供工程管理、技术设计人员参考。

第 5 章：标准化设计管理工程案例分析。本章选取北京市保障性住房建设投资中心两个通过 2018 年全国装配式科技示范项目专家评审的项目案例，来剖析如何在标准化户型产品的基础上实现预制结构构件的"少规格、多组合"以规模效应来控制成本，又如何实现楼型组合多样性和建筑造型的多样性效果，以达到建设项目在标准化基础上的迭代升级和产品丰富性。

需要说明的是，本书收录了北京市保障性住房建设投资中心组织及参与研发的课题成果，包括：

1. 国家"十三五"重点研发计划项目"工业化建筑设计关键技术"项目所属"研究主体结构与围护结构、建筑设备、装饰装修一体化、标准化集成设计技术"课题（编号 2016YFC0701501）；

2. 北京市保障性住房建设投资中心课题"北京市公共租赁住房建设标准化技术研发"，研究公共租赁住房户型设计及室内装修产业化、标准化技术；

3. 北京市保障性住房建设投资中心课题"公共租赁住房产品建设标准与要求"，研究装配式公共租赁住房全过程设计管理及建筑、结构、装修、设备全专业建设标准。

在此，感谢北京市住房和城乡建设委相关处室、北京市住房保障办公室等各级领导给予帮助支持和指导意见！

感谢北京市保障性住房建设投资中心领导及各部门的大力支持、帮助和工作指导！

感谢以下参与北京市保障性住房建设投资中心相关课题研发的企业：

"北京市公共租赁住房建设标准化技术"课题研发团队：李桦（北京工业大学）、宋兵；

"公共租赁住房产品建设标准与要求"课题研发团队：北京市建筑设计研究院有限公司第十设计所、北京市住宅产业化集团有限公司、中国建筑设计研究院有限公司装配式建筑设计院、北京和能人居科技有限公司等。

目 录

第1章

装配式混凝土建筑发展概述

1.1 装配式建筑解读

1.1.1 装配式建筑的概念

在建筑产业不同的发展时期，国家政策上分别出现"建筑工业化、住宅产业化、建筑产业现代化"等相关概念，这里先简述一下这些概念，以便于更全面地解读装配式建筑。

1. 建筑工业化

在1995年原建设部发布的《建筑工业化发展纲要》里给出的定义为："指建筑业从传统手工操作为主的小生产方式逐步向社会化大生产方式过渡，即以技术为先导，采用先进、适用的技术和装备，在建筑标准化的基础上，发展建筑构配件、制品和设备的生产，培育技术服务体系和市场的中介结构，使建筑业生产、经营活动逐步走上专业化、社会化道路[1]。"

我国学者也对建筑工业化进行了讨论，李忠富提出："用大工业化规模生产的方式生产建筑产品"，认为建筑工业化的特征为"住宅构配件生产工厂化、现场施工机械化、组织管理科学化。"[2]

工业化强调的是技术手段，内容包含建筑物、构筑物主体结构的工业化方式建造。目的是通过现代工业生产方式，部分或全部替代建筑业中分散、低效率手工作业的建造方式。强调通过发展建筑业和建材业的工业化水平来提高建筑工业化水平。目前行业里有一个比较准确的概念来解释建筑的工业化，就是"像造汽车一样造房子"。

2. 住宅产业化

产业化的概念以联合国经济委员会的定义为："①生产的连续（continuity）；②生产物的标准化（standardization）；③生产过程各阶段的集成化（integration）；④工程高度组织化（organization）；⑤尽可能用机械化作业（mechanization）代替人的手工劳动；⑥生产与组织一体化的研究和开发（research & development）。"[3]

在国内，源于20世纪90年代，一般性的理解是整合设计、生产、施工、运维等全产业链的生产模式。2012年以后，住房和城乡建设部提出了发展新型住宅产业化道路：采用标准化设计、工厂化生产、装配化施工、一体化装修和信息化管理为主要特征生产方式，并在设计、生产、施工、开发等环节形成完整的、有机的产业链，实现房屋建造全过程的工业化、集约化和社会化，从而提高建筑工程质量和效益，实现节能减排与资源节约。

住宅产业化强调生产方式和管理方式，重点是成品住宅建设全过程的标准化、工业化、集成化生产、信息化管理。内容涵盖住宅建筑主体结构工业化建造方式，同时还包含设计标准化、装修系统（暖通、电气、给排水）成套化集成化、物业管理社会化等，涉及建筑相关的建材、五金、轻工、厨卫设备、家具等行业，强调实现全产业链的整合。

3. 建筑产业现代化

建筑产业现代化2013年真正落实到政策层面，并在2014年《住房和城乡建设部关于推进建筑业发展和改革的若干意见》（建市〔2016〕92号）明确提出推动建筑产业现代化。建筑产业现代化是在建造过程中采用标准化设计、工厂化生产、装配化施工、一体化装修和信息化管理为主要特征的工业化生产方式，形成完整的产业链。涵盖了建筑工业化、住宅产业化的内涵和外延。

4. 装配式建筑

在国务院办公厅《关于大力发展装配式建筑的指导意见》（国办发〔2016〕71号）中，将装配式建筑定义为："用预制部品部件在工地装配而成的建筑"。这一定义在国家标准《装配式建筑评价标准》GB/T 51129—2017中得以沿用，并在条文说明中进一步解释为："装配式建筑是一个系统工程，是将预制部品部件通过系统集成的方法在工地装配，实现建筑主体结构构件预制，非承重围护墙和内隔墙非砌筑并全装修的建筑。装配式建筑包括装配式混凝土建筑、装配式钢结构建筑、装配式木结构建筑及装配式混合结构建筑等。"[4]

在装配式建筑相关的三个国家标准——《装配式混凝土建筑技术标准》GB/T 51231—2016、《装配式钢结构建筑技术标准》GB/T 51232—2016和《装配式木结构建筑技术标准》GB/T 51233—2016中，装配式建筑被定义为"结构系统、外围护系统、内装系统、设备与管线系统的主要部分采用预制部品部件集成的建筑"。[5] 国家标准在条文说明中进一步解释："装配式建筑是一个系统工程，是将预制部品部件通过模数协调、模块组合、接口连接、节点构造和施工工法等用装配式集成的方法，在工地高效、可靠装配并做到建筑围护、主体结构、机电装修一体化的建筑。"[5]

从目前来看，虽然表述有所不同，但在其定义里，均体现了装配式建筑的内涵特征，即：标准化设计、工厂化生产、装配化施工、一体化装修、信息化管理、智能化应用，强调的是系统性，不仅仅只是结构的装配化，还关系着系统的集成和全装修。

总体来看，装配式建筑是实现建筑产业现代化的一种形式。

1.1.2 装配式建筑的主要内容

装配式建筑从技术体系来看，主要包括四大系统，即：结构系统、外围护系统、内装系统及设备管线系统，强调四大系统的一体化集成技术，其主要构成见图1.1.2。

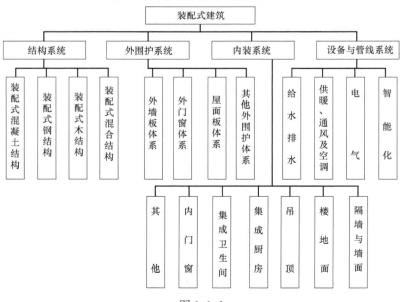

图 1.1.2

1. 结构系统

包括装配式混凝土结构、钢结构、木结构和混合结构。目前国内主要采用的是装配式混凝土结构，住宅建筑中主要采用装配整体式剪力墙结构体系，公共建筑主要采用装配整体式混凝土框架结构。钢结构本身是天然的装配式建筑，而且钢材为可循环使用材料，在国内也在进行相关的一些试点应用，但一方面受制于成本，另一方面尤其在住宅建筑中受制于技术体系与建筑功能需求匹配度还存在许多问题，目前并没有全面发展起来。

2. 外围护系统

其中外门窗比较早地实现了工业化生产，目前主要发展外墙板及屋面板，以实现工业化制造和消除现场湿作业。在装配式混凝土结构中一般采用外保温与外墙一体化的预制混凝土墙板（PC 或 PCF）、预制外墙挂板、幕墙等。在装配式钢结构建筑中一般采用预制外墙板、ALC 板、复合夹心条板现场组合骨架墙板板等。预制外墙具有装饰、维护、保温一体化的特点，是装配式建筑的核心关键部品。目前，全国各地许多企业在开发各种形式的预制外墙板产品。除金属屋面、太阳能与屋面一体化外，建筑屋面板在系统集成，实现工业化制造方面还有待发展。

3. 内装系统

在国内，再装修一般是建筑使用前第一件要做的事情，而传统湿作业模式造成大量的建筑垃圾，在装配式建筑中非常重要的就是采用装配式装修技术体系。

装配式装修在国标《装配式混凝土建筑技术标准》GB/T 51231—2016 中的定义为"采用干式工法，将工厂生产的内装部品在现场进行组合安装的装修方式。"[5] 在这个定义里，强调了装配式装修技术体系的三个内涵特征：

① 干式工法。"工法"相当于传统的"做法"，即所谓：材料做法和施工做法，材料做法提示了做法与材料的关联性，施工做法提示了具体的施工操作程序[6]。而"干式工法"就是采用干作业施工工艺的建造方法，其内涵是建造技术的转型——从手工技术向工业技术的转型，更是一次社会文化的转型。

采用干式工法，规避以石膏腻子找平、砂浆找平、砂浆粘结等湿作业的找平与连接方式，而是通过锚栓、支托、结构胶粘等方式实现可靠支撑构造和连接构造，是加速装修工业化进程的装配工艺。干式工法至少能带来四方面的好处：一是彻底规避了不必要的技术间歇，缩短了装修工期；二是从源头上杜绝了湿作业带来的开裂、脱落、漏水等质量通病；三是摒弃贴砖、刷漆等传统手艺，替代成技能相对通用化、更容易培训的装配工艺，摆脱传统手艺人青黄不接的窘境；四是有利于翻新维护，简单的工具即可快速实现维修，重置率高，翻新成本低。

② 内装部品集成。"内装部品是由工厂生产的建筑内装单一产品或复合产品组装而成的内装功能单元"[7]，强调其工业化的属性。内装部品将成为建筑工业化应用技术的新载体，彻底改变装修的面貌，提高质量。内装部品工业化的基础是在满足使用者不同生活方式和使用需求的同时，形成新的供给方式。装配式建筑内装强调部品模块化、集成化，实现工业化制造、装配式施工安装。部品按功能分为隔墙（面）部品、楼地面部品、吊顶部品、集成厨房部品、卫生间部品、内门窗部品等。

装配式装修强调内装部品的集成，即将多个分散的部件、材料通过特定的制造供应集成为一个有机体，其目的是性能提升的同时实现干式工法。通过现场放线测量、采集数据，进行容错分析与归尺处理之后，工厂按照每个装修面，来生产各种标准与非标的部品部件，从而实现施工现场不动一刀一锯、规避二次加工的目标，有利于减少现场废材，而更大程度上从源头避免了噪声、粉尘、垃圾等环境污染。

③ "现场组合安装"概念。装配式装修的建造方式是突破传统装修半机械、手工湿作业的模式，实现机械方式的干作业模式，减少对工人操作技能的依赖性，机械安装具备可逆的特性，为部品更新变化创造了可能。

4. 设备与管线系统

设备与管线系统中，部品部件本身是很早实现工业化制造的，但是目前常见的布线方式是设备管线大量埋设于结构墙板，或者砌体墙内，安装时尤其管线接口采用焊接的方式，而且通常管线和墙体、楼地面是物理上分割的，没有集成。目前装修做法存在以下几个问题：

（1）安装时往往要通过剔凿结构体方式来布线，既产生建筑垃圾又减弱了结构体本身。

（2）结构体与设备、管线使用年限不同，造成后期维护难度大。

（3）焊接、胶粘仍然依赖手工现场作业，与机械连接相比在效率上仍然低。

（4）装修构造层占用较多的空间。

针对布线及安装时存在的问题，在装配式建筑里，管线设计倡导以下原则：

（1）管线与结构分离，即SI体系。在系统布置时，公共管线、配电设施等集中于建筑公共区布置，管线及设备一般设在结构体与装修面层之间的空腔内。实现与主体结构的分离既便于施工安装也便于后期维护。

（2）接口采用机械式连接方式，对部品制造行业的精度要求增强。

（3）采用管线、设备与内装部品集成，如楼地面采用集成采暖的装配式模块化产品，强弱电箱体与隔墙部品集成等，集成化的部品提高了安装后的精度，节约了空间，减少现场多工序交叉作业，大大减少用工量。

1.1.3　装配式建筑的发展方向

中国建筑标准设计研究院总建筑师刘东卫先生在解读两本国标《装配式混凝土建筑技术标准》GB/T 51231—2016和《装配式钢结构建筑技术标准》GB/T 51232—2016时，提出了装配式建筑五个发展方向[8]：

（1）"全建筑"的方向。即装配式建筑应保证完整建筑产品的长久品质，四大系统应进行一体化设计建造，倡导采用全装修及装配式装修。

（2）"全寿命"的方向。装配式建筑应全面提升住房质量和品质，减少建筑后期维修维护费用，延长建筑使用寿命。应满足建筑全寿命期的使用维护要求，提倡主体结构与设备管线相分离。

（3）"全过程"的方向。装配式建筑应强调采用系统集成的方法统筹规划设计、生产运输、施工安装、质量验收、使用维护等全过程。突出技术策划阶段，在项目前期对技术选型、技术经济可行性和可建造性进行评估。

（4）"全协同"的方向。装配式建筑强调采用建筑信息模型（BIM）技术，实现全专业与全过程的一体化协同，充分发挥建筑专业的龙头作用，解决专业间衔接差，重结构轻建筑、轻机电设计等问题。

（5）"全环节"的方向。装配式建筑的全过程，即设计、生产运输、施工安装、质量验收、运行维护等各个环节协同，按照模数协调，模块化、标准化设计，统一接口，按照少规格、多组合的原则，实现部品部件的系列化和多样化。

1.2　装配式混凝土建筑解读

装配式混凝土建筑是装配式建筑的一种，是结构系统采用混凝土结构的装配式建筑，它具备装配式建筑的通用特点，但又具备其特有的一些特征。

1.2.1　装配式混凝土建筑的相关概念及种类

装配式混凝土建筑在国标《装配式混凝土建筑技术标准》GB/T 51231—2016中的定义为"建筑

的结构系统由混凝土部件（预制构件）构成的装配式建筑"，明确说明是结构系统为装配式混凝土结构的一种装配式建筑。装配式混凝土结构包括装配整体式混凝土结构、全装配混凝土结构等。其中全装配混凝土结构一般限制为低层或抗震设防要求较低的多层建筑，在本书中，主要对目前使用较多的装配整体式混凝土结构进行介绍。下面主要引用《装配式混凝土结构技术规程》JGJ 1—2014 中的术语及条文说明，对其概念加以介绍。

1. 装配整体式混凝土结构

由预制混凝土构件通过可靠的方式进行连接并与现场后浇混凝土、水泥基灌浆料形成整体的装配式混凝土结构，简称装配整体式结构。主要包括装配整体式混凝土框架结构、装配整体式混凝土剪力墙结构等。

当主要受力预制构件之间的连接，如：柱与柱、墙与墙、梁与柱或墙等预制构件之间，通过后浇混凝土和钢筋套筒灌浆连接等技术进行连接时，可足以保证装配式结构的整体性能，使其结构性能与现浇混凝土基本等同，此时称其为装配整体式结构。装配整体式结构是装配式结构的一种特定类型。

2. 装配整体式混凝土框架结构

全部或部分框架梁、柱采用预制构件建成的装配整体式混凝土结构。简称装配整体式框架结构。

3. 装配整体式混凝土剪力墙结构

全部或部分剪力墙采用预制墙板建成的装配整体式混凝土结构，简称装配整体式剪力墙结构。

因为住宅在建筑开发项目中占比较大，住宅的结构体系主要为剪力墙结构，故，目前装配式混凝土建筑中最为常见的结构形式是装配整体式剪力墙。

1.2.2　装配式混凝土建筑结构系统主要构件构成——以装配整体式剪力墙为例

在装配式混凝土建筑设计时有个概念——构件拆分，将建筑按一定的逻辑拆分为各种规格的预制混凝土构件，在工厂或者现场预先生产制作，然后吊装安装完成。

如图 1.2.2-1 所示，将一栋建筑标准层的结构体在合理受力计算后，综合考虑生产、运输及安装的要求，拆分为水平预制构件、竖向预制构件及现浇段连接节点。图中有编号的即为对不同部位拆分后的预制混凝土构件。

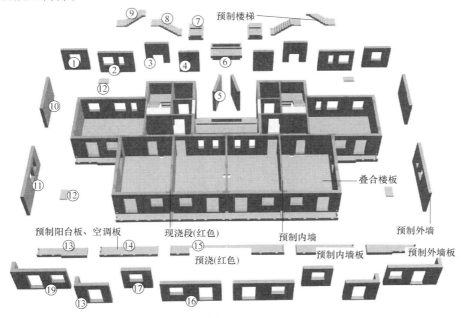

图 1.2.2-1

表 1.2.2-1 为主要预制构件类别及目前技术体系下其可实现的平均预制率。

表 1. 2. 2-1

构件类别	构件名称	平均预制率
水平构件	预制叠合板、预制梁	13%
	预制空调板、阳台板、楼梯、楼梯隔板	
竖向构件	外墙挂板、围护墙板	35%
	预制剪力墙板(外墙板、内墙板)、预制柱、女儿墙	
装饰构件	装饰梁、装饰柱、装饰板	

各构件之间需要有可靠的连接节点设计,包括现浇段、灌浆套筒等,是装配式混凝土建筑实现"等同现浇"的关键。下面为主要构件及其连接节点的简要介绍。

1. 预制混凝土夹心保温外墙板

为承重结构、保温、围护及建筑装饰于一体的复合预制外墙板,包括内层承重混凝土墙板、保温层及外层装饰混凝土板,其内外两层混凝土墙板间采用拉结件可靠相连,中间夹的保温材料应根据节能计算确定(图 1.2.2-2)。但目前,在抗震设防 8 度地区,中间保温层厚度不宜超过 100mm。

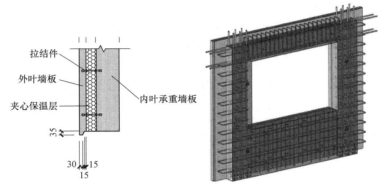

图 1.2.2-2 预制混凝土夹心保温外墙板

其连接节点主要有以下几部分:

(1)墙板竖向钢筋连接

墙板竖向钢筋连接可采用套筒灌浆连接、浆锚搭接、型钢或钢板预埋件连接等形式。对结构安全性起决定作用的是套筒灌浆连接技术,其主要特点如下。

套筒灌浆连接是连接预制构件钢筋的重要连接技术,套筒灌浆接头所使用的套筒一般由球墨铸铁或优质碳素结构钢铸造而成,其形状大多为圆柱形或纺锤形,总体上可分为全套筒灌浆接头和半套筒灌浆接头两大类,半灌浆套筒接头尺寸较小,在国内应用最为广泛。半灌浆套筒采用优质结构钢,一端为空腔,通过灌注专用水泥基高强无收缩灌浆料与螺纹钢筋连接,另一端加工配置内螺纹,与加工好外螺纹的钢筋连接,是灌浆和直螺纹连接的复合连接接头,适用于大小不同直径钢筋的连接(图 1.2.2-3)。

灌浆料是一种以水泥为基本材料,配以适当的细骨料以及少量的混凝土外加剂和其他材料组成的干混料,加水搅拌后具有大流动度、早强、高强、微膨胀等性能。套筒灌浆应与灌浆套筒匹配使用,钢筋灌浆套筒连接接头应符合《钢筋套筒灌浆连接应用技术规程》JGJ 355—2015 中的规定,套筒灌浆料使用温度一般不宜低于 5℃。

(2)预制外墙板竖向后浇段节点

预制外墙板的板缝处,应保持墙体保温性能的连续性,在竖向后浇段将预制构件外叶墙板延长段作为后浇混凝土的模板,同时通过材料防水和构造防水两道防水措施,做好防水节点构造设计。主要连接节点形式有"L"形、"T"形、"一字"形三种,详见图 1.2.2-4。

(3)预制外墙板水平向后浇段节点

在预制墙板水平后浇带处,竖向连接钢筋通过套筒灌浆连接,竖向接缝和水平接缝处后浇混凝

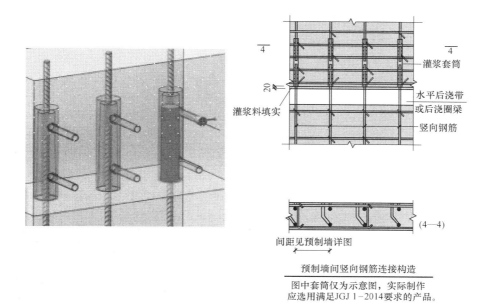

预制墙间竖向钢筋连接构造
图中套筒仅为示意图，实际制作
应选用满足JGJ 1—2014要求的产品。

图 1.2.2-3　墙板竖向钢筋连接

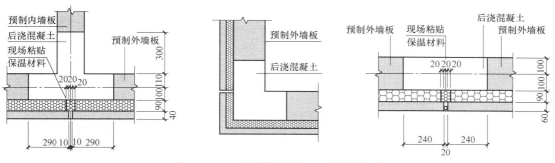

图 1.2.2-4　预制外墙板竖向后浇段节点

土上表面应设置粗糙面，预制剪力墙接缝底标高宜设置在楼面标高处，接缝采用高强无收缩灌浆料填实（图 1.2.2-5）。

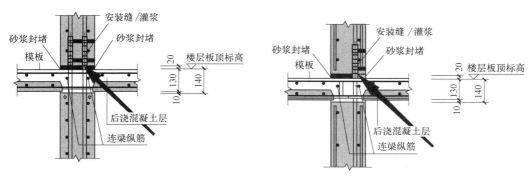

图 1.2.2-5　预制外墙板水平向后浇段节点

（4）拉结件

装配式剪力墙结构一般设计为非组合式三明治墙板，外叶墙只是作为保护层使用，不与内叶墙发生组合，外叶墙的自重完全由内叶墙承担，内叶墙和外叶墙的受力和温度变形行为完全独立，这就要求拉结件在侧向具有较好的抗弯、抗剪强度和足够的弹性和韧性，保护外叶墙混凝土不会开裂。目前应用比较成熟的拉结件产品主要有不锈钢拉结件和玻璃纤维拉结件。

2. 预制内墙板

墙板的厚度按计算取值，预制内墙板间的连接节点为宽度 400～600mm 的现浇段，预制内墙板设有电气管线预留预埋、电器开关面板和插座、装修和使用设备安装的预留预埋等。

3. 预制叠合楼板、叠合梁

预制混凝土叠合楼板由下部预制混凝土底板和上部现浇层组成（图1.2.2-6）。一般叠合楼板的预制部分的厚度为60～80mm，现浇层厚度为80mm左右；预制板表面做成凹凸差不小于6mm的粗糙面，在预制板内设置桁架钢筋，可增加预制板的整体刚度和水平界面抗剪性能。预制混凝土底板内设有电气管线、线盒等。

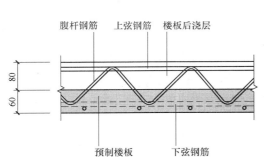

图1.2.2-6 预制叠合楼板

楼层梁与叠合板区域相交的部位采用预制叠合梁，梁预制部分在构件加工厂完成制作，梁上部钢筋由施工现场后绑扎，后浇混凝土部分随叠合楼板后浇层整体浇筑。叠合梁、叠合板相关连接节点构造见图1.2.2-7。

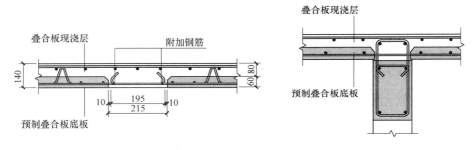

图1.2.2-7 预制叠合梁、叠合板连接节点构造

4. 预制楼梯

在装配式剪力墙体系中，除墙板、楼板等预制承重构件外，楼梯的预制也是装配设计的重要部分（图1.2.2-8）。一般楼梯梯段板及半层平台板预制，楼层处平台板采用现浇。

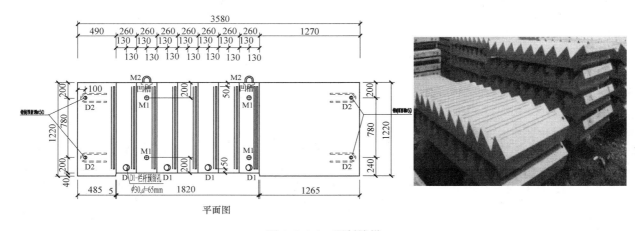

图1.2.2-8 预制楼梯

5. 预制阳台板、空调板

阳台板可以是预制构件也可以是叠合阳台板（图1.2.2-9），空调板为预制（图1.2.2-10）。

图1.2.2-9 预制阳台板

图1.2.2-10 预制空调板

1.2.3 装配式混凝土建筑的主要特点

装配式混凝土建筑相较于传统现浇结构建筑，由于其结构构件工厂化生产、现场吊装安装的建造模式，具备以下特点：

1. 全过程协同

预制构件设计在专业间要整合建筑保温、外装饰、机电管线预埋及留洞等要求，同时要将建筑生产后续工序提前反映到设计中，构件生产需求如构件脱模吊点、模具与构件连接埋件等；建造过程的需求如塔吊吊装能力、吊装点位置、斜支撑位置等。

2. 现场施工装配化

主要结构构件在工厂生产，大大减少施工现场湿作业。现浇段连接节点、灌浆套筒连接节点为现场湿作业的连接方式。

3. 节点设计及施工工艺质量控制是关键

（1）预埋钢筋、套筒或浆锚搭接孔的位置与角度精准；

（2）灌浆和灌浆作业饱满；

（3）夹心保温板拉结件锚固牢固；

（4）避免预埋件遗漏和节点拥堵等；

（5）安装标高现浇段设计及混凝土浇筑。

4. 可实现建筑功能及装饰与结构同寿命

在预制构件生产环节可采用反打一次成型工艺或立模工艺，将保温、装饰、门窗附件等特殊要求的功能高度集成，实现瓷板反打、石材反打等装饰效果的结构构件，也可以实现构件带外窗安装。

5. 装配式建造具有工期缩短的资金节约优势

由于主要构件在工厂或现场预制，装配式建筑在墙钢筋绑扎、墙模板安装、墙混凝土浇筑、墙模板拆除、水平模板支设、板混凝土浇筑等工序上时间有所缩短，但新增的预制墙板吊装、灌浆作业及叠合板吊装增加了工期。总体来看，结构总工期相差不大。但实施全装修的装配式建筑，由于现场可实现各专业施工同步进行，如装修与土建的穿插施工，现浇部位钢筋绑扎穿插施工等，从而缩短外墙装饰作业时间，提前室外工程开始时间，大大缩短总工期。

1.3 国内外装配式混凝土建筑发展情况

装配式建筑的核心是构件预制、现场组装。这种概念在东西方的建筑史中很早都有体现。如对欧洲建筑发展影响非常大的古希腊建筑，采用梁柱体系的结构，其柱子即为预制，并形成固定的柱式：多立克柱式、爱奥尼柱式、科林斯柱式、塔司干柱式、混合柱式。在中国，应用最为广泛的建筑体系为木构架建筑，其柱、梁、斗拱等结构构件形成一套完备的标准化、模数化的形制，构件定型化达到很高的水平，在现场通过榫卯构造相连，组合形成完整的受力、传力体系。这种木结构另一个特点是维护结构与支撑结构相分离。

受工业革命和第二次世界大战的影响，居民住房需求的矛盾日益突出，建筑的工业化预制装配在西方和日本等国家首先发展起来。新中国成立后，在政策推动下，随着经济及技术的发展，装配式建筑在目前逐渐成为一种趋势。

1.3.1 欧洲装配式混凝土建筑发展情况

欧洲是预制装配式建筑的发源地，在19世纪中期，工业革命由轻工业扩展至重工业，尤其钢铁工业的迅速发展，为建筑业新技术及新形式奠定了基础。第二次世界大战后，由于劳动力资源短缺，欧洲更进一步研究探索建筑工业化模式。

1. 德国

德国从1920年代开始发展建筑产业现代化，至今已有一百余年的发展历史。以装配式建筑为代表的建筑产业现代化发展，经历了由追求低成本、快速建设、极简建筑美学的预制混凝土大板阶段，到目前寻求项目的个性化、经济性、功能性和生态保护的综合平衡理性发展阶段，因地制宜地发展建筑产业现代化。

德国今天的公共建筑、商业建筑、集合住宅项目大都因地制宜，根据项目特点，选择现浇与预制构件混合建造体系或钢混结构体系建设实施，并不追求高比例装配率。而是通过策划、设计、施工各个环节的精细化优化过程，寻求项目的个性化、经济性、功能性和生态环保性能的综合平衡，从规划和城市空间塑造方面，借鉴传统城市空间布局与建筑设计，打破单调的大板建筑风格。随着工业化进程的不断发展，BIM技术的广泛应用，建筑业工业化水平不断提升，各种建筑技术、建筑工具的精细化不断发展进步，建筑上采用工厂预制、现场安装的建筑部品愈来愈多，占比愈来愈大。德国是世界上建筑能耗降低幅度最快的国家，近几年更是提出发展零能耗的被动式建筑。从大幅度的节能到被动式建筑，德国都采取了装配式建筑来实施，装配式建筑与节能标准相互之间充分融合。

德国装配式混凝土结构体系简介：

德国在装配式混凝土结构方面主要发展的双面叠合剪力墙结构体系：由叠合墙板、叠合楼板、叠合梁以及叠合阳台等构件，辅以必要的现浇混凝土形成的剪力墙结构（图1.3.1-1）。

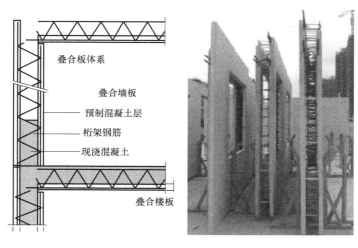

图 1.3.1-1 德国装配式混凝土结构体系

其优点：上下层剪力墙现浇连接，内外墙板与内芯整体受力；预制构件尺寸大，装配速度快，接缝少；三明治结构实现超低能耗；预制部分代替部分模板，可全自动化生产。

2. 瑞典

瑞典是世界上住宅工业化最成功的国家之一，其重要特点是住宅产业的高度现代化，这也为节能技术的普及和节能目标的实现奠定了良好的产业基础。瑞典从 20 世纪 40 年代就着手公寓式住宅的模数协调的研究；从 50 年代开始推行建筑工业化政策，发展大型混凝土预制板的工业化体系，大力发展以通用部件为基础的通用体系。瑞典建筑工业化特点：在完善的标准体系基础上发展通用部件；模数协调形成"瑞典工业标准"（SIS），实现了部品尺寸、对接尺寸的标准化与系列化。

瑞典装配式混凝土结构体系简介：

瑞典在装配式混凝土结构方面主要发展大型混凝土预制板体系：预制三明治墙板、大型预制空心楼板、叠合楼板、预制阳台等（图 1.3.1-2）。其重要的特点是干体系的连接构造，干体系就是螺丝螺帽的结合，接头部分大都不用现浇混凝土。其缺点是抗震性能较差，主要用于非地震区。

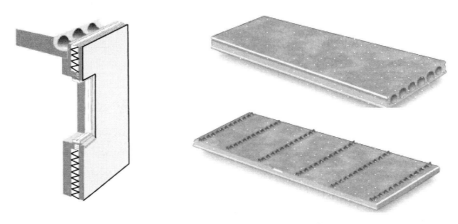

图 1.3.1-2　瑞典装配式混凝土结构体系

1.3.2　北美地区装配式混凝土建筑发展情况

北美地区主要以美国和加拿大为主，由于预制/预应力混凝土协会（PCI）长期研究与推广预制建筑，预制混凝土的相关标准规范也很完善，所以其装配式混凝土建筑应用非常普遍。

美国的装配式建筑起源于 20 世纪 30 年代。当时它是汽车拖车式的、用于野营的汽车房屋，主要是为选择迁徙、移动生活方式的人提供一个住所。1976 年，美国国会通过了国家装配式建筑建造及安全法案，同年开始由美国联邦政府住房和城市发展部（简称 HUD）负责出台一系列严格的行业规范标准，有些标准一直沿用到今天。随着政策标准的出台及新技术的发展，美国的装配式建筑建设快速发展。据美国装配式建筑协会统计，2001 年，美国的装配式建筑已经达到了 1000 万套，占美国住宅总量的 7%，为 2200 万的美国人解决了居住问题。美国的住宅用构件和部品的标准化、系列化、专业化、商品化、社会化程度很高，几乎达到 100%。这不仅反映在主体结构构件的通用化上，而且特别反映在各类制品和设备的社会化生产和商品化供应上。除工厂生产的活动房屋和成套供应的木框架结构的预制构配件外，其他混凝土构件和制品、轻质板材、室内外装修以及设备等产品十分丰富，品种达几万种，用户可以通过产品目录，从市场上自由买到所需的产品。这些构件的特点是结构性能好、用途多、有很大通用性，也易于机械化生产。美国发展装饰装修材料的特点是基本上消除了现场湿作业，同时具有较为配套的施工机具。

美国装配式混凝土结构体系简介：

现在美国预制业应用最多的是剪力墙-梁柱结构系统（图 1.3.2）。基本上水平力（风力、地震力）完全由剪力墙承受，梁柱只承受竖向力，而梁柱的接头在梁端不承受弯矩，简化了梁柱节点。经过 60 年实际工程的证明，这是一个安全且有效的结构体系。

内剪力墙–梁柱结构

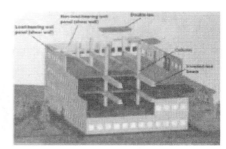

外剪力墙–梁柱结构

图 1.3.2　美国装配式混凝土结构体系[10]

1.3.3　日本装配式混凝土建筑发展情况

　　日本的住宅产业化是从 20 世纪 50 年代开始发展起来的，它的背景是大量的住房需求，发展的原动力是政府的方针政策，实施的骨干力量是住宅公团（即现在的都市再生机构）。政府在经济政策方面相继建立了"住宅体系生产技术开发补助金制度"及"住宅生产工业化促进补贴制度"等。在技术政策推进上主要包括三个方面：一是大力推动住宅标准化工作，二是建立优良住宅部品（BL）认定制度，三是建立住宅性能认定制度。一系列的经济政策及技术政策有力保证和推动了住宅产业的发展。而住宅公团以工业化为方针，通过组织产业化基础技术开发，向企业订购工厂生产的住宅部品，向建筑商发包以预制组装结构为主的标准型住宅建设工程，由此达到高速高质量地建设公共住宅的目的，同时培养出一批领跑企业，逐步向全社会普及建筑工业化技术。日本的建筑工业化除了主体结构工业化之外，借助于其在内装部品方面发达成熟的产品体系，在内装工业化方面发展同样非常迅速，形成了主体工业化与内装工业化相协调发展的完善体系。

　　日本装配式混凝土结构体系简介：

　　日本的主体结构工业化以预制装配式混凝土 PC 结构为主，同时在多层住宅中也大量采用钢结构集成住宅和木结构住宅。PC 结构住宅经历了从 WPC（预制混凝土墙板结构）到 RPC（预制混凝土框架结构）、WRPC（预制混凝土框架-墙板结构）、HRPC（预制混凝土-钢混合结构）的发展过程。

　　目前大量采用 PC 框架体系（RPC），其主要构件包括预制柱、预制梁、叠合楼板、预制阳台及楼梯等。通过后浇混凝土连接梁、板、柱以形成整体，柱下口通过套筒灌浆连接（图 1.3.3）。这种体系建立在日本隔震、减震等制震技术及高强度钢筋和混凝土应用技术上，优点是建筑平面布置灵活，能获得较大空间，易于改造；结构受力、传力明确，计算理论比较成熟；梁、柱、板构件易于标准化、定型化，便于采用装配整体式结构，以缩短施工工期。同时，日本的住宅一般为精装修交房，且大量采用 SI 内装工业化体系，采用集成化内装部品，因此框架结构自身的梁、柱对建筑户型影响较小。

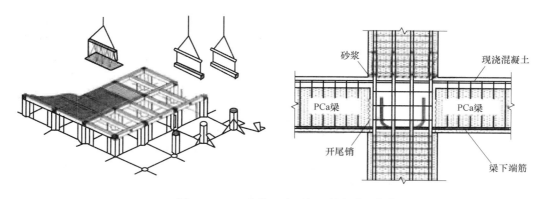

图 1.3.3　日本装配式混凝土结构体系[11]

1.3.4　我国装配式混凝土建筑发展情况

20 世纪 50～60 年代，新中国成立初期面临大规模建设需求，为提高劳动效率，在国家政策指引下，如，1956 年国务院颁发《关于加强和发展建筑工业的决定》提出："实行工厂化、机械化施工，逐步完成对建筑工业的技术改造，逐步完成向建筑工业化的过渡"，形成了一系列装配式混凝土建筑体系。较为典型的建筑体系有装配式单层工业厂房建筑体系、装配式多层框架建筑体系、装配式大板建筑体系等。后因十年动乱开始而停滞。

20 世纪 70 年代末～90 年代，同样面临大规模建设需求，为提高劳动效率，国家相继出台《建筑工业化发展纲要》等产业政策文件，使得装配式混凝土建筑得到广泛应用。用装配式大板、框架轻板、大型砌块、大模板现浇 4 种体系代替砖混结构建造住宅，推动了我国住宅工业化施工建设的科技进步。其中装配式大板建筑在当时推行比较广，它是由预制的大型内外墙板和楼板、屋面板、楼梯等预制构件组合而成的建筑，地上部分全部为预制构件，通过装配式节点（连接钢板或钢筋焊接、螺栓连接等）连接而成。但由于商品房带动房地产业高速发展，人们对住宅设计要求多样化和个性化，而当时我国的装配式混凝土建筑设计和施工技术研发水平还跟不上社会需求及建筑技术发展的变化。并且，建筑材料的整体质量和设计水平不足也逐渐凸显，曾经在全国推行的"大板建筑"因使用功能差，开裂渗漏严重，维护困难，结构抗震安全性差等缺点而没有得到继续发展。到 20 世纪 90 年代中期，装配式混凝土建筑已逐渐被全现浇混凝土建筑体系取代。

从"十二五"开始，基于绿色发展的要求，为提高质量、提高效益，减少人工、减少消耗，国家多次提出发展装配式建筑的政策要求。2016 年 2 月 6 日，《中共中央国务院关于进一步加强城市规划建设管理工作的若干意见》，要求"大力推广装配式建筑，减少建筑垃圾和扬尘污染，缩短建造工期，提升工程质量。鼓励建筑企业装配式施工，现场装配。建设国家级装配式建筑生产基地。加大政策支持力度，力争用 10 年左右时间，使装配式建筑占新建建筑的比例达到 30％"。

2016 年 9 月 27 日国务院正式发布《关于大力发展装配式建筑的指导意见》，进一步明确了装配式建筑的发展目标和八项重点工作任务，划分了装配式建筑的重点推进区域、积极推进区域和鼓励推进区域。

2017 年 3 月 23 日，住房城乡建设部印发《"十三五"装配式建筑行动方案》，进一步明确了"十三五"｜期间装配式建筑发展目标：到 2020 年，全国装配式建筑占新建建筑的比例达到 15％以上，其中重点推进地区达到 20％以上，积极推进地区达到 15％以上，鼓励推进地区达到 10％以上。培育 50 个以上装配式建筑示范城市，200 个以上装配式建筑产业基地，500 个以上装配式建筑示范工程，建设 30 个以上装配式建筑科技创新基地。

2016 以来，各地区纷纷出台了大力发展装配式建筑的相关政策，见表 1.3.4。

北京市、上海市、深圳市装配式建筑相关政策　　　　　　　　　　表 1.3.4

城市	主要政策文件	主要内容
北京市	《北京市人民政府办公厅关于加快发展装配式建筑的实施意见》（京政办发〔2017〕8 号） 2.《北京市发展装配式建筑 2017 年工作计划》	4 类建筑全部采用装配式建筑：(1)新纳入本市保障性住房建设计划的项目和新立项政府投资的新建建筑；(2)对以招拍挂方式取得城六区和通州区地上建筑规模 5 万 m² (含)以上国有土地使用权的商品房开发项目应采用装配式建筑；(3)在其他区取得地上建筑规模 10 万 m² (含)以上国有土地使用权的商品房开发项目应采用装配式建筑；(4)新建工业建筑应采用装配式建筑
上海市	《关于促进本市建筑业持续健康发展的实施意见》（沪府办〔2017〕57 号）	符合条件的新建建筑全部采用装配式技术，装配式建筑单体预制率达到 40％以上或装配率达到 60％以上。加大全装修住宅推进力度，外环线以内新建商品住宅（三层以下的底层住宅除外）实施全装修面积比例达到 100％；除奉贤、金山外，其他区达到 50％。奉贤、金山实施全装修面积比例为 30％，到 2020 年达到 50％；保障性住房中，公租房 100％实施全装修

续表

城市	主要政策文件	主 要 内 容
深圳市	《深圳市装配式建筑发展专项规划(2018—2020)》(深建字〔2018〕27号)	到2020年,全市装配式建筑占新建建筑面积的比例达到30%以上,其中政府投资工程装配式建筑面积占比达到50%以上;到2025年,全市装配式建筑占新建建筑面积的比例达到50%以上,装配式建筑成为深圳主要建设模式之一。到2035年,全市装配式建筑占新建建筑面积的比例力争达到70%以上,建成国际水准、领跑全国的装配式建筑示范城市

国家政策指导,行业相关技术标准发布,促进装配式建筑在全国范围内得到大力推广和应用,各地都有很好的成功案例。开发企业、生产制造企业热情高涨,积极投入。因为经济、技术以及居民接受度等各方原因,目前装配式建筑发展较快的是装配混凝土建筑。按照国家抗震和高层建筑规范要求,高层建筑以剪力墙和框架-剪力墙结构为主,框架结构的使用高度和层间位移角控制较严,这样,对于建造层数较多、对大空间要求不高的高层建筑(如住宅)就以发展装配整体式混凝土剪力墙结构为主。如北京市以北京市保障性住房建设投资中心为代表,在自建的公共租赁性住房中采用装配整体式混凝土剪力墙结构加装配式装修的体系。

从技术角度讲,框架结构受力明确,构件易于标准化、定型化,也利于采用SI分离技术,最适合作为工业化结构体系,应积极进行研究。

1.4　装配式混凝土建筑的优势

1.4.1　传统现浇结构湿法作业存在的问题

改革开放以来,中国建筑业以非常快的速度发展,产业规模不断增大,吸纳了大量农村人口向城市转移,带动了大量关联产业的发展,对社会经济发展和城乡建设做了大量的改善。2017年国内生产总值为827122亿元,而全年建筑业增加值达55689亿元,建筑业虽然在2017年增长速度有所放慢,但其所占比例依然非常高,占国内生产总值的6.73%[12]。

而形成于20世纪80年代的钢筋混凝土现浇体系,又称湿法作业,得到了快速的、大规模的发展,尤其是在住宅产业的快速发展,其主要依靠劳动力、资金的高投入与资源、能源的高消耗来支撑,是低技术水平的粗放发展。这种建造体系主要存在以下问题:

(1)总体建筑质量不高。一方面尚未创建完善的质量控制标准,而另一方面市场上一味追求高速批量建设,某些建筑企业为赶工期而忽视建筑质量,同时技术体系上不够完善,造成各类建筑问题屡次发生,例如墙体空鼓、漏水、外保温脱落等。

(2)"用工荒"问题。传统现浇作业的建筑,手工作业多、劳动生产率低、工人作业条件差,而伴随着社会发展,一方面人口有老龄化发展趋势,另一方面新生代工人已不再青睐劳动条件恶劣、劳动强度大的建筑施工行业,施工企业频现"用工荒",导致劳动力成本快速提升。

(3)建造过程能源和资源消耗量大。一直以来,工地施工现场都是高噪音、高空气污染的状况。在施工过程中各类施工机械发出巨大的噪声,严重干扰附近居民的生活,成为居民投诉的一个热点问题。此外,现场搅拌、清理和运输垃圾产生大量的粉尘,施工过程耗水耗电,建筑模板利用率不高,等等。

1.4.2　装配式混凝土建筑的优势

装配式建筑因为主要结构构件、外围护部品、内装部品等在工厂生产,现场装配,减少现场现浇作业量,减少操作面的施工工序,可以显著提高劳动生产率,提高质量。本书以北京市保障性住房建设投资中心 7 年来实施装配式建筑，跟踪研究建设项目中得到的数据，来说明采用装配式建筑所带来的效果及其优势。

1. 建筑节能减排和减少用工效果明显

表 1.4.2-1 中，以一栋单层面积 1000m²、高 16 层的住宅楼，分别采用混凝土预制率为 45％的装配整体式剪力墙结构与采用现浇剪力墙结构进行了对比。从表中各项数据可以看出，在节能减排等方面装配式建筑优势明显。

装配式结构与现浇结构节能减排对比表　　　　　　　　表 1.4.2-1

内容	现浇结构	装配式结构 （预制率 45％）	对比
结构施工工期	约 7 天/层	约 7 天/层	减少约两个月装饰装修工期
综合用工量	1.3～1.4 工日/m²	0.9～1.0 工日/m²	减少约 35％
混凝土用量	约 0.41m³/m²	约 0.44m³/m²	多 60cm 外挂板，增加混凝土用量约 5％
钢筋用量	约 52kg/m²	约 55kg/m²	增加钢筋用量约 5％
施工用水量	15kg/月/m²	11.1kg/月/m²	减少约 26％
施工用电量	0.83 度/月/m²	0.65 度/月/m²	减少约 22％
木模板量	木方：6m³/1000m² 多层板：330m²/1000m² 钢管架：1900m/1000m²	木方：4.0m³/1000m² 多层板：206m²/1000m² 钢管架：1243m/1000m²	减少约 35％
建筑垃圾量	7.5kg/m²	4.6kg/m²	减少约 39％

表 1.4.2-2 以面积为 50m² 的户型，对实施传统装修与装配式装修进行了对比，从表中各项数据可以看出，实施装配式装修节材节能效果明显。

装配式装修与传统装修节能减排对比表　　　　　　　　表 1.4.2-2

内容	传统装修做法	装配式装修做法	对比
现场作业工期	约 30 天	6 天	减少 80％
用工量	约 100 工日	40 工日	减少 60％
地面用材	混凝土、水泥沙、瓷砖或木地板等，综合 每平方米重量约 120kg	地暖模块、涂装板等，综合 每平方米重量约 40kg	减轻 67％
隔墙用材	水泥隔墙板、水泥沙、瓷砖、腻子、涂料等， 综合每平方米重量约 100kg	轻钢龙骨、岩棉、涂装板等， 综合每平方米重量约 30kg	减轻 70％
吊顶	铝扣板或石膏板	涂装板吊顶，综合每平方米重量约 5kg	基本持平
装修材料重量	约 11t	约 4t	减轻 64％

2. 建筑质量品质提升明显，带动整体经济效益提升

装配式结构的实施提升了建筑质量。从北京市保障性住房建设投资中心已完成的装配整体式剪力墙结构体系建筑来看，与传统现浇结构相比，其墙体轴线精度和墙面表面平整度误差从厘米级降到了毫米级，有了质的飞跃，给后续装修装饰提供了更为友好和优质的工作界面。2012 年，保障房中心在苏家坨 C02 地块 24 套公租房开展了产业化装修试点工作，在原有毛坯界面上为装配式装修而进行的基础处理成本约 150 元/m²，占装修成本的 30％左右，且产生大量建筑垃圾；而在装配式结构的基础上进行装配式装修，基础处理工作量、垃圾量减少至少 90％。这样，如果维持同品质，可以降低装修成本 27％左右；如果维持同成本，可以大幅提高装修品质。

装配式装修的实施，也大大提高了住宅的品质。北京市保障性住房建设投资中心目前已投入运营 3 万余套公租房，既有传统装修公租房，也有装配式装修公租房。2015 年 12 月，保障房中心组织相关人员，对已入住项目室内装修部品部件情况进行了一次调研和统计。在调研中，我们看到 2012

年第一批配租的传统装修房屋经过租户 3 年的使用后，墙面、瓷砖、台面、橱柜及其相关部品部件的损坏严重，需要做比较大的维修才能再次投入配租；2013 年配租入住的装配式装修 1.0 版试点项目，经过租住 1 年多的使用，问题通病相比传统装修项目明显减少，基本经过保洁或小型维修即可再次投入配租。

表 1.4.2-3 是青秀家园（传统装修）和双合家园（传统装修和装配式装修 1.0）项目原总包单位维保到期后，2015 年期间两个项目室内部分与装配式装修子项对应的维保报修数据统计。

青秀家园和双合家园室内维保报修数据统计表　　　　　　　　　　　表 1.4.2-3

序号	报修项目	青秀家园 (2015.1~2015.12)		双合家园 B 区 (2015.8~2015.12)		双合家园 A 区 (2015.8~2015.12)	
		传统装修		传统装修		装配式装修 1.0 版	
		报修次数	次/月/千套	报修次数	次/月/千套	报修次数	次/月/千套
1	橱柜台面、五金问题	106	7.96	19	4.12	1	0.56
2	厨卫下水口、地漏问题	699	52.48	112	24.31	26	14.64
3	花洒、软管、混水阀问题	746	56.01	101	21.92	5	2.82
4	热水器故障	1	0.08	1	0.22	4	2.25
5	厨卫八字阀、水龙头问题	404	30.33	279	60.55	15	8.45
6	吊顶问题	4	0.30	1	0.22	1	0.56
7	卫生间厨房墙砖脱落	218	16.37	2	0.43	0	0.00
8	卫生间地面问题	5	0.38	4	0.87	4	2.25
9	马桶问题	1200	90.09	175	37.98	13	7.32
10	防水损坏	117	8.78	21	4.56	7	3.94
11	窗帘杆问题	136	10.21	0	0.00	0	0.00
12	室内木门故障	384	28.83	50	10.85	12	6.76
13	过门石问题	3	0.23	1	0.22	2	1.13
14	房间地面问题	32	2.40	6	1.30	2	1.13
15	房间墙面问题	72	5.41	18	3.91	3	1.69
16	踢脚线脱落	132	9.91	1	0.22	2	1.13
	合计	4259	319.77	791	171.68	97	54.63

注：1. 青秀家园公共租赁住房项目，1200 套房源，平均入住户数为 1110 户，按照《北京市公共租赁住房技术导则》要求采用传统装修实施精装修，2014 年 12 月原总包合同维保到期，进入保障房中心自主维护阶段。

2. 双合家园公共租赁住房项目：A 区房源 572 套，采用装配式装修 1.0 版实施精装修，平均入住户数为 444 户；B 区房源 1174 套，平均入住户数为 1152 户。双合家园公共租赁住房项目 2015 年 8 月原总包合同维保到期，进入保障房中心自主维护阶段。

3. 为了方便比较，在各项目第二列将各项目的报修次数换算为每千套每月的报修次数。

从表 1.4.2-3 可以看出，实施装配式装修的双合家园公共租赁住房 A 区室内维保项目报修率明显低于实施传统装修的青秀家园项目和双合家园 B 区，每千套每月报修次数分别下降了 82.9% 和 68.2%。

由此可见，由于建筑构件及部品在工厂流水线生产，不受自然环境、人工因素影响及现场条件制约，其质量得到可靠保障，高精度的建造提高了建造品质，提升了建筑的耐久性和可维护性，非常有利于运维成本的降低。从建筑的全生命期角度来看，工业化的装配全面提升了建筑的性价比。

第 **2** 章

装配式混凝土建筑与《装配式建筑评价标准》匹配分析

2.1 《装配式建筑评价标准》解读

在国家明确装配式建筑发展目标的同时，各地也细化了相关发展目标和要求，但装配式建筑的指标界定却没有统一，有采用预制率指标、装配率双控指标的，也有采用单项指标的。如北京市在《2017 年装配式建筑行动计划》中规定"1. 装配式建筑的装配率应不低于 50%。2. 装配式混凝土建筑的预制率应符合以下标准：高度在 60m（含）以下时，其单体建筑预制率应不低于 40%，建筑高度在 60m 以上时，其单体建筑预制率应不低于 20%。"并附有装配式建筑预制率及装配率计算说明。上海市在《装配式建筑 2016—2020 年发展规划》中要求"全市装配式建筑的单体预制率达到 40% 以上或装配率达到 60% 以上"。各地的指标要求均对应有不同的计算原则。

2017 年 12 月 12 日，住房和城乡建设部发布了国家标准《装配式建筑评价标准》GB/T 51129—2017，自 2018 年 2 月 1 日起实施。《装配式建筑评价标准》给全国关于装配式建筑的界定提供了依据，住房和城乡建设部在 2018 年 4 月份组织了按国标评价的全国装配式科技示范项目专家评审，以期通过标准及示范项目来引领装配式建筑的发展。

本节引用编制组专家——北京市建筑设计研究院有限公司建筑产业化工程技术研究中心总工程师马涛在相关培训上的介绍资料，对《装配式建筑评价标准》GB/T 51129—2017 进行解读。

2.1.1 《装配式建筑评价标准》主要特点

《装配式建筑评价标准》采用"装配率"的概念，通过综合主体结构、围护墙和内隔墙、装修和设备管线这三类指标的得分，反映建筑物的装配化程度。标准的制定有以下三个特点：

（1）适度面向发展。一方面，《装配式建筑评价标准》适应建筑业的核心是提高建筑产品质，现阶段的重点是实现设计集成化、生产工厂化、施工装配化。另一方面，《装配式建筑评价标准》突出装配式建筑发展中的重点内容：即以解决共性问题为目标发展围护系统和装修系统；以促进品质提升为目标发展装配化装修及设备管线系统的集成；以夯实发展基础为目标完善钢结构，发展混凝土结构，培育木结构。

（2）是基于当前全国装配式建筑发展不平衡性的实际情况制定。从全国的发展来看，装配式建筑还处于发展的培育期，各地区存在较大的差异。在《"十三五"装配式建筑行动方案》中坚持分区推进（珠三角、长三角、京津冀）、逐步推广（重点推进地区、积极推进地区和鼓励推进地区）。从装配式四大系统发展来看，结构系统中混凝土水平低，木结构、钢结构缺市场；围护系统集成性不足，产品种类少；设备和管线系统既有规范约束多，集成产品少，发展缓慢；装修系统市场重视程度提高，推广力度加大，但系统类型少。《装配式建筑评价标准》鼓励因地制宜地选择发展路径和内容，分阶段完善。通过装配式建筑的认定标准和等级评定标准，满足均衡性和各地实际发展的要求。

（3）简化评价操作。为便于工程应用，采用单一指标评价，以三类指标对装配式建筑进行全面评价，简化了评价过程。

2.1.2 《装配式建筑评价标准》主要条文解读

1. 装配率

> **2.0.2** 装配率：单体建筑室外地坪以上的主体结构、围护墙和内隔墙、装修和设备管线等采用预制部品部件的综合比例。

在《装配式建筑评价标准》里采用装配率作为单一评价指标，对各地采用预制率、预制装配率、装配化率等各种概念指标进行了统一。明确了装配率是对单体建筑装配化程度的综合评价结果。装配式建筑的四大系统（结构系统、外围护系统、装修系统及管线和设备系统）三个构成层次，构建了装配率评价的三大类指标体系（主体结构、围护墙和内隔墙、装修和设备管线），强调了集成的发展思路。

2. 评价对象

> **3.0.1** 装配率计算和装配式建筑等级评价应以单体建筑作为计算和评价单元，并应符合下列规定：
> 1　单体建筑应按项目规划批准文件的建筑编号确认。
> 2　建筑由主楼和裙房组成时，主楼和裙房可按不同的单体进行计算和评价。
> 3　单体建筑的层数不大于3层，且地上建筑面积不超过500m² 时，可有多个单体建筑组成建筑组团作为计算和评价单元。

在《装配式建筑评价标准》里为便于评价，可将主楼与裙房分开评价，这主要在以下几种情况时采用：

（1）裙房建筑面积比较大，如大底盘多塔楼建筑；

（2）裙房和主楼使用功能不同，如主体建筑是住宅、公寓，裙房是商业大空间；

（3）裙房和主楼结构形式不同，如主楼是混凝土剪力墙结构，裙房采用框架结构、钢结构等。

3. 评价方法

> **3.0.2** 装配式建筑评价应符合下列规定：
> 1　设计阶段宜进行预评价，并应按设计文件计算装配率；
> 2　项目评价应在项目竣工验收后进行，并应按竣工验收资料计算装配率和确定评价等级。

预评价在设计阶段进行，不是必须程序，主要作用是评估项目设计方案，宜在方案阶段开展。当项目采用新技术新产品、新方法时，对评价方法和指标等进行论证和确认，为施工图审查、项目统计与管理等提供参考或依据。

4. 认定标准

> **3.0.3** 装配式建筑应同时满足下列要求：
> 1　主体结构部分的评价分值不低于20分；
> 2　围护墙和内隔墙部分的评价分值不低于10分；
> 3　采用全装修；
> 4　装配率不低于50%。

认定标准体现了编制原则，满足均衡性和各地实际发展的要求。不是简单地提高了主体结构的装配指标，对装配式混凝土建筑的结构装配采取的是自主选择方式，明确了目前引导的重点内容是新型墙体和装修，鼓励装配式结构和装配化装修因地制宜，协调均衡发展。

5. 等级评价标准

> **5.0.1** 当评价项目满足本标准第 3.0.3 条规定，且主体结构竖向构件中预制部品部件的应用比例不低于 35％时，可进行装配式建筑等级评价。
>
> **5.0.2** 装配式建筑评价等级应划分为 A 级、AA 级、AAA 级，并应符合下列规定：
>
> 1 装配率为 60％～75％时，评价为 A 级装配式建筑。
>
> 2 装配率为 76％～90％时，评价为 AA 级装配式建筑。
>
> 3 装配率为 91％及以上时，评价为 AAA 级装配式建筑。

等级评价标准体现较高装配化程度的要求。主要体现在：一是要求主体结构竖向构件的装配化程度应≥35％，意味着当采用装配式混凝土建筑时，结构竖向受力构件（剪力墙、柱）必须采用装配式技术，杜绝只上水平构件的现象；二是采用装配式装修体系和应用集成化建筑部品，这两部分占 50 分，当只是某一系统采用装配式时，是无法达到等级评价要求的。

6. 装配率计算

装配率应根据表 4.0.1 中评价项分值按下式计算：

$$P = \frac{Q_1 + Q_2 + Q_3}{100 - Q_4} \times 100\%$$

装配式建筑评分表   表 4.0.1

评 价 项		评价要求	评价分值	最低分值
主体结构 （50 分）	柱、支撑、承重墙、延性墙板等竖向构件	35％≤比例≤80％	20～30*	20
	梁、板、楼梯、阳台、空调板 等构件	70％≤比例≤80％	10～20*	
围护墙和 内隔墙 （20 分）	非承重围护墙非砌筑	比例≥80％	5	10
	围护墙与保温、隔热、装饰一体化	50％≤比例≤80％	2～5*	
	内隔墙非砌筑	比例≥50％	5	
	内隔墙与管线、装修一体化	50％≤比例≤80％	2～5*	
装修和设备 管线（30 分）	全装修	—	6	6
	干式工法的楼面、地面	比例≥70％	6	
	集成厨房	70％≤比例≤90％	3～6*	
	集成卫生间	70％≤比例≤90％	3～6*	
	管线分离	50％≤比例≤70％	4～6*	

注：表中带"*"项的分值采用"内插法"计算，计算结果取小数点后 1 位。

几个主要计算项的说明：

（1）竖向承重构件计算

只针对主体结构的竖向构件，将其装配化程度作为装配率组成部分之一，并且将预制构件与合理的连接作为一个装配整体，当连接部位的尺寸、配筋构造、做法采用标准做法，现场的施工操作和模板等实现标准化时，连接部分的现浇混凝土计入预制构件计算，这在较大程度上简化了计算。

（2）水平构件计算

计算规则：①预制构件的投影面积计算时，可取支座外的净面积；②建筑平面中面积可按实际面积计算（不含竖向构件）；③阳台、空调板等可不考虑面积折算系数。

（3）维护墙和内隔墙非砌筑

可以参与计算的非砌筑墙体应为工厂生产、现场以干法施工安装为主的集成产品，非砌筑墙体的类型包括大中型板材、幕墙、木骨架或轻钢龙骨复合墙、新型砌体等。此项评分要求引导非承重墙采用非砌筑，是装配式建筑重点发展内容之一。计算规则是墙面面积应按各建筑功能区墙体面积计算，即双面计算也可按墙体数量单面计算，墙体高度应按实际高度取值。

（4）维护墙和内隔墙一体化设计与集成产品

维护墙一体化要求集成设计是前提，包括性能要求、材料及部品部件、做法和构造、组装及工序安排、质量标准等，设计文件应完整，深度应满足采购、生产、组装及检验验收等的需要。计算规则上可按外表面积计算，内嵌式维护墙可按整层计算，墙体高度按实际高度取值。

强调建筑墙体的设计集成和采用集成产品的重要性，目前工程实践中主要体现在设计集成方面，从长远的需求看，采用集成产品是一个必然发展的结果。

（5）全装修和装配化装修

此评分项体现的是减少甚至消除由于管线的维修和更换对建筑各系统及部品等的影响，是装配式建筑要达到的重要目标之一。

（6）集成厨房集成卫生间

在条文说明中给的解释，重点是通过设计集成＋工厂生产和主要采用干式工法装配而成，体现系统集成的建筑部品发展趋势。

2.1.3　《装配式建筑评价标准》应用解读

《装配式建筑评价标准》主要引导装配式建筑发展的几个方面：

1. 对技术体系和产品系统发展的引导

（1）提高主体结构尤其是装配式混凝土建筑结构的高效装配；

（2）全面发展全装修，积极研究和发展装配化装修；

（3）提高一体化设计水平，发展以设计集成＋工厂生产＋现场装配为核心特征的集成化建筑部品及相关产业。

2. 对发展政策的引导

（1）要以提高建筑品质为目标全面发展装配式建筑各系统；

（2）找到各地发展的优势与差距，切实做到因地制宜、自主研发与成熟引进相结合；

（3）在完成必要的既定指标任务基础上，提倡等级认定，通过小规模持续性的试点示范，对技术体系、产品体系和管理机制等不断总结和完善，达到可复制易推广的要求，要确保发展质量，避免追求数量。

3. 对项目开发的引导

（1）掌握并发挥好装配式建筑的系统优势，找到企业效益增长点，改变以"指标"做产品的思维；

（2）社会发展对建筑性能和品质的需求提出了更高的要求，量大面广的住宅建筑需要产品升级；

（3）根据装配式建筑系统性要求，组织好产品线的研发和在产业链上的布局发展。

4. 对建筑设计的引导

（1）适应工业化技术体系的需求，建筑设计要向高集成度发展；

（2）设计、建造与运维建筑全过程的需求，建筑设计要向系统集成发展；

（3）满足新要求、推出新产品、探索新模式，建筑设计向综合创新发展。

2.2　A、AA、AAA级装配式混凝土建筑案例及其分析

2.2.1　案例选项说明

本节选取的案例为北京市保障性住房建设投资中心建设投资的三个小户型保障房项目，三个项

目均采用装配整体式剪力墙结构,均采用装配式装修技术实施的全装修项目。三个项目经过自评均满足装配式建筑的要求,但因为建筑形式的影响,在进行等级评价时却有不同的结果。装配整体式剪力墙结构在前面章节里已进行相关描述,这里先简要介绍下装配式装修技术体系,以分析其与装配式建筑评价标准中内隔墙、装修和设备管线的匹配性。

北京市保障性住房建设投资中心投资建设的公共租赁住房项目为自己持有并进行运营管理,向社会保障家庭配租的项目。一方面为响应政府政策的号召,另一方面出于提高品质降低后期运行维护考虑,经过多方调研考察,北京市保障性住房建设投资中心决定走装配式装修的路径。于2011年底开展了装配式装修技术研发工作,2012年9月展开了公租房装配式装修试点工作,并在北京市京源路小区公租房体验馆内,推出了5个公租房样板户型及装配式装修体系。经过项目的验证后于2014年5月行成了企业标准《装配式装修技术规程》,该规程包括设计、部品材料选型、施工安装、验收及后期运维全过程的技术要求。于2016年又推出《装配式装修构造图集》,该图集涵盖材料部品技术性能指标要求、装配式部品的安装节点等。技术规程和标准图集共同构成装配式装修的全套标准化技术体系。

北京市保障性住房建设投资中心装配式装修技术以SI(管线与结构分离)体系为原则,倡导内装部品模块化集成化、施工安装绿色装配化、可逆安装的便捷维修更换以及实现室内环境的绿色环保。体系主要由与结构分离的管线及其集成体系、快装轻质隔墙体系、快装龙骨吊顶体系、模块式快装采暖地面体系组成。

1. 快装轻质隔墙及墙面

内隔墙均采用轻钢龙骨涂装板隔墙,取消全部砌筑隔墙,涂装板为工厂生产并集成了饰面层的板材,能够实现墙体与管线、装修一体化。隔墙设计结合室内管线的敷设进行集成,并考虑维修便利性(留置管线检修口);轻钢龙骨空腔内敷设给水、电气分支管线及线盒等。

2. 快装龙骨吊顶

快装龙骨吊顶由铝合金龙骨和5mm厚涂装板外饰面组成,用于厨房、卫生间和封闭阳台等部位吊顶。吊顶边龙骨沿墙面涂装板顶部挂装,固定牢固。房间跨度小于1800mm时,应用免吊杆的装配式吊顶,包含"几"字形、"L"形和"上"字形龙骨和吊顶板等。

3. 快装楼地面

快装楼地面采用模块式架空楼地面,为管线通道功能、地面标高控制与找平功能、地暖功能及装饰功能四项合一的多功能装配式地面解决方案,实现干式工法楼地面。地板模块集成了采暖,同时集成饰面层,实现架空楼地面与管线、装修一体化(图2.2.1-1)。楼地面架空层高度根据室内管线的敷设交叉及找坡需求进行计算,并考虑维修便利性(留置地面检修口);架空楼面空腔内敷设给水、电气分支管线等。卫生间等有防水要求的楼地面,门口设置挡水门槛。

图2.2.1-1 快装楼地面

4. 集成式卫生间

楼地面采用干式整体集成防水底盘，防水底盘与墙面防水材料共同形成完整的防水层，架空层内设置积水排水措施，并做防虫及防倒流处理。集成式卫生间快装隔墙（墙面）选用满足防水要求的快装轻质隔墙（图 2.2.1-2）。

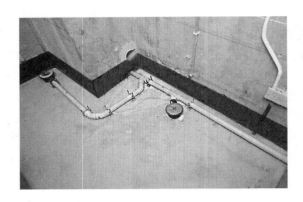

图 2.2.1-2　同层排水卫生间

5. 集成式厨房

集成式厨房设置橱柜、洗菜盆、灶具、排油烟机等设施，预留冰箱、热水器等电器设施的位置及相应接口（图 2.2.1-3）。燃气表安装在橱柜里，燃气表所在柜门上设通风百叶措施。厨房中各类水、电、暖等设备管线设置在架空层内，并设置检修口。

图 2.2.1-3　集成厨房

6. 设备管线

住宅户内给水、中水管道使用集成式快装系统。集中管道井设置在公共区域，并设置检修口，尺寸满足管道检修更换的空间要求。户内支管管道敷设于架空层内，连接管件由专用快插接口的管件连接，在现场按设计高度固定牢固。管路布置灵活，安装快捷便利，维修方便，不破坏结构，且不产生建筑垃圾（图 2.2.1-4，图 2.2.1-5）。户内配电箱、弱电箱应综合布线，箱体与快装轻质隔墙集成设计。

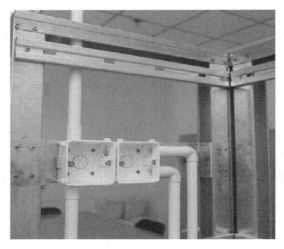

图 2.2.1-4　与结构分离的电气管线

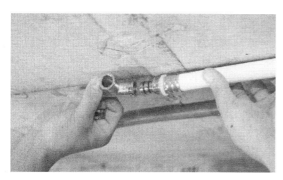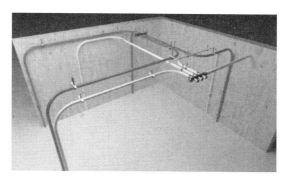

图 2.2.1-5　与结构分离的给水管线

2.2.2　A级装配式混凝土建筑案例及其分析

1. 项目基本情况

（1）项目概况

项目位于北京通州地区，地上建筑面积 5480m²，标准层建筑面积 869.7m²，建筑地上层数为 6 层，建筑总高度为 21.1m（图 2.2.2-1，图 2.2.2-2）。该项目共两种标准化户型，一种标准化卫生间，一种标准化厨房。

图 2.2.2-1　项目效果图

（2）主体结构

项目采用钢筋混凝土剪力墙结构（首层为现浇混凝土剪力墙结构，二层及以上为装配整体式剪力墙结构）。采用的预制构件种类有二类、六种，包括：预制剪力墙、预制女儿墙、预制楼板、预制阳台、预制空调板、预制楼梯、预制梁、预制装饰板等（图 2.2.2-3，图 2.2.2-4）。

（3）围护墙和内隔墙

本项目围护墙和内隔墙采用的预制部品部件包括：围护与保温、隔热、装饰一体化外墙板，钢筋混凝土预制内墙板，管线、装修一体化的轻钢龙骨硅酸钙板内隔墙。

（4）装修和设备管线

本项目装修和设备管线采用的部品和技术包括：全装修、干式工法楼/地面、集成厨房、集成卫生间、管线分离。

2. 装配率详细计算过程

（1）主体结构竖向构件应用比例计算

$$556.38/1011.6 = 55\%$$

其中，预制混凝土竖向构件总体积 556.38m³；混凝土竖向构件总体积 1011.6m³。

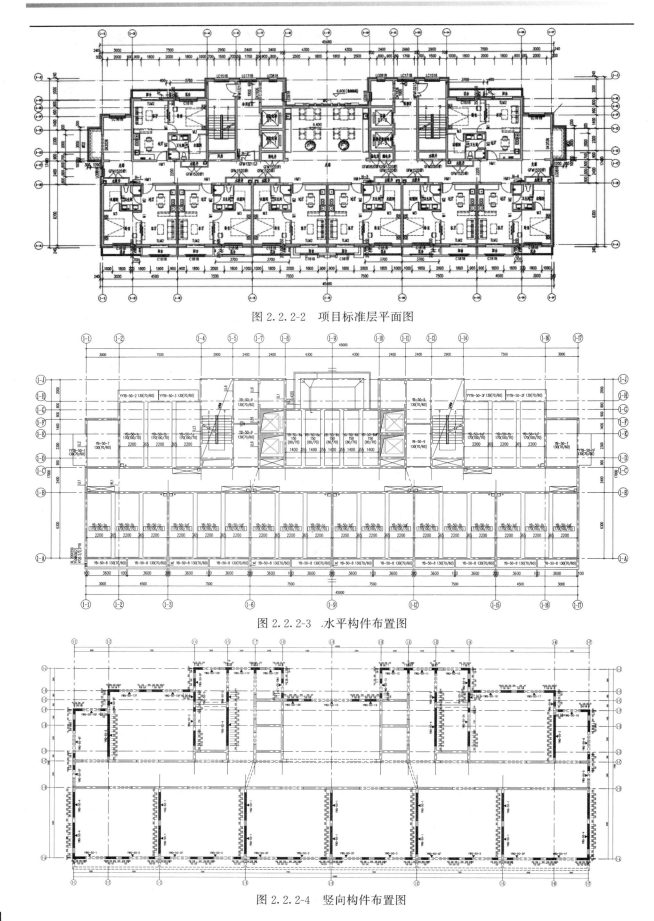

图 2.2.2-2　项目标准层平面图

图 2.2.2-3　水平构件布置图

图 2.2.2-4　竖向构件布置图

（2）水平预制构件应用比例计算

$$3562/5480=65\%$$

其中，水平预制构件总面积 3562m²；建筑总面积 5480m²。

（3）非承重围护墙（非砌筑）应用比例计算

本项目维护结构均为承重结构，故此项不参评。

（4）墙体、保温、隔热、装饰一体化围护墙应用比例计算

现浇层采用 PCF 板，装配层采用 PC 墙板，墙体、保温、隔热、装饰一体化围护墙应用比例为 100%。

（5）内隔墙中非砌筑墙体应用比例计算

$$2575.67/2839.87\times100\%=90.7\%$$

其中，各楼层内隔墙中非砌筑墙体的墙面面积之和为 2575.67m²；各楼层内隔墙墙面总面积 839.87m²。

（6）墙体、管线、装修一体化内隔墙应用比例计算

$$1978.99/2396.14\times100\%=82.59\%$$

其中，各楼层内隔墙采用墙体、管线、装修一体化的墙面面积之和为 1978.99m²；各楼层内隔墙墙面总面积 2396.14m²。

（7）干式工法楼面、地面应用比例计算

$$4932/5480\times100\%=90\%$$

其中，各楼层采用干式干法楼/地面的水平投影面积之和为 4932m²；各楼层建筑平面总面积 5480m²。

（8）集成厨房干式工法应用比例计算

100%，厨房全部采用集成厨房干式工法。

（9）集成卫生间干式工法应用比例计算

100%，卫生间全部采用集成厨房干式工法。

（10）管线分离比例计算

100%，给排水、暖通、电气专业管线实现全分离。

（11）装配率计算

装配率 $P=69/(100-5\times100\%=72\%$。详见表 2.2.2。

装配率计算   表 2.2.2

	评 价 项	评价要求	评价分值	最低分值	项目比例	项目分值
主体结构 （50分）	柱、支撑、承重墙、延性墙板等竖向构件	35%≤比例≤80%	20～30*	20	55%	23
	梁、板、楼梯、阳台、空调板等构件	70%≤比例≤80%	10～20*		65%	0
围护墙和 内隔墙 （20分）	非承重围护墙非砌筑	比例≥80%	5	10	—	—
	围护墙与保温、隔热、装饰一体化	50%≤比例≤80%	2～5*		100%	5
	内隔墙非砌筑	比例≥50%	5		90.7%	5
	内隔墙与管线、装修一体化	50%≤比例≤80%	2～5*		82.59%	5
装修和设备 管线 （30分）	全装修	—	6	6	—	6
	干式工法的楼面、地面	比例≥70%	6	—	90%	6
	集成厨房	70%≤比例≤90%	3～6*		100%	6
	集成卫生间	70%≤比例≤90%	3～6*		100%	6
	管线分离	50%≤比例≤70%	4～6*		100%	6
合计						68

注：表中带"*"项的分值采用"内插法"计算，计算结果取小数点后 1 位。

3. 评价等级分析

本项目采用了装配式剪力墙结构，水平构件和竖向构件都有使用，而且竖向构件比例较高，围护墙和内隔墙、装修和设备管线得分都比较高，但是因为水平构件比例偏低而造成本项目装配率低于76%，只能达到 A 级。

从此项目的平面来看，平面中公共区域占比较大，走廊比通常项目要宽，楼电梯核心筒区域面积也比较大，而这些区域均为现浇结构。另一方面，楼层较低，在首层全部为现浇情况下，总体水平构件比例较低。

从中可看出，平面楼型的布置对装配率影响还是比较大的。

2.2.3 AA 级装配式混凝土建筑案例及其分析

1. 项目基本情况

（1）项目概况

项目位于北京朝阳区，地上建筑面积 17090m²，地上层数为 19/23/27 层（退层造型），建筑总高度为 79.4m（图 2.2.3-1，图 2.2.3-2）。该栋楼共三种户型，其中大部分为 5400×5400 的标准化户型。

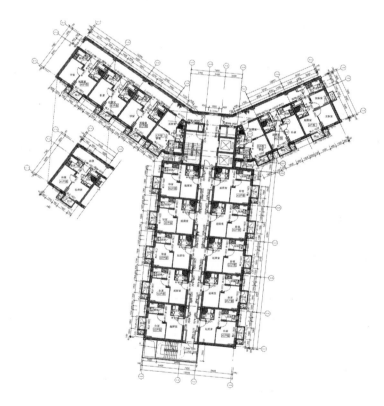

图 2.2.3-1 项目标准层平面图

（2）主体结构

采用钢筋混凝土剪力墙结构（首层～三层为现浇混凝土剪力墙结构，四层及以上为装配整体式剪力墙结构）。采用的预制构件种类有二类、六种，包括：预制剪力墙、预制女儿墙、预制楼板、预制阳台、预制空调板、预制楼梯、预制梁、预制装饰板等（图 2.2.3-3，图 2.2.3-4）。

（3）围护墙和内隔墙

本项目围护墙和内隔墙采用的预制部品部件包括：围护与保温、隔热、装饰一体化外墙板，钢筋混凝土预制内墙板，管线、装修一体化的轻钢龙骨硅酸钙板内隔墙。

图 2.2.3-2 项目现场图

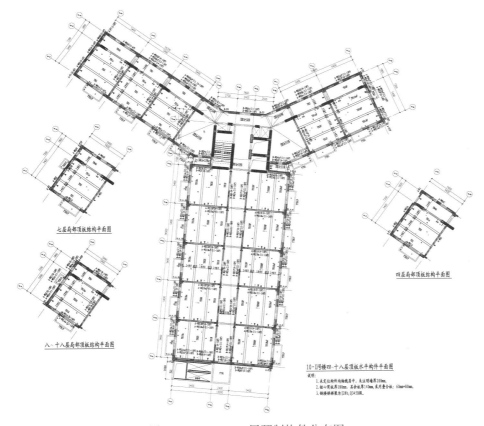

图 2.2.3-3 4～18 层预制构件分布图

（4）装修和设备管线

本项目装修和设备管线采用的部品和技术包括：全装修、干式工法楼/地面、集成厨房、集成卫生间、管线分离。

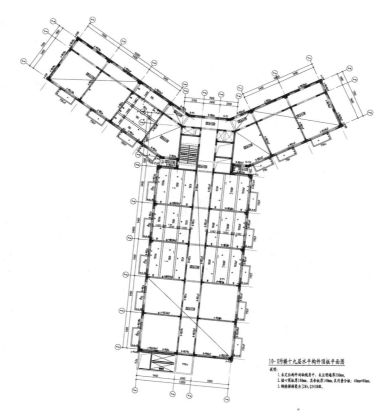

图 2.2.3-4　19 层预制构件分布图

2. 装配率详细计算过程

（1）主体结构竖向构件应用比例计算

$$3267.9/6049＝54\%$$

其中，预制混凝土竖向构件总体积 3267.9m³；混凝土竖向构件总体积 6049m³。

（2）水平预制构件应用比例计算

$$546.23/775.9＝70.4\%$$

其中，标准层水平预制构件总面积 546.23m²；建筑总面积 775.9m²。

（3）非承重围护墙（非砌筑）应用比例计算

本项目维护结构均为承重结构，故此项不参评。

（4）墙体、保温、隔热、装饰一体化围护墙应用比例计算

$$（168.67－22.76）/168.67＝86.5\%$$

其中，标准层长度＞600mm 的现浇墙体长度为 22.76m；外墙总长 168.67m。

（5）内隔墙中非砌筑墙体应用比例计算

$$33582.73/42509.84×100\%＝79\%$$

其中，各楼层内隔墙中非砌筑墙体的墙面面积之和为 33582.73m²；各楼层内隔墙墙面总面积 42509.84m²。

（6）墙体、管线、装修一体化内隔墙应用比例计算

$$29972.768/42509.84×100\%＝70\%$$

其中，各楼层内隔墙采用墙体、管线、装修一体化的墙面面积之和为 29972.77m²；各楼层内隔墙墙面总面积 42509.84m²。

（7）干式工法楼面、地面应用比例计算

$$17258.03/18520.00×100\%＝93\%$$

其中，各楼层采用干式工法楼/地面的水平投影面积之和为 17258m²；各楼层建筑平面总面积 18520m²。

（8）集成厨房干式工法应用比例计算

100%，厨房全部采用集成厨房干式工法。

（9）集成卫生间干式工法应用比例计算

$$9538.37/10777.1 \times 100\% = 89\%$$

其中，各楼层卫生间墙面、顶面和地面采用干式工法的面积之和为 9538.37m²；各楼层卫生间墙面、顶面和地面的总面积 10777.1m²。

（10）管线分离比例计算

$$120557.92/147243.92 \times 100\% = 81\%$$

其中，各楼层管线分离的长度为 120557.92m；各楼层电气、给水排水和采暖管线的长度为 147243.92m。

（11）装配率计算

装配率 $P = 81.6/(100-5) \times 100\% = 85.9\%$。详见表 2.2.3。

国标装配率计算   表 2.2.3

	评 价 项	评价要求	评价分值	最低分值	项目比例	项目分值
主体结构 （50分）	柱、支撑、承重墙、延性墙板等竖向构件	35%≤比例≤80%	20～30*	20	54%	23.8
	梁、板、楼梯、阳台、空调板等构件	70%≤比例≤80%	10～20*		70%	10.0
围护墙和 内隔墙 （20分）	非承重围护墙非砌筑	比例≥80%	5	10	—	—
	围护墙与保温、隔热、装饰一体化	50%≤比例≤80%	2～5*		87%	5.0
	内隔墙非砌筑	比例≥50%	5		79%	5.0
	内隔墙与管线、装修一体化	50%≤比例≤80%	2～5*		70%	4.0
装修和设备 管线 （30分）	全装修	—	6	6		6.0
	干式工法的楼面、地面	比例≥70%	6	—	93%	6.0
	集成厨房	70%≤比例≤90%	3～6*		100%	6.0
	集成卫生间	70%≤比例≤90%	3～6*		89%	5.8
	管线分离	50%≤比例≤70%	4～6*		81%	6.0
合计						81.6

注：表中带"*"项的分值采用"内插法"计算，计算结果取小数点后 1 位。

3. 评价等级分析

本项目采用标准户形组合，平面为三叉形，竖向多次退层，单走廊户型走廊外墙窗位置持续跳跃变化（图 2.2.3-5）；采用预制高性能混凝土箱形截面水平装饰构件，二次吊装；建筑整体造型富于变化。基于标准户型的装配式建筑实现新锐建筑师创意作品，并且达到了高装配率 85.9%，达到

图 2.2.3-5 项目效果图

AA 级要求。

从此项目来看，装配式混凝土结构完全可以实现建筑造型丰富性的要求（注：本案例在第 5 章"标准化设计管理工程案例分析"中有详细介绍）。

2.2.4　AAA 级装配式混凝土建筑案例及其分析

1. 项目基本情况

（1）项目概况

项目位于北京通州台湖镇，地上建筑面积 9931m²，标准层建筑面积 350m²，建筑地上层数为 28 层，建筑总高度为 79.6m（图 2.2.4-1）。该项目采用统一规格尺寸（5400mm×7200mm）的三种标准化户型，一种标准化卫生间和一种标准化厨房。

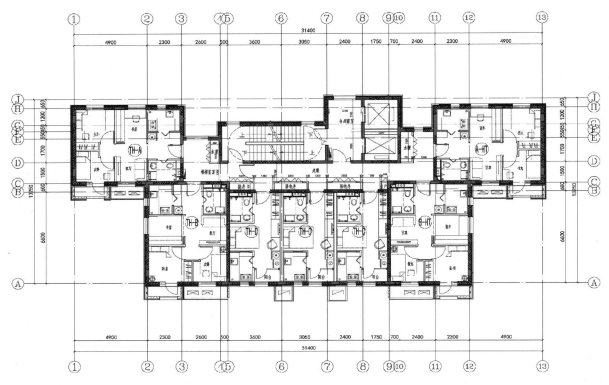

图 2.2.4-1　标准层平面图

（2）主体结构

采用钢筋混凝土剪力墙结构（首层～三层为现浇混凝土剪力墙结构，四层及以上为装配整体式剪力墙结构）。采用的预制构件种类有二类、七种，包括：预制剪力墙、预制内墙、预制女儿墙、预制楼板、预制阳台、预制空调板、预制楼梯、预制梁、预制装饰板等（图 2.2.4-2，图 2.2.4-3）。

（3）围护墙和内隔墙

本项目围护墙和内隔墙采用的预制部品部件包括：围护与保温、隔热、装饰一体化外墙板，钢筋混凝土预制内墙板，管线、装修一体化的轻钢龙骨硅酸钙板内隔墙。

（4）装修和设备管线

本项目装修和设备管线采用的部品和技术包括：全装修、干式工法楼/地面、集成厨房、集成卫生间、管线分离。

2. 装配率详细计算过程

（1）主体结构竖向构件应用比例计算

$$2559.38/3111.16 = 82.3\%$$

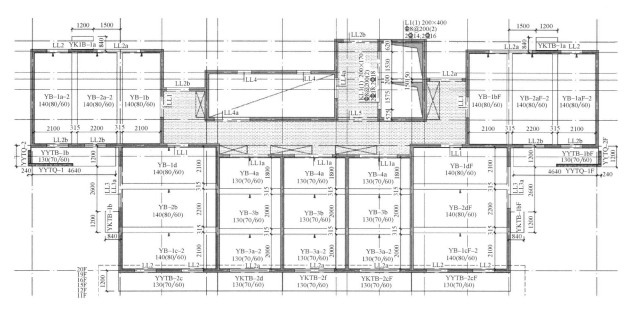

图 2.2.4-2 水平构件布置图

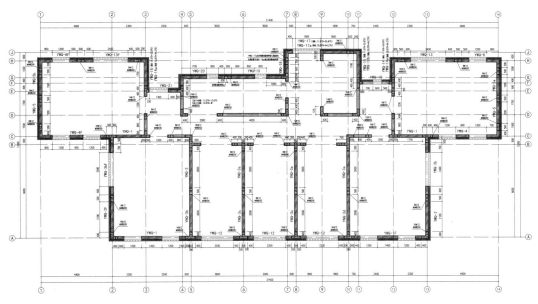

图 2.2.4-3 竖向构件布置图

其中，预制混凝土竖向构件总体积 2559.38m³；混凝土竖向构件总体积 3111.16m³。

（2）水平预制构件应用比例计算

$$7777.17/8837.81＝88.0\%$$

其中，标准层水平预制构件总面积 7777.17m²；建筑总面积 8837.81m²。

（3）非承重围护墙（非砌筑）应用比例计算

本项目维护结构均为承重结构，故此项不参评。

（4）墙体、保温、隔热、装饰一体化围护墙应用比例计算

$$（109.92－2.8）×24/109.92×28＝2570.88/3077.76＝83.5\%$$

其中，标准层长度＞600mm 的现浇墙体长度为 2.8m；外墙总长：109.92×28＝3077.76m。

（5）内隔墙中非砌筑墙体应用比例计算

$$311674.55/13223.92×100\%＝88.3\%$$

其中，各楼层内隔墙中非砌筑墙体的墙面面积之和为 6843.26m²；各楼层内隔墙墙面总面积 13223.92m²。

（6）墙体、管线、装修一体化内隔墙应用比例计算

$$6992.02/13223.92×100\%＝52.9\%$$

其中，各楼层内隔墙采用墙体、管线、装修一体化的墙面面积之和为 6992.02m²；各楼层内隔墙墙面总面积 13223.92m²。

（7）干式工法楼面、地面应用比例计算

$$6779.92/9398.48×100\%＝72.1\%$$

其中，各楼层采用干式工法楼面、地面的水平投影面积之和为 6779.92m²；各楼层建筑平面总面积 9398.48m²。

（8）集成厨房干式工法应用比例计算

100%，厨房全部采用集成厨房干式工法。

（9）集成卫生间干式工法应用比例计算

100%，卫生间全部采用集成卫生间干式工法。

（10）管线分离比例计算

$$29499.98/36772.95×100\%＝80.22\%$$

其中，各楼层管线分离的长度为 4271.43＋25228.55＝29499.98m；各楼层电气 11544.4m（其中管线分离长度 4271.43m）；各楼层给水排水和采暖管线的长度为 25228.55m（均为管线分离）。

（11）装配率计算

装配率 $P＝92.3/(100-5)×100\%＝97.2\%$。详见表 2.2.4。

国标装配率计算　　　　　　　　　　　　　　　表 2.2.4

	评价项	评价要求	评价分值	最低分值	项目比例	项目分值
主体结构 （50分）	柱、支撑、承重墙、延性墙板等竖向构件	35%≤比例≤80%	20～30*	20	82.3%	30.0
	梁、板、楼梯、阳台、空调板等构件	70%≤比例≤80%	10～20*		88%	20.0
围护墙和 内隔墙 （20分）	非承重围护墙非砌筑	比例≥80%	5	10	100%	5.0
	围护墙与保温、隔热、装饰一体化	50%≤比例≤80%	2～5*		83.5%	5.0
	内隔墙非砌筑	比例≥50%	5		82%	5.0
	内隔墙与管线、装修一体化	50%≤比例≤80%	2～5*		52.9%	2.3
装修和 设备管线 （30分）	全装修	—	6	6		6.0
	干式工法的楼面、地面	比例≥70%	6	—	72.1%	6.0
	集成厨房	70%≤比例≤90%	3～6*		100%	6.0
	集成卫生间	70%≤比例≤90%	3～6*		100%	6.0
	管线分离	50%≤比例≤70%	4～6*		80.22%	6.0
合计						92.3

注：表中带"＊"项的分值采用"内插法"计算，计算结果取小数点后 1 位。

3. 评价等级分析

本项目在抗震设防 8 度地区、建筑高度 79.6m 情况下实现 97.2% 的高装配率，而且整个项目通过标准化管理，在 2 个地块间实现同户型同楼型的多样化外观效果（注：本案例在第 5 章"标准化设计管理工程案例分析"中有详细介绍）。

2.3　实现不同评价等级的装配式混凝土建筑技术选项策略

当前各地纷纷出台装配式相关的产业政策，技术和产品也在发展，新开发建设的项目必然面临

着要实施装配式建筑。那么选择什么样的装配方案,采用什么样的技术体系,在项目开始策划时就必须作为一个重要的考量要素。装配方案、技术体系一方面决定着项目的效果和效益,另一方面也要与政策、规划相符合。结合前两节关于《装配式建筑评价标准》的解读以及项目案例分析,本节将对采用的装配式技术选项方案进行分析。

2.3.1 制定装配式技术选项方案的原则

制定装配式技术选项方案时不能为装配式而装配式,既不能为追求高装配率和预制率而选择比较冒进的做法,超出规范约束的做法,也不能只为达到装配式建筑的基本要求,想方设法去凑比例。装配式技术选项方案的制定要综合考虑各方面因素进行选择。

1. 平衡经济性

装配式混凝土结构的建造成本在目前阶段相对于现浇结构有一定量的增加费用,主要在于预制构件产品费用、运输费用、吊装费用、墙板和楼板拼缝处理及相关材料费用等。以北京市某预制构件厂为例,与同等条件现场浇筑对比,预制外墙每建筑平方米增加 223 元,预制内墙增加 188 元,楼梯增加 40.04 元,楼板增加 26.96 元[9]。那么在确定结构装配方案时,要根据项目情况,合理比较选择实施预制装配的部位。

但是要避免极端的情况,如有的住宅项目,按建筑设计平面,完全可以将除公共部位以外的室内区域均采用预制叠合楼面,但经过计算发现,只把平面中的一部分采用预制叠合楼面就可以达到政府要求的预制率指标,于是就部分采用叠合楼面。但这样适得其反,同一楼层又是现浇又是预制,给施工带来极大麻烦,而且预制构件越规模化其实成本越具备优势。所以当一个项目决定采用某一类构件时,应在规范许可的范围内能采用都采用,更利于项目的实施。

另外,相对于装配式结构,装配式装修技术实施起来技术难度要低一些,在当地技术条件许可的条件下内装修采用装配式会带来综合效益的提升。

2. 平衡可实施性

一是建筑方案与装配式结构的适配性。不同建筑体型对预制构件成本和用量的影响很大,采用相同装配式建筑技术体系的两栋建筑,由于建筑体型、外立面复杂程度对预制构件设计、生产及安装影响非常大,直接反映在成本上。所以当选择装配式结构体系时要分析建筑方案的可行性。

二是建造的可实施性。当地构件生产能力、吊装设备能力、施工单位的工艺把控能力,采用装配式装修时,市场所具备的内装部品体系等,均须在制定策划方案时进行市场的调查,确保实际建设的可行性。

2.3.2 如何实施装配式建筑的基本认定

装配式建筑的基本认定标准规定了主体结构的评分值、围护墙和内隔墙的评分值、全装修以及装配率不低于 50% 这四项要求,其目的是引导采用新型墙体和装修,鼓励装配式结构和装配化装修协调均衡发展。下面根据选择装配式装修或装配式结构的倾向性,建议两种方案。

1. 基本认定标准装配方案一

以内装修采用装配式为主。即内隔墙、装修和设备管线争取得较高的分数,结构满足最低要求。

此装配方案,装配式混凝土结构选择实施水平构件,可不实施竖向构件。即结构选择相对容易实现的水平构件预制方案。此时必须注意,采用水平构件一般预制率在 15% 左右,有的省市同时要求预制率指标,要看能否满足政策要求。选择这个装配方案,水平构件必须达到 80%,故一定要提前评判建筑平面能否满足条件,不要出现 2.2 节中 A 级装配式建筑案例那种情况。在装配整体式剪力墙结构建筑中,当外墙没有采用竖向构件时,装配式剪力墙结构住宅在非承重墙非砌筑以及围护墙与保温、隔热、装饰一体化实施起来有一定的难度,故建议选择装配式全装修技术体系,其关键要素是要采用管线与结构分离技术、采用集成度高的内隔墙等内装修部品以及可实现干法作业的部品及构造。

此种装配方案，分值可在 50 分以上，预评价表见表 2.3.2-1。

装配方案一　　　　　　　　　　　　　　　　　　　　　　表 2.3.2-1

	评价项	评价要求	评价分值	最低分值	选择情况	项目分值
主体结构 （50分）	柱、支撑、承重墙、延性墙板等竖向构件	35%≤比例≤80%	20～30*	20	×	
	梁、板、楼梯、阳台、空调板等构件	70%≤比例≤80%	10～20*		√	20.0
围护墙和 内隔墙 （20分）	非承重围护墙非砌筑	比例≥80%	5	10	×	
	围护墙与保温、隔热、装饰一体化	50%≤比例≤80%	2～5*		×	
	内隔墙非砌筑	比例≥50%	5		√	5.0
	内隔墙与管线、装修一体化	50%≤比例≤80%	2～5*		√	3～5
装修和设 备管线 （30分）	全装修	—	6	6	√	6.0
	干式工法的楼面、地面	比例≥70%	6	—		
	集成厨房	70%≤比例≤90%	3～6*		√	6.0
	集成卫生间	70%≤比例≤90%	3～6*		√	6.0
	管线分离	50%≤比例≤70%	4～6*		√	4～6
合计						50～61

注：表中带"＊"项的分值采用"内插法"计算，计算结果取小数点后 1 位。

2. 基本认定标准装配方案二

以结构采用装配式为主，即装配式混凝土结构选择同时实施水平和竖向构件预制，围护墙和内隔墙以及装修和设备管线选择部分评价项。

同样因为水平构件技术上较易实现而且也比较经济，所以水平构件在结构计算许可的条件下全部预制依然要作为首选，保证得分在 10～20。竖向构件的选择上需要做取舍，虽然单从构件的价格上看外墙构件价格高于内墙构件，但选择外墙构件预制，通常可选预制混凝土夹心保温外墙板，也可通过将外围护非结构承重的部分与承重部分一起预制，这样同时可实现围护墙与保温、隔热、装饰一体化，也可实现非承重围护墙非砌筑。在结构计算许可的条件下所有能预制的外墙单元均采用预制构件，通常竖向构件这一项可达到 35%。在外墙竖向构件达不到 35% 时，可选择补充内承重墙预制。内承重墙需要考虑内装修各种点位的预留到位。方案二选择的关键点是主体结构两项都得分，最低分值 30～40。非承重围护墙非砌筑和围护墙与保温、隔热、装饰一体化两项都得分，最低分值 10。全装修必选得 6。如果结构预制方案合理，这几个选项即可保证评分在 50 以上。

在主体结构得分低于 30 时，因为在住宅建筑设计中，相对其他内装部品，厨房和卫生间相对容易实现标准化，在标准化的基础上采用集成厨房和集成卫生间，技术上比较容易实现，所以这两项可以选择全部得分，计 12 分。当然，这是一种分析上的结论，可根据工程实际条件进行分析判断。

此种装配方案，分值可在 53 分以上。预评价表见表 2.3.2-2。

装配方案二　　　　　　　　　　　　　　　　　　　　　　表 2.3.2-2

	评价项	评价要求	评价分值	最低分值	选择情况	项目分值
主体结构 （50分）	柱、支撑、承重墙、延性墙板等竖向构件	35%≤比例≤80%	20～30*1	20	√	20～30
	梁、板、楼梯、阳台、空调板等构件	70%≤比例≤80%	10～20*1		√	10～20
围护墙和 内隔墙 （20分）	非承重围护墙非砌筑	比例≥80%	5	10	√	5
	围护墙与保温、隔热、装饰一体化	50%≤比例≤80%	2～5*1		√	5
	内隔墙非砌筑	比例≥50%	5		×	0
	内隔墙与管线、装修一体化	50%≤比例≤80%	2～5*1		×	0

续表

评价项		评价要求	评价分值	最低分值	选择情况	项目分值
装修和设备管线(30分)	全装修	—	6	6	√	6
	干式工法的楼面、地面	比例≥70%	6		×	0
	集成厨房	70%≤比例＜90%	3～6[*1]	—	×或√[*2]	0或6
	集成卫生间	70%≤比例＜90%	3～6[*1]		×或√[*2]	0或6
	管线分离	50%≤比例＜70%	4～6[*1]		×	0
合计						50～78

注：*1 分值采用"内插法"计算，计算结果取小数点后1位。

*2 当主体结构得分达到40分以上时，可不选。

2.3.3 如何实施装配式建筑的等级认定

装配式建筑等级评价标准体现较高装配化程度的要求。从实际项目的计算结果分析来看，当主体结构装配化程度较高时，一般评价分值在40～45之间，这种情况下，要达到等级评价要求，必须选择装修项有一定的得分值。当采用装配式装修，管线分离度比较高，楼地面采用集成管线的架空做法，内隔墙采用集成管线和饰面的非砌筑做法时，计算上主体结构选择竖向构件≥35%，是可以达到A级评价要求，但要达到AA、AAA级，则必须在主体结构项里选择水平构件和竖向构件都得分的结构装配方案。

1. A级标准装配方案

（1）A级标准装配方案一：选择主体结构装配高程度，分值为40～45之间，装修可选择部分装配，如采用集成厨房、集成卫生间，预评价表见表2.3.3-1。

A级标准装配方案一　　　　　　　　　　　　表2.3.3-1

	评价项	评价要求	评价分值	最低分值	选择情况	项目分值
主体结构(50分)	柱、支撑、承重墙、延性墙板等竖向构件	35%≤比例≤80%	20～30[*1]	20	√	20～30
	梁、板、楼梯、阳台、空调板等构件	70%≤比例≤80%	10～20[*1]		√	10～20
围护墙和内隔墙(20分)	非承重围护墙非砌筑	比例≥80%	5	10	√	5
	围护墙与保温、隔热、装饰一体化	50%≤比例≤80%	2～5[*1]		√	2～5
	内隔墙非砌筑	比例≥50%	5		×或√[*2]	5
	内隔墙与管线、装修一体化	50%≤比例≤80%	2～5[*1]		×或√[*2]	2～5
装修和设备管线(30分)	全装修	—	6	6	√	6
	干式工法的楼面、地面	比例≥70%	6		×	0
	集成厨房	70%≤比例＜90%	3～6[*1]	—	√	6
	集成卫生间	70%≤比例＜90%	3～6[*1]		√	6
	管线分离	50%≤比例＜70%	4～6[*1]		×或√[*2]	2～5
合计						≥60

注：*1 分值采用"内插法"计算，计算结果取小数点后1位。

*2 综合平衡项目条件选择。

（2）A级标准装配方案二：选择装配式装修，内隔墙、装修和设备管线完全得分，即做到装修实现干法作业、集成部品、管线分离等。预评价表见表2.3.3-2。

2. AA级和AAA级标准装配方案

当预定目标在AA、AAA时，毫无疑问，主体结构和装修均需考虑非常高的装配程度。从技术实现容易度上首选装配式装修方案，而且争取评价分值满分的技术方案。预评价表见表2.3.3-3。

A级标准装配方案二　　　　　　　　　　　　　　　　　　　　　表 2.3.3-2

评 价 项		评价要求	评价分值	最低分值	选择情况	项目分值
主体结构 (50分)	柱、支撑、承重墙、延性墙板等竖向构件	35%≤比例≤80%	20~30*1	20	×或√*2	20~30
	梁、板、楼梯、阳台、空调板等构件	70%≤比例≤80%	10~20*1		√	10~20
围护墙和 内隔墙 (20分)	非承重围护墙非砌筑	比例≥80%	5	10	×或√*3	5
	围护墙与保温、隔热、装饰一体化	50%≤比例≤80%	2~5*1		×或√*3	2~5
	内隔墙非砌筑	比例≥50%	5		√	5
	内隔墙与管线、装修一体化	50%≤比例≤80%	2~5*1		√	2~5
装修和 设备管线 (30分)	全装修	—	6	6	√	6
	干式工法的楼面、地面	比例≥70%	6	—	√	6
	集成厨房	70%≤比例≤90%	3~6*1		√	6
	集成卫生间	70%≤比例≤90%	3~6*1		√	6
	管线分离	50%≤比例≤70%	4~6*1		√	2~5
合计						≥60

注：*1　分值采用"内插法"计算，计算结果取小数点后1位。
　　*2　当水平构件分值达到20分时，可根据装修项得分情况评估是否实施竖向预制构件。
　　*3　当采用外墙预制方案时，建议采用。

AA/AAA级标准装配方案　　　　　　　　　　　　　　　　　　　表 2.3.3-3

评 价 项		评价要求	评价分值	最低分值	选择情况	项目分值
主体结构 (50分)	柱、支撑、承重墙、延性墙板等竖向构件	35%≤比例≤80%	20~30*	20	√	20~30
	梁、板、楼梯、阳台、空调板等构件	70%≤比例≤80%	10~20*		√	10~20
围护墙和 内隔墙 (20分)	非承重围护墙非砌筑	比例≥80%	5	10	√	5
	围护墙与保温、隔热、装饰一体化	50%≤比例≤80%	2~5*		√	2~5
	内隔墙非砌筑	比例≥50%	5		√	5
	内隔墙与管线、装修一体化	50%≤比例≤80%	2~5*		√	2~5
装修和 设备管线 (30分)	全装修	—	6	6	√	6
	干式工法的楼面、地面	比例≥70%	6	—	√	6
	集成厨房	70%≤比例≤90%	3~6*		√	6
	集成卫生间	70%≤比例≤90%	3~6*		√	6
	管线分离	50%≤比例≤70%	4~6*		√	≥4
合计						≥76

注：表中带"*"项的分值采用"内插法"计算，计算结果取小数点后1位。

第 **3** 章

装配式混凝土建筑设计流程管理控制点

传统现浇建筑体系下，建设的流程是先设计，然后照图施工，当出现产品不配套时在后期出设计变更，装修进场后各种拆改土建及设备管线。设计流程里一般考虑建筑设计各专业间的协调较多，考虑建造及部品生产较少，往往由建筑专业提基础条件，结构和设备专业各自设计，期间互相反提条件，各种磨合，通常而言，需要专业分包配合的甩在后期深化设计，例如装修通常都是由深化设计单位另行设计。装配式混凝土建筑因为工厂化生产、一体化装修、装配化施工，类同于工业产品的制造，要实现精细化的建造，更要杜绝边建边拆改的做法，就必须打破传统的各环节的串行方式，要将设计、生产、施工、后期运维全过程的各环节并行起来：建筑设计要与工厂生产、主体施工及内装修施工协同，以前位于产业链后端的生产、建造要求必须提前介入到设计流程中。

3.1 建立基于全过程协同的集成设计管理综述

装配式混凝土建筑项目设计流程在大的划分阶段上一般包括：控规调整及技术策划、技术方案设计、初步设计及施工图设计（应包括预制构件加工图设计及装修设计），与传统现浇结构相比，在各流程阶段要将传统设计置于后端的生产工艺要求、施工安装要求提前至设计各阶段中，需要在各设计阶段对装配式相关内容进行专项策划。各个设计阶段应编制相应深度的技术方案、设计文件等，供有关行政主管部门及建设单位开展审核、认定、审批等相关工作。总体原则如下：

（1）各设计阶段应进行绿色建筑、装配式建筑、建筑节能等专项技术策划，对技术选型、技术经济可行性和可建造性进行评估，并应科学合理地确定建造目标与技术实施方案。

（2）装配式混凝土建筑项目设计全过程应按照建筑、装修、结构、设备一体化集成设计。

（3）装配式混凝土建筑项目应采用系统集成的方法统筹设计、生产运输、施工安装，实现全过程的协同。建造全过程应实现三个协同：

① 建筑方案、室内装修和构件及部品生产的协同；

② 工程设计和工厂生产的协同；

③ 主体施工和内装施工的协同。

（4）项目设计中积极应用BIM（建筑信息模型）技术，并加强与施工阶段、后期运维阶段BIM应用的协同和对接。

本书所策划的设计流程管理控制是针对整个项目进行的，强调装配式专项部分，但还是基于项目整体的设计流程。主要明确各阶段设计方需完成的专项技术方案的内容要求及报审要求，项目各设计阶段需要提交政府主管部门审核批复的按政策文件执行。

3.2　各设计阶段管理控制点

3.2.1　控规调整及技术策划阶段

前期的技术策划对项目的实施起到十分重要的作用，在此阶段，项目通常需要按国家相关规定完成规划方案、单体方案、设计说明、技术经济指标等。对于装配式建筑，建设单位及设计咨询方还应充分考虑装配式建筑、绿色建筑、建筑节能等执行政策文件要求，在分析项目定位、规模、成本指标的同时必须分析项目的装配化目标，进行合理的装配式建筑专项技术策划，形成专项技术实施方案，这是装配式建筑关键的一个设计环节。

装配式建筑前期专项技术策划要考虑的主要外部因素包括：

（1）当地的装配式建筑相关政策文件要求。对于预制率、装配率的要求；对结构体系的要求；对装修体系的要求等。

（2）技术体系情况。当地可采用的技术体系类别、可依托技术产品支撑情况等。

（3）当地的预制构件生产状况。构件生产单位的生产工艺水平、生产能力、管理能力、与建设项目间的距离及运输条件、是否具备灌浆作业的能力等。

（4）施工单位的生产能力。产业工人情况、管理人员的综合能力、塔吊的起重能力、脚手架模板支撑体系等。

装配式建筑专项前期技术策划要考虑的项目因素包括：

（1）项目用地规划条件。

（2）建设单位需求。项目功能定位、户型、平面布局和建筑形态等；建设周期要求。

在总体分析和方案优化的基础上，确定装配式建筑实施采用的技术路线和相关经济技术指标，并完成报告。策划报告包含以下内容：

（1）技术策划依据和要求、标准化设计要求、建筑结构体系、建筑维护系统、建筑内装系统、设备管线等内容及建筑集成技术实施方案。

（2）项目采用的结构技术体系；预制构件、建筑部品系列；预制率、装配率。

（3）项目标准化程度预期控制指标：基本户型种类和重复使用率；各类预制构件、建筑部品规格数量和重复使用率。

（4）在总平面布置、单元平面布置及标准模块的确定、建筑形式构成及预制外墙组合设计、体型系数控制、建筑各部位采用的预制构件或建筑部品规划、保温节能方案等环节，都应有体现装配式建筑特点的相关设计。

（5）经济性评估，包括项目规模、成本、质量、效率等。

（6）协同设计工作方法细则：包含协同机制建立和组织管理流程、协同平台技术管理运行规则、各方协调权限、整体工作计划等。

（7）信息化技术应用：设计阶段建筑信息模型生成交付标准、技术接口、应用功能、范围、规则等。

3.2.2　方案设计阶段

方案阶段应根据技术策划实施方案做好平面设计、立面及剖面设计，为初步设计阶段工作奠定基础。要遵循城市规划要求，满足使用功能需要。方案阶段要依据技术策划，在平面设计的标准化与系列化、立面设计的个性化和多样化进行深化，做到构件的"少规格、多组合"；同步考虑内装体系和对应内装部品与设备管线、结构墙体布置的结合，综合考虑功能合理性以及成本的经济性与合理性。

在方案设计阶段，设计方应该配合建设方完成以下工作：

（1）深化单体及规划方案；

（2）各专业方案设计（包括各专业装配式建筑专项方案设计）；

（3）绿色建筑技术策划方案（包括执行政策文件，确定技术路线）；

（4）装配式建筑项目实施技术方案；

（5）室内装修方案；

（6）人防规划咨询；

（7）园林咨询；

（8）消防咨询。

在方案阶段，除常规项目报批规划及建筑方案评审、方案复函外，为保证装配式建筑项目的顺利实施，对技术体系的可实施性、经济性进行把关，建设方需要组织装配式建筑项目实施技术方案专家评审，评审时间应在深化技术方案或初步设计完成后、施工图设计前进行。技术方案经专家评审通过后，应形成装配式建筑技术方案专家评审意见，并由评审专家签字确认。

有些城市，如北京，专门出台政策要求建设方组织该实施技术方案的评审，而且评审专家需要从经考核选拔的专家库中抽选。即使没有政策的要求，这一步也非常关键。

装配式建筑项目实施技术方案应满足套型设计的标准化与系列化要求，采用适宜的结构技术体系，对预制构件类型、连接技术提出设计方案，对构件加工制作、施工装配的可行性进行分析，并协调开发建设、设计、构件制作、施工装配等各方要求，加强各专业间的协同配合。表3.2.2为引用北京市规划和国土资源管理委员会关于《北京市装配式建筑项目设计管理办法》的要求，说明装配式建筑项目实施技术方案应包含的内容。

装配式建筑项目实施技术方案应包含内容

表 3.2.2

项目		主 要 内 容	
项目概况		综合性地简要介绍项目的基本情况,包括项目位置、用地面积、建筑面积、容积率、项目楼栋情况、装配式建筑楼栋情况、装配式建筑结构体系及使用预制构件种类说明、装配式施工实施情况等	
项目装配式设计范围及目标	装配式设计范围	(1)进行装配式设计的楼栋位置,编号及数量 (2)单栋楼中进行装配式设计的楼层和构件	
	设计目标	由政策或规划条件或保障房中心自身提出的预制率、装配率指标;示范效应	
工作机制建立	装配式建筑统筹协调及管理人员配置情况	(1)建设单位统筹协调参建各方的工作机制 (2)管理人员配置情况	
	装配式建筑验收制度建立	(1)建立装配式建筑预制构件验收制度 (2)建立装配式建筑工程验收制度	
技术配置表详表		阶段	技术配置选项	是否实施
		标准化设计	标准化模块	
			多样化组合	
			模数协调	
		工厂化生产装配化施工	预制柱	
			预制叠合梁	
			预制夹心外墙板	
			预制内墙	
			叠合楼板	
			预制女儿墙	
			预制楼梯	
			叠合阳台	
		注：内容与表格式样仅供参考，内容需包括标准化设计、生产与现场装配、内装、信息化以及绿建的内容，应包括但不限于国家装配式建筑评价标准中所涉及的项目。		

续表

项目		主 要 内 容
装配式建筑 设计方案	建筑设计	(1)标准化设计(户型、功能模块、预制构件等) ①户型模块标准化 ②预制构件标准化 (2)装配式建筑平面、立面设计(总平面、单体平面和立面、预制构件和墙体布置图等,要求至少用A3纸彩打,图示清晰。预制构件的绘制颜色在设计图纸或BIM中应使用明显的颜色标示) (3)预制率、装配率计算 (4)关键连接节点技术
	结构设计	(1)装配式建筑结构体系 (2)装配式节点设计
	预制构件 设计	(1)各预制构件设计说明 (2)预制构件初步设计(提交资料应包括但不限于预制构件或叠合构件的平面布置图、构件模板图、典型构件节点详图等;设计成果应采用BIM信息化技术生成相关构件图纸)
	BIM技术 应用	(如项目采用BIM技术,应进行BIM建模和分析,应有装配式施工安装的演示图或视频) (1)BIM技术建模分析 (2)装配式施工流程BIM演示
预制构件生产和运输		(包括预制构件的生产概况、生产厂家应制订相应工厂操作手册和作业制度、生产过程应由监理全程监管等) (1)预制构件生产概况 (2)预制构件生产的质量控制要点 (3)预制构件标示及成品保护措施 (4)预制构件运输方案
装配式建筑其他技术 应用情况		新技术、新材料、新设备、新工艺等相关技术的应用情况
其他需要说明的内容		
附件		装配式建筑平面、立面设计(总平面、单体平面和立面、预制构件和墙体布置等)

3.2.3 初步设计阶段

初步设计阶段各专业进行协同设计,构件的设计必须纳入考虑,以进一步细化和落实所采用的技术方案的可行性。协调各专业技术要点,优化构件规格种类,并考虑管线及点位的预留预埋;优化管线及设备设施的布置,考虑与结构分离并与内装部品的集成;进行专项经济评估,分析影响成本因素,制定合理技术措施等。

在方案设计阶段,设计方应该配合建设方完成以下工作:

(1)各专业初步设计图纸;

(2)装配式建筑项目实施技术方案、绿色建筑技术方案、建筑节能技术方案等专项技术方案;

(3)精装深化方案;

(4)其他技术方案:大跨度结构方案、基础方案、外立面深化方案、新材料新产品方案等。

设计方完成以上设计图纸及专项技术方案,建设方要及时组织审查。以上资料的内容及其完成深度应满足相关标准规范的要求,部分要求如下:

(1)装配式建筑项目实施技术方案按3.2.2节执行。

(2)大跨度结构方案及用钢量控制指标项技术方案要求如下:

① 方案设计说明书、建筑平立剖、结构布置图及支座形式;

② 图纸文件深度要求达到初步设计深度,提供两种及两种以上的结构方案选型及技术经济比较。

(3)基础方案要求如下:

① 方案说明书、基础规范和规定、地质勘察报告、总规划平面图、建筑平立剖、基础布置图、

底板结构布置图;

② 图纸文件深度要求达到初步设计要求,需包含设防水位、柱底内力、基础参数取值、主要基础尺寸和单桩承载力特征值、地下室抗浮解决方案、周边已建建筑基础形式、有无已建或未建地下室、两种或两种以上基础选型及多方案技术经济比较。

(4) 外立面深化方案包含但不限于以下内容:

初步设计图纸、节能计算书(包含体形系数、窗地比、外门窗(幕墙)的 K 值等节能计算数据)以及外立面专项评审表,外立面专项评审表见本书 3.3.4 节"1. 外立面深化方案审图要点"。

(5) 新技术新产品专项技术方案要求如下:

① 凡采用新技术新产品方案必须在初步设计文件提交前报审;

② 报审时需提供拟采用新技术新产品的方案说明、样本、技术经济比较、应用情况考察报告;

③ 新产品新技术方案说明应包括特点、应用范围、主要技术性能参数、经济参数、设计选用要点、构造做法大样等。技术经济比较着重于与原有成熟技术、产品在技术和经济方面的比较。

(6) 精装深化方案要求如下:

① 各技术体系设计说明;

② 部品集成设计说明及图纸;

③ 内装部品平面布置图,主要设备系统图及点位布置图;

④ 对其他专业预留条件的设计需求。

3.2.4 施工图设计阶段

采用装配式混凝土结构的项目,应一体化集成设计,与施工图同步完成预制混凝土构件加工图设计以及精装修施工图设计。传统设计流程中的习惯性做法,即将土建设计之外的工作抛给专业厂家深化,在装配式混凝土建筑中是非常不可取的。如果实施 EPC 的项目,可由 EPC 方进行全建筑的深化设计,还是传统招投标模式的项目,一般建议由土建设计单位完成预制混凝土构件加工图设计及精装修施工图设计。

施工图设计应按照初步设计阶段制定的技术措施进行设计,形成完整可实施的施工图设计文件。配合内装部品的设计参数,协调设备管线的预留预埋;推敲节点大样的构造工艺,考虑防水、防火的性能特征,满足隔声、节能的规范要求等。

在施工图设计阶段,设计方应该完成以下工作:

(1) 各专业施工图,包括各专业装配式建筑专项、绿色建筑专项等;

(2) 预制混凝土构件加工图;

(3) 精装修施工图;

(4) 其他专项深化设计,如小市政、园林景观等。

设计方完成以上设计图纸及专项技术方案,建设方要及时组织审查。以上资料的内容及其完成深度应满足相关标准规范的要求,部分要求如下:

(1) 施工图。材料应包括项目施工图设计文件、项目装配率及预制率计算书(装配率按国标及当地标准计算,预制率按当地标准计算)、装配式建筑项目实施技术方案专家评审意见等。图纸内容及深度应符合《建筑工程设计文件编制深度规定》、当地主管部门的要求以及企业的要求。表 3.2.4 为结合北京市《北京市装配式建筑项目设计管理办法》及北京市保障性住房建设投资中心企业标准建议的装配式项目设计深度要求。

装配式建筑项目设计深度要求 表 3.2.4

项目	深 度 要 求
设计说明	1. 设计说明应有包含以下内容:装配式技术配置情况说明;标准化设计、预制率、装配率、建筑集成技术设计、构件加工图设计分工、协同设计及信息化技术应用说明;节能设计要点;一体化装修设计说明;预制构件及连接节点的防火措施和防水做法等

项目	深 度 要 求
设计说明	2. 各类构件编号规则
	3. 各专业预留预埋的设计要求
	4. 预制构件使用材料和制成品性能的设计要求。包括混凝土、钢筋、预埋件、吊装埋件、灌浆套筒、内外叶墙板拉结件、保温材料、填充材料、电盒电管等
	5. 预制构件生产过程中和成品的检验、验证要求。应包含预制楼梯、预制叠合板结构性能设计要求;夹心保温外墙板的传热系数性能设计要求;夹心保温外墙板用拉接件锚入混凝土后的抗拔强度设计要求
	6. 各类构件堆放、运输、安装设计要求
	7. 成品的质量外观、允许偏差要求
	8. 施工现场吊装、支撑、外架、模板、座浆和灌浆、浆料、后浇混凝土的设计技术要求
	9. 外墙接缝、窗口填缝材料的性能要求,工艺操作的设计要求
	10. 预制构件统计表
	11. 构件加工图设计注意事项
建筑专业	1. 建筑平面图中,应用不同图例注明预制构件位置,并在预制构件尺寸详图中标注构件截面尺寸;区分预制构件与主体现浇部分的平面构造表达,外墙板绘出保温和外叶墙板的层次,并绘出外叶墙板接缝与轴线的关系
	2. 建筑立面图中,应有预制构件板块划分的立面分缝线、装饰缝和饰面做法以及竖向预制构件范围等
	3. 建筑详图中,应表达预制构件与主体现浇构件之间、预制构件之间的水平和竖向构造关系,表达构件连接、预埋件、防水层、保温层等交接关系和构造做法,并应在图纸中用不同图例注明预制构件;预制楼梯详图应有预制楼梯、预制梁、平台板和防火隔墙板的连接封堵做法
结构专业	1. 应有装配式结构专项说明,主要包括装配式结构类型及采用的预制构件类型;各单体的预制率指标;预制构件深化、生产、运输、堆放及安装要求;结构验收要求
	2. 装配式混凝土结构应绘制构件布置图及屋面结构布置图: (1)应用不同图例绘出现浇或预制柱、现浇或预制承重墙(墙板)、后浇节点的位置和必要的定位尺寸,并注明其编号、楼面结构标高以及结构洞口的位置; (2)绘出现浇或预制梁、板位置及必要的定位尺寸,并注明其编号和楼面结构标高; (3)应给出预制构件编号与型号对应关系以及详图索引号; (4)应标明现浇梁、柱、墙配筋,并在平面图中标注预制构件的截面及配筋; (5)绘出预制外墙板、预制内墙板、后浇段,预制夹心外墙板应绘出保温层和外叶墙板,给出平面定位尺寸并注明其编号和楼面结构标高;标出墙板上预留孔洞、预埋件规格及位置; (6)应标明楼板形式、厚度及配筋。标高或板厚变化处绘局部剖面,有预留孔、埋件、设备基础时应示出规格与位置,洞边加强措施;应在平面图中表示施工后浇带的位置及宽度;电梯间机房尚应表示吊钩平面位置与详图;绘出叠合板、预制阳台板、空调板,给出分块定位尺寸并注明其编号,标注板缝尺寸、板底标高、底板和现浇层厚度,绘出现浇连梁、叠合梁的位置和型号、梁底标高;注明安装详图索引号; (7)标注现浇与预制交接转换层预留钢筋定位尺寸、规格和预留长度;标注后浇段竖向钢筋定位尺寸;标注抗剪连接件平面定位尺寸和规格; (8)综合绘出建筑、机电设备、精装修等专业预留洞口、预埋管线、预埋件和连接件等平面信息,标注平面位置和类型; (9)楼梯间可绘斜线注明编号与所在详图号;也可直接绘制预制楼梯平面布置并索引相关详图; (10)屋面结构平面布置图内容与楼层平面类同,当结构找坡时应标注屋面板的坡度、坡向、坡向起终点处的板面标高;当屋面上有预留洞或其他设施时应绘出其位置、尺寸与详图,女儿墙或女儿墙构造柱的位置、编号及详图; (11)当选用标准图中节点或另绘节点构造详图时.应在平面图中注明详图索引号
	3. 应有预制钢筋混凝土构件详图,并应绘出构件模板图和配筋图,构件简单时二者可合为一张图。详图应按下列要求绘制: (1)构件模板图应表示模板尺寸、轴线关系,预留洞和预埋件编号、位置、尺寸、必要的标高等;预留伸出钢筋、钢筋套筒、预留洞及预埋件位置、尺寸,预埋件编号等;应绘出平、立剖面,表达方式应与生产浇筑方式一致;标明构件重量和重心位置;后张预应力构件尚需表示预留孔道的定位尺寸,张拉端、锚固端等; (2)构件配筋,纵剖面应表示钢筋形式、箍筋直径与间距(配筋复杂时宜将非预应力筋分离绘出);横剖面应注明断面尺寸、钢筋规格、位置、数量等;并编制钢筋统计表

项目	深 度 要 求
结构专业	4. 应有预制装配式结构的节点、梁、柱与墙体锚拉等详图,绘出平面、剖面,注明相互定位关系、构件代号、连接材料、附加钢筋(或埋件)的规格、型号、性能、数量,并说明连接方法以及施工安装、后浇混凝土的有关要求等
	5. 预制楼梯的详图,安装平面图、节点安装大样图、梯段的模板图、配筋图等
	6. 应绘制埋件图,埋件平面、侧面或剖面,注明尺寸,钢筋和锚筋的规格、型号、性能、焊接要求
	7. 结构计算书应满足以下要求: (1)装配式结构的相关系数应按照规范要求调整,连接接缝应按照规范要求进行计算。无支撑叠合构件应进行两阶段验算; (2)采用预制夹心保温墙体时,内外层板间连接件连接构造应符合其产品说明的要求,当采用没有定型的新型连接件时,应有结构计算书或结构试验验证
给排水专业	1. 设计说明: (1)采用装配式钢筋混凝土结构建筑的项目应说明与之相关的设计内容和范围,如安装在预制构件中的设备、管道等的设计范围; (2)对预制构件图深化设计图纸的审核要求
	2. 需要说明的设计及施工要求: (1)描述给排水管道的敷设方式;管道、管件及附件等设置在预制构件或装饰墙面内的位置; (2)描述给排水管道、管件及附件在预制构件中预留孔洞、沟槽、预埋管线等的部位;当文字表述不清可以图表形式表示; (3)描述预留孔洞、沟槽做法要求、预埋套管及管道安装方式及预留孔洞、管槽等的尺寸;当文字表述不清可以图表形式表示; (4)描述管道穿过预制构件部位采取的防水、防火、隔声及保温措施; (5)与相关专业的技术接口要求
	3. 给水排水平面图中,应标注预埋在预制构件中的管道的定位尺寸、管径、标高等;当平面图无法表示清楚时,应在系统图或轴侧图中予以补充。当管道在预制管槽中敷设时,应在轴测图中对该管段绘制管槽示意
	4. 必要时,应提供局部放大图、剖面图,表示预制构件中预留的孔洞、沟槽、预埋套管等的部位、尺寸、标高及定位尺寸等。较复杂处,应提供管道或设备的局部安装详图
暖通专业	1. 设计说明 (1)采用装配式钢筋混凝土结构建筑的项目应说明与之相关的设计内容和范围,如安装在预制构件中的设备、管道等的设计范围, (2)对预制构件图深化设计图纸的审核要求
	2. 需要说明的设计及施工要求: (1)描述管道、管件及附件等设置在预制构件或装饰墙面内的位置; (2)描述管道、管件及附件在预制构件中预留孔洞、沟槽、预埋管线等的部位;当文字表述不清可以图表形式表示; (3)描述预留孔洞、沟槽做法要求、预埋套管及管道安装方式及预留孔洞、管槽等的尺寸;当文字表述不清可以图表形式表示; (4)描述管道穿过预制构件部位采取的防水、防火、隔声及保温等措施; (5)与相关专业的技术接口要求
	3. 管道平面图中,应注明在预制构件,包含预制墙、梁、楼板上预留孔洞、沟槽、套管、百叶、预埋件等的定位尺寸、标高及大小
	4. 详图应包含预制墙、梁、楼板上预留孔洞、沟槽、预埋件、套管等的定位尺寸、标高及大小
电气专业	1. 设计说明: (1)采用装配式钢筋混凝土结构建筑的项目应说明与之相关的设计内容和范围,如安装在预制构件中的设备、管道等的设计范围; (2)对预制构件图深化设计图纸的审核要求; (3)说明各建筑单体的结构形式及采用装配式的建筑分部情况; (4)采用装配式时本专业的设计依据及应遵守的法规与标准,以及地方电气设计标准、规范、规程; (5)采用装配式建筑对施工工艺和精度的控制要求

续表

项目	深度要求
电气专业	2. 需要说明的设计及施工要求 (1) 描述管道、管件及附件等设置在预制构件或装饰墙面内的位置; (2) 描述管道、管件及附件在预制构件中预留孔洞、沟槽、预埋管线等的部位;当文字表述不清可以图表形式表示; (3) 描述预留孔洞、沟槽做法要求、预埋套管及管道安装方式及预留孔洞、管槽等的尺寸;当文字表述不清可以图表形式表示; (4) 描述管道穿过预制构件部位采取的防水、防火、隔声及保温等措施; (5) 与相关专业的技术接口要求
	3. 设计范围 (1) 明确预制建筑电气设备的设计原则及依据; (2) 对预埋在建筑预制墙及现浇墙内的电气预埋箱、盒、孔洞、沟槽及管线等要有精准定位; (3) 预制构件上电气设备(箱体、插座、开关、管、线、盒等)的设置、选型要充分考虑施工的难易程度,避开钢筋及预埋件密集区域,预埋管线的布置要充分考虑对构件安全,构件运输,成品保护的影响,电气设备不应贴构件边沿或跨构件设置

　　(2) 装配式装修工程施工图。应一体化集成设计,与施工图同步完成装配式装修工程施工图纸。建设方必须明确装修建造标准、装修技术体系及部品选用原则,在本书第4章4.4节中对装配式装修的标准化设计要求有详细描述,可参考制定。

　　(3) 完成绿色建筑专篇和各技术体系的设计图纸,图纸内容及深度应符合《建筑工程设计文件编制深度规定》。

　　(4) 节能计算书(包含体形系数、窗地比、外门窗(幕墙)的K值等节能计算数据)。

　　(5) 弱电、园林景观、小区市政管线等施工图深化设计:

　　① 弱电深化设计施工图。弱电专项深化方案在弱电专项工程施工前报审,由专项深化单位提交,提交资料需经过原设计审核;报审资料内容包括设计说明、主要设备表、各系统概况及系统图、各系统平面图、机房平面布置图、弱电总平面图及设备点位表等。

　　② 园林景观施工图。园林景观施工图在方案审批后,园林景观施工前提交,提交资料需经过建筑、结构、设备等专业的审核;报审资料按国家规范要求执行。

　　③ 小区市政管线施工图。小区市政管线(管线综合平衡)须在小区10kV以上供配电方案、小区弱电方案、小区水池水泵房布置方案、小区采暖方案报审通过后报审;报审时需提供小区市政管线方案说明书、管线综合平衡平面图、管线综合剖面图、小区强弱电管网平面图、小区给排水管网平面图、小区热力管网平面图。图纸文件资料包含但不限于:小区工程概况、分期开发建设计划、综合管线布置设计原则、各道路管线综合剖面;强弱电房总图平面示意、室外强弱电井位置及尺寸、强弱电管(沟)敷设路径及尺寸、电缆表;水池水泵房总图平面示意、室外消防栓位置、检查井位置及尺寸、水表井阀门井位置及尺寸、给排水管(沟)敷设路径及尺寸;采暖系统设备房总图平面示意、热力管(沟)敷设路径及尺寸;园林绿化检查井位置及尺寸、园林绿化管(沟)敷设路径及尺寸。

3.3　设计图纸审核要点

　　为有效控制为项目制定的建设标准得以正确有效实施,以及各设计阶段的技术策划有效延续,一般而言,建议建设方、设计方除制定流程管理之外,还应形成一套完整的图纸审核要求。设计图纸审核要点仅为对项目方案延续及达到指定目标使用,不代替政府及行业主管部门所要求的图纸审核要求。以下为针对项目整体而归纳的各阶段审图要点以及部分专项设计审图要点。

3.3.1 方案设计阶段审图要点

1. 总图方案审图要点

（1）方案阶段，总平面规划设计审图要点见表 3.3.1-1。

总平面规划设计审图要点 　　　　　　　　　　　　　　　　　　　表 3.3.1-1

评审内容		评 审 要 点	设计自评	审查结果
资料要求		主管部门相关的批复文件		
		设计深度满足《建筑工程设计文件编制深度规定》要求的图纸、说明书、计算书等		
		具体项目相关专项会议落实情况说明		
		方案阶段报审的专项设计方案落实情况说明		
总平面设计	建筑退线及建筑间距	核实建筑退线是否与规划条件相符		
		核实日照间距是否满足北京市的要求		
		地下室轮廓与红线间的距离是否考虑施工、小区市政管线埋设的需要		
		卫生视距是否符合规范要求		
	综合技术经济指标	核对建筑密度、容积率、建筑高度及绿化率等技术指标		
		地下停车位数量与地下车位数指标		
	功能分区	商业、金融邮电和文化体育等配套公建在小区的位置是否合理，交通是否便利，是否干扰居民的生活		
		垃圾房应设计在边缘隐蔽部位，不影响住户，在小区围墙开门，环卫垃圾运输车不进入小区		
		箱变距离住宅南向间距，距离次要朝向间距		
		开关站、煤气调压站、锅炉房、水泵房、配电间等有噪声、污染的其他配套设施用房与住宅的间距须符合的相关规范要求		
		总图需表示各类功能主要出入口		
		总图需表达地下室的范围及位置，审核地下室范围是否合理，人防地下室位置是否合理		
交通及停车设计	流线设计	小区内在有条件的情况下，应尽量做到人车分流，以避免流线交叉		
		不同功能的人流、货流、车流不交叉，不相互干扰		
		商业街区域同时考虑人的穿行引导及可停留空间		
	出入口及岗亭设计	出入口位置是否合适，出入口数量要经过计算、复核		
		出入口有主次之分，车流、人流组织要各行其道。岗亭位置应该充分考虑人行、车行的进出口关系		
		出租车或访客临时停放要合理考虑		
	道路设计	交通路网结构清晰、可达；有明显分级		
		道路要有宽度级别，小区主道、次道、入户道等宽度合理		
		周边市政道路与小区道路（车行道与人行道）的界面衔接处理要合理与可行		
		人行道路（园路）应形成环路，利于居民锻炼		
小区竖向		场地标高与周边市政道路标高连接是否合适		
		场地设计标高与坡向是否合理利用现状地形地貌，土方做到本场地内平衡		
		建筑正负零标高是否合适		
		场地设计，能否实现少开挖，控制挖、填方量		
		结合小区市政管线初步方案，核查场地整体坡度是否满足管线的埋设要求		
经济性审核		建筑密度、容积率、绿地率等规划指标是否达到平衡，充分实现土地的价值		

续表

评审内容	评 审 要 点	设计自评	审查结果
经济性审核	单元组合尽量体量相同,避免单元组合占用地下车道,影响停车效率。由两个及以上单元组成的楼栋,单元连接处体量应相差不大,并应对齐,尽量避免夹角扭转		
	组团规划中前后楼间距控制,尽量符合停车模数,提高停车效率		
	组团布置应考虑消防车道及场地的经济性,消防车道宜平直,尽量利用小区道路或与景观道路共用		
	城市市政管线接口与设备机房位置关系、地上建筑布置与地下室范围关系、小区内竖向与城市道路竖向关系、小区竖向与地下室范围及地上建筑正负零设置的关系等是否综合协调达到最经济的设计		
装配式协调	道路及场地设计是否考虑了预制构件临时堆放场地		
	道路及场地设计是否考虑了预制构件运输路线		
	楼栋布置是否有利于塔吊的高效利用		

(2) 方案阶段,园林景观设计审图要点见表 3.3.1-2。

园林景观方案设计审图要点   表 3. 3. 1-2

评审内容		评 审 要 点	设计自评	审查结果
资料要求		主管部门相关的批复文件		
		设计深度满足《园林景观设计深度规定》要求的图纸、说明书、计算书等		
		具体项目相关专项会议落实情况说明		
		设计方案与相关规范及政府审批要求的符合性。包括绿地面积、消防通道与登高面设置、无障碍设计、停车位等审查要素需要土建设计方予以审核确认		
		投资估算		
整体规划结构与效果		空间结构是否合理,与规划意图是否一致,是否有优化		
		景观风格与主题是否清晰、整体,与建筑风格及项目定位是否一致		
		景观空间序列是否清晰;景观分布是否分级;布置是否合理		
		不同空间的景观尺度是否与人的活动特征相符;硬质、软质景观的比例是否适宜		
		交通路网结构是否清晰、可达,是否有明显分级		
	周界关系	周边市政道路与小区道路(车行道与人行道)的界面衔接处理(如空间界定、材质衔接、标高衔接等)是否考虑,是否合理与可行		
	外部商街	机动车与非机动车的停放是否能满足使用需要;车流、人流组织是否各行其道,不相干扰;是否同时考虑人的穿行引导及可停留空间		
		景观氛围、尺度等是否适宜本项目的主题风格,是否符合商业特点		
		主要景观元素是否符合此氛围与尺度(如铺装图案与色彩、构筑物、种植、店招、灯光等),位置与体量是否合适		
		景观立面不宜过于复杂而影响店面效果		
		机动车与非机动车的停放是否能满足使用需要;车流、人流组织是否各行其道,不相干扰;是否同时考虑人的穿行引导及可停留空间		
	小区出入口	出入口与规划设计是否一致、合理(如位置、数量、开口尺度等)		
		出入口管理是否符合项目物业管理拟采用的方式(如岗亭设置的位置、N进N出、门禁的使用、道闸的使用要求等);围墙的位置与形式是否合理		
		出入口形象是否有较为明显的主题性标识设计		
	交通	车行道系统见总平面设计部分		
		人行步道系统是否分级(快速的与漫步的、人流集中的与分散的)		

评审内容		评审要点	设计自评	审查结果
交通		人流相对集中的快速公共步道宽度控制在 2000~2500mm		
		人流相对集中的漫步公共步道宽度控制在 1500~1800mm		
		人流相对分散的漫步公共步道宽度控制在 1200~1500		
		人行道边缘与建筑开窗部位保持 1500mm 以上的距离		
		人行步道系统是否完整、便捷、符合人的行为习惯,与单元出入口是否吻合;竖向衔接是否合理		
		遮雨设施及安全性(如驾驶视线通透、合理的转弯半径);车库侧墙是否考虑景观处理		
		消防通道与登高面是否结合限制性设计条件考虑		
内部商街		车流、人流组织		
		景观氛围、尺度等是否适宜本项目的主题风格,是否符合商业特点		
		主要景观元素是否符合此氛围与尺度(如铺装图案与色彩、构筑物、种植、标识、店招等),位置与体量是否合适		
		与小区公共景观是否进行总体协调(如与出入口关系、与内部景观相互渗透、人流进行管制等)		
		与建筑的界面衔接(如立柱、骑廊、灯光、上部建筑俯视效果等)是否协调		
小区公共空间		中心花园的尺度是否合适,是否具有小区中心感;是否考虑良好的鸟瞰效果		
		对照景观总图、标高图及剖断面图,审查小区公共空间与组团景观空间的标高、节点衔接处理是否合理,空间界定是否清晰		
		主干道的行道树是否完整;不同空间对景观效果的植栽是否有相应变化		
		构筑物的数量、位置是否合理、可行(如被观赏性、实用性、对居民的视线影响等);形式与建筑风格是否协调		
	活动设施	活动设施(如儿童活动设施、篮球场、老人健身设施等)数量、种类;儿童活动场地设置在组团间以提高共享性与减少对居民的干扰,老人健身设施设于安静地带集中设置		
		活动场地尺度是否满足标准规范;是否与花架或座椅等结合考虑		
		活动场地是否对居民有明显干扰等		
室外设施与家具		基础资料中提供的室外设施与设备(如采光井、箱变、垃圾站等)在景观方案中有无反映;有无优化处理措施		
		小区及组团标识、信报箱、垃圾收集点等位置与形式是否考虑;是否合理		
		对照参考图片,审查家具小品选型的合理性		
组团内部空间		如采取组团式,每个组团是否有相应的主题;是否有与组团规模对应的中心感,空间结构是否清晰(中心感的公共空间—安静的邻里空间—私密空间)		
		内部道路的组织是否系统便捷,是否对住户有明显干扰;铺装意向材料与景观风格、建筑风格是否协调		
		绿化设计是否有层次和季相变化;乔木、灌木、草坪搭配比例是否合适;植物造景的空间组织是否合适		
种植设计		植物品种选择		
		经济实用与景观效果相平衡的原则。既要考虑苗木价格的经济性,同时也要考虑养护管理的经济性		
		注重植物四季搭配,结合春、夏、秋、冬季相变化形成春花、夏花、秋果、冬干的观赏效果		
		点区域(入口区、宅前绿地、中心绿地、组团、行道树)的种植设计是否利于气氛营造、是否影响居住、树种是否经济		

2. 建筑专业方案审图要点

(1)方案设计阶段,住宅单体建筑专业主要审查内容见表 3.3.1-3 。

住宅单体设计审图要点 表 3. 3. 1-3

评审内容		评 审 要 点	设计自评	审查结果
资料要求		主管部门相关的批复文件		
		设计深度满足《建筑工程设计文件编制深度规定》及附录 B"装配式建筑项目设计深度要求"的图纸、说明书、计算书等		
		具体项目相关专项会议落实情况说明		
		方案阶段报审的专项设计方案落实情况说明		
装配式建筑及绿色建筑	装配式专项	平面设计形成标准化功能模块,实现结构构件、室内部品的标准化		
		结构布置规整,利于装配式实施		
		外立面尽量少纯装饰性构件,如有,要明确材料及做法,是否造成预制构件非规格化,设计方同时需做经济分析比较		
		装配式专项的预制率、装配率等指标计算		
		设计方应有对装配式专项的经济分析		
	节能计算	设计方提供体形系数、窗墙比等主要指标,并判定体形设计是否合理		
	绿建专项	设计方应按绿色建筑等级提供各项技术体系及经济分析		
外立面	建筑高度	符合规划要求		
		建筑高度的经济性;建筑高度要结合小区面积指标容量、消防规范建筑高度分界值、结构规范关于建筑物高度结构设计分界点等因素综合确定		
		建筑设计高宽比按结构规范建议值设计		
		外轮廓要符合装配式结构的要求而尽量规整		
		外窗窗台高度满足规范要求		
		外墙构件(阳台、空调板等)位置及设计形式是否有利于结构产业化		
户型设计		主要户型类型及面积指标是否符合《建筑工程设计文件编制深度规定》第 2 部分第 6 章第 1 节相关条款要求		
		户型种类是否标准化		
		厨房是否参照标准模块		
		卫生间是否参照标准模块		
公共空间	首层入口	首层入口及门厅,不直接设计北向单元门,入口前加门廊,从侧面结合台阶坡道进入,防止冬季灌风		
	标准层交通空间	标准层交通筒按规范及使用要求标准化设计,包括楼梯标准化、电梯井标准化、机电管井标准化及走道标准化,以适应产业化装配的要求		
		楼梯尺寸按规范限值设计,住宅楼楼梯设计尽量标准		
		电梯技术参数;检查电梯服务户数是否经济适用;电梯前室尺寸		
		公共走道宽度和装配式装修施工架空体系的工艺要求合理确定公共管井数量,避免出现从一个管井引出多管线		
		强弱电井、水暖管井尺寸合适		
		公共走廊宜作封闭廊;走廊通道的净宽不应小于 1200mm		

(2) 方案设计阶段,地下停车库、公共服务配套设施审核要点见表 3.3.1-4。

地下停车库、公共服务配套设施审核要点 表 3.3.1-4

评审内容	评 审 要 点	设计自评	审查结果
资料要求	主管部门相关的批复文件		
	设计深度应满足《建筑工程设计文件编制深度规定》及第 2 部分的要求		
	具体项目相关专项会议落实情况说明		
	方案阶段、初步设计阶段报审的专项设计方案落实情况说明		

评审内容		评审要点	设计自评	审查结果
公共配套		配套公建立面设计应与小区整体风格一致,平面方案应经济合理		
地下停车库		地下室面积指标是否合理;人防区域及面积是否合理		
	单位停车面积控制要点	布置柱网时,尽量考虑竖向停车,尽量节省车库面积,减少挖方		
		先进行停车区布置,设备用房宜在停车区外集中布置		
		停车位尽量布置在车道两面,可少量单面停车,避免车道边无停车位		
		地下室轮廓线应简洁方正		
		人防布置考虑主出入口尽量合并,并尽量利用主楼楼梯、自行车坡道等		
	层高	地下室层高及室内净高控制		
		设备用房位置是否方便管线布置并实现管线路由便捷且距离短		
	出入口	数量是否合理经济、出入口位置是否考虑人车分流		
		出入口净宽是否合理经济及影响首层住户		

3. 结构专业方案设计审图要点

结构专业方案设计审图要点见表 3.3.1-5。

结构专业方案设计审图要点　　　　　　　　　　　　表 3.3.1-5

评审项目	评审要点	设计自评	审查结果
设计依据及要求	结构设计采用的规范规程是否正确		
	结构的使用年限和安全等级是否恰当		
	主要结构荷载、风载是否正确		
	建设单位提出的相关要求是否落实		
	行政主管部门对项目设计提出的要求是否落实		
抗震设防	建筑设防类别、设防烈度、基本地震加速度、地震分组是否正确		
	场地土类别、土层液化情况及相应处理方案是否正确(如无资料可不考虑)		
	确定的抗震等级是否正确		
结构体系	结构选型是否合理,对结构特点的描述是否正确		
	结构布置与建筑要求是否匹配		
	拟采取的抗震方案是否合理,对结构超限的判断和拟采取的对策是否可行		
结构体系	选用的结构材料是否合适		
	结构单体说明是否完整		
地基与基础	场地地基的基本情况,如条件允许,应重点阐述场地的特殊地质情况		
	基础形式是否合适,采取天然地基、桩基或地基处理的方案可行性,并进行技术经济比较		
	埋深较大的水泵房、地埋式污水处理站,需综合考虑施工方案,进行技术经济比较后确定其结构方案		
	基础方案是否适应周边环境条件的要求		
技术创新和特殊技术要求	本工程拟采用的新技术、新结构、新材料是否可行		
	结构设计提出的特殊施工要求是否恰当		
	是否针对人防、地铁等特殊要求补充必要的说明		
	对产业化项目,设计方应提供对住宅的结构选型、结构装配方案		
	对产业化项目,在设计说明中明确主体结构预制率、施工工艺工法选择		
技术经济性	地基基础方案、地下车库、上部结构方案的技术比选,并提出最优方案以供审核确认		
	结构在满足规范要求的前提下达到最优设计,初步对建筑方案进行评估,材料指标是否为经济合理的控制值		

4. 设备专业方案设计审图要点

设备专业初步设计审图要点见表3.3.1-6。

设备专业方案设计审图要点   表3.3.1-6

评审维度	评审部位	审查内容	设计自评	审查结果
给水排水	给水	明确项目周边市政供水的水源情况		
		明确系统供水方式,估算最高日用水量、最大时用水量		
		明确热水系统供应范围及系统供应方式,确定热水热源。如采用集中热水供应,应估算耗热量		
		明确消防系统种类,确定水消防系统供水方式、消防水箱、水池等容积,消防泵房的设置等内容		
	排水	明确排水体制(室内污、废水的排水合流或分流,室外生活排水和雨水的合流或分流),确定污、废水及雨水的排放出路及市政排水情况(管径、标高)		
		明确雨水系统重现期等主要设计参数,估算雨水量,初步编制雨水控制与综合利用设计说明		
	当项目按装配式建筑要求建设时,给水排水专业设计说明应有装配式设计专门内容			
	当项目按绿色建筑要求建设时,给水排水专业说明应有绿色建筑设计目标,采用的绿色建筑技术和措施等内容			
暖通空调	暖通	明确暖通空调专业的设计范围,落实室内外设计参数		
		初步落实热负荷的估算数据;确定供暖的系统形式,落实控制方式		
	空调	初步落实冷负荷的估算数据;确定空调供冷的系统形式,落实控制方式;明确通风系统形式,确定防排烟系统等防火措施		
	当项目按装配式建筑要求建设时,暖通专业设计说明应有装配式设计专门内容			
	当项目按绿色建筑要求建设时,暖通专业说明应有绿色建筑设计目标,采用的绿色建筑技术和措施等内容			

5. 电气专业方案设计审图要点

电气专业初步设计审图要点见表3.3.1-7。

电气专业方案设计审图要点   表3.3.1-7

评审内容		审查内容	设计自评	审查结果
强电	变配电	明确本工程拟设置的建筑电气系统,确定负荷级别以及总负荷估算容量		
		明确电源,城市电网拟提供电源的电压等级、回路数、容量		
		明确备用电源和应急电源的形式、电压等级、容量		
	智能化	明确智能化各系统配置内容		
	明确绿色建筑电气设计内容			
	当项目按装配式建筑要求建设时,电气设计说明应有装配式设计专门内容			

3.3.2 初步设计阶段审图要点

1. 总图初步设计审图要点

总图初步设计审图要点见表3.3.2-1。

总图初步设计审图要点   表 3.3.2-1

评审内容		评审要点	设计自评	审查结果
程序性审核		与主管部门相关批复文件的一致性		
		设计深度满足《建筑工程设计文件编制深度规定》的图纸、说明书、计算书等		
		具体项目相关专项会议落实情况说明		
		方案设计审查意见的落实情况说明		
		方案设计阶段报审的专项设计方案落实情况说明		
总平面规划	总平面布局	是否符合有关主管部门对本项目批示的《规划设计条件》(如道路红线、建筑红线或用地界线、建筑物控制高度、容积率、建筑密度、绿地率、停车泊位数等),以及对总平面布局、周围环境、空间处理、交通组织、环境保护、文物保护、分期建设等方面的特殊要求		
		建构筑物定位是否准确,建构筑物外形尺寸是否与建筑单体一致		
	道路	建筑场地出入口数量、道路宽度、内部通道出入口距城市道路交叉口距离,是否符合规范要求		
		人流、车流的组织是否合理,出入口、道路、停车场(库)的布置及停车位数量是否满足要求,消防车道及高层建筑消防扑救场地是否符合规范要求。交通组织是否顺畅、合理,车行道及停车库(场)出入口是否影响地面交通及人行安全		
总平面规划	竖向	竖向设计是否符合规划控制标高,场地外围的城市道路等关键性标高是否标注清楚。场地设计标高坡向与场地原始地形标高的关系,是否土方量过大。各设计标高标注是否齐全,道路坡长、坡度、地面坡度是否交待清楚		
		竖向设计方案是否合理,场地标高与城市道路标高的关系是否合理,场地地面及道路的标高是否有利于排水。各衔接部分的标高关系是否合适,是否出现倒坡(出入口与市政道路衔接、单元入口与小区道路衔接等)		
		检查小区总体剖面图,重点核查地下室、首层顶板、裙房及上部主体之间的标高关系。		
		应进行室外管线综合设计,并按管线埋设要求的下限确定覆土层厚度		
		核查小市政道路和管线等是否符合建筑总平面图、景观平面图的布置要求		
	给水排水	各类管线的接口位置及方向是否准确		
		站房、污水处理等附属设施的位置是否表达清楚		
	电气	室外管网布置是否合理,		
		布线路由形式、规模选择是否符合相关规范规定		
	燃气	变/配电所、发电机房位置及编号和变压器容量是否标注		
		燃气管线的接口位置及方向是否准确		
		调压站(箱)等附属设施的位置是否表达清楚		
		管线布置是否合理		

2. 建筑专业初步设计审图要点

初步设计阶段,住宅单体部分在按方案阶段要求已确定的户型平面、单元平面确定的基础上,此阶段,建筑专业应对相关经济指标进行优化并准确反映其他专业需求。小户型住宅单体部分建筑专业主要审查内容见表 3.3.2-2。

住宅单体部分审图要点   表 3.3.2-2

评审内容	评审要点	设计自评	审查结果
资料要求	主管部门相关的批复文件		
	设计深度满足《建筑工程设计文件编制深度规定》及附录 B"装配式建筑项目设计深度要求"的图纸、说明书、计算书等		
	具体项目相关专项会议落实情况说明		
	方案设计审查意见的落实情况说明		
	方案阶段、初步设计阶段报审的专项设计方案落实情况说明		

评审内容		评审要点	设计自评	审查结果
关于技术经济指标的优化	指标	建筑平面布局要合理减少公摊面积。如优化公共区设备管井的尺寸,走道、楼电梯及前室的经济尺寸等		
	装配式专项	平面设计形成标准化功能模块,实现结构构件、室内部品的标准化		
		结构布置规整,利于装配式实施		
		外立面尽量少纯装饰性构件,如有,要明确材料及做法,是否造成预制构件非规格化,设计方同时需作经济分析比较		
		装配式专项的预制率、装配率等指标计算		
		设计方应有对装配式专项的经济分析		
	节能计算	核查体形系数、窗墙比、主要维护结构传热系数等是否存在超节能限值而需要权衡计算的情况		
		外门窗和建筑幕墙的保温性能要求是否因节能设计不合理造成成本上升		
	绿建专项	按绿色建筑等级提供各项技术体系及经济分析		
与其他专业的协调		平面结构墙、柱是否与结构图纸一致,是否影响建筑功能使用;建筑门窗等洞口高度与结构梁下净高关系等		
		综合公共走道结构梁高、管线高度验证建筑使用要求的净高是否满足		
		装配式建筑应在平面中用不同图例注明预制构件(如预制夹心外墙、预制墙体、预制楼梯、叠合阳台等)位置,并标注构件截面尺寸及其与轴线关系尺寸;预制构件大样图,为了控制尺寸与一体化装修相关的预理点位		
		建筑设计与装修设计协调		
		核查楼梯净尺寸、电梯井道及门洞净尺寸与结构关系		
		对应结构墙体厚度尺寸变化,建筑平面、立面的处理措施是否合适		
		核心筒及公共走道设备管井、消火栓箱布置位置是否合适		
		空调室内外机:空调板尺寸是否满足室外机的规格要求;当有管道穿空调板时,是否影响室外机放置;室外机通风是否良好;冷凝水、冷媒管不宜跨门、窗、通道,室外机应便于安装		
		雨水立管位置是否合适,是否与门窗洞口冲突		
		户内配电箱及弱电接线箱在入户处是否有合适的安装位置		
		燃气管的位置是否按厨房管井模块布局		
细节		层高与楼梯平面尺寸关系		
		电梯厅宽度,落实电梯井道尺寸、门洞留洞尺寸、顶层高度、机房形式尺寸;电梯井道尺寸标准		
		公共空间消防栓设计位置是否影响建筑使用;管井尺寸是否合适		
		门洞尺寸、走道尺寸是否合适		
		空调选型、位置布置与尺度,留孔、埋管及走管位置		
		给排水管井设置、洗手台、厕位、卫生间地漏设置		
		各空间建筑完成面标高关系		
		立面上要考虑设备与管线的统一隐蔽布置		
		各层平面需表达屋面排水管位置,注意隐蔽		

3. 结构专业初步设计审图要点

结构专业初步设计审图要点见表 3.3.2-3。

结构专业初步设计审图要点

表 3.3.2-3

评审项目	评 审 要 点	设计自评	审查结果
审核内容	初步设计深度,是否满足《建筑工程设计文件编制深度规定》		
	结构计算模型及计算书		
	板面标高变化时需填充不同图案,且有图例说明板面相对标高		
	附属构件及特殊构件等可能引起造价较大变化部分要重点表达		
	是否有关于技术难点及尚未解决的技术难题的相关说明		
	对产业化项目:		
	(1)审核结构拆分原则图;		
	(2)主要预制构件的模板图;		
	(3)典型安装大样图;		
	(4)产业化相关经济技术指标和技术数据表;		
	(5)提供结构预制装配率指标数据		
设计依据及要求	结构设计采用的规范规程是否正确		
	结构的使用年限、结构安全等级、地基安全等级是否恰当		
	结构设计选用的主要标准图集是否适用		
	结构设计采用的使用荷载、风载、雪载等是否正确		
	对特殊荷载考虑是否恰当,如选用的人防荷载与人防抗力等级是否一致		
	建设方提出的要求是否落实		
	行政主管部门对方案设计提出的要求是否落实		
抗震设防	建筑设防类别、设防烈度、基本地震加速度、地震分组是否正确		
	场地土类别、土层液化情况与地质勘察报告是否一致,地基处理方法是否有效		
	确定的抗震等级是否正确		
	采取的抗震措施是否合适		
	超限结构对超限内容的判别是否准确,对策是否有效		
结构选型及结构布置	结构选型是否合理,结构说明对结构特点的描述是否准确		
	结构布置是否经济,能否满足建筑的净高及功能要求		
	特殊部位的结构处理是否合理,如大跨结构、转换层、框支结构的设计		
	选用的结构材料是否合适,如钢结构/钢筋混凝土结构/混合结构等结构材料是否合适		
	结构单体设计或说明是否完整		
	对超长构件是否设缝需进行专题研究,并提供解决方案		
地基与基础	对场地地基的描述是否与地质勘察报告一致		
	采取天然地基、桩基或地基处理的方案是否满足结构承重需要,对特殊地基的处理方法是否合适		
	确定的基础持力层是否合理,桩型是否经济并满足周边环境要求		
	深基础设计有无考虑围护设计的要求或建议		
	对抗浮控制的解决方案是否合理		
	基础设计是否考虑地铁等特殊因素的影响		
结构计算	上部结构计算模型是否正确		
	上部结构计算参数和计算假定是否合理,如嵌固端位置、周期折减系数、阻尼比、振型数等		
	上部结构计算指标是否满足规范,如周期比、层间相对变形、位移比等		
	基础计算模型是否正确,沉降计算指标是否满足要求		
	结构计算程序是否合适,版本是否有效		

评审项目	评审要点	设计自评	审查结果
技术创新和特殊技术的要求	采用的新技术、新结构、新材料是否可行		
	结构设计提出的特殊施工要求是否恰当		
	结构设计是否全面考虑人防、地铁、文保等特殊要求		
	产业化项目中结构设计是否满足现行规范要求		

4. 给排水专业初步设计审图要点

电气专业初步设计审图要点见表3.3.2-4。

给排水专业初步设计审图要点 表 3.3.2-4

评审维度	评审部位	审查内容	设计自评	审查结果
室外工程	总平面	给水排水总平面设计是否合理,包括水管平面布置、流水方向、阀门井、消火栓井、检查井、水表井、化粪池等布置是否合理,是否与市政道路、景观绿化及建筑出入口冲突,管道连接点的控制标高和位置是否合理		
		室外管网设计时应考虑燃气管等其他管线综合布置的可能性		
		室外排水系统(排水出路、标高、排放措施等)设计是否合理		
		给水、排水管材质、管径、保温材料选择、管道布置是否合理		
室内工程	给水	初步设计阶段,设计方应充分考虑初次投资与运行费用的平衡,维护管理是否方便,是否会出现设备噪声引发业主投诉等问题,综合提供最优供水方案		
		建筑物内不同使用性质或不同水费单价的给水系统,系统方案及计量方式等		
		是否有利于与装修的集成		
	排水	是否采用利与装配符合的干法机械连接的设计		
		住宅户内排水立管位置是否利于空间的可变性、排水支管是否满足管线分离		
图纸要求	图例及说明	主要技术指标(最高日用水量、最大小时用水量、最高日排水量、最大时热水用水量、循环冷却水量、各消防系统的设计参数和消防总用水量等)		
		屋面雨水及场地雨水设计重现期		
	系统图	给水、热水、排水、消防干管和立管,连接立管的横管,喷淋画出配水管道		
	详图	报警阀、信号阀、水流指示器、喷头、末端试水装置、水泵接合器、消火栓、地漏和雨水斗		
		应明确设备房内的设备布置及定位		
		应绘制水管井大样图		

5. 暖通专业初步设计审图要点

暖通专业初步设计审图要点见表3.3.2-5。

暖通专业初步设计审图要点 表 3.3.2-5

评审维度	评审部位	审查内容	设计自评	审查结果
住宅	说明	热源情况是否描述清楚		
		住宅户内采暖系统设计		
	图纸	公共区水暖管井尺寸是否合理		
		集分水器的设置是否合理		
		住宅厨房排油烟为直排式		
		无外窗的卫生间应设排气道,并与卫生间排水管集成布置		
		与内装设计是否协调		
		结构构件预留预埋		
		与控制净高是否匹配		

续表

评审维度	评审部位	审　查　内　容	设计自评	审查结果
配套	说明	暖通空调扩初设计是否满足有关批文、法规、标准和中心商业公司的要求		
	图纸	空调系统、采暖设备、通风系统主要设施、设备的选择是否合理		
		暖通空调工程主要管径、保温材料选择,管道布置、井道尺寸、风口设置等是否合理		

6. 电气专业初步设计审图要点

电气专业初步设计审图要点见表 3.3.2-6。

电气专业初步设计审图要点　　　　　　　　　　　表 3.3.2-6

评审维度	评审部位	审　查　内　容	设计自评	审查结果
强电	说明	建筑电气设计是否符合有关职能部门(供电、消防、通信、公安等部门)的要求		
		变配电系统的负荷等级、各类负荷容量、供电电源及电压等级、电源数量及回路数、专用线或非专用线、电缆埋地、近远期发展是否合理,是否满足要求。变配电站的数量、容量及形式,设备技术条件和选型要求是否满足项目本身要求,是否合理		
	图纸	变配电间设置的具体位置及室内净高,进出线位置、设备及检修通道、各变配电间电缆连接形式、变配电间内通风措施、高低压电缆路径是否合理;变配电间是否对住宅景观有不利影响,是否满足安全维护的要求		
		照明系统设计是否合理,包括室内照明种类、照度标准、光源及灯具的选择、室外照明种类、路线的选择及敷设方式等		
		火灾自动报警系统保护等级和系统组成是否合理,消防控制室位置、大小是否满足要求,火灾探测器、报警控制器、手动报警按钮、控制柜(台)、线路、设备选择是否合理,火灾自动报警系统与其他子系统的接口方式及联动关系,应急照明的电源形式、灯具配置、控制方式等是否合理		
		建筑物防雷系统、接地系统设计是否合理		
		电气工程主要管径、井道尺寸及主要设备的选择、布置等是否正确合理		
弱电		监控中心位置是否合理,面积大小是否符合要求		
		楼道管道、弱电井、桥架、设备箱(间)的位置、空间及余量是否合理,且符合国家及行业的相关标准		
		室外井道管路大小及分布是否经过景观环境设计的审核		
		安防系统方案是否满足是投资中相关部门的要求		
		小区监控室、门卫室、电梯机房等设备及管理用房是否满足联网要求		
装配式专项		强弱电箱等设备设施是否考虑便于与内装部品集成		
		点位在结构构件上的预留预埋		
		管线是否考虑在装修架空层敷设		

3.3.3　施工设计阶段审图要点

1. 总图专业施工设计审图要点

总图在施工图设计阶段主要审核工作为方案及初步设计的落实情况、细节做法等,审图要点见表 3.3.3-1。

总图施工图设计审图要点　　　　　　　　　　　　　表 3.3.3-1

评审项目		审查内容	设计自评	审查结果
总平面	资料要求	经济技术指标与批复文件一致		
		设计深度满足《建筑工程设计文件编制深度规定》的图纸、说明书、计算书等		
		具体项目相关专项会议落实情况说明		
	总平面布局	初步设计审查意见的落实情况说明		
		核查主要建筑物及构筑物的位置、名称、层数、建筑间距等是否满足要求		
		核查道路红线、建筑红线或用地界线与场地内的道路及建筑物、构筑物等的定位关系		
		每栋楼的外轮廓轴线及总尺寸是否与单体平面一致		
		场地内的主要道路平面及主入口位置、地下车库入口位置		
		场地内的广场(含定位坐标)、停车场、停车位、道路、无阻碍设施、排水沟、挡土墙、护坡的定位尺寸		
		绿化、景观及休闲设施的布置		
	竖向	核查是否明确高切坡、高回填土等特殊地形,以及相邻建筑高差的专门处理措施		
		核查是否明确挡土墙等的做法		
		应明确小区内道路与小区相邻道路标高、衔接关系及具体做法		
		应明确各建筑物出入口踏步设计		
		室内外标高不得有误,务必注意与周边道路及环境的关系,总图与单体室外标高必须协调		
	道路	消防通道及消防登高面		
		道路结构应清晰		
装配式专项		是否考虑预制构件临时堆放场地		
		规划布局是否利于施工塔吊的布置		

2. 建筑专业施工设计审图要点

建筑专业施工图设计审图要点见表 3.3.3-2。

建筑专业施工图设计审图要点　　　　　　　　　　　表 3.3.3-2

评审项目		评审要点	设计自评	审查结果
资料要求		主管部门相关的批复文件		
		设计深度满足《建筑工程设计文件编制深度规定》及附录 B"装配式建筑项目设计深度要求"的图纸、说明书、计算书等"		
		具体项目相关专项会议落实情况说明		
		初步设计审查意见的落实情况说明		
		方案阶段、初步设计阶段报审的专项设计方案落实情况说明		
设计说明	指标	核实主要技术经济指标是否与初步设计批复吻合		
	材料	对墙体、墙体防潮层、地下室防水、屋面、内外墙及室外附属工程的用材及做法应明确		
	节能计算书	核查体形系数、窗墙比、主要维护结构传热系数等是否存在超节能限值而需要权衡计算的情况		
		围护结构的屋面(包括天窗)、外墙(非透光幕墙)、外窗(透光幕墙)、架空或外挑楼板、分户墙和户间楼板(居住建筑)等构造组成和节能技术措施,明确外门、外窗和建筑幕墙的气密性等级		

评审项目		评 审 要 点	设计自评	审查结果
设计说明	建筑防水	防水设计等级是否与建筑等级相适应		
		各部位防水材料做法是否符合相关规范及北京市相关管理标准的要求		
	绿建专篇	绿色建筑等级及设计是否复合《绿色建筑评价标准》的要求		
	装配式建筑专项	应有标准化设计、预制率、建筑构件部品装配率、建筑集成技术设计、协同设计及信息化技术应用说明		
		应有装配式建筑节能设计要点		
		应有一体化装修设计的范围及技术内容		
		应有预制构件种类、部位的相关说明		
		应有预制构件及连接节点的防火措施、防水做法		
设计说明	人防工程人防门	宽度在2m以下的,均应采用单扇钢筋混凝土门,并在0820、1020、1220、1520、2020五种规格中选择		
		超过2m宽的人防门宜采用双扇钢板门,并按设备安装要求、疏散人数要求的下限选用		
	防火设计	防火分区划分是否合理		
		安全疏散疏散口布置数量是否合理		
		防火构造措施是否合理		
	室内外装修做法表	各部位装修标准是与装修定位标准相符		
		配建商业室内装修是否符合商业定位的要求		
		外立面饰面材料是否符合保障房中心关于项目的定位		
		各部位的构造做法按现行国家及北京市标准图集核实,避免出现设计浪费的地方		
	门窗表及门窗大样	核查数量及规格		
		门窗立面形式须与平面编号相符		
		门窗隔声、保温、防火性能要求要与项目定位相符		
	电梯	数量是否与图纸一致,容量及速度等技术参数		
住宅单体	平面	肥槽回填用素土回填,应有相关压实系数的说明		
		核实建筑平面图是否满足方案阶段及初设阶段的标准户型、标准厨房及标准卫生间的布置要求		
		核对建筑施工图上的结构墙柱位置及尺寸与结构施工图一致,检查结构梁位置、高度与建筑平面布置及净空的关系		
		装配式建筑应在平面中用不同图例注明预制构件(如预制夹心外墙、预制墙体、预制楼梯、叠合阳台等)位置,并标注构件截面尺寸及其与轴线关系尺寸;预制构件大样图满足一体化装修相关的预埋点位		
		核对设备洞口及管井位置、尺寸是否合理		
		空调板位置及尺寸是否合适,室内机与室外机连接是否有绕房间现象及遮挡窗户现象		
住宅单体	门窗	门位置及开启形式,要考虑户内各空间最大化地利用		
		门洞口尺寸是否满足规范要求,门垛尺寸是否满足门及门套的安装要求		
		家具应结合窗的位置的摆放,有空调室外机时要有安全便利的安装条件		
		建筑物外墙门窗高度是否一致		
		窗地比、通风采光面积是否符合规范要求		
		外窗台距楼地面净高低于900mm时,应设安全防护栏杆		
		电梯机房是否设有通风窗		

续表

评审项目		评审要点	设计自评	审查结果
住宅单体	卫生间	平面净尺寸、功能布置及集中管井符合标准模块要求		
		淋浴地漏、洗衣机地漏的位置,坐厕留洞口距墙尺寸等符合装配式装修的要求		
		预留电热水器的安装位置		
	厨房	平面尺寸、功能布置等参照标准模块设计		
		橱柜:规格应以"30"为进级单位,形成系列规格		
		冰箱位置尺寸是否合适		
		厨房排油烟:采用同层排放技术时检查外墙预留洞口		
	室内设备设施	地暖分集水器进行详细规划,施工图应清晰标注具体安装位置		
		应配置晾衣杆、窗台板等基本设施		
		分体空调插座及空调管线预留孔洞设计位置		
	首层门厅与门廊	单元入口前门廊进深尺寸是否合适,顶部需设照明		
		要确定单元主入口位置,禁止出现多处设单元门的情况		
		门厅空间应满足无梁无柱要求,净空高度要满足规范要求		
		门厅内尽量不要看到管线,消火栓箱、电表箱等水电设备应避免设在首层大厅的主要视线范围内		
		单元公共入口上方,应有雨篷等防坠物措施		
	电梯厅走廊	公共空间应合理安排消火栓箱的安装位置,消火栓箱尽量嵌壁式安装		
		强弱电井、水管井布置合理,核查尺寸是否经济		
		管道井门上缘宜与入户门上缘齐平并应设不少于100mm高的门槛		
住宅单体	楼梯电梯详图	楼梯的开间及净长度尺寸是否合理		
		楼梯间梁底是否碰头		
		楼梯间窗户开启扇的高度应满足安全高度和方便开启的要求		
		楼梯注意起跑段和中间平台的宽度		
		电梯门洞留洞尺寸、顶层高度、机房形式和尺寸是否符合相关要求		
	屋面	出屋面楼梯间门上端应设置雨篷		
		雨水管的数量及位置		
		高复核找坡层厚度,最不利处女儿墙或栏杆扶手顶面净高应≥1150mm;当反沿为可踏面时,应从可踏面顶面算起,栏杆垂直杆件间净距≤110mm;栏杆不应设横向易攀爬杆件		
		独立小屋面向大屋面排水时,应设水簸箕		
	立面	检查立面是否与平面相符,门窗、阳台、檐口、装饰线等建筑元素平面定位关系是否正确		
		当为预制构件或成品部件时,按照建筑制图标准规定的不同图例示意,装配式建筑立面应反映出预制构件的分块拼缝,包括拼缝分布位置及宽度等		
		检查外窗尺寸及开启方式:窗台距室内完成面高度≥900mm,外窗分隔尺寸不宜过大。居室、餐厅、起居室外窗为推拉窗,厨房等部位单扇窗采用内平开窗。公共区域外窗应符合开窗面积的要求		
		住宅部分立面材料及材料说明是否符合市投资中心相关要求		
		立面设计中凡是非结构构件的部位,应在施工图设计中考虑施工工艺的要求,并设计预埋件,注明预埋件尺寸、间距、材料,包括阳台的栏杆及各装饰构件等		

续表

评审项目		评审要点	设计自评	审查结果
住宅单体	剖面	检查比较复杂的部分的标高及空间尺寸是否带来使用上的不便(如楼梯口、高低变化处等)		
		住宅楼层公共空间即门厅、电梯厅、公共走道净高不应低于2.2m		
		户内起居卧室等净高不应低于2.4m,厨房、卫生间等净高不应低于2.2m		
	详图	内外墙、屋面等节点,绘出不同构造层次,表达节能设计内容,标注各材料名称及具体技术要求,注明细部和厚度尺寸等		
		楼梯、电梯、厨房、卫生间、阳台、管沟、设备基础等局部平面放大和构造详图,注明相关的轴线和轴线编号以及细部尺寸,设施的布置和定位、相互的构造关系及具体技术要求等		
		应提供预制外墙构件之间拼缝防水和保温的构造做法		
		门、窗、幕墙绘制立面图,标注洞口和分格尺寸,对开启位置、面积大小和开启方式、用料材质、颜色等作出规定		
		装配式建筑应有预制构件大样图		
地下室		地下室轮廓线是否简洁方正		
		车库净高不小于2.2m		
		车位布置是否经济合理,地下车位平均面积指标		
		集水坑有编号,与结构和设备图对应		
		检查设备用房布置的合理性及排水及隔声的设计		
		地下室建筑专业应与景观专业进行联动设计,采光井、下沉式广场、出地面的楼梯间、汽车坡道、自行车坡道等应减少对景观的影响		
		检查地下车库顶板防水、排水的综合做法,顶板优先采用结构找坡,设计要有对应的找坡平面图		
		所有部位防水材料选用及重要详图,如后浇带、变形缝处做法		
		地下室车库坡道出入口处及坡道结束处应设置截水沟		
		防火分区、疏散口的设计是否经济合理		
		注意防火卷帘门与梁柱的关系,与设备管线的关系		
		地下出库出入口坡道设计位置、宽度、数量及坡度是否合理		
		兼作人防的地下车库,入口处防护密闭门要设计合理;通过防护单元隔墙的通道要满足汽车方便进出		
		车道入口斜坡道应采用有防滑齿的面层		
配套公建及配套商业		配套商业功能布局、立面效果是否按方案阶段及初步阶段审查中提出的修改调整意见落实		
		与其他专业是否协调无冲突		
		结构柱网尺寸是否经济合理及与平面功能的匹配性		
		交通及辅助功能的布局:交通筒楼电梯的数量在符合功能及消防要求的前提下尽量经济,交通筒的位置是否合理。卫生间洁具数量、平面位置及布置是否合理		
		立面材料要符合该项目的设计定位,是否具备成本经济性		
		门窗的高度、开启方式、分隔方式是否合理;透明幕墙及外窗的面积要符合节能设计要求		
		节点详图与大样图是否齐全、适用,并便于施工		

3. 结构专业施工设计审图要点

结构专业施工图设计审图要点见表 3.3.3-3。

结构专业施工图设计审图要点   表 3.3.3-3

评审项目	评审要点	设计自评	审查结果
施工图审查 资料要求	设计深度应满足《建筑工程设计文件编制深度规定》		
	结构计算模型及计算书,设计院应提供结构模型送审核后方可出图		
	审核结构拆分图		
	审核预制构件的模板图		
	审核安装大样图		
	审核构件承载力复核计算书		
结构施工图 审核总则	建设单位提出的相关要求是否落实		
	行政主管部门对项目设计提出的要求是否落实		
	原则上按《建筑工程施工图设计文件技术审查要点》(结构专业)执行		
装配式 审核要点	设计说明是否包括结构预制部分专篇,内容规定是否符合装配式建筑项目设计深度要求		
	设计图纸是否符合装配式建筑项目设计深度要求		
绿色建筑 审核要点	检查绿色建筑专篇		
	对材料的应用、施工措施是否提出明确的要求		

4. 给排水专业施工设计审图要点

电气专业施工图设计审图要点见表 3.3.3-4。

给排水专业施工图设计审图要点   表 3.3.3-4

评审维度	评审部位	审查内容	设计自评	审查结果
室内	说明	水量计算是否依据定额要求		
		与装修设计是否协调		
		是否符合装配式项目设计深度要求		
		是否符合《绿色建筑评价标准》中相关条款		
	平面图	是否符合装配式项目设计深度要求		
		公共水暖管井内布置平面图及剖视图,注明水表安装标高及进出水管布置		
		水表及水表井:住宅在每层公共区设独立水表井间,水表井尺寸按最小要求设置		
		卫生器具安装高度是否合理		
		电热水器位置是否合适,是否具备安装条件		
		屋面排水管应尽量布置在建筑凹槽内、阴角等位置设置在隐蔽处,并与土建专业排水一致		
	大样图	宜采用同层排水。当采用隔层排水时,住宅安装于下层卫生间顶板下的排水横管,其最低点标高应不小于 H(地面完成面标高)$+2.25$		
		卫生间排水立管及透气管、厨房排水立管与建筑及装修		
		空调冷凝水管:给排水专业应有空调冷凝水设计大样图和系统原理图。建筑专业应有相应节点详图及冷凝水管定位		

5. 暖通专业施工图设计审图要点

暖通专业施工图设计审图要点见表 3.3.3-5。

暖通专业施工图设计审图要点 　　　　　　　　　　　表 3.3.3-5

评审维度	评审部位	审查内容	设计自评	审查结果
通风空调	设计深度	核对是否满足方案及初设确定的内容要求,核实有无缺漏项		
		核对是否满足施工图设计的深度要求		
		设计说明是否完整、设计参数是否合理、计算指标是否经济		
		是否符合装配式项目设计深度要求		
		是否符合《绿色建筑评价标准》中相关条款		
	图纸	是否符合装配式项目设计深度要求		
		通风、空调及制冷机房有无平、剖面图		
		系统形式是否完整、是否满足使用功能要求		
		气流组织是否合理;环保是否达标		
		设备房设置位置及设备布置形式是否合理、使用及维护是否方便		
		管井布置及尺寸大小是否合理;风井进出风口有无控制尺寸及标高		
		风管及水管的布管形式是否合理		
		相关预留预埋有否交待、有无安装控制标高、有无减震降噪措施及减震降噪措施是否合理		
		主要的设备材料选用是否经济合理、是否满足采购及安装需求		
		燃气表布置在厨房,燃气表与电气设备及燃气灶水平距离不应小于300mm,炉灶下燃气预留接口位置应从橱柜背面接出,装修专业应考虑通风措施		

6. 电气专业施工图设计审图要点

电气专业施工图设计审图要点见表 3.3.3-6。

电气专业施工图设计审图要点 　　　　　　　　　　　表 3.3.3-6

评审维度	评审部位	审查内容	设计自评	审查结果
强电	说明	工程设计概况:列入初设审批后的主要电气指标		
		用电计量:各功能区、各功能部位计量表设置		
		是否符合《绿色建筑评价标准》中相关条款		
		是否符合装配式项目设计深度要求		
		防雷及接地保护等其他系统有关内容		
		各系统的施工要求和注意事项		
		电气工程主要管径、井道尺寸及主要设备的选择、布置等是否正确合理		
		设备订货要求		
	总平面	建筑物名称、编号、楼层数、道路标高等		
		变配电站位置、编号;变压器台数、容量;发电机台数、容量;室外综合照明灯具规格、型号、容量等		
		架空线路的标注		
		电缆线路的标注,电缆沟的标注;人、手孔位置等标注		
	配电照明	高、低压系统图;设备布置平、剖面图;继电保护及信号原理;竖向配电系统图		
		动力配电平面图;动力配电箱、电控系统图;动力配电箱、电控箱外形尺寸图		
		照明平面图(灯具、开关、插座等);照明箱系统图;照明箱外形尺寸图		
		照明设计要点:不同功能区灯具的设计位置,灯具的选型等;如项目的外墙设商业广告牌等标志时,应留足外墙电源容量及出线回路。住宅楼户内强电插座、开关要求及安装高度按装修标准设计		

续表

评审维度	评审部位	审 查 内 容	设计自评	审查结果
强电	防雷接地	防雷平面图;接地系统平面图;防雷、接地做法的说明		
		强电接地PE母线的做法;弱电防雷保护接地专线做法		
	消防报警联动	火灾报警及联动系统图		
		消防控制中心设备平面布置及桥架、电缆平面图,报警元件、联动模块及线路平面图		
		火灾报警及联动施工说明		
		报警联动控制程序要求		
弱电安防	系统	设计范围:设计的弱电系统与初步设计阶段确定的弱电专项方案对照比较,有无漏项		
		弱电配线间的设备布置,安防监控室的设备布置,桥架布置及电缆敷设方式		
	平面	安防报警系统设置的分系统: 安防设备主机平面图,进线出线桥架及电缆敷设平面图,室外平面图中各安防探测及报警的前端元件平面布置,线路的敷设,各个系统的功能说明		
		车库管理系统:设备位置、线路敷设、技术要求和功能说明		
		有线电话系统:有线电话系统图及平面图,核对电话配线架容量,区域分线箱的布置及容量,进户电话线路布置平面图		
		宽带网信息系统:宽带网信息系统图及平面图,核对总进线光缆及光端机容量及平面布置,区域光端机箱的布置及容量,进户宽带线路布置平面图		
		有线电视系统:有线电视系统图及平面图,核对前端放大器箱位置及平面布置,中间放大器箱位置,进户电视电缆平面图		

3.3.4　专项技术方案及深化设计审图要点

1. 外立面深化方案审核要点

（1）外立面深化方案为实现对功能、安全、经济性等方面的控制，在初步设计阶段对外立面设计细节进行审核。包括：外立面功能性审核要点、门窗阳台审核要点、空调位专项审核要点、工程设计专项审核要点。以下参考"万科完美的住宅立面设计评审"（https://mp.weixin.qq.com/s/iRUqx6Jgmg9MLzIjtJv00g，2016.9.12）对各审核要点进行说明。

（2）外立面功能性审核要点见表3.3.4-1。

外立面功能性审核要点　　　　　　　　　　　　　　　　　表3.3.4-1

评审内容	评审部位	立面评审细节	设计自评	审查结果
装饰内容	各层	住宅立面应尽量服务于平面,不应以追求建筑造型为目的		
		注意立面线脚不应影响户内视线、采光等(需逐个排查)		
		装饰性元素的尺度不宜过大或过密,避免对结构产生影响		
		如采用GRC立面、铝合金等装饰线条,需保证构造牢固		
	顶部	不宜采用高度超过3m的装饰墙,不采用厚重的装饰构件如大型飘版		
		不宜采用为形成立面虚实对比而无意义的增大窗墙比做法(如假幕墙)		
	阳台	尽量标准化,减少规格种类		
		飘板、横向装饰线条宽度不超过400mm且不跨越户间		
防盗内容	标准层	结构连板(尤其是核心筒周边)是否跨越户间(通过厨卫窗户连通也计入)		
		空调板是否跨越户间		
		户间开敞阳台紧密相连时,应考虑阳台间设短墙间隔		
	底部	底座横向装饰线条是否形成可攀登面		
		底部退台、放大等设计是否形成可攀登面		

续表

评审内容	评审部位	立面评审细节	设计自评	审查结果
材质内容	涂料	容易淋雨部位必须设置滴水板,外挑不少于40mm包括窗底阳台梁、连梁、女儿墙		
		必须做好涂料分缝设计		
	雨棚	不宜采用玻璃顶(易污染、难清洁)		
	石材	立面如采用石材、宜选干挂,不宜采用挂贴,避免泛碱污染		
		宜选用耐脏花色花岗石,避免白色或纯色石材		
	木材	高层不宜采用防腐木局部装饰,应采用铝合金仿木材质		
安全内容	高空坠物	入口必须考虑高空坠物,不得采用内凹、无雨棚造型		
		核心筒附近大面积结构连板很容易成为高空垃圾堆积点,且无法清理、应尽量避免		
	标准层户内	阳台栏杆高度、可蹬踏面凸窗护栏严格按国家标准执行,宁高勿低		
		不应采用有横向栏杆或有横向可攀爬的栏杆		
		马桶背面不应设立窗户,防止儿童攀爬		
	公共部位	公共部分栏杆高度、楼梯间栏杆高度、窗户开启扇高度容易被忽略,需反复核准		
	顶部	女儿墙必须杜绝攀爬的可能性,防护高度要满足要求		
外廊	公共部位	如采用外天井式分核连廊布局,连廊距离最近户型外窗间距不宜小于1800		
		外廊需解决飘雨、排水等问题		

(3)门窗—阳台审核要点见表3.3.4-2。

门窗—阳台审核要点　　　　　　　　　　　　　　　　　　表3.3.4-2

评审部位	门窗-阳台评审细节	设计自评	审查结果
门窗	厨房直接自然通风开口面积不应小于该房间地面面积的1/10,并不得小于0.60m²;卧室、起居室、明卫生间的直接自然通风开口面积不应小于该房间地板面积的1/20		
	窗地比不应低于1/7(厨房、起居室、卧室要满足采光要求)		
	除特殊的设计效果外,尽量避免同一空间的各窗面高不同		
	开启窗设置要做到有利于外部气流的引入、内部空气的交换		
	窗户开启扇应兼顾空调室外机安装的便利性;若开启扇作为柜机安装通道,则宽度≥650mm;作为挂机安装通道,开启扇宽度≥600mm		
	复核各门窗开启后是否有互相打架、影响通行、与结构、雨棚、空调板冲突或对视情况发生等		
	复核各门窗开启后是否影响家具的布置(例如厨房操作台),设计应考虑开启方便		
	窗户开启扇应设在人可触及的位置,避免出现开启扇过高不便操作		
	复核护栏是否与开启扇冲突		
	室内低护栏高度应为距可踏面900较为合理,其高度应尽可能与窗横梃保持一致		
	对于开敞阳台改封闭的户型,复核封闭后的窗户位置及开启扇与原阳台栏杆是否发生冲突(阳台栏杆高度为1100)		
	横梃应结合低窗护栏设置(如有),不得设在1400～1800视线范围内		
	窗户开启扇执手高度不得超过1600mm		
	有吊顶的房间窗高应考虑到精装修吊顶的高度,避免出现吊顶与窗高冲突的情况		
	客厅窗户应进行视线分析,沙发可视范围内窗户不应该在有外墙管线、空调位等遮挡(如雨水管、排水给水管等)		
	窗边有立管时应考虑留有不小于200的窗垛		
	复核出阳台铝合金门的节点,尽量保证铝合金框与室内完成面同标高,同时复核开启门扇宽度,尽量为标准尺寸		
	窗楣、窗台必须做好滴水		

续表

评审部位	门窗-阳台评审细节	设计自评	审查结果
阳台	复核可踏地面起算的栏杆高度不能低于国家规范最低的要求(高层及中高层≥1150,多层及低层≥1100)遇有较大型阳露台,或地漏位于阳台门一侧需要反向找坡时,栏杆/栏板高度应考虑阳台铺贴的面层厚度影响,保证最低处栏杆满足规范要求		
	阳台栏杆设计应防攀登,栏杆的垂直杆件间净距不大于110,重点复核转角位置和端头位置		
	复核阳台找坡方向,避免出现室内外高差过大造成使用不便		
	对角线大于6m的阳台应设两个地漏		
	处理好地漏靠墙设或外设时室内外高差的关系		
	家政区需设置局部墙体(大于650mm),保证洗衣机,拖把池,落水管等的遮蔽		
	结合立面分色的阳台部位重点考虑避免出现糙面面砖(安全隐患擦伤),无勾缝外墙砖做法等		
	统筹考虑阳台梁滴水板与阳台铺砖的关系		
	必须做好滴水线与滴水板,以免阳台梁污染		

(4)空调位专项审核要点见表3.3.4-3。

空调位专项审核要点 表3.3.4-3

评审部位	空调位专项评审细节	设计自评	审查结果
室外机位大小	壁挂式空调室外机位净尺寸参考如下(空调室外机尺寸按"长850×高550×深350"考虑): (1)1100×600—空调板;一面有墙三面百叶,排水立管可设置在机位侧面,若排水管在机位后,则进深需增加100; (2)1200×600—空调板三面有墙,排水立管可设置在机位侧面,若排水管在机位后,则进深需增加100; (3)多台空调机平行摆放时,每增加一台外机,空调板长度分别增加850; (4)双机垂直叠放时,单个外机净空高度不小于850mm		
空调机位置	室外机应靠近窗洞口设置,禁止设于无窗山墙		
	空调外机安装位置应使其排出空气一侧不应有遮挡物,空调外机与对面障碍物、墙体之间,最小距离为1000mm		
	空调外机设置应避免死角,避免因通风不畅导致的死机		
	空调冷媒管避免穿越客厅、卧室等主要房间		
	空调室内机应与家具一起布置并表示,避免对床或沙发等位置直吹,并注意避免冷凝水管或冷媒管穿其他房间的情况		
	室内机的安装位置需位于房间气流较顺畅位置,减少送风死角,并远离热源、燃气等		
空调机安装	复核空调机位净尺寸是否满足要求		
	临空的门窗,如需要通过其安装空调,其开启方向应与空调位相反,若开启扇作为柜机安装通道,则宽度≥650mm;作为挂机安装通道,开启扇宽度≥600mm		
	双机垂直叠放时,要复核中间的空调板是否有遗漏		
	需要通过空调室外机安装的窗不应该做成悬窗		
	避免空调机位有立管遮挡		
	空调室外机的布置不应该影响窗户的正常开启使用		
	距离过近而对吹的两室外机需相互错位		
	空调板端根部需设滴水		
空调管线布置	室内机空调预留洞口、插座位置与室内装修结合考虑		
	尽量缩短与室外机距离,室内露管线长度宜≤0.6m		
	空调管线设计要考虑避开洗衣机位、排水管位		
	空调冷媒管、冷能水管布置不得影响建筑外立面效果		
	空调冷凝水管道不得放置在公共空间或其他户内		

续表

评审部位	空调位专项评审细节	设计自评	审查结果
空调管线布置	空调冷媒冷凝管穿外墙时,外墙预埋管 φ80PVC 套管 当室内机为壁挂机时,套管中心设在梁下 50mm 处 当室内机为柜机时,套管中心距楼地面建筑完成面 150mm,均向外倾斜 5°		
	冷凝水管的墙上留洞的洞中距天花板底距离应大于 350mm; 当室内有吊顶或线脚时,应重点校核高度是否满足净空要求		
	空调冷凝水不应直接散排到空调板上,冷凝水管不应与雨、污水管合用		
空调百叶	室外机遮挡格栅通风净面积不宜小于 75%,空调进风、排风口不得遮挡		
	空调百叶应避免过大,导致安装空调的时候拆装困难; 2F 以上通高的百叶必须分层断开处理		
	百叶样式设计要避免造成攀爬		
	百叶与栏杆相交时,应注意加强栏杆竖梃的受力		
	隐蔽位置(如天井等)的空调可不设百叶		

(5) 工程设计专项审核要点见表 3.3.4-4。

工程设计专项审核要点   表 3.3.4-4

评审部位	工程设计专项评审细节	设计自评	审查结果
设备立管	统筹安排,将设备立管设置在平面内槽、阴角、空调机位等处		
	冷凝水管位置要避免冷凝水管暴露过长		
	屋面(包括机房屋面)排水必须兼顾立管的位置和遮挡措施		
设备洞口	换气扇开洞统一在外墙上,避免换气扇在固定窗扇上开洞		
	留洞位置要注意在立面上考虑与窗洞的关系		
PC 外墙及预制构件	PC 外墙单块的重量以 6t 为宜,相邻的外页板间留安装缝 20mm		
	PC 外墙一般按楼层拆分,上下相邻的 PC 外墙间留施工缝 20mm		
	反打 PC 外墙的底模都是外立面,所以外立面凸出的线条不宜超过 50,也不宜闭合,否则会增加脱模难度		
	外墙 PC 有整体刚度的要求,所以窗洞边的实体宽度不宜小于 400mm,不应小于 300mm		
	预制栏板、隔墙、装饰板等非结构预制构件,一般厚度不宜少于 150mm		
	PC 外墙如果与空调架相关,外露埋件宜采用热镀锌或不锈钢		
	立面预制构件宜采用与结构相结合的方式而非纯附加的非功能性构件,非功能性构件排布宜有规律,不宜变化过多		

2. 园林景观施工图审核要点

园林景观施工图报审前,其方案效果需通过审核。审核要点见表 3.3.4-5。

园林景观施工图设计审核要点   表 3.3.4-5

评审项目	评 审 要 点	设计自评	审查结果
原则性审核	施工图设计是否符合国家及地方有关规范和规程,编制深度是否达到要求		
	施工图是否落实关于园林景观方案效果的相关审核意见		
	施工图设计是否落实关于园林景观的造价控制		
	用地红线、建筑红线等是否准确,道路、建筑物室内外标高是否正确		
	图面: (1)图纸图号与图纸内容是否相符,有图例说明; (2)内容表述与图纸比例是否吻合,表达清晰可见		

续表

评审项目	评审要点	设计自评	审查结果
园林绿化	是否符合《绿色建筑评价标准》中相关条款		
	植物品种的选择及种植区域是否符合相关要求		
	重点部位的做法是否符合相关要求		
	是否采用本地乡土树种和经济型树种		
	常绿乔木的数量是否合适		
	植物与建筑物、构筑物、道路以及管线(地上、地下)的距离是否恰当		
	植物竖向层次等各个界面的配置是否合理,不同季节的景观效果是否得到充分考虑		
	儿童活动区是否有花粉过敏和有毒、带刺等植物		
	苗木规格及数量方面: (1)图纸中应注明的规格、数量是否全面。绿化效果、植物规格与生长时间有很大的关系,故应针对不同类植物和不同时期分别确定; (2)乔木规格应注明:高、冠幅、胸径; (3)灌木规格应标明:高、冠幅、胸径; (4)蔓生植物规格还应注明枝长。丛生植物还应注明一丛有多少枝; (5)应注明不同规格不同植物的总株数,注明植物种植株距(或每平方米植物株数)		
道路广场及铺装	道路、广场宽度及铺装材料的品种、规格及颜色是否符合相关标准		
	道路道牙的材料及是否是平道牙,路面标高是否按高于周边绿地设计		
	核实铺装的构造做法是否经济		
	有高差的地方是否设置了供残疾人使用的坡道		
景观构筑物	小区入口及围墙标:参考项目的形式进行审核		
	亭廊棚架:位置是否合适,是否与景观整体风格协调		
	自行车棚:位置是否方便使用,材料经济造型美观		
	地下室出入口:顶盖满足通行高度,材料经济造型美观		
景观小品	垃圾容器、座椅布置位置数量是否合适		
	垃圾容器、座椅与景观整体风格是否协调		
	垃圾容器、座椅是否考虑儿童、老人的安全使用		
	护栏扶手材料选择及构造应达到坚固耐用,并应方便老人和行动不方便人员使用		
	台阶尺寸是否合适,台阶面层材料应防滑		
	坡道坡度要符合无障碍设施的要求,面层材料应防滑		
与市政设施的协调性	燃气调压站、配电箱、出地面风井及楼梯间等景观遮挡处理措施		
	雨水篦子及其他设备井检修口的位置是否影响景观及功能		
室外标识标牌	应在总平面图中合适位置布置相关的标识标牌		
	标识标牌是否符合相关标准要求		

3. 小区市政管线施工图设计审核要点

小区市政管线专项设计审核要点见表 3.3.4-6。

小区市政管线施工图设计审核要点　　　　　　　　　　　　　　　表 3.3.4-6

评审项目	评审要点	设计自评	审查结果
一般性审核	施工图设计是否符合国家及地方有关规范和规程,编制深度是否达到要求		
	管线是否全面完整,应包括给水排水、暖通、强电(含室外照明)、弱电、燃气、景观等各个专业的管线、管井、电箱等。管线密集的地段应适当增加断面图或剖面图		
	标高衔接:与建筑物接口的位置、标高,与城市道路接口的位置、标高需协调,禁止出现倒坡等现象		
	图面:(1)图纸图号与图纸内容是否相符,有图例说明 (2)内容表述与图纸比例是否吻合,表达清晰可见		

评审项目	评 审 要 点	设计自评	审查结果
给水	给水(含消防用水、中水)管线走向及埋设位置是否经济合理		
小区雨/污水	小区雨/污水管走向及埋设位置是否经济合理		
	雨/污水管检修井设置位置,是否设置在小区车行道路外,是否设置在住宅楼进门处等主要出入口位置,是否避开低洼处及不利于维修的位置,商铺临街面的污水井及雨水井,是否设到建筑物背面。		
	化粪池等有多个井盖的污水处理设施,是否避开主要出入口、广场开阔区域。		
	小区入口及围墙标:参考中心已建项目的形式进行审核		
强/弱电	强/弱电管线敷设到地下时是否采用管群的方式		
	检查手孔的位置数量是否经济合理		
	管线走向距离是否经济合理		
出地面送排风井	设置位置是否合适,是否结合建筑一并考虑以减少单独通风井设置在地面绿化及小区景观区域		
	是否与景观协调,考虑适当的遮挡或美化措施		
综合图	小区管线设计应先做平面及垂直剖面的管网综合,原则上各管线尽量不要敷设在车行道路下面,要求各管线应设置在人行道下和绿地内		
	高层小区给水、热力管线由于管道数量多,在排管时应排到建筑相对集中的一侧,避免大量管道翻越其他市政管道		
设备设施	天然气调压箱、室外箱式变电站等箱体应布置到绿地内		
	小区检修井及井盖的形状,做法按国家相关标准施工图集实施。在绿地内或者人行道上布置的检修井盖,如是方形井盖必须与道路路沿石平行		

4. 地基基础方案审核要点

地基基础方案审核要点表见表3.3.4-7。

地基基础方案审核要点表　　　　　　　　　　　表 3.3.4-7

评审项目	评 审 要 点	设计自评	审查结果
审查资料要求	建筑总图、建筑平面图、立面图、剖面图		
	地质勘察报告		
	地基基础方案说明		
	基础平面布置图		
	结构计算书		
审核总则	设计依据的地勘报告所提供的资料和参数是否完整并经审查通过		
	设计深度应满足《建筑工程设计文件编制深度规定》中初步设计深度要求		
	是否严格按照国家现行规范、规程、标准图集,地方规范、规程、标准图集进行设计		
	是否提供两种或两种以上地基基础方案		
地基基础方案	上部结构方案是否已确定		
	地基基础设计等级是否正确		
	是否按地质勘察报告建议确定基础形式、持力层		
	基础埋深是否合理		
	地基承载力的取值是否正确;采用桩基时,桩端持力层的选择及桩基承载力特征值的取值是否正确		
	基础尺寸是否合理		
	地基变形是否满足规范要求		

续表

评审项目	评 审 要 点	设计自评	审查结果
地基基础方案	存在软弱下卧层时是否补充承载力及变形验算		
	地基液化、湿陷等其他不良地质作用相应的处理措施是否合理		
	基础方案是否适应周边环境条件的要求		
	基础混凝土强度等级最高不超过 C40		
	是否进行抗浮验算,并采取相应抗浮措施(两种方案)		
	是否进行技术经济性分析		

5. 大跨度结构方案审核要点

大跨度结构方案审核要点见表3.3.4-8。

大跨度结构方案审核要点表　　　　　　　　　　　表 3.3.4-8

评审项目	评 审 要 点	设计自评	审查结果
审查资料要求	建筑平面图、立面图、剖面图		
	结构设计方案说明		
	结构布置图		
	结构计算书		
审核总则	设计深度应满足《建筑工程设计文件编制深度规定》中初步设计深度要求		
	是否严格按照国家现行规范、规程、标准图集,地方规范、规程、标准图集进行设计		
	主体结构方案是否已确定		
	是否提供两种或两种以上结构方案		
大跨度结构方案	楼层净高是否满足建筑专业要求		
	是否按相关规范要求提高设计标准		
	荷载取值、导算是否正确		
	计算模型是否反映真实受力情况		
	计算参数是否正确		
	挠度、变形是否满足规范要求		
	支座设计是否合理		
	是否为转换结构		
	是否进行技术经济性分析		

6. 综合地下室技术方案审核要点

(1) 综合地下室技术方案为包括小区竖向方案、小区 10kV 以上供配电方案、小区水池水泵房布置、小区采暖方案、地下室结构方案在内的,综合平衡各专业设计方案的建筑地下室设计方案。

(2) 综合地下室技术方案在方案设计深化阶段报审,旨在分析研判小区市政管线路由、地下室结构方案、建筑平面布局、地下室顶板覆土厚度、地下室层高以及地下室埋深的合理性及经济性。

(3) 综合地下室技术方案审核要点见表3.3.4-9。

7. 装配式装修技术方案及施工图审核要点

(1) 装配式装修技术方案应在初步设计阶段完成,主要协调装配式装修与其他专业间的设计条件,审核要点见表3.3.4-10。

综合地下室技术方案审核要点 表 3.3.4-9

评审项目		审 核 要 点	设计自评	审查结果
单位停车面积指标主要控制点	平面柱网布置	柱网尺寸是否符合停车模数		
		地下室柱网与建筑单体柱网的对应关系是否利于停车位布置		
		柱距和柱子的尺寸与停车位尺寸是否相适配		
	设备用房布置	设备用房是否充分利用住宅楼下方及其他不便布置车位的边角地带		
		设备用房面积指标		
	车位布置方式	停车位是否布置在车道两面		
		行车道尺寸是否按最小规范尺寸执行		
		是否存在单面停车		
		停车方向最大化的一致		
		平行于停车方向的竖向行车道在满足交通环通的情况下应减少设置		
	轮廓线	轮廓线应简洁,避免出现多段折线,造成外墙增多		
		轮廓线应方正,避免出现锐角弧线,不利于车位布置		
	人防	人防区面积指标及布置方式		
		人防口部数量是否优化		
层高与净高控制点		综合剖面图(梁高、设备管线高度、地下室顶板覆土厚度、楼地面构造厚度)是否合理		
		结构形式合理性		
		设备管线布局走向、穿越防火分区时与防火卷帘高度的关系		
		层高高的设备房间布局位置与地下停车库整体布局的关系是否合理		
地下车库出入口		地下车库出入口是否考虑人车分流		
		地下车库出入口数量是否在规范许可范围内的最经济数量		
		出入口坡道宽度是否在规范许可范围内的最经济尺寸		
设备用房位置与管线路由		变配电房、发电机房、换热站、水泵房等设备用房位置,宜靠近外墙设置,且位置便于大小市政管线接入		
		锅炉房位置便于大小市政管线接入		
		变配电室与用电负荷中心是否靠近		
		换热站、水泵房是否靠近水暖主管井		
		化粪池、雨水调蓄池位置		
场地竖向主要控制点		场地标高与周边市政道路标高连接是否合适		
		场地设计标高与坡向是否合理利用现状地形地貌,土方尽量做到本场地内平衡		
		建筑正负零标高是否合适		
		各部位覆土厚度是否合适		
		场地整体坡度是否满足管线的埋设要求		
地下室结构方案		不少于两种地下室结构方案经济性比较		
		不少于两种基础方案		

装配式装修方案审核要点 表 3.3.4-10

评审项目	审 核 要 点	设计自评	审查结果
装修平面	卫生间平面布局方案,考虑同层排水时洁具的最佳布置		
	与建筑及给水排水专业协调卫生间管井位置及布置		

续表

评审项目	审核要点	设计自评	审查结果
装修平面	厨房平面布局方案,明确燃气表、燃气及排水立管的位置		
	明确采暖分集水器的位置,是否与内装部品集成设计及集成设计方案		
	明确强弱电箱的位置,是否与隔墙集成设计及集成设计方案		
	明确房间隔墙位置,门洞口及门垛尺寸位置		
	明确开关、插座、灯具的布置位置		
机电平面	户内给排水管系统及布线		
	户内配电系统及布线		

（2）装配式装修施工图应与预制混凝土构件加工图同步完成，图纸审核要点见表 3.3.4-11。

装配式装修施工图审核要点　　　　　　　　　表 3.3.4-11

评审项目		审核要点	设计自评	审查结果
一般性审核		图纸完整性		
		装修标准应符合相关标准要求		
总图卷	总则	工程概况,关于户型面积、数量等应与建筑图一致		
		设计及施工范围应明确		
		设计依据应明确		
		关于材料的环保等性能要求		
		装修、电气(强弱电)、给水排水及中水的施工说明		
		验收说明		
	材料表及做法表	各类材料应明确规格及主要性能要求:燃烧性能、材料种类、厚度控制尺寸、地面的耐磨性能、整体防水底盘的防水性能等与使用部位使用功能相匹配的要求		
		各部位构造做法应与装配式装修体系相适应		
	通用大样图	制图深度是否符合要求		
		各部位详图是否全面		
		卫生间防水设计是否合理,包括:墙体根部防水加强层、泛水设计;门洞口防水层水平延展 500mm,并向洞口的墙体外包封;马桶固定处防水密封;地漏处防水密封等		
		卫生间整体防水		
		材料及构造方式是否合理并符合功能要求		
	图例	各专业图例应全面		
		图例应与图纸表述一致		
公共区域卷		管井门、入户门、电梯门洞口及楼梯门洞口等有防火、防水隔离要求部位应用混凝土等有防火防水功能的材料做物理分隔		
		公共区地板模块构造		
		设备管线布局走向是否存在交叉空间不足的情况		
		地脚支撑与管线是否有交叉		
户型卷		厨房橱柜、排水立管布置是否合理		
		橱柜底柜和顶柜柜门板是否按模数设计,拐角处利用方式		
		橱柜面板是否考虑加强肋处理		
		卫生间洁具平面布置是否合理		
		插座、开关的位置、数量是否合适		

评审项目	审核要点	设计自评	审查结果
户型卷	强弱电户箱、地暖分集水器、燃气表、温度调节阀的位置是否合理		
	灯具位置是否合理		
	卫生间地面标高低于其他房间或设门槛,门槛以斜面过度;卫生间地面排水坡度设计		
	不同房间之间设过门石过度		
	吊顶上灯具、排气扇、燃气探测器等应综合排布,整齐美观		
	给排水系统图及平面图对应,水管走向是否合理,穿越有防水要求部位应有防水构造措施		
	户内配电管应充分利用架空层布线,并应与建筑已预埋部分有所区分		
	隔墙板应按模数进行排版控制,减少非标准表板使用		
	隔墙板上应详细标注开洞口位置、加固点位置		
	墙面板设计应考虑有层高变化的楼层		
	有架空层的墙面、地面,宜考虑检修口的布置		
	非采暖阳台断热桥设计		
	非封闭阳台排雨水设计		
	门套、窗套、窗台板是否设置		
	晾衣杆、窗帘杆等配件是否设置		

第4章
装配式混凝土建筑标准化设计管理——以小户型装配整体式剪力墙住宅建筑为例

在装配式建筑六个内涵中，标准化设计是前提条件。标准化是服务于建设项目的全过程的，其核心是围绕如何让建筑的生产建造过程实现标准化、集成化、装配化、信息化和自动化的生产方式。在第3章里，主要目的是阐述设计过程管理的规范化，本章将就装配式建筑如何进行标准化进行阐述，为更有针对性，以装配整体式剪力墙结构小户型住宅建筑为例。

当前，如果广泛地从全国或者以省市地区为单位来统一说标准化，还存在一定的实施难度。那么在推进装配式建筑时，标准化设计首先要从项目的源头——需求侧开始，开发企业要具备统筹意识，定制建筑产品的标准及要求，从而推动标准化设计。

本章以北京市保障性住房建设投资中心建立的企业标准《公共租赁住房产品标准与要求》部分章节为例，来说明在产业链上游的开发企业，如何从定性的需求转化为定量的设计标准，从而形成标准化住宅产品。北京市保障性住房建设投资中心按照北京市政府"应积极在保障性住房项目中推进住宅产业化，加强保障性住房的标准化设计，将保障性住房产业化逐步推进为常态化"的要求，在自建的公共租赁住房中采用"装配式结构＋装配式装修"的技术，同时组织团队研发形成企业的公共租赁住房产品的标准化要求。2011年，组织清华大学、北京工业大学研究人员成立专题课题组《北京市公租房建设标准化技术研发》，开展公共租赁住房户型设计及室内装修产业化、标准化技术研发；自2015年开始，又联合北京市建筑设计研究院有限公司第十设计所，结合已投入运营的公租房项目反馈的意见，共同研究《公共租赁住房产品建设标准与要求》，形成公租房建筑、结构、装修、设备全专业从品质需求到部品部件技术要求的全方位建设标准。形成的标准从策划阶段就开始贯彻并应用于每个项目中。

以下为北京市保障性住房建设投资中心企业标准《公共租赁住房产品标准与要求》章节选录。

4.1 标准化设计管理通用要求

4.1.1 设计原则

良好的品质应当作为设计最优先保证项，同时结合经济性原则进行标准化设计管理的具体措施制定。

1. 品质优先原则

（1）功能完善

装配式混凝土小户型住宅建筑的设计应该综合考虑住宅使用功能与空间组合、家庭人口、代际关系、风俗习惯等因素，满足基本居住生活需求。

设计需要从人体工程学和空间使用效率出发，寻找各个功能空间的合适的面积和布局关系。并应坚持"小套型、功能全、精细化、全装修"的原则，满足居住建筑"适用、经济、绿色、美观"的基本要求。

（2）全寿命期的可持续性

应以全生命周期设计为理念，充分考虑采用技术方法使建筑达到结构耐久、空间可变，以适应家庭结构变化、生活方式变化、老龄居住等需求，满足建筑在生命周期内空间环境的适应性。

（3）人文社区环境打造

住区规划和建筑设计要坚持以人为本，打造多层级的公共服务配套设施体系，满足基本的居住生活需要，适当增加健身、娱乐、交流的活动场所和空间，提升街区活力。同时，设计时需借鉴先进的开放街区设计经验，营造小尺度、开放的街区氛围。

（4）绿色品质

项目应按国家及北京市绿色建筑相关政策、规范及标准的要求进行设计，小区全部达到绿色建筑一星标准。同时，具体项目可按照建设单位策划需求确定是否达到二星或者三星标准。

（5）消防安全

项目应按国家及北京市消防安全相关的政策、规范及标准的要求进行设计控制。

2. 经济合理原则

应在保证品质及安全性的前提下，通过优化建筑、结构、装修及设备体系的经济性能，优化各项设计措施，实现经济可控。优化措施如下：

（1）要充分考虑在控制整体面积的情况下提高居住空间使用效率。优化功能模块空间，减少空间布置的不合理和空间浪费。组合平面设计时，运用技术手段减小公摊面积，如采用小机房电梯、成品水箱等。

（2）项目整体要实现结构构件、室内部品的标准化和规格化。

（3）对标准层平面组合的面宽和进深进行分析和取舍，充分平衡总图规划指标和户型品质间的制约作用。

（4）平面结构布置规整，利于装配式实施。

（5）建筑的高宽比要结合结构的合理性进行设计。

（6）建筑的体形系数要有利于节能的要求。

（7）立面设计时权衡技术难度以及工程造价对于住宅基本功能的适应性。

4.1.2　主要技术体系及目标

（1）应按国家及当地政府主管部门装配式建筑相关政策、规范及标准的要求设计。

（2）住宅单体建筑应采用装配式建筑：

1）结构采用装配式结构技术体系。

2）室内装修采用装配式装修技术体系，采用 SI 建筑通用体系的建筑支撑体与建筑填充体集成建造，实现管线与结构分离。

3）住宅单体建筑装配率、预制率及装配式建筑评价目标：

① 装配式建筑的装配率应不低于 50%；

② 装配式混凝土建筑的预制率应符合以下标准：高度在 60m（含）以下时，其单体建筑预制率应不低于 40%，建筑高度在 60m 以上时，其单体建筑预制率应不低于 20%；

③ 按国家标准《装配式建筑评价标准》，单体建筑应不低于 AA 级装配式建筑。

（3）推荐采用 BIM 技术，并加强与施工阶段、后期运维阶段 BIM 应用的协同和对接。

4.1.3 设计方法

1. 标准化、模块化、模数协调

设计应遵循标准化、模块化设计理念，遵守模数协调的设计原则。应充分研究项目的共性特征和需求，对户型、交通核、公共综合管井等功能单元进行模块化设计，实现基本户型、楼/电梯间、厨卫和阳台的标准化。应协调以下关系：

（1）室内空间要按完成面净尺寸控制，设置适当的容错模块进行空间尺寸协调；

（2）协调构件与构件、部品与部品以及构件与部品之间的尺寸关系；

（3）减少、优化部件或组合件的尺寸，使各环节的配合简单、精确；

（4）实现土建、机电设备和装修的"集成"以及装修部品部件的"工厂化制造"；

（5）在构成预制构件的钢筋网、预埋管线、点位等之间形成合理的空间关系，避免交叉和碰撞。

2. 标准化与多样化设计

在标准化的基础上，要通过单元组合的多样化、阳台空调板等预制部件组合多样化、装饰构件组合多样化等实现建筑效果的多样化。

3. 一体化集成设计

（1）建筑、设备、结构、装修应一体化设计；

（2）在设计过程中，设计单位应同施工单位、构件生产单位及内装部品生产单位建立协调机制，制定协同工作细则和流程。

4.1.4 小户型住宅面积系列

小户型住宅通常总建筑面积不大于 $60m^2$；户内使用面积不应小于 $15m^2$（表 4.1.4）。其户型功能配置要求如下：

（1）应独立成套，套内功能分区明确、合理；

（2）每套住宅应具有卧室、起居室（厅）、厨房、卫生间等基本空间；

（3）小套型的卧室可以和起居室合并；

（4）起居厅应尽可能方便临时变换为居室。

小户型住宅建筑的套型标准 表 4.1.4

套型类型	30 型（小套型）	40 型（小套型）	50 型（中套型）	60 型（大套型）
居室空间	零居	一室	二居/二居半	二居/二居半
	起居厅卧室合一	餐寝分离，有独立居住空间	餐寝分离，有独立居住空间，且有至少一个双人卧室	餐寝分离，有独立居住空间，且有至少一个双人卧室
建筑面积（m^2/套）	30 左右	40 左右	50 左右	60 以下
使用面积（m^2/套）		23～30	30～40	40～50
居住空间数（个）	1	1～2	2～3	2～3

注：1. 表中使用面积与建筑面积指标中应包括阳台面积；
   2. 表中居住空间数指卧室、起居室；
   3. 表中所称"左右"是指根据不同平面和结构类型上下浮动不超过 5%；
   4. 表中"半"指独立完整的起居厅，可方便临时变换为居室使用。

4.2 建筑专业标准化设计管理

在装配式建筑设计中，将独立的功能以模块的概念来对待，建立基本的模块单元，户内及户外公共区进行功能单元的分解，形成标准化功能模块单元，再组合形成标准化户型模块和核心筒模块，进而构成小户型住宅的标准化组合平面。标准化功能模块与标准化户型是构成装配式住宅产品的基础，是平面的基本构成要素。

4.2.1 标准功能模块与户型模块建立原则

模块是构成产品的基本单元，具有独立的功能，以及一致的几何接口和一致的输入、输出接口，相同种类的模块在产品族中可以重复使用和互换，对模块加以组合就可以形成最终的产品。

住宅的模块化设计旨在对承载住宅不同功能的空间模块进行标准化、多样化的组合设计，利用模数对住宅各个功能模块的尺寸进行协调把控。各功能空间模块应根据住宅设计规范、人体尺度及舒适性要求，以及空间内所需设备尺寸等因素综合考虑，选取常用的平面形态及布局形式进行优化设计，以形成不同面积、不同布置方式的模块化产品。模块本身具有空间尺寸与使用功能等属性。但是基于居住者需求的差异性，以及考虑随着家庭结构变化产生的需求变化等方面，住宅建筑室内模块应考虑模块内的功能布局多样性和模块之间的互换性和相容性；应考虑两种模块之间的模数和其他结合的要素能够相互匹配，例如装饰装修模块与设备管线模块，它们之间要存在一定的模数关系和构造关系才能很好地结合。

从装配式小户型住宅的可建造性出发，以住宅平面与空间的标准化为基础的模块化设计方法应采用楼栋平面组合和下一层级功能模块（户内功能空间模块和公共功能空间模块）进行组合，并确立各层级模块的标准化和系列化的尺寸体系。户内功能空间模块即户型模块，由若干个不同功能空间模块或部品模块构成，通过模块组合可满足多样性与可变性的居住需求。户型模块和交通筒模块一起构成了住宅单体楼栋平面组合模块（图4.2.1）。

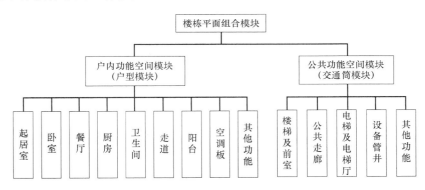

图4.2.1 住宅平面模块构成关系

在具体功能模块及组合设计时，应考虑建筑的长期适应性，考虑空间可变性，建议措施如下：
（1）结合室内装修设计、管线设备设计，最大化采用管线与结构分离的技术体系；
（2）卫生间管井应考虑出户，设于户外公共区；
（3）竖向承重结构结合分户隔墙、公共区隔墙布置，户内避免出现不可移动的结构体。

4.2.2 户内功能空间模块与户型模块

1. 户内功能空间模块配置要求及推荐尺寸

（1）起居室功能模块

由于整体建筑面积有限，起居室一般与餐厅、门厅复合使用。在设计中，主要宗旨是以客厅、餐厅模块为中心进行功能布局，利于通流线设计，减少交通空间。完全确定的客厅、餐厅模块对于整个户型设计有着很大局限性，模块设计时，主要确定其开间和结合形式，具有一定的开放性，利于整体布局（图4.2.2-1）。开间主要考虑面积、功能家具尺寸和人体活动尺度要求：

1）入户玄关处主要考虑配置鞋柜，客厅主要考虑配置家具是组合沙发、茶几、组合电视柜，餐厅主要配置家具是餐桌椅，按照使用的尺寸需求进行开间进深尺寸的设计。

2）起居室应满足以下基本电器的使用：电视机、空调、电话、灯具、电脑（上网）等，并布置相应的插座；起居室电气插座及开关面板的位置设计，应考虑不同家具布局的需求，并避免被家具遮挡。设计应控制向起居室开启的其他居室门的位置，有利于家具及电器的摆放。

3）起居室进深主要考虑电视柜墙面长度和沙发长度及其他房间面向客厅开门的位置。

4）起居室结构轴线需要遵循装配式 3M 模数，同时需与内装家具摆布相结合，关注空间净尺寸的模数关系。

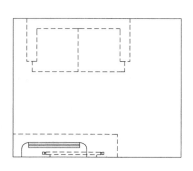 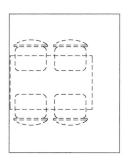

图 4.2.2-1　起居室功能模块

（2）卧室功能模块

卧室包括：双人卧室、单人卧室以及卧室与起居室合为一室的三种类型。卧室是私密的生活空间，具有睡眠、休息、学习、梳妆、储藏等综合实用功能。主要根据功能需求和人体活动尺度进行模数化设计。在小户型住宅模块设计中，卧室的尺寸主要根据家具的尺寸和布置进行控制（图 4.2.2-2，图 4.2.2-3）。设计宜满足如下条件：

1）双人卧室净宽宜不小于 2700mm。特殊情况下，净宽不应小于 2550mm。并且应预留可配置进深不小于 540mm 的储存柜的空间。

2）单人卧室净宽宜不小于 2100mm。特殊情况下，净宽不应小于 1950mm。并且应预留可配置进深不小于 540mm 的储存柜。

3）卧室窗户应避免与邻居窗户互视，开窗面积应保证卧室的采光充分。

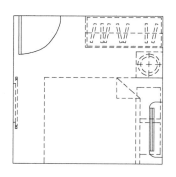 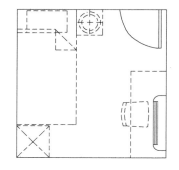

图 4.2.2-2　主卧室功能模块　　　　　　　图 4.2.2-3　次卧室功能模块

（3）户内走道功能模块

1）户内入口处尽量避免走道；不可避免时，设计净宽应≥1200mm，考虑预留进深不小于 300mm 的放置鞋柜和衣帽架的空间位置。

2）户内通向卧室、起居厅的走道净宽不应小于 1000mm；通向厨房、卫生间的走道净宽不应小于 900mm。

（4）厨房功能模块

厨房模块是平面模块中必不可少的重要组成部分，也是诸多功能空间模块中功能性最强、标准化程度最高的模块之一。对厨房功能进行二次分解，以建立厨房空间子模块系统为目的，单一功能空间模块包括：烹饪、操作、洗涤、储存等基本功能模块；各单一功能空间由人的活动空间和与之相对应的产品（部品）空间共同构成。模块化的集成式厨房，就是使构成厨房的各个相对独立的产品，能够通过选择性组合，形成多样化结果。为使装配过程顺利有序进行，各产品的几何形状和规格尺寸的标准化，就成了集成技术的关键环节，即各类产品间应建立一套规范的尺寸体系，这个尺寸关系不但需要各部品之间有很好的关联性，也需要部品组合尺寸与空间尺寸相互匹配，这就需要在标准化体系中运用模数手段来统一各设计尺寸间的协调关系。

1）厨房具体要求如下：

① 采用具有油烟净化处理功能的抽油烟机时，厨房油烟可采用直排方式，外墙应有风帽详细设计节点；

② 隔墙或墙面架空层内布置给水管线时，装修构造厚度按 50mm 控制，其余按 30mm 控制；

③ 分集水器设置在厨房内时，应考虑与燃气表（管）、给水管等的位置关系；

④ 立管集中布置且设于端部，保证台面完整；

⑤ 厨房门洞 800mm 宽，可采用内藏式推拉门或平开门，门口距橱柜台面≥60mm；

⑥ 平面布置要考虑配送的冰箱、洗菜盆、燃气炉、抽油烟机的放置尺寸要求。

2）厨房主要功能模块化标准尺寸系列：

① 遵循模块化设计原则。厨房空间主要由操作空间和集成橱柜两部分构成，对厨房功能的二次分解，可以分离出 7 个基本功能模块：烹饪、操作、洗涤、橱柜模块、冰箱模块、管井模块、出入模块。

② 集成各类设备的橱柜是厨房的主要部品。因此，运用统一的模数协调体系，合理规划板材使用率，是提高橱柜品质是有效技术手段。小户型住宅厨房各主要功能模块标准尺寸系列见表 4.2.2-1。

小户型住宅厨房各主要功能模块标准尺寸　　　　　　　　表 4.2.2-1

主要功能模块	图例		说明
烹饪模块	390 210 570	390 790	调料柜应紧邻烹饪区,调料柜内应配置拉篮。柜门拉手应为嵌入式。 设备规格:单灶电磁灶(L=390) 单灶油烟机(L=390)
	690 210 570	690 550	调料柜应紧邻烹饪区,调料柜内应配置拉篮。柜门拉手应为嵌入式 设备规格:双灶燃气灶(L=690) 双灶油烟机(L=690)
洗涤模块	600 570		1. 应配置单槽不锈钢洗涤池 2. 洗涤池规格:420×390
	600 540		1. 应配置单槽不锈钢洗涤池 2. 洗涤池规格:420×390

续表

主要功能模块	图例	说明
操作模块		1. 进深尺寸以 570/540 为宜 2. 上下柜柜门规格一致,可互换
		1. 进深尺寸以 570/540 为宜 2. 上下柜柜门规格一致,可互换
集成橱柜		1. "一字"形橱柜,适合公租房选用 2. 橱柜台面宽度尺寸以 570/540 为宜
		1. "一字"形橱柜,适合公租房选用 2. 橱柜台面宽度尺寸以 570/540 为宜
		1. "L"形橱柜,适合公租房选用 2. 橱柜台面宽度尺寸以 570/540 为宜
		1. "L"形橱柜,适合公租房选用 2. 橱柜台面宽度尺寸以 570/540 为宜
冰箱模块		市面较小型的冰箱设备。适合公租房选用

续表

主要功能模块	图例	说明
管井模块		宜采用装配式管井,检查口应方便维修
出入模块		适合公租房选用
		推拉门。适合公租房选用

3) 厨房功能模块参考示例:

如图 4.2.2-4~图 4.2.2-7 所示。

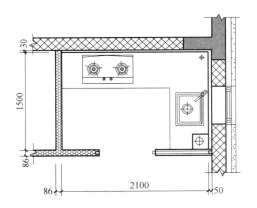

图 4.2.2-4　厨房模块 A1　1500×2100（推拉门）

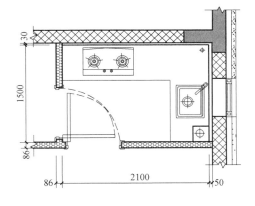

图 4.2.2-5　厨房模块 A2　1500×2100（平开门）

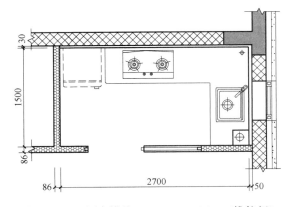

图 4.2.2-6　厨房模块 B1　1500×2700（推拉门）

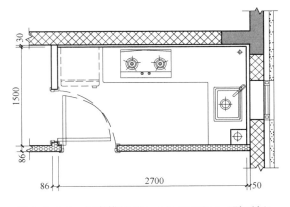

图 4.2.2-7　厨房模块 B2　1500×2700（平开门）

（5）卫生间功能模块

为提高住宅卫生间的建设速度以及使用性能，有必要形成统一的标准化卫生间模块。标准化卫生间模块在满足居民使用需求的同时，也要应对不同的户型整体布局及施工建造的需要，做到面积紧凑、空间集约、功能齐全、维修方便，因此需要科学地布局，精细化地系统设计。卫生间功能进行二次分解包括：如厕、盥洗、洗浴、洗衣、出入、管井6个基本功能子模块。这6个模块或其中的几个重要模块进行空间组合，形成不同的卫生间功能模块。

　　1）卫生间具体要求如下：

　　① 卫生间采用同层排水。排水立管应靠近马桶位置；卫生间管井（排水立管、排风道）设置于公共区域，管井地面完成面宜低于卫生间架空层底层完成面，考虑架空层底层集水往管井内排出；管井与户内间墙为结构墙体时，需预留结构开洞位置；

　　② 预留电热水器位置并设置插座，需考虑预留用电量。并应考虑电热水器安装固定措施；

　　③ 隔墙或墙面空腔内布置给水管线时装修构造厚度按50mm控制，其余按30mm控制；

　　④ 卫生间门洞700mm宽，设平开门，亦可设推拉或者折叠门。

　　2）卫生间主要功能模块标准尺寸系列：

　　① 遵循模块化设计原则，通过对卫生间功能进行二次分解，可以分离出6个基本功能模块包括：如厕模块；盥洗模块；洗浴模块；洗衣模块；管井模块；出入模块。卫生间是这6个功能模块选择性组织的结果；

　　② 设计时根据人体功效尺寸、部品规格以及建筑与部品模数协调标准，综合制定各功能模块的标准尺寸系列，形成小户型卫生间标准化设计模块（见表4.2.2-2）。

小户型卫生间标准化设计模块

表 4.2.2-2

主要功能模块	图例	说明
如厕模块	900 × 1200	坐便器两侧均为墙体，入口位于前端，功能区域独立
	840 × 1200	坐便器一侧为墙体，一侧为隔断（门），适用分区明确的卫生间
	830 × 1200，510	坐便器一侧为墙体，另一侧有进深在510以下的填充物
	750 × 1200，300	坐便器一侧为墙体，另一侧有进深在300以下的填充物
	720，450，300	坐便器两侧填充物体进深均在450以下

续表

主要功能模块	图例	说明
如厕模块	690 / 300 / 300	坐便器两侧填充物进深较小
盥洗模块 （台面盆/收纳柜）	600 / 300	1. 一体台面 2. 浴室柜
	690 / 300	1. 一体台面 2. 浴室柜
	720 / 300	1. 一体台面 2. 浴室柜
盥洗模块 （台面盆/收纳柜）	750 / 300	1. 一体台面 2. 浴室柜
	900 / 510	1. 分体台面 2. 浴室柜
	1200 / 510	1. 分体台面 2. 浴室柜

续表

主要功能模块	图例	说明
洗浴模块	（690×900）	基本满足功能尺寸要求，特殊
	（750×900）	基本满足功能尺寸要求。适合公租房选用
	（810×810）	满足功能尺寸要求。适合公租房选用
	（810×900）	满足功能尺寸要求。适合公租房选用
洗衣模块	（450×450）	市面最小型的洗衣机设备。但尺寸较局促，地漏安装难度大
	（480×480）	市面较小型的洗衣机设备。适合公租房选用
洗衣模块	（510×510）	市面常规洗衣机设备。适合公租房选用
	（540×540）	市面常规洗衣机设备。适合公租房选用

续表

主要功能模块	图例	说明
管井模块	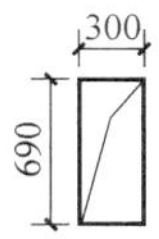	—
	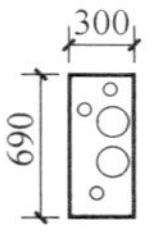	—
	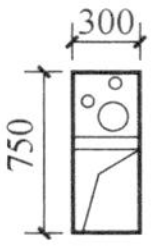	基本满足管线布置的尺寸要求,适合保障房选用
出入模块	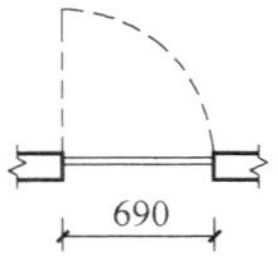	适合公租房选用
		推拉门。适合公租房选用
	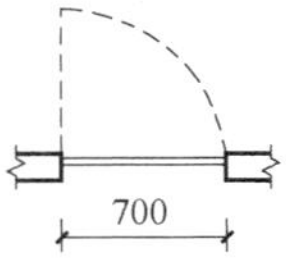	符合原模数系数规范的尺寸规格。适合保障房选用
	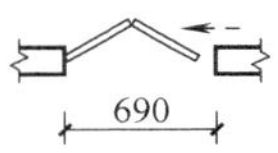	折叠门。适合公租房选用

3)卫生间功能模块参考示例(图 4.2.2-8、图 4.2.2-9)

由于受面积条件的限制,在本文的户型设计中,选择了如下两个典型的卫生间模块作为小户型住宅卫生间的标准模块,这两个模块均包含淋浴器、马桶、洗衣机、洗面器四件套,即如厕、盥洗、洗浴、洗衣、出入、管井六个基本功能。但是第一个卫生间模块采取了整体式的方式,即把所有功能安排在一个房间里,而第二个卫生间采取了干湿分离式的方式,将洗衣机、洗面池与淋浴器、马桶分开,这种方式使用起来更为方便。

(6)阳台模块

1)阳台的形式有开敞阳台和封闭阳台两种,而对于北京地区夏热冬冷、风尘大的气候特征,应设计为封闭阳台。

2)采用管线与结构分离的设备系统设计,以及装配式装修时,为减少户内管线布置方式,以及考虑管井布置的便捷性,不宜将洗衣机布置于阳台;当洗衣机位于阳台上时,洗衣污水应直接排至洗衣机专用地漏,不可排至雨水管内。

3)生活阳台需要在阳台顶板设置晒衣杆,满足生活的基本需求。晒衣杆的设置应注意避免与阳台门、窗的开启发生碰撞。

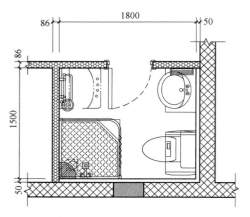

图 4.2.2-8 卫生间模块 A：1500×1800
（管井设于卫生间之外）

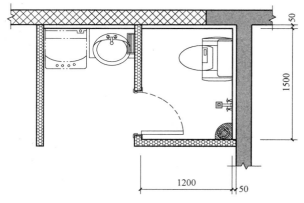

图 4.2.2-9 卫生间模块 B：（干湿分离）

4）预制阳台应符合标准化模数化的设计。其宽度基本模数为 1M，扩大模数为 0.1M。其厚度基本模数为 0.2M，扩大模数为 0.1M。可依据图集《预制钢筋混凝土阳台板、空调板及女儿墙》15G368-1 选取。考虑到阳台晾晒、收纳及空调机位等的功能使用要求，以及部品选用经济实用的需求，阳台净尺寸一般控制在 900mm 左右，即阳台进深约为 1050～1100mm。阳台的开间尺寸可结合公共租赁住房立面设计调整。

5）优先考虑阳台板与空调板结合的方式，减少预构件数量，降低吊装数量；结合阳台板设置空调机位，可从阳台直接放置空调，避免空调安装时身体探出主体建筑。

6）当预制阳台板需与太阳能集热板结合时，相关厂家应提前进入配合。提供荷载，协调连接方式，以及预留预埋连接件，不得在预制构件上剔凿。

7）预制阳台模块参考示例见图 4.2.2-10。

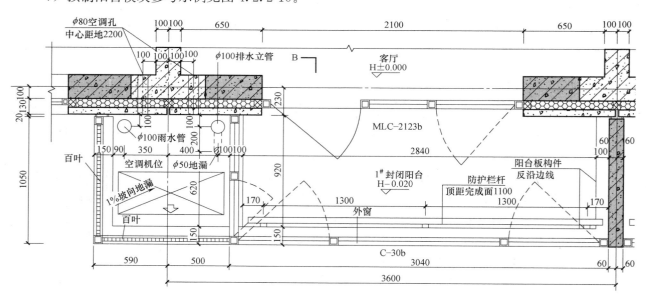

图 4.2.2-10 预制阳台模块

（7）空调板模块

装配式混凝土小户型住宅必须考虑合理的空调安装位置，一次安装到位，达到既能保证其正常有效的使用，吻合建筑布局，又方便安装，同时满足建筑立面的美感。空调板的使用功能主要是放置空调室外机，同时解决空调冷凝水的有组织排放及空调室外机通风的需求。空调板设计中通常结合立面的需求，将屋面雨水管位置与空调板结合，以减少雨水管对立面的影响。

1）所有空调室外机均需放入设计预留机位，可用百叶或金属栏杆围蔽。

2）空调冷凝水排放：

由于空调板会有少量雨水进入，且空调外机本身产生冷凝水，故宜在空调板上设置小型地漏或预埋管，接入空调冷凝水立管中以避免积水。并合理布置冷凝水立管的位置，每个空调外机至少考虑一个三通接口，以方便冷凝水排放。空调外机安装时上部和一侧宜留出≥100mm 的净距，当空调板中有屋面雨水立管或阳台雨水立管穿过时，搁板长度应加大 150mm 或加大空调板深度 150mm。

3）空调通风：

空调百叶（或穿孔板）的有效通风率≥75%，并宜考虑开启合页、固定插销及注意开启方向要方便安装操作。空调百叶尺寸宜比洞口尺寸上下各留 100mm 的缝隙便于开启及安装时踏握着力；如果通过住户外窗安装空调，应该注意可开启扇的尺寸、方向及安装、维修的可操作性。

4）空调放置：

当空调外机为侧向置入时，安装洞口的宽、高尺寸（mm）应≥400×700。当空调外机为正向置入时，安装洞口尺寸应≥800×700。

5）预制空调板的选取及安装要点：

当采用预制空调板时，应符合标准化模数化的设计。其宽度基本模数为 1M，扩大模数为 0.1M。其厚度基本模数为 0.2M，扩大模数为 0.1M。可依据图集《预制钢筋混凝土阳台板、空调板及女儿墙》15G368-1 选取。

6）空调板的位置：

应考虑到空调室内机的合理位置设置，满足室内合理位置的前提下，尽量靠近室内机位置。空调外机搁板应尽量靠近可开启门窗，以方便安装操作。

7）空调板可采用单独设置的空调板或结合阳台设置的空调板，当采用预制混凝土结构时，优先考虑阳台板与空调板结合的方式，减少预制构件数量，降低吊装数量。

8）空调板模块参考示例见图 4.2.2-11、图 4.2.2-12。

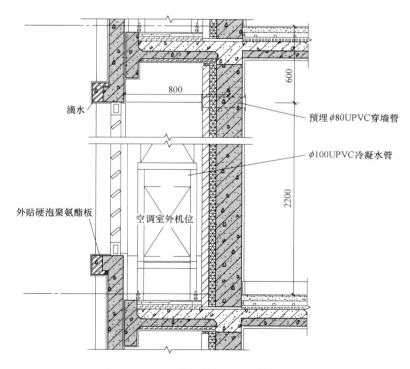

图 4.2.2-11　空调模块一（预制空调板）

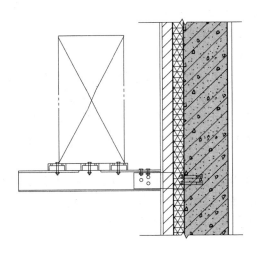

图 4.2.2-12　空调模块二（金属托架）

（8）居住空间设备、设施

1）配电箱、弱电箱：

应设置于隐蔽位置，并避免设在剪力墙或电梯井道墙上；配电箱、弱电箱可在平面同一位置，上下同宽设置，并宜与户内轻质隔墙集成（示例如图 4.2.2-13）。

2）对讲户内机：

避免设在剪力墙或电梯井道墙上；尽量靠近入户门。

3）地暖分集水器：

宜与户内装配式轻质隔墙或装配式楼地面等内装部品集成设计；地暖分集水器的位置，既不影响室内空间视线又便于管线连接便捷。

4）空调室内机位置：

空调室内机位置宜避免对床直吹，连接室内机与室外机之间的冷凝水管及冷媒水管的外露管线避免穿越房

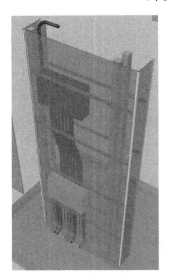
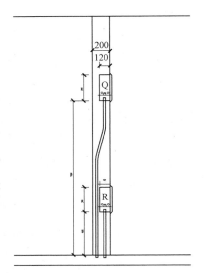

图 4.2.2-13　配电箱、弱电箱集成设计示例

间，影响室内空间；室内分体空调插座及空调管线预留孔洞设计位置，参考图 4.2.2-14 要求。

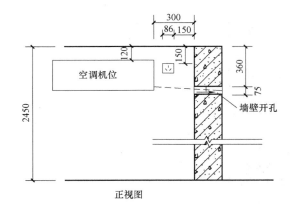
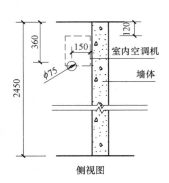

图 4.2.2-14　室内分体空调插座及空调管线预留孔洞设计位置

5）公共租赁住房居室应配置窗帘杆，设计应符合图 4.2.2-15 的要求。

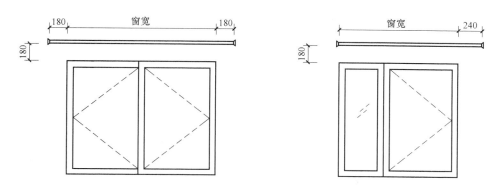

图 4.2.2-15　窗帘杆设计示例

6）配置晾衣杆、窗台板等基本设施。

2. 户型模块标准化原则与分类

户型模块由起居室、卧室、户内走廊、厨房、卫生间、阳台、空调板及设备设施功能模块构成，这些模块以不同的个数和不同的空间组织方式在户型模块内部排列，其组合方式决定了户型模块的开间和进深尺寸。在各功能空间推荐尺寸的基础上，根据小户型住宅的功能与面积需求，通过各功能空间的组合构成若干个标准化的户型模块，采用 3M 模数尺寸，便于重复利用和多样组合。

（1）户型模块的标准化原则

基于建筑功能的空间尺度关系，通过确定的户型面积标准，推导出具有空间适应性的标准化户型模块，以模数协调关系建立基本的户型模块单元。户型模块的开间、进深尺度要赋予空间最大的适应性，同时考虑模块间至少一个边长同尺寸，便于模块间拼接，保证接口的通用尺度。

（2）户型模块分类

不同面积规模指标户型推荐模块见表 4.2.2-3。户型模块的制定，不是面积、功能的僵化拼凑，而是在标准模块的尺寸上按模数进行调整，内部空间、开窗位置等根据具体项目情况进行调整，但户型整体设计的一般规定及原则应保证。

表 4.2.2-3　户型模块分类表

户型模块类型	户型类型	居室数	户型模块尺寸(mm)	户型模块个数
户型模块 D	30 型（小套型）	零居	5400×3400、3600×6500	2
户型模块 A	40 型（小套型）	一室	5400×5400、4500×7200	3
户型模块 B	50 型（中套型）	二居/二居半	5400×6900	4
户型模块 C	60 型（大套型）	二居/二居半	5400(5700)×7200(7500)	6

3. 户型模块图示

（1）户型模块 A（40 型）

模块 A 为一居室模块，5400mm 开间恰好能满足两个功能空间（卧室和厨房）的采光要求，所以采用的基本模块尺寸为 5400mm×5400mm，轴线围合建筑面积 29.16m²（图 4.2.2-16，图 4.2.2-17）。在此基础上按照模数的原则衍生另一个模块的尺寸为 4500mm×7200mm，轴线围合建筑面积 32.4m²（图 4.2.2-18）。

1）户型模块 A1（模块尺寸为 5400mm×5400mm）

① 入户空间与起居室结合，户内面积利用充分；

② 起居室规整，可以作为潜在的第二间卧室空间；厨房卫生间为标准功能模块；

③ 有采光需求的卧室功能空间与厨房功能空间放置在 5400mm 的采光面上。厨房采用 1500mm

（净尺寸）开间的标准厨房模块，其余的采光面采用横向布置的卧室空间，卧室采光充足；

④ 管井置于户外，户内无梁及结构墙柱，具备室内布置可变的需求。

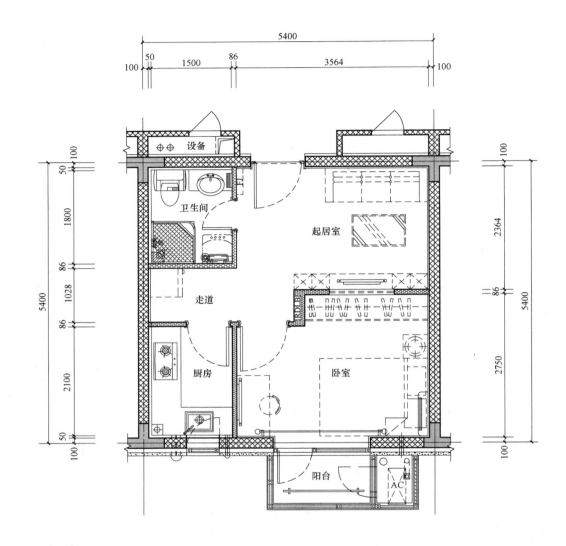

图 4.2.2-16　户型模块 A1

2）户型模块 A2（模块尺寸为 5400mm×5400mm）

① 空间布置规整，起居室可以作为潜在的第二间卧室空间；

② 5400mm 宽的采光面上布置卧室及起居室空间，采光充足；

③ 入户空间与卫生间、厨房开门结合并适当预留入户鞋柜的放置空间；

④ 管井置于户外，户内无梁及结构墙柱，具备室内布置可变的需求；

⑤ 厨房卫生间为标准功能模块；

⑥ 需要两个方向的可开外窗的面，平面组合时应注意。

3）户型模块 A3（模块尺寸为 4500mm×7200mm）

① 入户空间与起居室结合，户内面积利用充分；

② 各功能空间平面规整，卧室采光充足；厨房卫生间为标准功能模块；

③ 管井置于户外，户内无梁及结构墙柱，具备室内布置可变的需求；

④ 进深较大，应注意开窗面积。

（2）户型模块 B（50 型）

公共租赁住房户型模块 B 为两居室模块，开间尺寸延续 5400mm，基本模块尺寸为 5400mm×6900mm，轴线围合建筑面积 37.26m²。户型模块 B 共四个模块（图 4.2.2-19～图 4.2.2-22）。

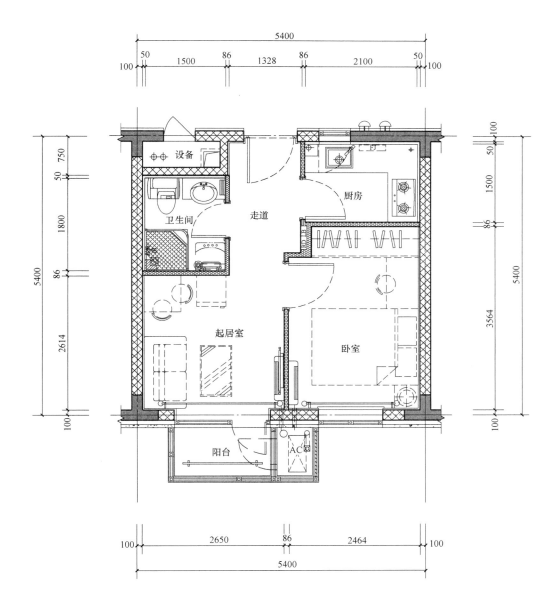

图 4.2.2-17　户型模块 A2

1）户型模块 B1（模块尺寸为 5400mm×6900mm）

① 空间布置较为规整，起居室可以作为潜在的第二间卧室空间；

② 入户空间与卫生间、厨房开门结合并适当预留入户鞋柜的放置空间；

③ 卫生间管井置于户外，户内无梁及结构墙柱，具备室内布置可变的需求；

④ 需要两个方向的可开外窗的面，平面组合时应注意。

2）户型模块 B2（模块尺寸为 5400mm×6900mm）

① 起居室兼餐厅面积较大，且起居室可以作为潜在的第二间卧室空间；

② 5400mm 的开间布置一大一小两间卧室，且采光充足；

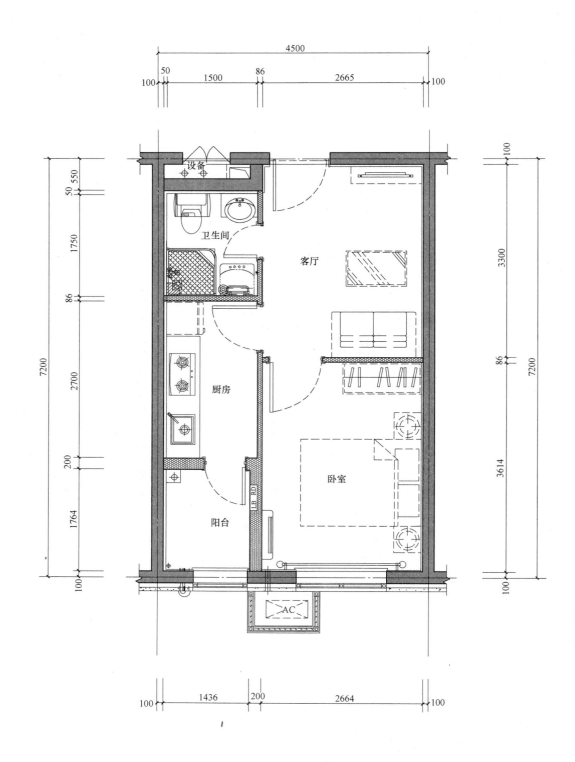

图 4.2.2-18　户型模块 A3

　　③ 卫生间管井置于入户玄关处，应注意隔声处理及同层排水管线的布置，玄关处需设吊顶以布置卫生间排风管；

　　④ 户内无梁及结构墙柱，具备室内布置可变的需求；

　　⑤ 厨房卫生间为标准功能模块；

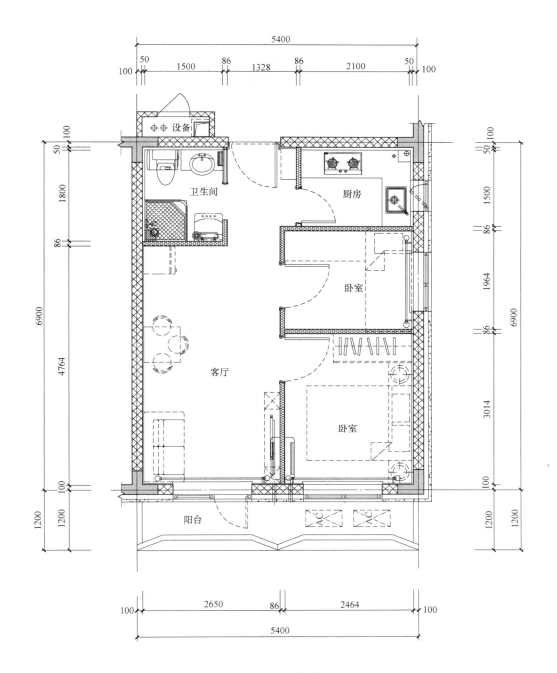

图 4.2.2-19 户型模块 B1

⑥ 需要两个方向的可开外窗的面，平面组合时应注意。

3）户型模块 B3（模块尺寸为 5400mm×6900mm）

① 起居室兼餐厅面积较大，且起居室可以作为潜在的第二间卧室空间；

② 5400mm 的开间布置一大一小两间卧室，且采光充足；

③ 卫生间管井置于户外，户内无梁及结构墙柱，具备室内布置可变的需求；

④ 厨房卫生间为标准功能模块；

⑤ 需要两个方向的可开外窗的面，平面组合时应注意。

4）户型模块 B4（模块尺寸为 5400mm×6900mm）

① 入户空间与客厅、餐厅结合，室内使用面积利用充分；

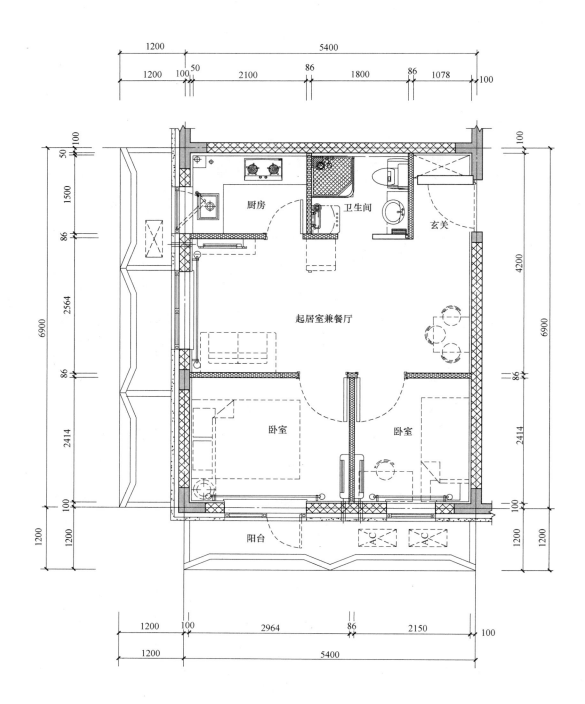

图 4.2.2-20　户型模块 B2

② 一大一小两间卧室分置于两个方向，且采光充足，利于塔楼组合；

③ 卫生间管井置于户外，户内无梁及结构墙柱，具备室内布置可变的需求；

④ 厨房卫生间为标准功能模块。

（3）户型模块 C 系列（60 型）

公共租赁住房户型模块 C 系列为两居室模块，基本模块尺寸分别为 5700mm×7200mm，轴线围合建筑面积 41.04m² 的模块，以及尺寸为 5400mm×7500（7200）mm，轴线围合建筑面积 40.5m²（38.88m²）的模块。户型模块 C 共有六个模块（图 4.2.2-23～图 4.2.2-28）。

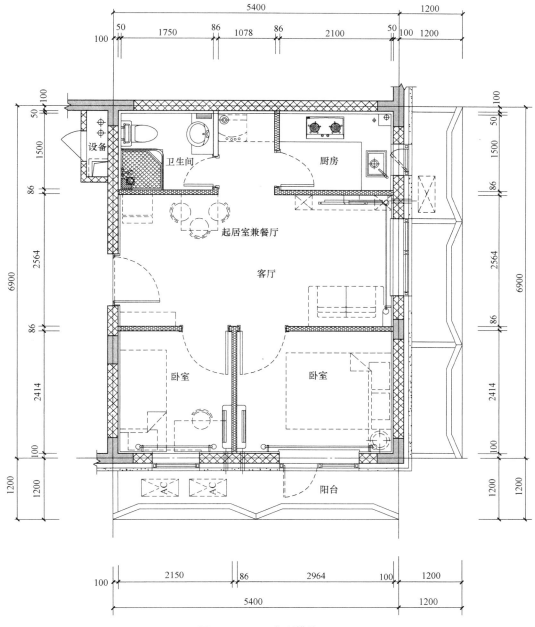

图 4.2.2-21　户型模块 B3

1）户型模块 C1（模块尺寸 5700mm×7200mm）

① 入户空间与客厅、餐厅结合，室内使用面积利用充分；

② 一大一小两间卧室分置于两个方向，且采光充足，利于塔楼组合；

③ 卫生间管井置于户外，户内无梁及结构墙柱，具备室内布置可变的需求。

2）户型模块 C2（模块尺寸 5700mm×7200mm）

① 起居厅兼餐厅面积较大，且起居室可以作为潜在的卧室空间；

② 5700mm 的开间布置一大一小两间卧室，且采光充足；

③ 入户玄关处考虑预留玄关柜的空间；

④ 卫生间管井置于户外，户内无梁及结构墙柱，具备室内布置可变的需求；

⑤ 厨房卫生间为标准功能模块；

⑥ 需要三个方向的可开外窗的面，户型组合适合塔楼。

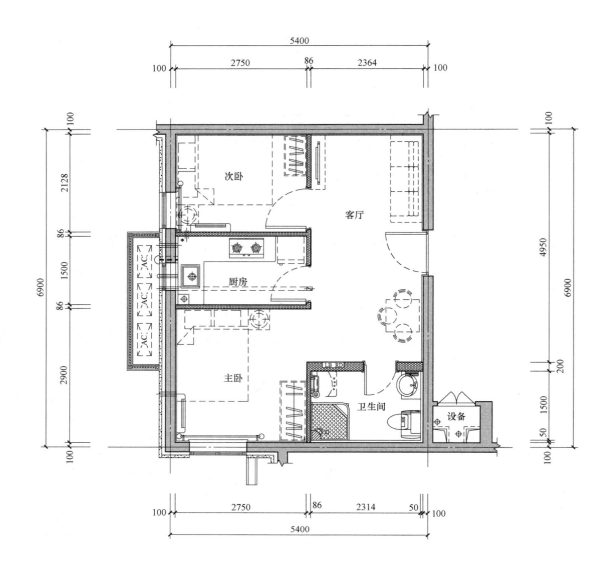

图 4.2.2-22 户型模块 B4

3）户型模块 C3（5400mm×7500/7200mm）

① 起居厅方正且能采光，厨房卫生间为标准功能模块；

② 5400mm 的开间布置一大一小两间卧室，且采光充足；

③ 户内无梁及结构墙柱，具备室内布置可变的需求。

4）户型模块 C4（5400mm×7500/7200mm）

① 起居室兼餐厅方正且能采光，且起居室可以作为潜在的卧室空间；

② 5400mm 的开间布置一大一小两间卧室，且采光充足；

③ 厨房卫生间为标准功能模块；

④ 卫生间管井具备外置条件，户内无梁及结构墙柱，具备室内布置可变的需求。

5）户型模块 C5（5400mm×7500/7200mm）

① 起居室兼餐厅方正且能采光，且起居室可以作为潜在的第二间卧室空间；

② 5400mm 的开间布置一大一小两间卧室，且采光充足；

③ 厨房卫生间为标准功能模块；

④ 卫生间管井具备外置条件，户内无梁及结构墙柱，具备室内布置可变的需求。

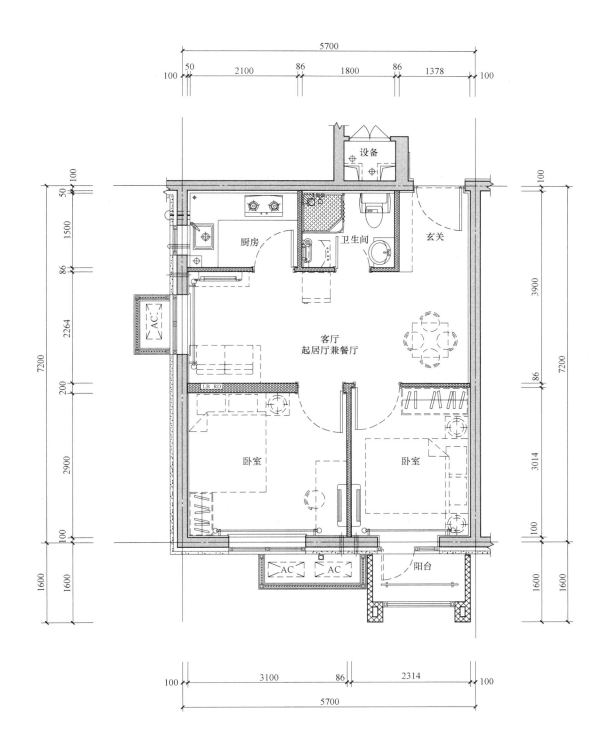

图 4.2.2-23　户型模块 C1

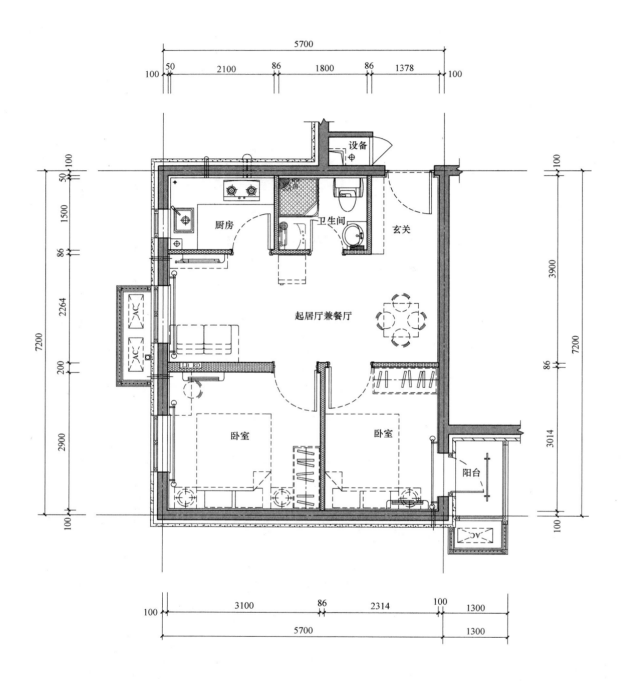

图 4.2.2-24 户型模块 C2

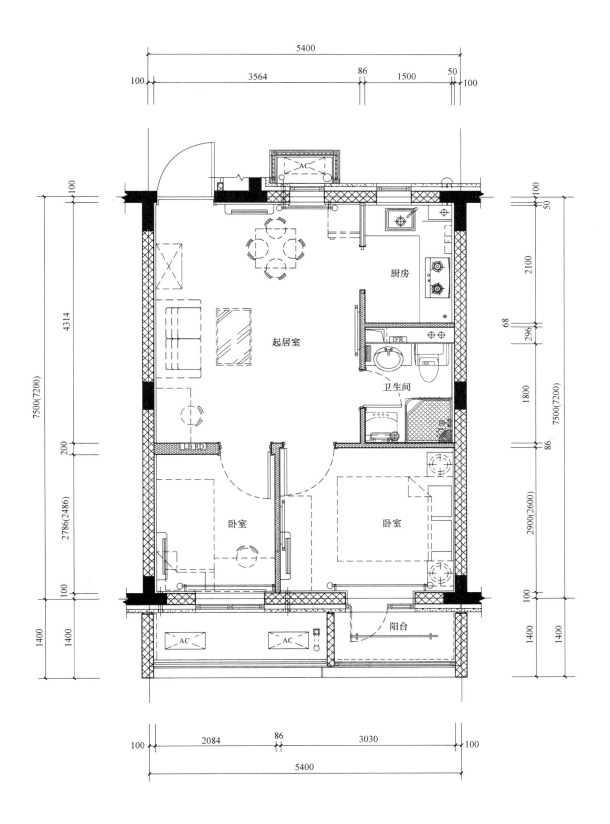

图 4.2.2-25 户型模块 C3

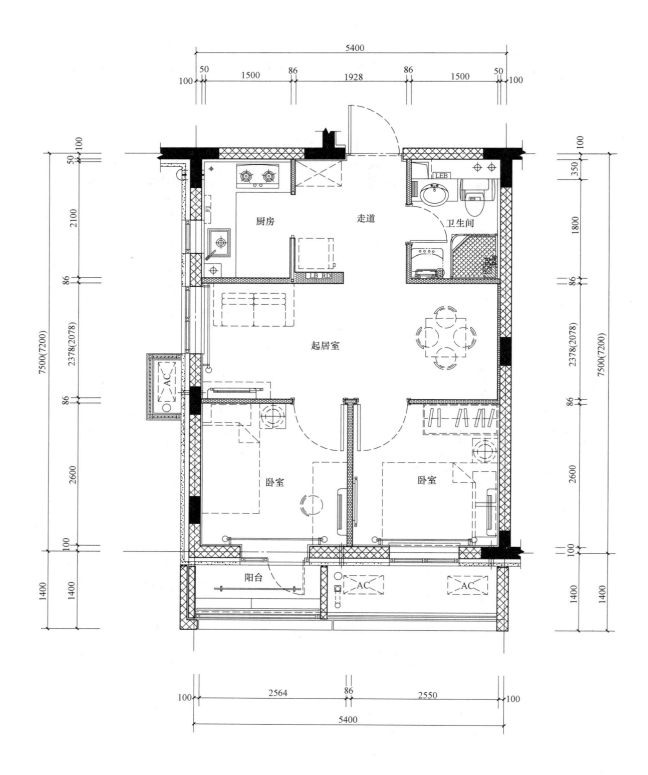

图 4.2.2-26　户型模块 C4

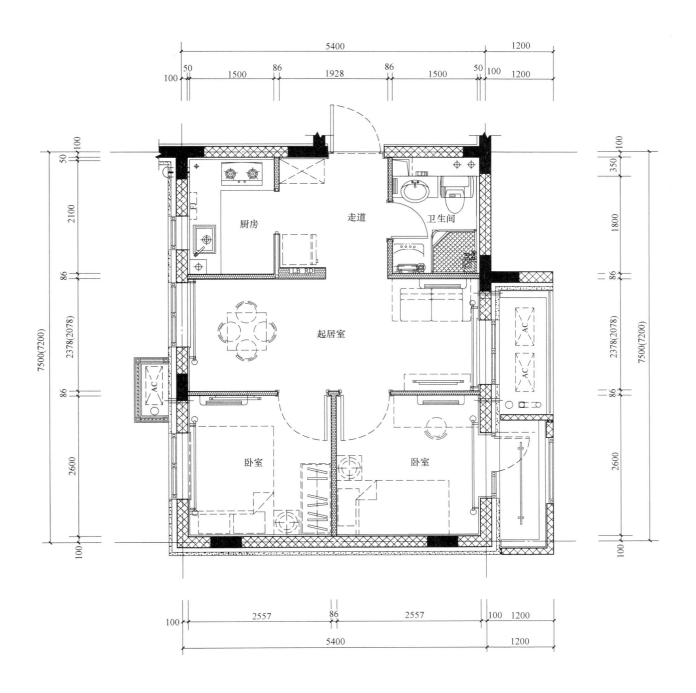

图 4.2.2-27 户型模块 C5

6) 户型模块 C6（5400mm×7500mm）

① 起居室兼餐厅方正且能采光，且起居室可以作为潜在的卧室空间；

② 5400mm 的开间布置一大一小两间卧室，且采光充足；

③ 厨房卫生间为标准功能模块；

④ 户内无梁及结构墙柱，具备室内布置可变的需求。

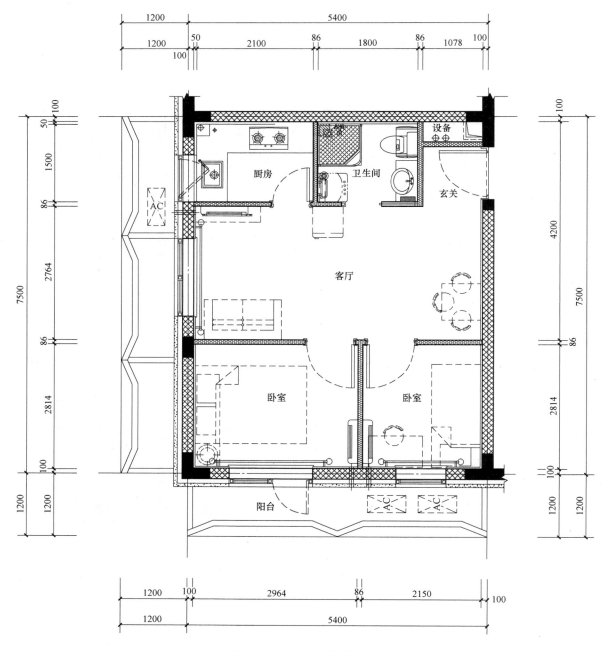

图 4.2.2-28　户型模块 C6

（4）户型模块 D 系列

户型模块 D 系列为零居室模块，基本模块尺寸分别为 3600mm×5400mm，轴线围合建筑面积 18.36m² 的模块（图 4.2.2-29），以及尺寸为 3600mm×6500mm，轴线围合建筑面积 23.4m² 的模块（图 4.2.2-30）。

1) 户型模块 D1（模块尺寸 3400mm×5400mm）

① 沿用 5400mm 的尺寸，便于同其他模块间拼接；

② 起居室与卧室合用，平面方正，采光好；

③ 厨房为电厨房，卫生间为标准功能模块；

④ 管井设于户外公共区，户内无梁及结构墙柱，具备室内布置可变的需求。

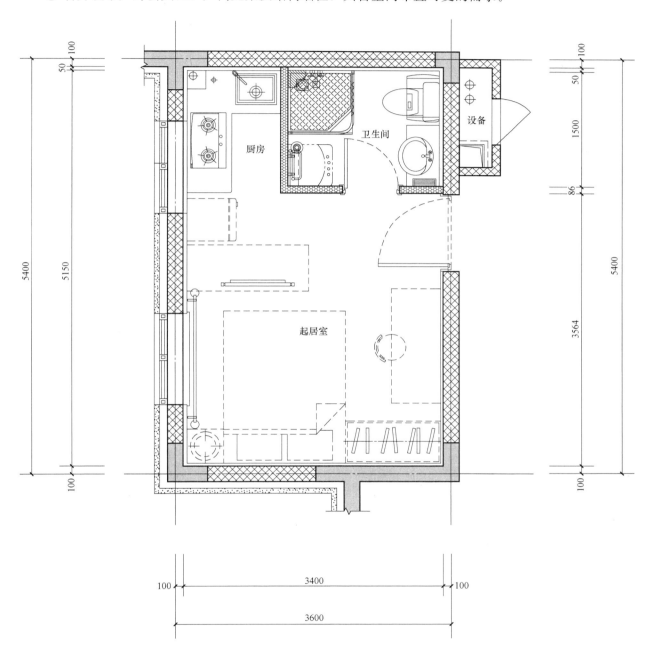

图 4.2.2-29　户型模块 D1

2）户型模块 D2（模块尺寸 3600mm×6500mm）

① 入户空间与开敞厨房空间结合，使用面积利用率高；

② 起居室与卧室合用，平面方正，采光好；

③ 厨房为电厨房，卫生间为标准功能模块；

④ 管井设于户外公共区，户内无梁及结构墙柱，具备室内布置可变的需求。

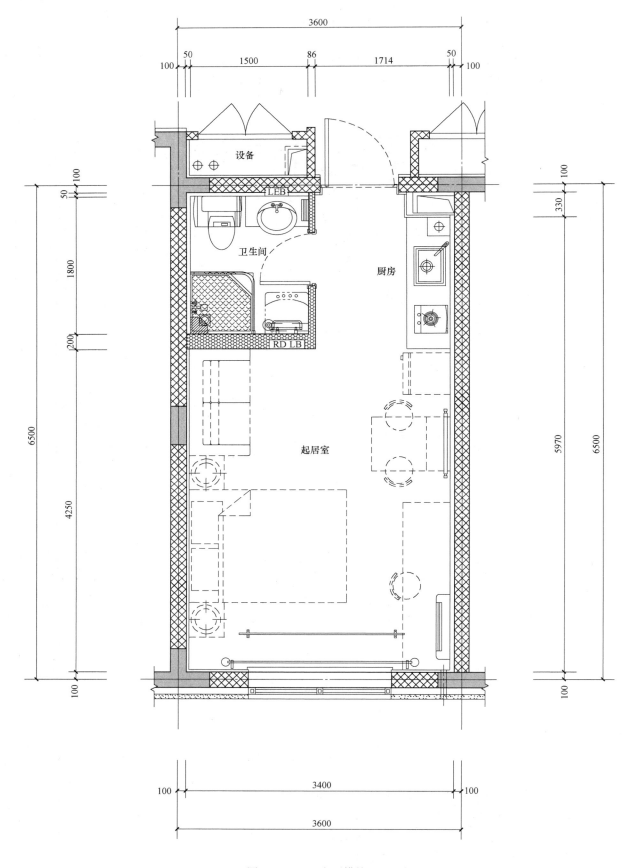

图 4.2.2-30　户型模块 D2

4.2.3 公共功能空间模块与交通筒模块

1. 公共功能空间模块配置及推荐尺寸

（1）首层单元入口模块

1）入口平台深度宜≥2100mm；室外台阶宽度宜取 350mm；

2）出于对住户的悉心关怀，应设置无障碍坡道；无障碍坡道设在一侧，不影响出入口流线与住户使用功能；坡道净宽应≥1.2m，坡度为 1∶12；

3）住宅与附属公共用房的出入口应分开布置。住宅的公共出入口位于阳台、外廊及开敞楼梯平台的下部时，应采取防止物体坠落伤人的安全措施；

4）单元门不宜直接朝北开，当主入口设在北向时，入口前加门廊，从侧面结合台阶坡道进入，防止冬季灌风。

（2）首层门厅模块

1）配置信报箱、标志牌、门禁对讲系统等齐全的功能装置；

2）门厅空间无凸柱，顶部梁不得穿越门厅，以保持门厅空间完整；

3）应合理安排消火栓箱、设备（水、电）管井的位置。消火栓箱尽量嵌壁式安装，管井门应与墙面装饰面层协调设计；

4）门厅门宽宜≥1.5m；

5）门厅入电梯间的走廊及门洞宽度、高度要求：门厅入电梯间的走廊及门洞宽度≥1500mm，高度≥2200mm。

（3）公共走道模块

1）入户门位置相对分离，减小干扰；

2）入户门避免正对电梯门，门侧避免消火栓和管井门；

3）采用内廊式平面设计的公共租赁住房，内廊走道长度不应超过 45m；

4）作为主要通道的走廊宜作封闭廊。当楼栋标准层户数较多时，宜在走廊中设置可开启的窗扇，增强公共空间自然通风、自然采光能力。走廊通道的净宽不应小于 1.20m。

（4）地下车库入户口

配置清晰的指示系统，如标志牌等，设门禁、视频监控等安防系统。

（5）交通筒模块

1）交通筒管井和消火栓布置应相对隐蔽，面积大小以经济实用为宜；

2）电梯井道的防噪声处理，减少对住户的干扰；

3）电梯厅宜有直接的采光和通风；

4）应避免从公共空间跨越或翻爬至户内，尤其注意防止从栏杆、水平挑板等处跨越；

5）公共空间应合理安排消火栓箱的安装位置，避开厅、卧室墙面及正对户门设置，消火栓箱宜采用嵌壁式安装；

6）设备管井检修门上缘宜与入户门上缘齐平并应设不少于 100mm 高的门槛，管井门油漆颜色宜与周边墙体颜色一致或者与楼梯间疏散防火门颜色一致；

7）楼梯间窗户开启扇的高度应满足安全高度和方便开启的要求，落地玻璃窗应设护栏。

2. 交通筒模块分类及组成

为提高质量、缩短工期、控制成本等要求，小户型住宅交通筒模块的标准化也是设计中的重中之重。根据现行规范及工程总结，将交通筒模块拆分为 4 个部分，各部分在标准模数化设计后再进行相对应的组合。使用时可根据各组成部分的具体说明及注意事项，同时根据项目不同进行自由组合。

（1）装配式小户型住宅建筑交通筒模块的分类原则

1）根据高度进行分类

根据《建筑设计防火规范》GB 50016—2014 第 5.5.25 条的规定，对住宅核心筒模块按建筑高度分为如下三类（图 4.2.3-1）：

建筑高度 $H \leqslant 27m$（对应住宅设计规范中 10 层以下的住宅建筑）；

建筑高度 $54m \geqslant H > 27m$（对应住宅设计规范中 10 层及以上且不超过 18 层的住宅建筑）；

建筑高度 $H > 54m$（对应住宅设计规范中 19 层及以上的住宅建筑）。

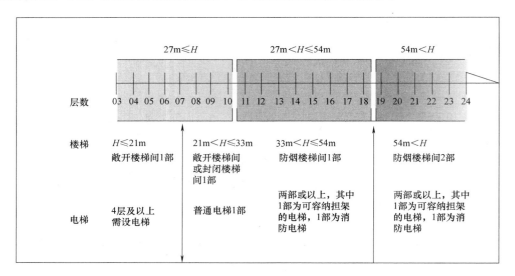

图 4.2.3-1 交通筒模块根据高度进行分类

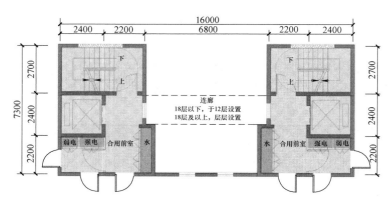

图 4.2.3-2 交通模块-分置式

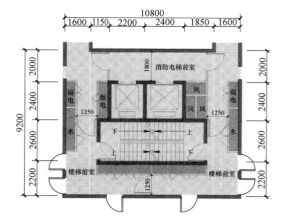

图 4.2.3-3 交通模块-集中式

2）根据布置进行分类

根据不同的建筑高度和平面组合要求，小户型住宅建筑的交通筒模块，可以分成分置式（图 4.2.3-2）和集中式（图 4.2.3-3）两种形式。每种形式中，又分别根据不同的建筑高度，配置相应规格、形式、数量的楼电梯。

（2）交通筒模块的组成

装配式小户型住宅交通筒模块主要包含以下四项基本内容：楼梯、电梯、走道及前室、设备设施及管井。各部分应利用标准模数化及预制装配化进行设计，同时要协调预制构件、预制部品与非预制构件、部品之间的关系，保证各组成部分中的预制构件及部品少规格多次数地被利用。

在进行设计前，需要明确如下前置条件：

1）交通筒模块应适合北京市地区的装配式公共租赁住房；

2）交通筒模块应满足国家现行的法律法规；

3）交通筒模块应采用模数化协调标准及与之预制装配化进行设计；

4）交通筒模块中的组成部分及部品应统一种类及规格。

3. 交通筒模块图示

（1）标准化楼梯模块

1）标准化楼梯的定义及种类

标准化楼梯的定义——使用预制混凝土构件，采取装配式做法的楼梯。

根据新《高规》的相关规定，结合住宅高度及安全出口个数，将楼梯分为表 4.2.3-1 所列三种类型。

楼梯类型   表 4.2.3-1

住宅建筑分类	住宅高度	安全出口	楼梯种类
一类高层（54m 以上）	54m 以上	2 个	防烟楼梯间
二类高层（27m～54m）	33m～54m	1 个	防烟楼梯间
	21m～33m		封闭楼梯间或敞开楼梯间
多层（27m 以下）	21m 以下		敞开楼梯间

根据楼梯疏散形式还可将楼梯分为双跑楼梯、剪刀楼梯两种类型（图 4.2.3-4、图 4.2.3-5）。

图 4.2.3-4 预制双跑楼梯

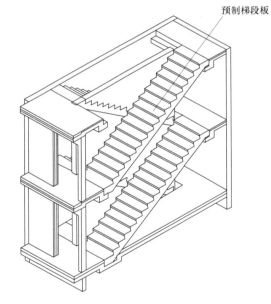

图 4.2.3-5 预制剪刀楼梯

2）标准化楼梯的层高参数选取原则

层高参数选取原则：按现行相关标准及规范，层高参数宜为 2800mm，之后楼梯相关数据均基于层高进行设计。

3）楼梯参数选取原则

小户型住宅的楼梯间，其开间及进深的尺寸应符合水平扩大模数 3M 的整数倍数（表 4.2.3-2）。（注：必要时可采用基本模数的整数倍数。）预制梯段和平台构件的水平投影标志长度的尺寸应符合基本模数的整数倍数。楼梯梯段宽度应采用基本模数的整数倍数。

装配式楼梯间模数系列　　　　　　　　　　　　　　　　　　　表 4.2.3-2

类　　型	建　筑　尺　寸		
部位	开间	进深	层高
基本模数	3M	3M	1M
扩大模数	1M	1M	1M

　　根据《住宅设计规范》GB 50096 楼梯应符合下列规定：楼梯踏步宽度不应小于 260mm，踏步高度不应大于 175mm；楼梯平台的净高不应小于 2000mm，楼梯梯段的净高不应小于 2200mm，楼梯梯段最低、最高踏步的前缘线与顶部凸出物的内边缘线的水平距离不应小于 300mm；楼梯梯段净宽不应小于 1100mm，楼梯平台净宽度不应小于楼梯梯段净宽，且不得小于 1200mm，楼梯为剪刀楼梯时，楼梯平台的净宽不得小于 1300mm（此处所提的净宽度应为扶手中心线至侧墙完成面的宽度）。针对 2800mm 层高，分双跑楼梯和剪刀楼梯两种形式，基本尺寸总结如表 4.2.2-3，可作为参考。

装配式楼梯参数（单位：mm）　　　　　　　　　　　　　　　表 4.2.3-3

类型	层高	楼梯间尺寸		梯段板尺寸	
		开间	进深	踏步宽度	梯段板长度
双跑楼梯	2800	5100	2600	260	1820（单跑 8 步）
剪刀楼梯	2800	7800	2700	260	3900（单跑 16 步）

　　4）预制双跑楼梯（编号为 LT1）示例

　　示例楼梯间净尺寸 4900mm×2400mm，梯段长度 1820mm（260mm×7＝1820mm），楼梯宽度 1130mm，平台宽度 1230mm，门洞宽度 1100mm。（注：当楼梯间与户内共用墙体时，楼梯间内侧需设置 30 厚保温砂浆，故楼梯宽度与平台宽度增加 30mm，预留保温做法厚度。）实际计算宽度可根据工程自行调节。预制双跑楼梯平面示例如图 4.2.3-6。

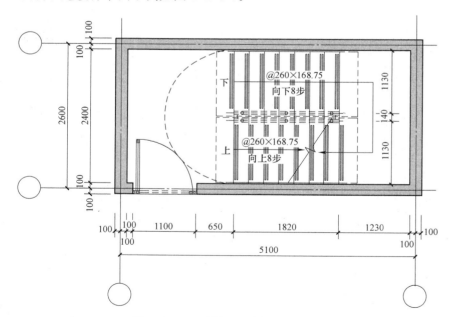

图 4.2.3-6　预制双跑楼梯平面示例

　　预制双跑楼梯剖面示例如图 4.2.3-7，楼梯控制栏杆高度（900mm 以上）及楼梯间突出物距平台的高度（2200mm 以上）。同时基于装配式的建造模式，楼梯栏杆及楼梯扶手的安装节点可进行统一设计，确保楼梯间部品的标准化，便于统一安装，节省成本。同时需要注意的是，楼梯扶手中心线距预制梯段板边缘不小于 60mm。楼梯栏杆安装节点示例如图 4.2.3-8。

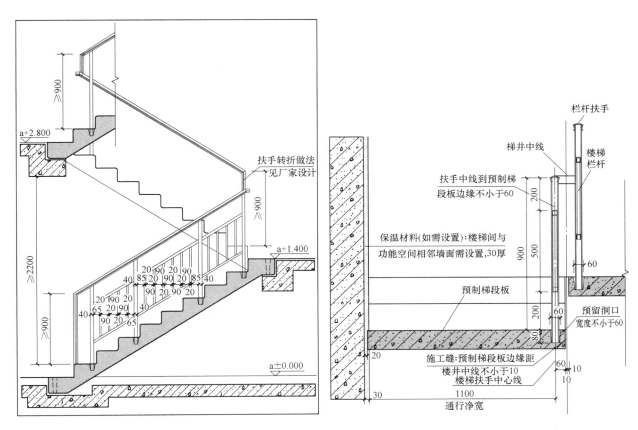

图 4.2.3-7　预制双跑楼梯剖面示例　　　　　图 4.2.3-8　楼梯栏杆安装节点

5）预制剪刀楼梯（编号为 LT2）示例

示例楼梯间净尺寸 7600mm×2500mm，梯段长度 3900mm（260mm×15＝3900mm），楼梯宽度 1130mm，平台宽度 1850mm，门洞宽度 1100mm。（注：当楼梯间与户内共用墙体时，楼梯间内侧需设置 30 厚保温砂浆，故楼梯宽度与平台宽度增加 30mm，预留保温做法厚度。）实际计算宽度可根据工程自行调节。预制剪刀楼梯平面示例如图 4.2.3-9。预制剪刀楼梯剖面示例如图 4.2.3-10。楼梯扶手节点示例如图 4.2.3-11。

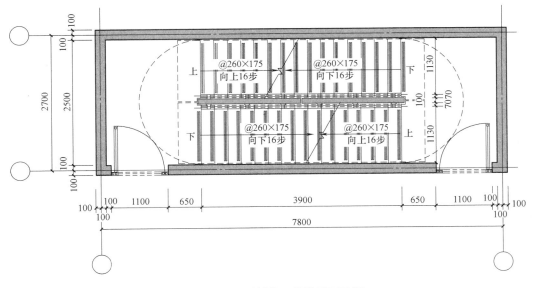

图 4.2.3-9　预制剪刀楼梯平面示例

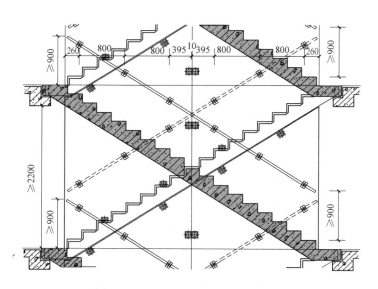

图 4.2.3-10　预制剪刀楼梯剖面示例

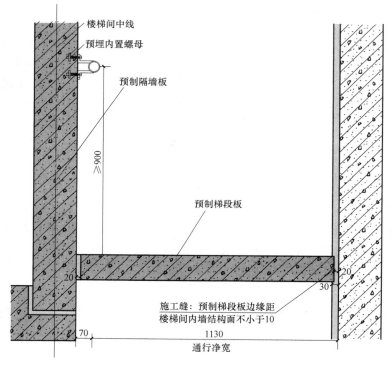

图 4.2.3-11　楼梯扶手节点

（2）电梯模块

1）电梯设置的基本原则

① 数量：根据《住宅设计规范》GB 50096 第 6.4.2 条的规定，十二层及以上的住宅，应设置两部以上电梯，且其中一部为担架电梯。

② 种类：根据《建筑设计防火规范》GB 50016 第 7.3.1 条的规定，建筑高度大于 33m 的住宅建筑，应设置消防电梯。

③ 载重：根据《建筑设计防火规范》GB 50016 第 7.3.8 条的规定，消防电梯的载重量不应小于 800kg。

④ 梯速：根据《建筑设计防火规范》GB 50016 第 7.3.8 条的规定，电梯从首层至顶层的运行时间不宜大于 60s。即：1.0m/s（60m，22 层）；1.5m/s（90m，33 层）。

⑤ 侯梯厅宽度：当剪刀楼梯前室与消防电梯前室合用时，根据《建筑设计防火规范》GB 50016第5.5.28 的规定，合用前室的短边不应小于 2.4m。当不设置剪刀楼梯时，根据《住宅设计规范》GB 50096 第 6.4.6 条，侯梯厅深度不应小于多台电梯中最大轿厢的深度，且不应小于 1.50m。

2）电梯选型的注意事项

在电梯选型的设计中，除了应满足规范要求外，同时还应注意以下三点：

① 当电梯贴临住户房间时，井道内壁应贴附保温隔声材料，通常厚度为 50mm，井道净尺寸应考虑此材料厚度，并与厂家沟通确定是否需扩大井道尺寸。

② 当电梯贴临外墙且选用有机房电梯时，电梯外墙为预制外墙，应注意屋顶机房的电梯梁是否与预制外墙发生关系，根据实际工程经验，电梯梁均贴墙根开设，预制外墙板无法满足电梯梁架设要求，应与厂家沟通，可改为将电梯梁固定在屋顶机房楼板上以解决此问题。

③ 当需要设置双电梯时，小井道的尺寸可调整与大井道相同。

（3）前室及走道

1）前室的设计原则

前室分为防烟楼梯间前室（A 类前室），消防电梯前室（B 类前室）及合用前室（C 类前室）三种，合用前室又分为防烟楼梯间共用前室（C1 类前室），防烟楼梯间前室与消防电梯前室合用（C2类前室）、防烟楼梯间共用前室与消防电梯前室合用（C3 类前室）三种情况。具体相关面积要求见表 4.2.3-4。

表 4.2.3-4

前室编号		前室类型	前室面积（住宅）	特殊要求
A 类前室		防烟楼梯间前室	4.5m²	1. 建筑高度超过 33m 的住宅建筑,每层开向同一前室的户门不应大于 3 樘且应采用乙级防火门； 2. 侯梯厅深度不应小于多台电梯中最大轿厢深度,且不应小于 1.50m； 3.C3 类前室短边不应小于 2.4m
B 类前室		消防电梯前室	6.0m²	
C 类前室	C1 类	防烟楼梯间共用前室	6.0m²	
	C2 类	防烟楼梯间与消防电梯共用前室	6.0m²	
	C3 类	防烟楼梯间共用前室与消防电梯前室合用（俗称三室合一）	12.0m²	

2）走道的设计原则

① 走道宽度：根据《建筑设计防火规范》GB 50016 第 5.5.30 条的规定，疏散走道宽度应根据计算确定并不应小于 1.10m。

② 走道长度：根据《建筑设计防火规范》GB 50016 第 5.5.28 条的规定，设置剪刀楼梯的前提是任一户门至最近疏散楼梯间入口的距离不大于 10m。其他关于走道长度的规范较易满足，在此不一一列举。

（4）公共管井及设备设施

1）设计原则

在住宅交通筒中，公共管井及设备设施根据不同楼型放置的位置会有较大差异，除满足防火规范的相关条款外，管井按最小尺度原则设计，做到节省空间，提高利用率。

2）加压送风井

① 前室加压送风井毗邻前室的墙宜为非剪力墙，以便设加压风口；

② 防烟楼梯间加压送风井毗邻防烟楼梯间墙宜为非剪力墙，以便设加压风口；

③ 加压风口安装高度：首层风口底边距地 500mm，标准层风口底边距地 300mm。

3）消火栓

① 标准层电梯厅公共空间消火栓宜安装在隐蔽位置，不应直对住户大门；

② 消火栓不宜靠电梯或强弱电间（井）墙面设置；

③ 消火栓参考尺寸：单栓消火栓箱（带消防卷盘）尺寸 650mm×240mm×950mm，双栓消火栓

箱（带消防卷盘）尺寸800mm×240mm×1050mm。实际尺寸应根据设计要求确定。

4）水暖管井

① 水（暖）管井内应布置给水立管、排水立管、采暖立管、排水地漏，特殊情况下考虑布置消火栓立管；

② 户内卫生间的排风井、排水立管设于公共区，宜与公共水暖管井合用，并满足各管道的布置要求。

5）电气管井

① 弱电井或强弱电井内设电话、电视、网络、智能化、消防等弱电系统的设备、设备进出线、设备供电电源及竖向主干线槽；

② 强电井或强弱电井内设电表箱、集中抄表器、梯间照明箱、楼层总箱、配电箱进出线及主干线槽或桥架、母线槽等；

③ 电气管井按最小尺寸原则布置；

④ 电管井最小尺寸布局参考示意图（一梯二户和一梯四户的情况）。

4. 交通筒模块组合示例及分析

根据以上相关研究，组合三大类五种交通筒，按其布置形式，可分为"一"字形、"二"字形及"L"形。"一"形楼梯、电梯等分布在电梯厅同侧，呈"一"字形布置；"二"形楼梯、电梯分布在电梯厅两侧，呈"二"字形布置；"L"形楼梯、电梯呈"L"状围绕电梯厅布置。具体项目设计时可根据平面索引图选取适合楼型的标准化交通筒。

交通筒模块平面索引图见图4.2.3-12。

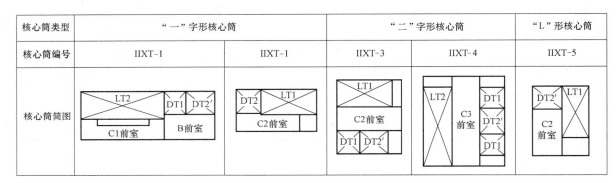

核心筒类型	"一"字形核心筒		"二"字形核心筒		"L"形核心筒
核心筒编号	IIXT-1	IIXT-1	IIXT-3	IIXT-4	IIXT-5
核心筒筒图					

图4.2.3-12　交通筒平面索引图

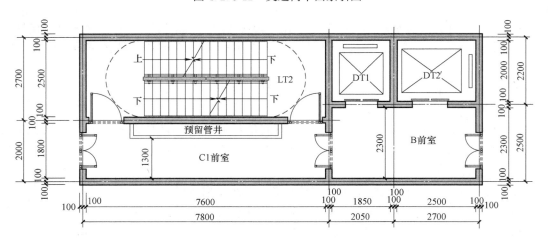

组成	属于"一"字形交通筒，楼梯与电梯呈"一"字形排列，楼梯选用剪刀楼梯，设置两部电梯
选用条件	适用于十九层及以上的住宅建筑

图4.2.3-13　HXT-1型交通筒模块

交通筒模块组合及分析如下：

（1）HXT-1 型交通筒模块见图 4.2.3-13。

（2）HXT-2 型交通筒模块见图 4.2.3-14。

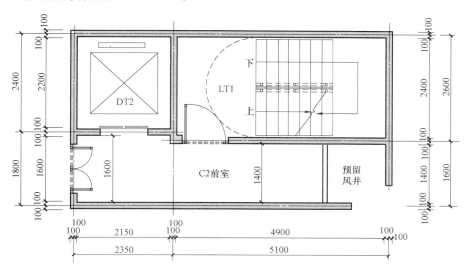

组成	属于"一"字形交通筒，楼梯与电梯呈"一"字形排列，楼梯选用双跑楼梯，设置一部电梯
选用条件	当仅设置一个 HXT-2 型交通筒时，适用于十层及十层以上且不超过十八层的住宅建筑（住宅建筑任一层建筑面积小于 650m² 且任一户门至安全出口的距离大于 10m），同时十二层及以上的住宅应设置与相邻单元联通的联系廊

图 4.2.3-14　HXT-2 型交通筒模块

（3）HXT-3 型交通筒模块见图 4.2.3-15。

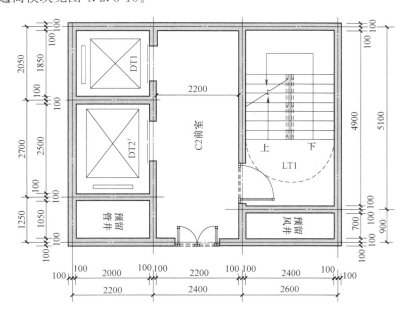

组成	属于"二"字形交通筒，楼梯与电梯相对排列，楼梯选用双跑楼梯，设置两部电梯
选用条件	仅设置一个 HXT-3 型交通筒时，适用于十层及十层以上且不超过十八层的住宅建筑（住宅建筑任一层建筑面积小于 650m² 且任一户门至安全出口的距离大于 10m）

图 4.2.3-15　HXT-3 型交通筒模块

（4）HXT-4 型交通筒模块见图 4.2.3-16。

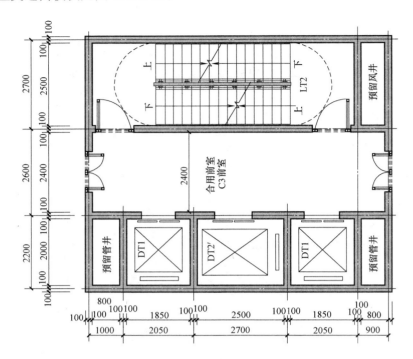

组成	"二"字形交通筒,楼梯与电梯相对排列,楼梯选用剪刀楼梯,设置两部或以上电梯
选用条件	适用于十九层及以上的住宅建筑

图 4.2.3-16　HXT-4 型交通筒模块

（5）HXT-5 型交通筒模块见图 4.2.3-17。

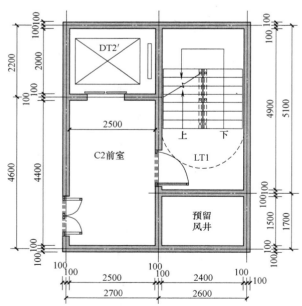

组成	属于"L"形交通筒,楼梯与电梯相邻布置,楼梯选用双跑楼梯,设置 一部电梯
选用条件	当仅设置一个 HXT-5 型交通筒时,适用于十层及十层以上且不超过十八层的住宅建筑(住宅建筑任一层建筑面积小于 650 m² 且任一户门至安全出口的距离大于 10m),同时十二层及以上的住宅应设置与相邻单元联通的联系廊

图 4.2.3-17　HXT-5 型交通筒模块

4.2.4 楼栋标准层平面组合模块

1. 楼栋标准层平面组合基本原则

装配式剪力墙结构小户型住宅建筑的设计方法，可以概括为"标准化模块、多样化组合"两大基本思路。

标准化模块，即从有利于模数协调和构件生产的角度出发，对标准化的模块进行梳理，从厨房、卫生间的定型入手，在小户型住宅建筑规定的面积区间内，选择适合结构体系要求的户型模块基本尺寸，形成构成楼型所需的标准化厨卫模块、户型模块和交通核模块。

多样化组合，即在选定标准化厨卫模块、户型模块的基础上，结合不同的标准化交通核模块，在充分考虑日照采光、经济集约、节能绿色等方面的要求后，进行合理的多样化户型组合，形成包括塔楼、板楼等多种楼型平面，并结合不同的规划要求和容积率限制，构建灵活丰富的规划排布方式。

（1）标准化模块选取

根据所需小户型住宅的户型面积区间要求，合理选取核心户型与辅助户型。

1）核心户型

以 $40\sim50m^2$、$60m^2$ 两个梯段为主，为小户型住宅小区提供一居室及二居室的主力户型。结合公摊面积等因素，同时考虑到方便模数协调与后期装配式拆板设计，基本户型模块尺寸以开间 5400mm 为主。这样既可控制住单户建筑面积，同时也能保证起居与卧室两个主要功能空间的开间达到 2700mm 左右，双双采光，满足居住的基本需求，也较之一般的单开间小户型住宅住房提高了舒适度。

2）辅助户型

以 $30\sim40m^2$ 为主，为小户型住宅小区提供零居室及一居室户型。这类户型主要解决楼型拼接中，不便采用核心户型的局部位置的户型布置。面宽进深尽量符合结构体所需模数，零居室户型面宽可有所放开，选择 3600mm 或其他尺寸。

（2）多样化楼型生成

在选定标准化户型模块后，结合交通核模块，就可以组装成多样化的楼栋标准层平面（图4.2.4-1）。从经济性要求考虑，楼型平面应符合以下几个要求：

1）优化公摊面积。由于小户型住宅按套型使用面积出租或出售，承租人或购买人格外注重所租的实际使用面积。因此，在交通核的选择中，应尽量优化楼电梯空间及各类管井，减少公共空间的面积浪费，让住户得到最充分的套内使用面积。

2）减少造型凹槽。减少楼栋外表面的里出外进，不仅可以减少外墙板的一些复杂节点，也更有利于减小楼栋的体型系数，进一步控制建筑能耗。并且，避免户型在深槽中的不良采光，同时也便于居室通风，特别是厨房直排烟气的快速消散。

3）控制自身遮挡。小户型住房户型较小，采光面往往比较有限，比大户型的商品住宅，更容易因为楼型平面的组合不合理，而产生自身遮挡。因此，在楼型的组合中，应结合规划排布，综合考量平面布置的合理性，令更多户的日照达到当地日照时间的要求。

4）考虑建筑的长期适应性。与结构专业充分协调，在结构安全的前提下，竖向结构的布置充分考虑户间空间的可调换；公共管井、服务于户内的公共区管井应充分考虑服务半径的需要；交通空间尽量集中布置。

5）一般性细节要求。单体设计应避免采光通风凹口过于狭小，户与户之间应避免视线干扰。建筑平面中外墙凹口的深度与宽度之比不宜大于 2：1；采用内廊式平面时内廊走道长度不应超过 45m；作为主要通道的走廊宜作封闭廊。当楼栋标准层户数较多时，宜在走廊中设置可开启的窗扇，增强公共空间自然通风、自然采光能力。走廊通道的净宽不应小于 1200m；单个交通核所服务的标准层户数应执行现行规范，且不宜超过 16 户。

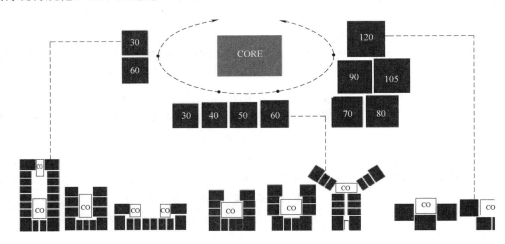

图 4.2.4-1　多样化楼型

2. 楼栋标准层平面组合模块分析

按照平面形式，楼栋分为塔楼和板楼两大类，其中塔楼又分为方形塔、蝶形塔、Y 形塔等形式。在规划需要的一些特殊情况中，还会出现塔板结合的拼接楼型。

为满足小户型住房套数与经济性的要求，点式楼栋作为首要选择楼型。点式标准层平面，即采用集中式的交通核，户型模块环绕其布置的平面。这种类型平面，各户到达交通核的走道面积得到有效控制，对交通核利用最为高效。同时，又可环绕交通核灵活安排户型模块，每层可达 6～10 户，有利于土地的集约利用，是最为推荐的小户型楼型（分析见图 4.2.4-2）。

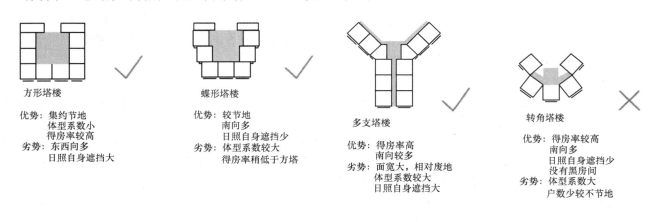

图 4.2.4-2　小户型楼型分析

同时，为了提高部分用地的效率，并为规划提供更多可变选择，部分点式平面可结合板式平面，形成塔连板或局部东西向的混合型楼栋平面（分析见图 4.2.4-3）。

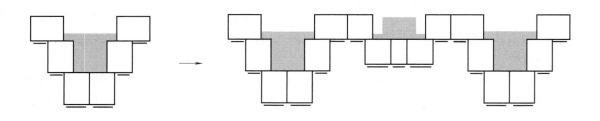

图 4.2.4-3　混合型楼栋平面

考虑规划需求，以及北方地区住户对南向采光的追求，本书对板式标准楼栋的设计也进行介绍。

3. 楼栋标准层平面组合模块图示

在上述原则和本书第 4.2.2 节 "户内功能空间模块与户型模块"、第 4.2.3 节 "公共功能空间模块与交通筒模块" 的基础上，结合已建设的小户型住宅项目的经验，精选优化了八种楼型平面（平面组合模块索引图见图 4.2.4-4），作为装配式剪力墙小户型住房的典型楼栋示例，以供设计参考。

塔楼	平面组合模块一(塔楼1)	户型构成A型C型	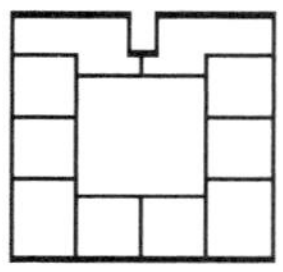	平面组合模块三(塔楼3)	户型构成A型B型C型	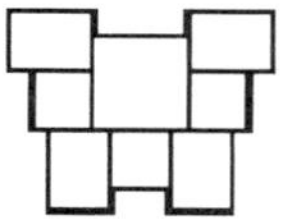 平面组合模块五(塔楼5)	户型构成A型C型 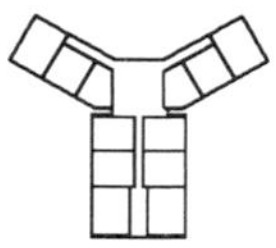
	平面组合模块二(塔楼2)	户型构成A型B型C型	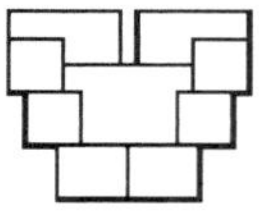	平面组合模块四(塔楼4)	户型构成C型	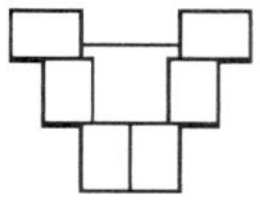 平面组合模块六(塔楼6)	户型构成C型 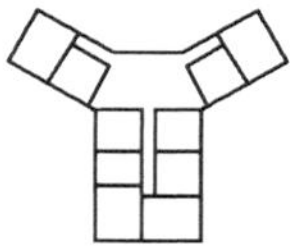
板楼	平面组合模块七(板楼1)	户型构成C型	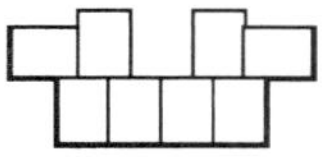	平面组合模块八(板楼2)	户型构成A型C型 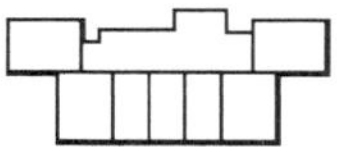		

图 4.2.4-4　平面组合模块索引图

下面将对每类标准层平面组合图进行分析。

（1）标准层平面组合模块一（图 4.2.4-5）

方形平面："回" 字形交通核，外轮廓呈较为方正的矩形。

户型模块构成：户型 A（40 型）系列，尺寸：5400×5400；

　　　　　　　户型 C（60 型）系列，尺寸：5400×7500。

优点：平面规整，外墙转折少，节能节材，外墙板种类少，节点易设计。

缺点：东西向户型较多，规划时易产生自身遮挡。

（2）标准层平面组合模块二（图 4.2.4-6）

蝶形平面一："回字" 形交通核，外轮廓有均匀错动。

户型模块构成：户型 A（40 型）系列，尺寸：5400×5400；

　　　　　　　户型 B（50 型）系列，尺寸：5400×6900；

　　　　　　　以及 A 户型附加 5400×2800 模块的 60 型户型。

优点：日照采光条件较方形平面有优化，增加了后方户型的南侧采光。

缺点：增加外墙转折，节能效率有所下降，外墙板种类有增加。

（3）标准层平面组合模块三（图 4.2.4-7）

蝶形平面二："回" 字形交通核，外轮廓有均匀错动。户数较蝶形一有减少，综合采光与节能两方面因素，本类型平面在经济性上较为平衡。

户型模块构成：户型 A（40 型）系列，尺寸：4500×7200；

　　　　　　　户型 B（50 型）系列，尺寸：5400×6900；

　　　　　　　户型 C（60 型）系列，尺寸：5700×7200。

优点：日照采光条件较蝶形一进一步优化，扩大了后方户型的南侧采光面。

缺点：增加外墙转折，节能效率有所下降，外墙板种类有增加。

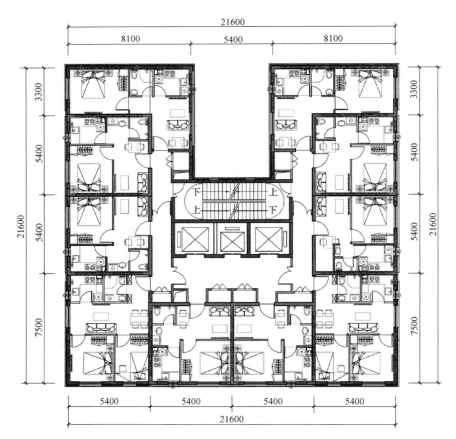

图 4.2.4-5　标准层平面组合模块一

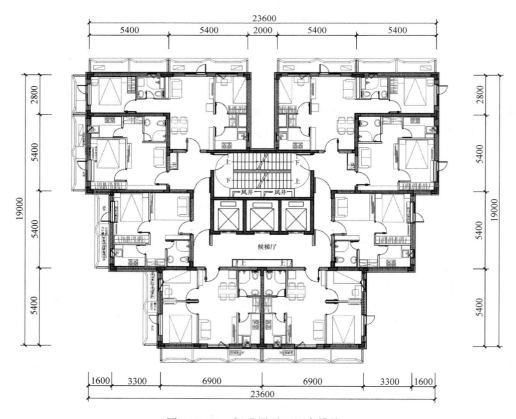

图 4.2.4-6　标准层平面组合模块二

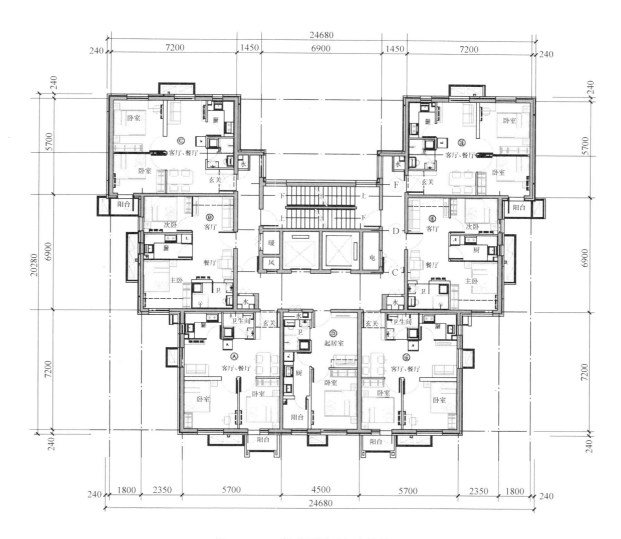

图 4.2.4-7　标准层平面组合模块三

（4）标准层平面组合模块四（图 4.2.4-8）

蝶形平面三："T"形交通核，外轮廓有均匀错动。户数较蝶形二减少一户，本类型平面在日照采光上最有优势，各户型均为南向，体现均好性。

户型模块构成：户型 C（60 型）系列，尺寸：5400×7500。

优点：日照采光条件较蝶形二进一步优化，户型全部有较大南侧采光面。

缺点：公摊面积较大，增加外墙转折，节能效率有所下降，外墙板种类有增加。

（5）标准层平面组合模块五（图 4.2.4-9）

Y 形平面一：交通核分置，走道呈"Y"形，户型模块在南支上双廊布置，东西两支单廊布置。

户型模块构成：户型 A（40 型）系列，尺寸：5400×5400；

　　　　　　　　户型 C（60 型）系列，尺寸：5400×7500。

优点：采光较好，户数多，标准层效率高。

缺点：节能效率降低，自身遮挡较大。

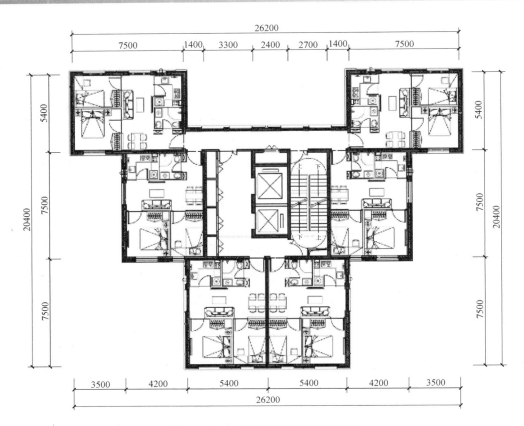

图 4.2.4-8　标准层平面组合模块四

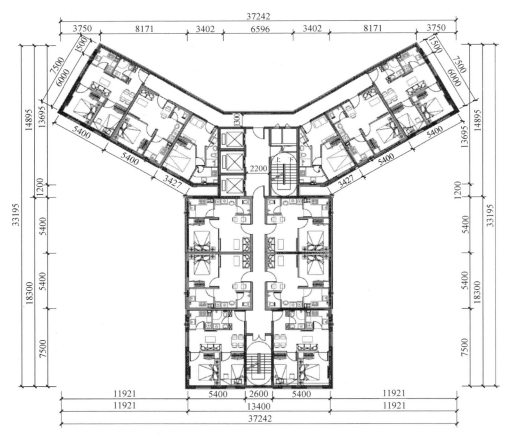

图 4.2.4-9　标准层平面组合模块五

（6）标准层平面组合模块六（图4.2.4-10）

Y形平面二：交通核集中设置，走道呈"Y"形，户型模块在南支上双廊布置，东西两支单廊布置。

户型模块构成：户型A（40型）系列，尺寸：5400×5400；

户型C（60型）系列，尺寸：5400×7500。

优点：采光较好，户数多，标准层效率高。

缺点：节能效率降低，自身遮挡较大。

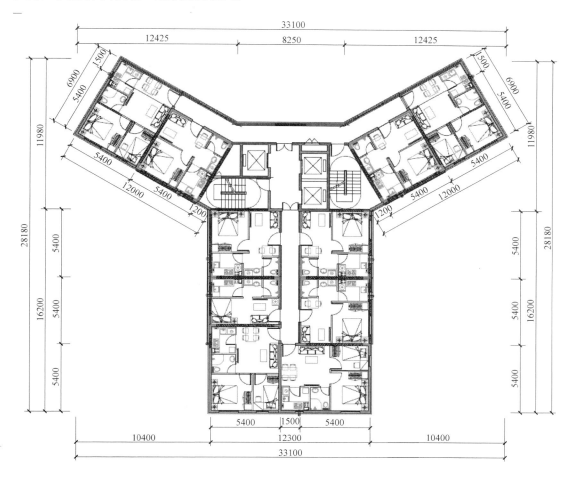

图4.2.4-10　标准层平面组合模块六

（7）标准层平面组合模块七（图4.2.4-11）

板式平面一："L"形分置交通核，每边各三户，总户数为六户。

户型模块构成：户型C（60型）系列，尺寸：5400×7200。

优点：交通空间集中，每户采光通风效果较好，均可南向采光。

缺点：标准层户数较少，所占面宽大，不够节地。

（8）标准层平面组合模块八（图4.2.4-12）

板式平面二："一"字形集中交通核，总户数为七户。

户型模块构成：户型A（40型）系列，尺寸：3400×6500；

户型C（60型）系列，尺寸：5400×7200。

优点：交通空间集中，每户采光通风效果较好，均可南向采光。

缺点：标准层户数较少，所占面宽大，不够节地。

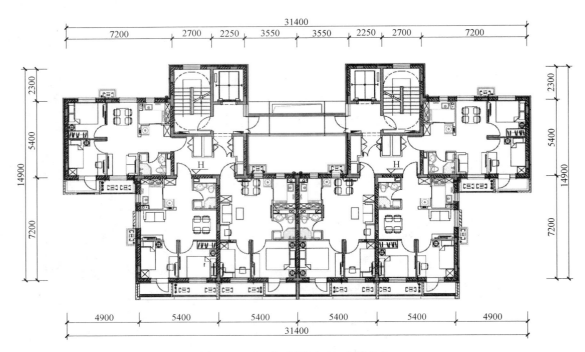

图 4.2.4-11　标准层平面组合模块七

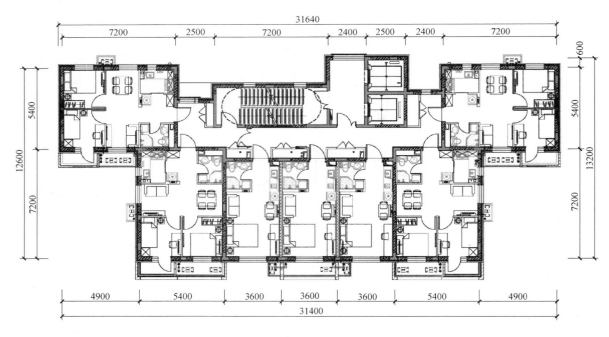

图 4.2.4-12　标准层平面组合模块八

4.2.5　立面体系

　　装配式混凝土结构小户型住宅建筑立面设计要体现装配式住宅的工厂化生产和装配式施工的典型特征，以标准户型为基础，通过对居住单元模数化和预制构件标准化的控制，着重发掘其建构特色和材料部品特性，从而实现整体立面造型设计。

　　配式混凝土结构小户型住宅有面积小、户数多的特点，非常适合应用产业化预制装配的方式。产业化并非代表千篇一律的形式，我们时常讲"不能为了产业化而产业化"，这一点在装配式混凝土结构小户型住宅的立面设计上体现得尤为明显，标准化设计对于设计师创意的发挥，表面上看是会有所限制的，但是，标准化和模数化与多样化和个性化并没有根本性的冲突。设计师的创意，完全可以通过住宅建筑的立面来体现。立面的颜色变化，阳台凹凸的形态处理都给设计师留有个性化和多样化的创意空间，只是这些创意也是要在面积功能和使用功能满足的情况下来实现的。

本书主要探讨在标准化和模数化的基础上的多样性组合，提供了一套基于标准化设计前提下的多样化立面设计方案，设计时可参考类似方法进行立面多样化设计。立面设计原则上要满足以下要求：

（1）标准化与多样性的统一。为更有利于推进装配化，从住宅平面到内部装修、外部立面，都进行了标准化设计。标准化设计限定了主体结构、套型空间的几何尺寸，相应也固化了外墙的几何尺寸，设计将其视为不变部分，但其构件和部品外表面的色彩、质感、纹理、凹凸、构件组合和前后顺序等是可变的。具有个性化和多样化的创意空间，也是要在面积功能和使用功能满足的情况下来实现的。

（2）结构构件与建筑装饰一体化。为保证建筑维护系统与建筑结构的同寿命，保证项目质量，一般项目中采用"三明治"外墙板，推荐采用结构构件在工厂生产时完成饰面面层，如瓷板反打、硅胶膜反打等工艺，同时推荐在工厂完成外窗安装，实现结构与装饰的一体化。

（3）造型美观与经济性的统一。立面设计时要合理分析标准化与多样性之间的关系，同时在设计时权衡技术难度以及工程造价对于项目的适应性。在考虑色彩、质感、纹理、凹凸等手法强调建筑的美观效果的同时，通过标准化、规格化等方法有效控制成本，达到二者的平衡点。

1. 立面设计元素

由标准化预制构件和部品组成的立面元素有：预制夹心外墙板；叠合阳台；预制空调板；预制外墙挂板；外门窗；成品空调百叶；成品阳台栏板。如图4.2.5-1所示。

立面设计与这些标准化预制构件和构配件的设计是总体和局部的关系，建筑立面是标准化预制构件和构配件立面形式装配后的集成和统一。

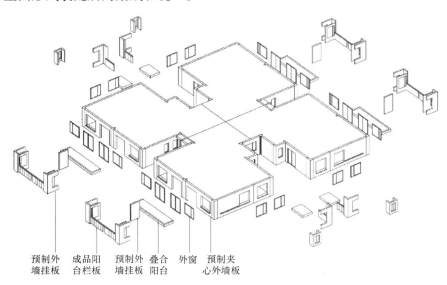

预制外　　成品阳　　预制外　　叠合　　外窗　　预制夹
墙挂板　　台栏板　　墙挂板　　阳台　　　　　心外墙板

图4.2.5-1　立面设计元素

2. 立面造型的标准化设计

立面造型的标准化设计主要分为以下几个方面：

（1）结构构件标准化

在单元组合形式确定的前提下，结构拆板逻辑的标准化对于装配式公共租赁住房来讲十分重要，它就好比是动物的骨骼，如果结构构件的设计及拆板逻辑有问题，势必会导致整体构架的混乱。从产业化的角度来讲立面结构构件的标准化设计主要是通过模数控制、墙板数控制、外墙板类型、现浇与预制的控制来实现。如图 4.2.5-2 所示，某产业化项目的标准层外墙板由 13 块组成，其开间和进深的尺寸均以 2M（1M＝100mm）为基础，除了红色部分的现浇结构外，外墙及内墙部分均采用了全预制的形式，结构布局与墙板拆分均遵循对称性原则，一方面能减少预制构件的种类与数量，另一方面也能通过户型模块的拼贴组合满足各种组合需求。

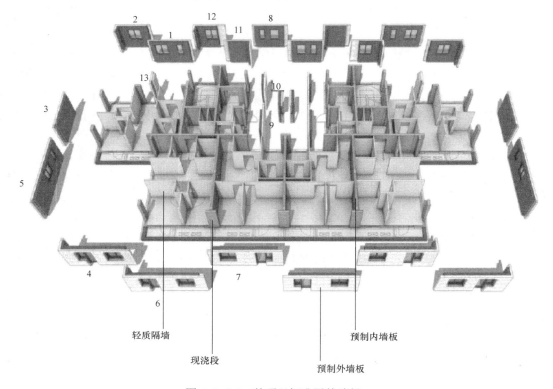

图 4.2.5-2 某项目标准层外墙板

（2）预制部品标准化

预制部品的标准化是指在结构构件标准化的基础上，将对立面产生影响的预制部品进行标准化的设计，这种标准化设计是建立在各功能部品的基本需求之上的。预制部品中与立面相关的元素总结起来主要有预制阳台、预制空调板及预制女儿墙三种。

1）预制阳台

预制阳台基于功能需求的标准化设计，通过立面的排列组合形成强烈的韵律感。同时阳台作为立面造型的重要元素应根据立面需要做重点处理，在用色、材料上与主立面取得协调。参考图例见图 4.2.5-3。

图 4.2.5-3 预制阳台

2）预制空调板

预制空调板是公共租赁住房立面构成中不可缺少的部品元素，空调板通过预制方式可以有效地提高完成度及部品的安装精度。参考图例见图 4.2.5-4。

图 4.2.5-4　预制空调板

3）预制女儿墙

女儿墙作为建筑立面体系中的功能部品，其标准化设计是基于产业化自身以及建筑构造的技术要求，完成效果对比常规项目而言更具产业化的线条感和简洁感。参考图例见图 4.2.5-5。

图 4.2.5-5　预制女儿墙

（3）装饰构件标准化

装饰构件是立面体系中作为产品风格化的元素和符号，其更多的是以一种与功能构件相配合的形式存在，主要有百叶、栏杆、外门窗、装饰线脚四种。

1）百叶

百叶从功能划分上分为空调百叶（图 4.2.5-6）及立面百叶（图 4.2.5-7）。在实际设计中设计者可以根据项目具体的需求灵活掌握。百叶颜色根据立面需要做喷色处理，颜色与立面整体色彩协调。

2）栏杆

栏杆作为功能构件的同时更多的起到装饰立面的作用，立面中的栏杆主要存在两种形式，第一种是与阳台、窗台等结合设计，另一种是与设备平台等建筑外部构件结合设计。栏杆作为装饰构件时能够在细部设计上体现建筑的多样风格。如图 4.2.5-8 所示。

阳台金属栏杆应进行防锈处理；高层住宅宜采用实体栏板。

图4.2.5-6　空调百叶

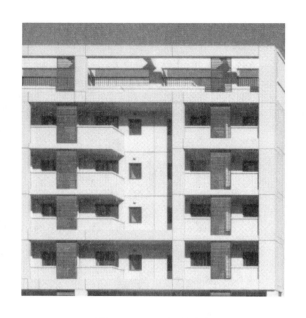
图4.2.5-7　立面百叶

图4.2.5-8　阳台栏杆

3）外门窗

在结构与建筑施工图设计时，应充分考虑外立面的统一和美观，门窗在相同立面与不同立面的对位关系应相对一致，主要指窗台的顶标高、底标高与阳台门需位于同一高度且需与立面分格的相对位置关系一致，在设计中应结合结构梁高度的不一致进行综合考虑，最终达到立面的一致和美观。

外门窗的保温性能、水密性能、气密性能及抗风压性能要符合北京市建筑节能、绿色建筑等相关规范及标准的要求。

4）装饰线脚

装饰线脚在装配式建筑的立面体系中主要分为水平和竖向两种方式，水平向线脚一般结合外墙、阳台等元素，突显装配式建筑的精细化细部，参考图例见图4.2.5-9，竖向线脚参考图例见图4.2.5-10。

小型立面线脚可采用GRC、EPS苯板开模成品轻质线脚。采用预制混凝土线脚时，需平衡安装、生产等方面的经济性。

图 4.2.5-9　水平向线脚

图 4.2.5-10　竖向线脚

3. 标准化前提下的多样化设计

装配式混凝土结构小户型住宅建筑立面受到标准化设计、定型化的标准套型和结构体系的制约，其外墙几何尺寸固化门窗趋于统一，但是可以充分发挥装配式建筑的特点，通过标准套型的系列化、组合方式的灵活性和预制构件色彩、肌理的多样化寻求出路，结合新材料、新技术实现不同的建筑风格需求，形成装配式建筑立面的多样性。基本上有以下几种路径：

（1）单元组合多样化

前文在楼栋平面组合模块中提到单元组合主要分为：塔式，板式，混合式以及单元体组合式，这些基本涵盖了现如今的住宅项目，但单元组合还有许多衍生体形式作为突显项目自身特点以及标志性的需求，在本书第 5 章工程案例 2 中将进行详细的分析。

（2）结构构件的多样化

材质与色彩是立面设计时常用的手法和元素，基于装配式住宅的特点，其材质与色彩的多样性更多的是通过预制外墙的处理来体现。这种方法相对于结构构件和预制部品的多样化而言，更加经济，技术要求也更低。

1）材质

预制外墙的材质可以有多种表现形式：木纹造型、磨砂面造型、条纹及凿毛造型、石砌造型、岩石造型、几何拼图造型、防滑造型、抽象造型、东方风格造型等。这些形式区别于现场涂刷或是挂装，以工厂预制的方式最大程度地模拟材料质感本身的多样性，既高效又具有表现力。（图 4.2.5-11）

预制外墙的饰面处理工艺一般有：清水混凝土饰面，涂饰界面剂处理；反打工艺饰面，包括瓷板反打（图 4.2.5-12）、石材反打、硅胶膜反打、水磨石反打等，实现建筑装饰与结构预制构件同寿命。

2）色彩表现

色彩表现目前广泛应用于各种立面表现当中，装配式建筑的立面色彩表现有其自身的特点与特色。在清水混凝土基底上通过适当的色彩处理赋予每栋楼不同的符号（图 4.2.5-13，图 4.2.5-14），如郭公庄公租房一期项目通过颜色来区分不同院落的各栋楼。

图 4.2.5-11 预制外墙

图 4.2.5-12 预制构件瓷板反打

图 4.2.5-13 清水混凝土基底上色彩符号（一）

（3）预制部品多样化

预制部品的多样化是产业化在立面体系中的发展趋势。前文提到预制部品中与立面相关的元素主要有预制阳台、预制空调板及预制女儿墙三种。这三种预制部品的多样化设计对于立面创新来讲十分具有代表性。一是通过部品造型的变化，二是通过排列组合的变化来实现多样性的效果。

（4）装饰构件多样化

装饰构件的多样化是突破产业化千篇一律的简单有效的方式，前文提到立面装饰构件的元素主要有百叶、栏杆、外门窗及装饰线脚四

图 4.2.5-14 清水混凝土基底上色彩符号（二）

种。这四种装饰构件的多样化主要通过与预制部品的灵活组合来体现。

（5）文化创意层面

装配式混凝土建筑，并非意味着千篇一律，除了承载装配式建筑必要的技术支持之外，更多地体现在建筑对于适用人群的关注，这种关注主要体现在使用和文化精神层面。使用感受主要指室内空间布局，而文化精神层面作为贯穿建筑内外的灵魂显得尤为重要。

通常来讲，小区的规划，建筑的形体组合，室外空间场所的营造，包括建筑立面的构造与表皮处理都是建筑外在与使用者精神交流的媒介，而设计者正是通过这些媒介将其充分整合融入不同地域、不同人群的文化需求。如本书第 5 章工程案例 2 中百子湾保障房项目公租房地块的"山水城市"理念，通过形体的意向赋予建筑以语言（图 4.2.5-15）。

图 4.2.5-15　建筑的形体组合

4.3　结构专业标准化设计管理

4.3.1　说明

1. 一般规定

（1）结构设计应符合国家、行业和地方现行有关标准的规定。

（2）结构方案应通过综合分析、方案对比后确定，达到安全、适用、经济的目标。

（3）结构设计应以绿色可持续理念为基础，采取合理措施实现建筑长寿命化，提高建筑在全寿命期内的适应性能。

（4）设计方应与构件生产及施工企业建立协调机制、制定协同工作细则和流程。

（5）装配式建筑的设计过程中，结构专业应与建筑、机电设备、室内装修专业进行一体化设计。

（6）同一项目中各子项的技术标准应统一。

2. 荷载

（1）楼（屋）面恒荷载应根据建筑面层做法精确计算确定，采用装配式装修的应充分考虑装配式装修构造的荷载。

（2）楼（屋）面活荷载按《建筑结构荷载规范》取值，并根据相关规定考虑折减。

（3）隔墙荷载可按恒荷载考虑，并应根据隔墙容重、厚度及高度精确计算确定。

（4）主楼范围地下一层顶板活载取值 $4.0kN/m^2$，并应在结构设计文件中注明。

（5）电梯及设备荷载应根据厂家提供的样本确定。

（6）主体结构应考虑钢雨篷、采光顶等附属钢结构荷载。

（7）对预制混凝土构件及叠合楼盖进行施工验算时应按相关规定确定荷载取值。

（8）无地上建筑的地下车库顶板活荷载取值应考虑景观及消防车荷载，消防车荷载应根据覆土厚度进行相应折减。

3. 材料

（1）钢筋（在满足相关规范要求的前提下，建议按以下原则采用）

受力钢筋：HRB400（C）钢筋

构造钢筋：HPB300（A）钢筋

（2）混凝土强度等级（在满足相关规范要求的前提下，建议按以下原则采用）

垫层：C15

基础：C30～C35

墙、柱：C30～C60

梁、板：C30

楼梯：C30

圈梁、过梁、构造柱：C25

设备基础：C20

（3）型钢、钢板、钢管

Q235B、Q345B

（4）连接材料

钢筋套筒灌浆连接接头采用的套筒、灌浆料，钢筋浆锚搭接连接接头采用的水泥基灌浆料，均应满足相关标准的要求。

（5）隔墙

当采用轻质砌块时：重度≤10kN/m³；外墙为 MU5 轻集料混凝土空心砌块，内墙为 MU3.5 轻集料混凝土空心砌块；砂浆为中保水性干拌砂浆，强度等级为 M5。

4. 结构计算

（1）采用 PKPM 或盈建科结构软件进行结构计算。

（2）装配式结构应根据连接节点和接缝的构造方式和性能，确定结构的整体计算模型，反映结构真实受力情况。

（3）复杂结构应采用多种软件计算并进行分析比较。

（4）计算参数应合理取值。

（5）计算内容包括楼（屋）面荷载导算、主体、基础、地基、楼板、地下室外墙、楼梯、汽车坡道及人防构件等。

（6）对计算软件的结果应进行必要的验证后方可使用。

（7）对装配式混凝土结构还应包括预制构件脱模及施工验算、接缝、连接节点验算。

5. 主体结构

（1）若无特殊要求，住宅主体一般采用装配整体式剪力墙结构，地下车库结构类型为框架结构。

（2）当住宅采用装配整体式剪力墙结构时，其地下部分、底部加强部位墙体、电梯井筒及顶层楼盖宜采用现浇混凝土结构；地上其余部位宜采用预制剪力墙、柱及叠合梁板。

（3）结构布置合理，构件截面尺寸不至过大，混凝土构件的配筋率在合理范围之内。

（4）预制混凝土构件设计合理，其规格、尺寸及重量应满足生产制作、运输和存储条件、现场吊装能力的要求；构件设计综合考虑装配化施工的安装调节和公差配合要求，满足不同施工外架条件的影响以及模板和支撑系统的采用。

（5）预制混凝土构件宜选自基于 BIM 的装配式混凝土结构预制构件库。

（6）预制混凝土构件尺寸宜满足《北京市保障性住房预制装配式构件标准化技术要求》。

（7）预制构件连接节点、各类接缝设计安全可靠、构造合理、坚固耐久、施工简便，符合标准化设计要求。

（8）混凝土构件配筋应根据计算结果及构造要求确定，不得随意放大。

（9）大跨度、大悬挑结构构件应严格控制挠度及裂缝。

（10）混凝土结构构件截面尺寸及配筋率参考值：

墙：墙厚 200～300mm。

柱：截面尺寸应根据结构主体抗侧刚度及轴压比确定。

主梁：高跨比（h/L）1/10～1/14，配筋率 0.8%～1.6%。

次梁：高跨比（h/L）1/14～1/18，配筋率 0.4%～1.4%。

楼板：板厚 h——单向板 $1/30L$～$1/35L$，双向板 $1/35L$～$1/40L$（L 为板短向跨度）；配筋率——跨中 0.2%～0.3%，支座 0.6%～0.9%。

（11）地下室结构超长时，不设置温度变形缝，通过采取设置后浇带等措施防止裂缝的产生。

（12）建筑、机电专业预埋件、预留洞口及钢雨篷、采光顶等附属钢结构的预埋件，应在结构图纸中表示，并与相关专业图纸保持一致。在预制构件制作或现浇结构施工时应进行预埋、预留。

（13）其他要求：

1）避免住宅室内因主体结构构件外露而影响使用、感观效果。卧室、客厅等主要活动空间上空不得露梁，楼面不得设置上反梁。

2）门、窗洞口处梁下，楼梯间梯梁（梯板）下净高应满足建筑专业要求。

6. 地基与基础

（1）应根据地质条件及上部结构情况，通过综合分析、方案对比后确定安全、经济、合理的地基基础方案。

（2）当采用筏板基础时，应采用平板式筏板基础，宜柱帽下反。

（3）地下水位较高时应进行抗浮验算，采取必要的抗浮及施工降水措施。

（4）楼座主体首层外围如有台阶、墙体或阳台板，其应生根于主体结构上，不得直接落在回填土或散水上，以免回填土沉降引起裂缝。

7. 绿色建筑

（1）结构设计应采用资源消耗少、环境影响小的建筑结构体系，并充分考虑节省材料、施工安全、环境保护等措施。

（2）结构设计总说明中，应明确所选用的结构材料未采用国家和北京市禁止和限制使用的材料和制品。

（3）结构设计总说明中，应明确混凝土的梁、柱纵向受力钢筋应采用不低于 400MPa 级的热轧带肋钢筋。

（4）结构设计总说明中，应明确现浇混凝土全部采用预拌混凝土，建筑砂浆全部采用预拌砂浆。

8. 结构限额标准

装配整体式剪力墙住宅，其结构材料用量应考虑预制构件特点，表 4.3.1 为应满足的相关要求。

9. 图纸要求

（1）图纸内容及深度应满足《建筑工程设计文件编制深度规定》的要求。装配式混凝土结构施工图设计文件还应满足《装配式混凝土结构建筑工程施工图设计文件技术审查要点》第 3.3.2 条的要求。

（2）结构施工图应按照平面整体表示方法制图。

（3）同一项目中各工程子项的绘图标准应一致。

建设项目结构设计材料限额指标控制表

表4.3.1

编号	部位	指标	控制指标				备 注
			1~8层（≤24m）	9~19层（≤60m）	20~28层（≤80m）	29~35层（≤100m）	
1	钢筋混凝土上部结构	地区、设防烈度、场地类别	北京，8度（0.2g），II或III类场地				1. 本表适用于体型规则、结构伸缩缝间距在45~55m以内的住宅建筑； 2. 含钢量为上部标准层所有结构钢筋重量比标准层建筑面积； 3. 含混凝土量为上部标准层所有混凝土方量比标准层建筑面积； 4. 落地凸窗、结构拉板等面积按底板投影面积计入标准层建筑面积，有墙柱的凹阳台，有柱凸阴台等面积按底板投影面积的一半计入标准层建筑面积；两层高悬挑凸阳台，两层高算凸窗建筑面积； 5. 含钢量以层高2.75m为基准，当层高小于3.0m时，每增加0.1m，含钢量限额可增加1.5kg/m²； 6. 项目采用装配式剪力墙结构体系，含钢量限额可依据混凝土预制率20%~80%增加2%~8%；外墙采用预制三明治外墙复合保温的，混凝土含量限额可增加5%； 7. 括号内数值为结构转换（转换层高度<3层）的情况时标准层含钢量限额； 8. 本表指标均按HRB400级钢筋进行测算。
		标准层钢筋含量（kg/m²）	48	52（54）	53（55）	60（/）	
		标准层混凝土含量（m³/m²）	0.4	0.41	0.41	0.42	

编号	部位	地下汽车库类型		层高控制值	备 注
2	地下汽车库层高（m）	普通地下汽车库	有梁楼盖	人防：3.6m（六级）； 3.7m（五级） 非人防：3.6m	1. 本表中层高控制值指水、电、风管线齐全的情况； 2. 层高指地下汽车库地面建筑完成面到顶板建筑完成面的垂直距离； 3. 采暖地区，当地下汽车库内梁下有热力管通过时，层高控制值可增加0.1m。
			无梁楼盖	人防：3.3m 非人防：3.3m	
		带超市地下汽车库	有梁楼盖	非人防：5.8m	
			无梁楼盖	非人防：5.5m	

续表

钢筋混凝土住宅地下室结构材料限额指标

部位	地下室层数	人防情况	指标	1~8层	9~19层	20~28层	29~35层	备注
地下室钢筋含量(kg/m²)	单层	普通	钢筋含量(kg/m²)	130~140	150~160	160~170	190~200	1. 本表适用于层高3.4m的地下室，基础形式为箱型基础或筏形基础； 2. 本表指标均按HRB400级钢筋进行测算。 3. 正负零以下(含正负零)，含天然基础和承台(不含桩基)； 4. 地下室为双层地下室时，表中钢筋/混凝土限额指标相应减少：地上结构层数9~19层减少15/0.2；地上结构层数20~28层减少30/0.45；地上结构层数29~35层减少65/0.7； 5. 当地下室为三层及以上地下室时，表中钢筋/混凝土限额指标再相应减少10/0.1；任两层地下室减少的基础上，再相应减少10/0.1； 6. 当地下室设置层高2.19m设备夹层，且不计设备夹层建筑面积时，表中钢筋/混凝土限额指标相应增加70/0.6。
			混凝土含量(m³/m²)	1.2~1.25	1.4~1.5	1.6~1.75	1.8~2.0	
		核6常6级地下室	钢筋含量(kg/m²)	150~140	170~160	190~180	220~210	
			混凝土含量(m³/m²)	1.4	1.6	1.8	2	
		核5常5级地下室	钢筋含量(kg/m²)	190~160	210~180	230~220	250~220	
			混凝土含量(m³/m²)	1.5	1.7	1.9	2.1	

钢筋混凝土全地下车库的结构材料限额指标

地区	说明	指标	普通车库(单层)	6级人防(单层)	普通车库(双层)	6级人防(双层)	备注
A类地区	地下水位于地下室外地坪下4.0m	钢筋含量(kg/m²)	130	155	105	130	1. 本表适用于独立、规整，大面积的全地下车库。当出现全地下车库与主楼地下室相连，车库平面过长活不规整等其他情况时，应适当提高指标控制值； 2. 本表适用于层高为3.3m，采用无梁楼盖。基础采用平板式筏基，当工程实际情况发生变化时，适当增加指标； 3. 1.5m以下全地下室，地下车库覆土厚度为 4. 当地下车库覆土厚度大于3.0m时，全地下车库钢筋限额指标增加0.25m³/m²； 5. 当地下车库楼板采用梁板式楼盖时，钢筋限额值指标增加25kg/m²，混凝土限额值指标减少0.05m³/m²； 6. 对于机械停车，带超市地下车库增高较高时综合考虑忠钢筋限值指标增加10kg/m²。
		混凝土含量(m³/m²)	1.1	1.2	0.8	0.9	
B类地区	地下水位于地下室外地坪下1.0m	钢筋含量(kg/m²)	130	160	105	135	
		混凝土含量(m³/m²)	1.15	1.25	0.95	1.05	

4.3.2 预制剪力墙板设计

1. 一般规定

（1）装配整体式剪力墙结构宜优先选用符合模数协调原则的预制剪力墙板标准构件、连接件和连接方式。

（2）预制剪力墙板设计应从建筑方案着手，并宜符合下列设计原则：

① 应结合工程具体情况，选择适宜的截面形状和尺寸。

② 预制剪力墙板在长度方向宜均匀对称，偏心率不宜过大。

③ 构件两侧的连接应选择在受力较小的部位。

④ 预制剪力墙板宜采用较高强度等级的混凝土，设计中宜适当控制剪力墙肢的轴压比。

2. 预制剪力墙板类型

（1）预制剪力墙板可按预制构件的性能、截面形状、生产制作、安装施工和连接方式等进行分类。工程设计中应根据建筑的具体特点和性能要求、生产设备的条件、施工安装能力和工艺、经济评价等因素综合判断，选择适宜的预制剪力墙板类型。

（2）预制剪力墙板常用的截面形状为"一"字形、"L"形、"T"形和"U"形，也可以采用"Z"形或其他空间截面类形（图4.3.2-1）；预制墙板截面形状和尺寸应遵循下列原则：

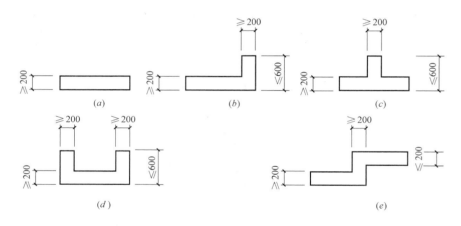

图 4.3.2-1 预制墙板截面类型示意
（a）"一"字形墙板；（b）"L"形墙板；（c）"T"形墙板；（d）"U"形墙板；（e）"Z"形墙板

① 截面厚度不宜小于200mm，如无特殊要求取用200mm。

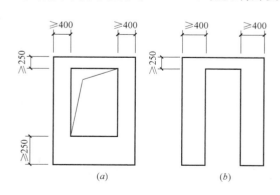

图 4.3.2-2 开洞预制墙板尺寸示意
（a）开窗洞墙板；（b）开门洞墙板

② 宽度宜按建筑开间或进深尺寸选用，模数宜符合3M或2M（1M＝100mm）。

③ 高度不宜大于建筑层高；一般情况下，不宜跨楼层布置。

④ 开洞剪力墙的洞口宜在预制剪力墙板居中设置，洞口两侧墙板宽度不宜小于400mm；洞口上方预制梁的高度不应小于250mm（图4.3.2-2）。

⑤ "L"形、"T"形和"U"形预制剪力墙板的短边净尺寸不宜小于300mm，总宽度不宜大于600mm。

⑥ "Z"形预制剪力墙板一般采用组合立模生产，截面尺寸可根据构件自重、运输条件等因素综

合确定。

⑦ 对预制剪力墙板截面形状的选择，除需要满足设计要求外，尚应根据预制构件生产和现场安装施工等条件综合判断；当有可靠经验时，可不受本条的限制。

（3）建筑外墙预制夹心保温外墙板（即三明治外墙板）和带保温的预制剪力墙板等形式（图4.3.2-3），应遵循下列原则：

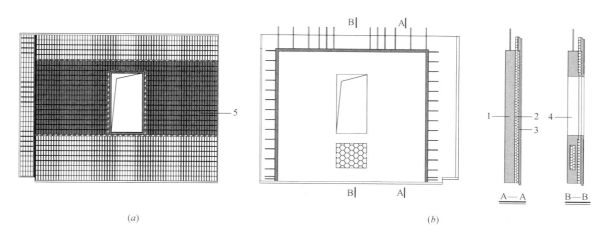

1—内叶墙板；2—保温层；3—外叶墙板；4—窗洞口；5—装饰面砖

图 4.3.2-3 预制夹心保温外墙板示意图

（a）正视图；（b）背视图

1）根据北京地域气候条件、建筑节能和建筑外饰面等设计、施工、运行维护的要求，确定预制外墙板的类型为夹心三明治外墙板，即带保温的预制内外叶墙板。此时应注意在运输、存放和安装施工等环节对保温板及其饰面层加强保护。

2）预制夹心保温外墙板可以较好地满足建筑外墙外保温的要求，也可以起到外墙隔热等作用，其设计应符合下列规定：

① 外叶墙板的混凝土强度等级不宜低于 C30，厚度不宜小于 60mm，且不应大于 100mm；

② 外叶墙板表面可以采用清水混凝土、粘贴瓷砖、涂料、凸凹纹理等饰面做法，可以根据需要设置外悬挑条带或竖肋等；一般情况下，凹进处外叶墙板净截面尺寸不宜小于 40mm，凸出或悬挑尺寸不宜大于 100mm；

③ 外叶墙板外侧不应悬挂重量较大的部件；一般情况下，不宜采用干挂石材的做法；

④ 保温层材料宜选择挤塑聚苯板（XPS），厚度宜取 30～120mm；应满足建筑节能计算要求，当有可靠经验时，也可选用其他类型的保温材料；

⑤ 内叶墙板应按照预制剪力墙板设计；

⑥ 预制夹心保温外墙板中，内外叶墙板间的拉结件可采用纤维增强复合材料（GFRP）或不锈钢材料，可用弹性计算方法设计；当按多遇烈度地震作用组合设计时，拉结件的安全系数不宜低于 8.0；

⑦ 预制夹心保温外墙板的制作工艺应结合对内表面的质量和外表面的饰面做法等要求综合判断，合理选择正打或反打工艺。

说明：预制外墙板需要与结构性能、建筑性能、构件生产、建造技术和门窗使用要求等相结合。预制夹心保温外墙板就是集合这些需求的一项综合性的技术。除了具有满足结构安全性能和建筑节能的要求、提高建筑质量和耐久性能、丰富建筑立面表达等作用外，还可以有效地实现施工提效、减少施工现场废弃物的数量以及降低环境污染等目标。

（4）预制剪力墙板按照结构受力方式可分为剪力墙板和组合受力墙板（图 4.3.2-4）。组合受力墙板可按开洞剪力墙加填充墙体的形式进行设计，且应符合下列规定：

① 填充区域墙体采用的配筋构造措施应满足正常使用极限状态的抗裂和常遇烈度地震作用下不发生破坏的要求。

② 预制墙板内的填充物选用聚苯板材料，容重不小于 $12kg/m^3$。

③ 轻质填充物的布置应能确保预制构件混凝土浇筑和钢筋混凝土保护层的要求，长边尺寸不宜大于 800mm，宜居中设置直径不小于 100mm 的混凝土浇筑孔。

④ 轻质填充物宜沿墙厚度方向居中布置，且距墙边尺寸不应小于 50mm。

⑤ 预制夹心保温外墙板的内叶墙板采用组合受力墙板时，轻质填充物不应影响连接件的工作性能。

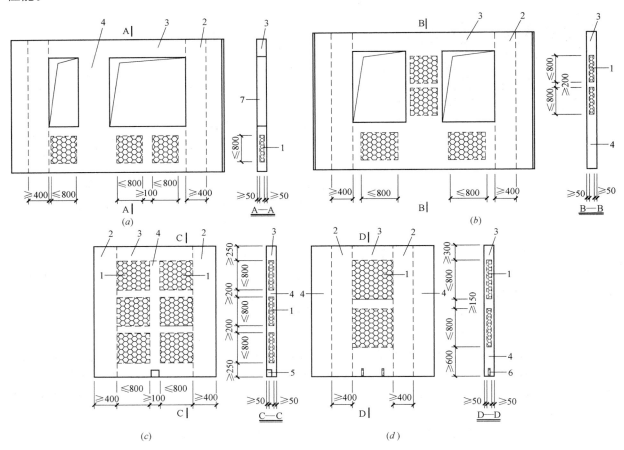

1—填充材料；2—边缘构件；3—连梁；4—墙体；5—抗剪件；6—钢筋套筒或灌浆孔；7—洞口

图 4.3.2-4　组合受力墙板构造示意图

（a）窗下墙填充；（b）洞口边填充；（c）实墙填充1；（d）实墙填充2

说明：工程设计中，剪力墙与建筑墙体在数量和布置上均可能存在差异。在预制剪力墙板的适当部位设置轻质填充材料，一方面可以协调建筑与结构专业的需求，优化设计；二是可以减少构件自重，节约材料；三是技术成熟，可实施性强。预制剪力墙板内的填充区域，在建筑设计中可视为外围护或内分隔墙体。在结构整体计算中，填充区域可按结构开洞处理。

（5）预制剪力墙板目前最常使用的预制剪力墙板的连接方式是湿式连接；即通过在预制剪力墙板间设置水平后浇带和竖向后浇段，将预制剪力墙板以及现浇剪力墙在水平和竖向上连接成为整体；此种连接方式一般适用于高层居住建筑，结构整体性能与现浇剪力墙的性能相似，设计应满足现行行业标准《装配式混凝土结构技术规程》JGJ 1 的规定。

3. 预制剪力墙板布置

（1）在装配式剪力墙结构小户型住宅建筑中，预制剪力墙板布置方案宜符合下列原则：

① 可采用外墙全装配、内墙部分装配部分现浇的布置方案，预制剪力墙板与现浇剪力墙宜交错布置，预制剪力墙板应采用整体式连接方式。

② 结构重要的连接部位以及可能存在较大应力集中或变形较大部位的墙体宜采用现浇剪力墙。

③ 预制剪力墙板沿高度方向应上下对齐布置。

④ 预制剪力墙板不宜作为较大跨度楼面梁（开间梁、进深梁）的端支座。

（2）同一楼层内，预制剪力墙板的连接部位宜选择在墙肢受力较小的部位，水平钢筋连接区域宜与剪力墙边缘构件的集中配筋区域错开（图 4.3.2-5）。

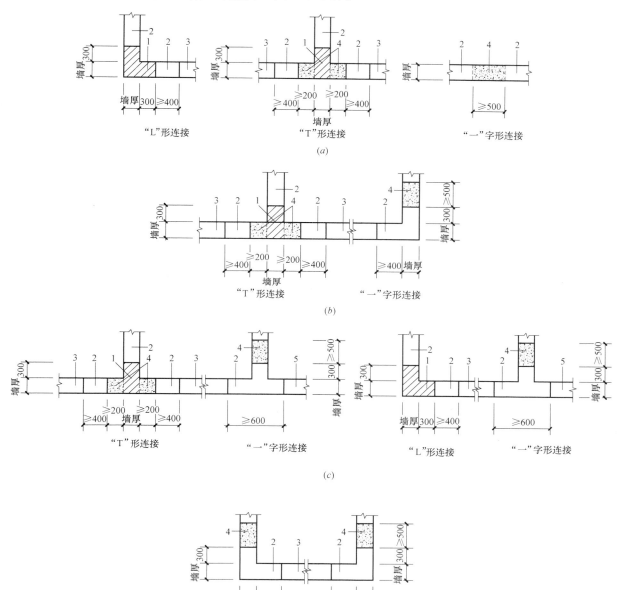

1—后浇现浇段构造边缘构件区；2—预制墙板构造边缘构件；3—预制墙板洞口；

4—后浇现浇段普通墙肢区（水平钢筋连接区）；5—预制或现浇连梁

图 4.3.2-5 预制剪力墙板连接部位示意图

（a）"一"字形墙板连接；（b）"L"形墙板连接；（c）"T"形墙板连接；（d）"U"形墙板连接

（3）一般情况下，预制剪力墙板宜优先选用"一"字形截面预制剪力墙板，以方便构件厂便于构件生产。当满足下列条件时，也可选用其他截面类形的预制剪力墙板：

① 建筑设计需要，结构设计合理。

② 预制构件厂家具有生产复杂构件的质量保证能力和必要的设备设施。

③ 预制构件的尺寸能够符合运输条件的要求，且运输效率合理。

④ 施工现场的起重设备、吊具应能够满足预制墙板吊装的要求，且整体工作效率合理。

⑤ 构件应具有一定的重复使用次数。

说明：一形墙板属于平面构件，其他类型墙板属于空间构件。平面构件的优点是：①适合流水线生产；②质量容易保证；③生产效率比较高；④安装简单；⑤经济性较好。平面构件的缺点是：①在设计中遇到的约束条件较多，如门窗洞口的位置、尺寸等；②现场连接施工比较复杂。空间构件在生产上往往比较复杂，但现场安装施工环节的效率比较高。

（4）建筑外墙应根据建筑设计的特点，选用适宜的预制剪力墙板截面类型。

① 预制剪力墙板单个构件的自重不宜大于 60kN。

② 采用空间截面类型预制剪力墙板时，宜采用每个开间设置一块预制剪力墙板的布置方案。

③ 采用平面截面类型预制剪力墙板时，宜尽量采用较大尺寸的构件；开间尺寸≥7.2m 时，也可选择设置两块预制剪力墙板的布置方案。

④ 在建筑端部山墙部位，宜采用组合受力预制剪力墙板的布置方案，预制剪力墙板的自重不宜大于 50kN。

（5）建筑内墙的预制剪力墙板布置方案宜符合如下原则：

① 宜采用"一"字形、"L"形和"T"形截面预制剪力墙板的布置方案。

② 预制剪力墙内墙板宽度尺寸宜采用 3M 或 2M 的模数序列。

③ 预制剪力墙内墙板的自重不宜大于 60kN。

④ 预制剪力墙板与现浇剪力墙宜交错布置，避免预制剪力墙板的布置过于集中。

（6）楼梯间和电梯井道墙体为建筑外墙时，预制墙板的划分和连接构造除满足承载力要求外，墙体平面外稳定性尚应满足要求，并宜符合下列规定：

① 预制墙板的宽度不宜大于 4.0m。

② 梯间墙体长度大于 5.0m 时，在墙体中间宜设置后浇段，后浇段的长度不宜小于 400mm，后浇段配筋宜满足边缘构件暗柱的要求。

③ 每层宜设置圈梁，圈梁的高度不宜小于 250mm。

（7）剪力墙结构底部加强部位宜采用现浇混凝土，当符合下列规定时也可采用预制剪力墙板的装配方案：

① 抗震等级为二、三级且底层墙肢的轴压比不大于 0.3 时，可采用内外墙装配的结构方案。

② 抗震等级为一级或底层轴压比大于 0.3 时，竖向构件应采用现浇结构，水平构件可采用预制构件装配方案。

（8）墙肢长度较长时，可采用组合受力墙板的形式将墙肢划分成联肢墙。

4. 预制剪力墙板构造设计

（1）预制剪力墙板的构造设计应符合现行国家和行业标准《混凝土结构设计规范》GB 50010、《建筑抗震设计规范》GB 50011、《高层建筑混凝土结构技术规程》JGJ 3、《装配式混凝土结构技术规程》JGJ 1 的相关规定。

（2）预制剪力墙板需要在现场连接的界面应设计成粗糙面，粗糙面的平均凸凹深度可按下列规定采用：

① 预制剪力墙板底面不应小于 6mm。

② 预制剪力墙板侧面与现浇剪力墙或后浇段连接的界面不宜小于 6mm，在受力较小的连接部

位，可按 4mm 采用。

③ 预制剪力墙板顶面与水平后浇带或圈梁连接的界面可按 4mm 采用。

④ 预制剪力墙板与楼板或梁连接的界面不应小于 6mm。

⑤ 预制叠合剪力墙板与现浇混凝土的连接界面应设置连续的粗糙面，粗糙面的平均凸凹深度不应小于 6mm。

（3）预制剪力墙板内钢筋的混凝土保护层厚度除应满足现行国家标准《混凝土结构设计规范》GB 50010 的相关要求外，尚宜符合下列规定：

① 水平和竖向分布钢筋、墙梁和边缘构件箍筋、墙身构造钢筋的混凝土保护层厚度不宜小于 15mm。

② 墙梁纵向受力钢筋和腰筋的混凝土保护层厚度不宜小于 25mm。

③ 边缘构件纵向受力钢筋的混凝土保护层厚度不宜小于 30mm，且宜放置于墙梁纵筋内侧。

④ 钢筋套筒和预留灌浆孔边距宜大于等于 25mm，净距不应小于 25mm，且不宜小于钢筋套筒和预留灌浆孔的外径。

⑤ 预制夹心保温外墙板的外叶墙板中，外排钢筋的混凝土保护层厚度宜为 20mm。

⑥ 钢筋的混凝土保护层厚度大于等于 50mm 时，应在构件表面采取有效的构造措施，如在混凝土保护层内设置钢筋网片或钢丝网、采用纤维混凝土、设置表面防护层等。

（4）预制剪力墙板钢筋骨架设计宜满足采用机械加工和钢筋骨架拼装的要求（图 4.3.2-6）。

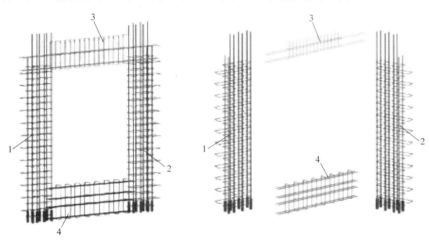

1—左边缘构件钢筋骨架；2—右边缘构件钢筋骨架；3—梁钢筋骨架；4—钢筋网片

图 4.3.2-6　预制墙板钢筋骨架示意图

① 箍筋宜优先采用焊接封闭箍筋的形式，也可采用带 135°弯钩的绑扎封闭箍筋和矩形螺旋箍筋的形式。

② 水平和竖向分布钢筋、墙身构造钢筋和预制夹心保温外墙板外叶墙板中的分布钢筋宜优先选用钢筋焊接网片的形式；也可采用焊接 H 型骨架再绑扎的方式（图 4.3.2-7）。

③ 边缘构件纵向钢筋应上下贯通，不宜采用弯折的配筋形式（图 4.3.2-8）。

④ 预制剪力墙板内的预埋件、预留洞口以及保温连接件均应避开钢筋骨架。

（5）预制剪力墙板中边缘构件配筋除满足现行国家标准《建筑抗震设计规范》GB 50011、《装配式混凝土结构技术规程》JGJ 1 和《高层建筑混凝土结构技术规程》JGJ 3 的要求外，尚应符合下列规定：

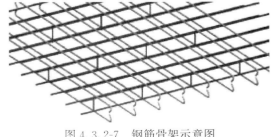

图 4.3.2-7　钢筋骨架示意图

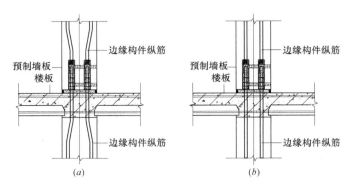

图 4.3.2-8 边缘构件纵筋连接示意图

(a) 错误做法；(b) 正确做法

1）相邻层纵向钢筋的直径不宜相差两个等级。

2）采用钢筋套筒灌浆连接时，纵筋插入套筒内的长度不应小于 $8d$（d 为纵筋直径），纵筋长度偏差不宜大于 5mm，且宜为正偏差。

3）采用钢筋套筒灌浆连接时，纵筋连接区域的箍筋应加密布置（图 4.3.2-9）；箍筋加密区为自墙板底部至套筒顶部向上延伸 300mm 的范围内，箍筋直径同边缘构件配置要求，箍筋间距为：一、二级抗震等级时为 100mm，三、四级抗震等级时为 150mm。

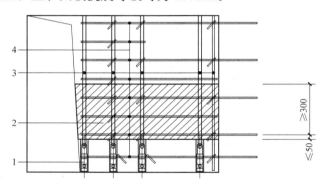

1—灌浆套筒；2—水平分布钢筋或箍筋加密区域（阴影区域）；3—竖向钢筋；4—水平分布钢筋或箍筋

图 4.3.2-9 钢筋套筒灌浆连接部位箍筋加密构造示意图

① 拉筋宜采用两端带 135°弯钩的形式，也可采用一端为 135°、一端为 90°弯钩的形式；拉筋可采用同时钩住纵筋和箍筋的做法，也可采用紧靠纵筋钩住箍筋的做法（图 4.3.2-10）。

② 预制剪力墙板底面钢筋套筒或预留灌浆孔中心线应与墙板顶面伸出连接钢筋中心线对齐，定位偏差不应超过 3mm。

③ 边缘构件箍筋兼作预制剪力墙板水平连接钢筋时，可采用图 4.3.2-11 的做法。

（6）预制剪力墙板中墙体分布钢筋应满足现行国家标准《建筑抗震设计规范》GB 50011、《装配式混凝土结构技术规程》JGJ 1 和《高层建筑混凝土结构技术规程》JGJ 3 的相关要求，并宜符合下列规定：

1）预制剪力墙板分布钢筋的设计构造，应根据钢筋的连接形式选择适宜的构造做法。

2）预制剪力墙板竖向分布钢筋采用单排套筒灌浆连接时（图 4.3.2-12），预制剪力墙板竖向分布钢筋可按现行国家标准《建筑抗震设计规范》GB 50011 和《高层建筑混凝土结构技术规程》JGJ 3 的相关规定执行，且应符合下列规定：

① 预制墙板长度尺寸不宜大于 3.6m，当有可靠工程经验或技术措施时，也可不受此限制；

② 套筒应沿墙厚居中布置；

③ 抗震等级为一级、二和三级以及四级时，套筒中心距分别不宜大于 300mm、400mm 和 600mm；

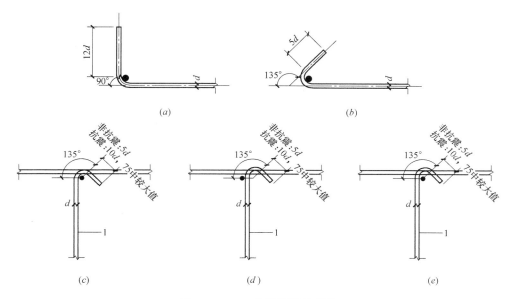

图 4.3.2-10　拉筋构造示意图

（a）末端带 90°弯钩；（b）末端带 135°弯钩；（c）拉筋紧靠箍筋并勾住纵筋；
（d）拉筋紧靠箍筋并勾住箍筋；（e）拉筋同时勾住纵筋和箍筋

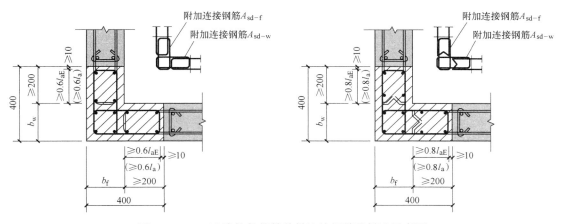

图 4.3.2-11　边缘构件箍筋兼做连接钢筋的做法示意图

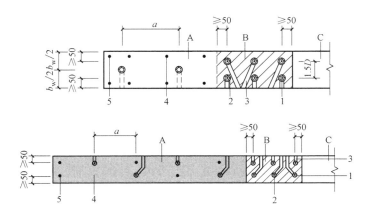

1—边缘构件纵筋；2—套筒；3—注浆/出浆口；4—竖向分布钢筋；5—端部纵筋，大于等于 2C10

图 4.3.2-12　竖向分布钢筋单排套筒连接示意图

A—预制剪力墙板；B—构造边缘构件；C—墙体洞口；a—钢筋套筒沿墙宽的中心距

④ 连接钢筋面积不应小于墙体竖向分布钢筋面积的1.1倍。

3）预制剪力墙板水平分布钢筋最普遍的连接形式为搭接连接，水平分布钢筋的构造应符合下列要求：

① 预制剪力墙板竖向钢筋采用套筒灌浆连接时，自墙体底部至套筒顶面300mm范围内，水平分布钢筋应加密布置（图4.3.2-13），加密区钢筋的最小直径和最大间距详见表4.3.2-1。

② 水平分布钢筋采用环套搭接连接时，钢筋间距可采用200mm或300mm（图4.3.2-14）。

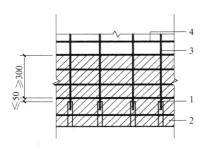

1—套筒；2—预制剪力墙板；3—竖向分布钢筋；4—水平分布钢筋

图 4.3.2-13 竖向钢筋连接区域水平筋加强构造示意图

③ 水平分布钢筋采用其他搭接连接形式时，钢筋间距宜采用200mm。

④ 楼梯间和电梯井道墙体采用预制剪力墙板时，分布钢筋的配筋率不应小于0.25%，钢筋间距不宜大于200mm；竖向分布钢筋宜采用双排套筒灌浆连接的形式（图4.3.2-15），套筒沿墙板长度方向的间距不应大于400mm；水平分布钢筋宜采用环套搭接连接的方式。

水平分布钢筋加密区要求 表 4.3.2-1

抗震等级	最大间距(mm)	最小直径(mm)
一、二级和三级（建筑高度>70m）	100	8
三级（建筑高度≤70m）和四级	150	8

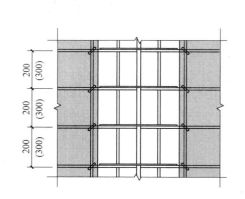

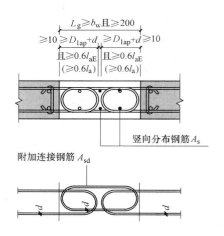

图 4.3.2-14 水平分布钢筋环套搭接连接配筋构造示意图

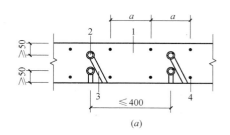

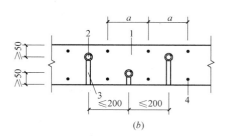

a—墙板竖向分布钢筋间距

1—预制墙板；2—连接套筒；3—灌浆/出浆口；4—墙板竖向分布钢筋；

图 4.3.2-15 双排套筒灌浆连接示意图

（*a*）双排布置；（*b*）梅花形布置

（7）预制剪力墙板洞口上部的预制墙梁宜与楼层处的水平后浇带或后浇圈梁进行整体设计（图4.3.2-16），叠合连梁设计应符合下列规定：

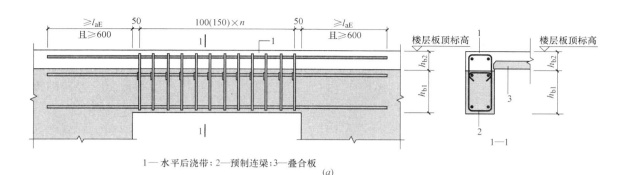

1—水平后浇带；2—预制连梁；3—叠合板
(*a*)

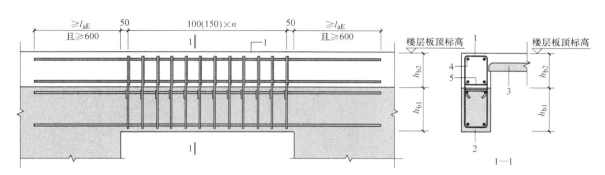

1—水平后浇带；2—预制连梁；3—叠合板；4—现浇层连梁纵筋；5—现浇层箍筋
(*b*)

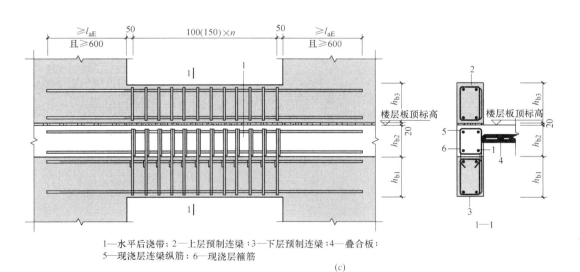

1—水平后浇带；2—上层预制连梁；3—下层预制连梁；4—叠合板；
5—现浇层连梁纵筋；6—现浇层箍筋
(*c*)

图 4.3.2-16 叠合连梁做法示意图
（*a*）单连梁；（*b*）双连梁；（*c*）多连梁

1）叠合连梁纵向受力钢筋宜满足以下要求（图 4.3.2-17）：

① 纵筋直径不宜大于 20mm；

② 叠合连梁跨高比不大于 2.5 时，受力纵筋宜采用多排、均匀布置的方式；

③ 叠合连梁最下排受力纵筋伸过洞边的长度不应小于 600mm 和 l_{aE} 的较大值，当纵筋伸出预制剪力墙板外的长度过长时，可在纵筋端部宜采用机械锚固措施；

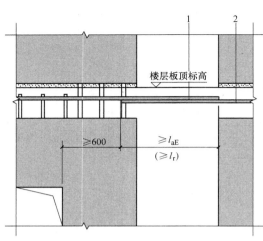

1—连梁上部钢筋；2—水平后浇带纵向钢筋

图 4.3.2-17　叠合连梁纵筋布置示意图

④ 叠合连梁上部纵筋与水平后浇带纵筋的连接可采用机械连接或搭接接头，接头应设置在距洞边不小于 600mm 的部位。

2）叠合连梁腰筋应符合现行国家相关标准的相关规定。

3）叠合连梁的箍筋宜满足下列要求：

① 宜采用焊接封闭箍筋和带 135°弯钩的绑扎封闭箍筋的形式；

② 采用端部带 135°弯钩的封闭箍形式时，弯钩宜设置在预制剪力墙板内；

③ 叠合连梁采用双连梁或多连梁的设计方案时，各连梁应分别配置箍筋，且各叠合连梁与现浇部分之间宜设置拉筋（图 4.3.2-18）。

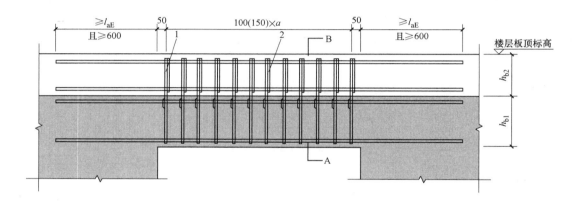

A—预制剪力墙板；B—水平后浇带；1—预制连梁箍筋；2—现浇连梁箍筋

图 4.3.2-18　叠合连梁箍筋布置示意图

4）预制剪力墙板的叠合连梁上不宜开洞；当需要开洞时，宜满足下列要求：

① 洞口形状宜为圆形，且应预埋钢套管；

② 洞口上、下截面的有效高度不应小于连梁全高的 1/3 和 150mm 的较小值；

③ 洞口处补强钢筋的配筋形式可按照图 4.3.2-19 采用。

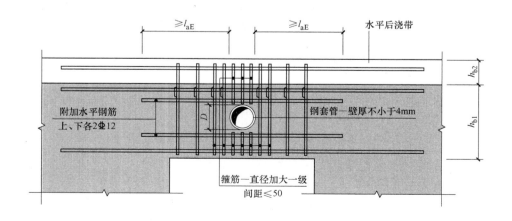

图 4.3.2-19　叠合连梁洞口补强钢筋布置示意图

5）叠合连梁的配筋应与楼板钢筋水平错开。

（8）建筑外墙预制剪力墙板洞口下墙体可按下列方式进行设计：

1）按连梁设计时，应与下层叠合连梁形成双连梁或多连梁。

2）按围护墙设计时，宜在墙体中间设置轻质填充材料（图 4.3.2-20），轻质填充材料应满足本标准相关要求，设计尚宜符合下列规定：

① 填充材料距墙边和边缘构件区分别不宜小于 200mm 和 100mm；

② 底边应设置不少于两道水平钢筋，钢筋直径不宜小于 8mm，间距不宜大于 150mm；

③ 顶边应设置不少于两根洞边加强钢筋，钢筋直径不应小于 10mm；

④ 中间部位应设置构造钢筋网片，钢筋直径不宜小于 4mm，间距不宜大于 150mm，构造钢筋伸入洞口两侧边缘构件内长度不宜小于 $15d$ 和 100mm 的较大值；

⑤ 洞口尺寸大于等于 1.5m 时，预制剪力墙板底部宜设置抗剪钢筋；抗剪钢筋的间距不宜大于 1.0m。

（9）双洞口预制剪力墙板，两端墙板的设计可按本节的规定采用；洞口间墙肢设计应满足下述要求：

1）洞口间墙肢宽度小于等于 $4b_w$（b_w 为墙肢厚度）时，墙肢宜按非承重结构构件设计，如构造柱、铰接柱等；墙梁的跨度应按两洞口宽度加洞间墙体宽度取用。

2）洞口间墙肢宽度大于等于 $8b_w$ 时，墙肢宜按剪力墙设计。

3）洞口间墙肢宽度介于 $4\sim8b_w$ 之间时，可结合工程实际情况选择设计方案：

① 按剪力墙设计时，应满足短肢墙的各项规定，并根据两侧墙梁刚度，采取有效措施；

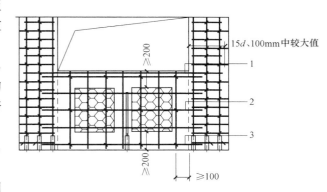

1—上部水平钢筋；2—水平构造钢筋；3—底部水平钢筋

图 4.3.2-20　外墙窗下墙构造示意图

② 按围护墙设计时，墙梁的跨度应按两洞口宽度加洞间墙体宽度取用；洞边宜设置宽度为 200mm 的竖向加强带，加强带间的填充墙应参照本标准要求采取措施，加强带及填充墙配筋可按表 4.3.2-2 取用。

双洞口预制剪力墙板洞口间墙体配筋要求　　　　　　　　　　　表 4.3.2-2

构造部位	配筋类型	最低配筋量	配筋要求
竖向加强带	纵筋	4C12	锚固长度取 l_a
	箍筋	A6@150	封闭箍筋
填充墙	竖向构造钢筋	A6@150	锚固长度取 $15d$ 和
	水平构造钢筋	A6@150	100mm 的较大值

（10）组合受力墙板的配筋应符合下列规定：

① 填充区域两侧墙板尺寸不宜小于 400mm，应按构造边缘构件进行配筋构造。

② 填充区域上部墙板尺寸不宜小于 250mm，应按墙梁进行配筋构造。

③ 填充区域下部墙板尺寸不宜小于 200mm，应设置不少于两道水平钢筋，钢筋直径不宜小于 8mm，间距不宜大于 150mm。

④ 填充区域墙板应配置构造钢筋；构造钢筋直径不宜小于 6mm，间距不应大于 200mm；构造钢筋在墙板四周的锚固长度宜取 $15d$ 和 100mm 的较大值。

（11）预制夹心保温外墙板的外叶墙板可采用单排双向焊接钢筋网片，钢筋直径不应小于 4mm，钢筋间距不宜大于 150mm；洞口处配筋可采用图 4.3.2-21 所示做法。

（12）复合夹心保温外墙板中内外叶墙板之间的拉结件设计应符合下列规定：

① 拉结件可采用不锈钢或纤维增强塑料（FRP）等材料，其力学性能、耐久性能等应满足预制

剪力墙板设计使用年限的要求。

② 按照工作原理划分,拉结件可分为均匀承载和集中承载两类;各类型拉结件均应具有规定的承载力和变形等性能。

③ 根据目前工程的应用经验总结,在现行国家标准《建筑抗震设计规范》GB 50011 规定的地震作用工况下,在设防烈度地震作用工况下,拉结件的安全系数取值不宜低于 8。

④ 连接件在外叶墙板的锚固长度不应小于 35mm,在内叶墙板中的锚固长度不宜小于 50mm。

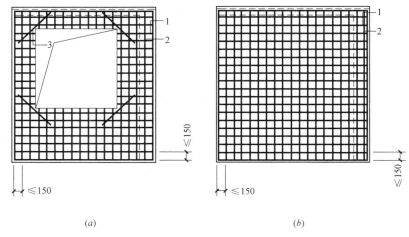

1—横向分布钢筋;2—纵向分布钢筋;3—洞边加强钢筋

图 4.3.2-21 预制夹心保温外墙板外叶墙板配筋示意图

(a) 有洞口;(b) 无洞口

(13) 剪力墙底面水平接缝处受剪承载力验算导致预制剪力墙板竖向钢筋面积较大时,可采取下列措施:

① 适当加大预制剪力墙板两侧竖向后浇段内的纵向钢筋配筋数量。

② 在预制剪力墙板内设置抗剪钢筋或抗剪件(图 4.3.2-22)。

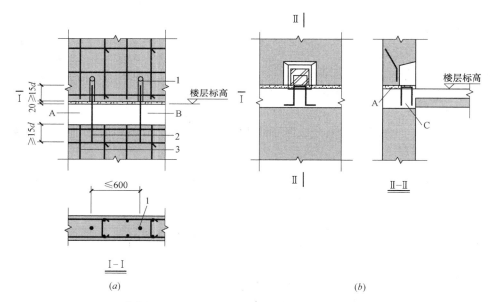

A—灌浆料填实;B—水平后浇带;C—水平后浇带或后浇圈梁

1—金属波纹管浆锚;2—抗剪用连接钢筋;3—不连接的竖向分布钢筋

图 4.3.2-22 预制剪力墙板抗剪钢筋和抗剪件配置示意图

(a) 抗剪钢筋;(b) 抗剪件

说明:建筑高宽比较大、剪力墙布置的连续性较差、结构端部和角部采用短肢剪力墙等原因均会导致墙肢受拉的现象发生,此种情况对装配式剪力墙结构是不利的,应当从建筑结构的方案上寻找解决办法。对于局部出现的小偏心受拉的墙肢,本条给出了工程中可以采用的措施,目的是尽量保证预制剪力墙板的配筋构造能够实现标准化。

(14) 预制剪力墙板两侧外伸钢筋与后浇连接段水平钢筋的连接,一般情况下连接长度不应小于 $1.2l_{aE}$;当符合图 4.3.2-23 规定时,其外伸长度应允许减少。

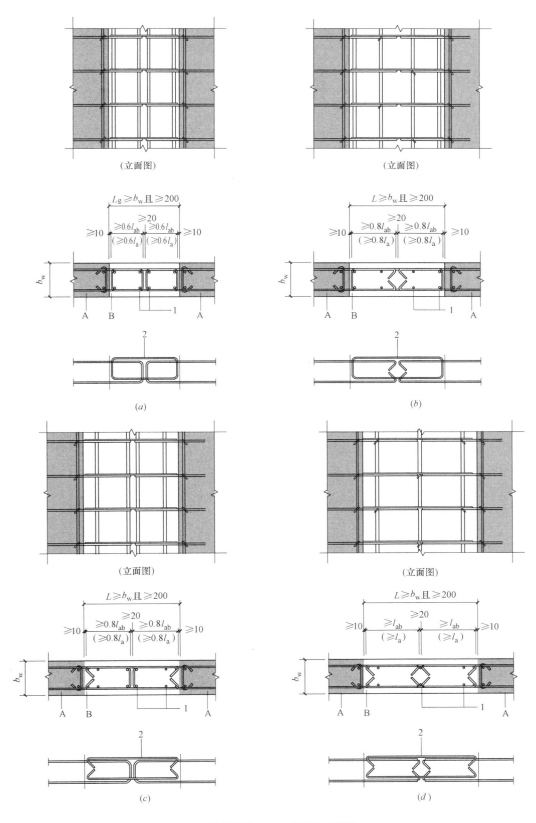

1—竖向分布钢筋 A_s；2—附加连接钢筋 A_{s1}

图 4.3.2-23 预制剪力墙板水平连接钢筋配置示意图（一）

（a）附加封闭连接钢筋与预留 U 形钢筋连接；（b）附加封闭连接钢筋与预留弯钩钢筋连接；
（c）附加弯钩连接钢筋与预留 U 形钢筋连接；（d）附加弯钩连接钢筋与预留弯钩钢筋连接

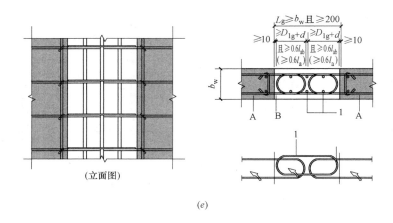

（立面图）

1—竖向分布钢筋 A_s；2—附加连接钢筋 A_{s1}

图 4.3.2-23 预制剪力墙板水平连接钢筋配置示意图（二）

（e）附加长圆环连接钢筋与预留半圆形钢筋连接

（15）预制连梁可以采用图 4.3.2-24 的形式；端部接缝受剪承载力应符合现行行业标准《装配式混凝土结构技术规程》JGJ 1—2014 第 7.2.2 条的规定，预制连梁侧边混凝土界面宜采用粗糙面加键槽的形式。

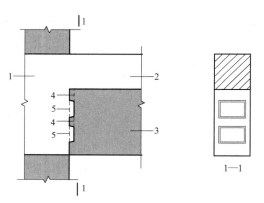

1—后浇节点区；2—后浇混凝土叠合层；3—预制梁；4—预制键槽根部截面；5—后浇键槽根部截面

图 4.3.2-24 预制连梁示意图

（16）同一楼层内，预制剪力墙板连接部位设置在墙梁区段内时，可以采用图 4.3.2-25 的做法。

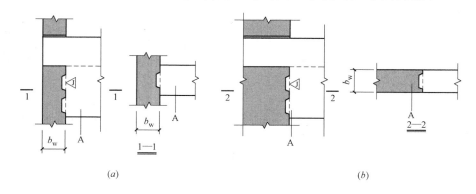

（a）   （b）

A—现浇梁或预制梁后浇段

图 4.3.2-25 预制剪力墙板在墙梁处连接示意图

（a）预制墙平面外连接梁；（b）预制墙平面内连接梁

（17）预制剪力墙板洞口处的细部尺寸应符合建筑门窗安装、密闭构造、保温构造和防水、防渗等要求。

5. 预制电梯井道

（1）住宅建筑的电梯井道一般有单电梯井道和双电梯井道两种情况（图 4.3.2-26 和图 4.3.2-27），预制电梯井道的基本形式详见表 4.3.2-3。

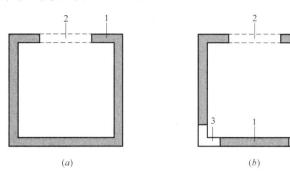

1—预制剪力墙板；2—电梯洞口；3—现浇剪力墙
图 4.3.2-26　单井道预制电梯井道布置示意图
（a）整体式；（b）组合式

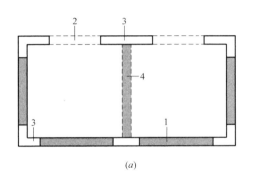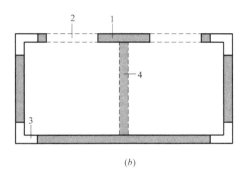

1—预制剪力墙板；2—电梯洞口；3—现浇剪力墙；4—预制梁或预制剪力墙板
图 4.3.2-27　双井道预制电梯井道布置示意图
（a）组合式 1；（b）组合式 2

预制电梯井道形式 表 4.3.2-3

基本形式	构件截面形状	竖向连接方式	水平连接方式
整体式	封闭式、开口式	圈梁＋钢筋套筒灌浆连接	—
组合式	"一"字形、"L"形、"T"形、"U"形		后浇段＋预制墙板

（2）电梯井道采用预制剪力墙板进行装配施工时，应满足下列基本要求：

① 电梯井道应选用标准井道尺寸。

② 预制电梯井道构件及其安装精度应满足电梯安装和使用的要求。

③ 预制电梯井道构件生产前，应完成电梯订货和产品设计等工作。

④ 预制电梯井道构件应包含全部的预埋件、连接件和电气管线等，工程条件允许时，尚可包括控制面板、层显示器、井道照明等设备。

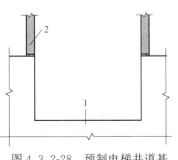

图 4.3.2-28　预制电梯井道基础连接示意图

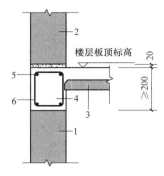

1—下层预制墙板；2—上层预制墙板；
3—叠合板；4—现浇圈梁；
5—圈梁纵筋；6—圈梁箍筋

图 4.3.2-29 预制电梯井道
楼层连接示意图

（3）预制电梯井道的设计应符合本标准的相关规定，且宜满足下列要求：

① 预制电梯井道宜从基础开始设置（图 4.3.2-28）。

② 预制电梯井道构件宜按层布置，每层楼盖处宜设置圈梁，圈梁高度不宜小于 200mm（图 4.3.2-29）。

③ 预制电梯井道构件采用实心墙板时，墙厚不宜小于 200mm；预制电梯井道构件也可采用单面叠合墙板。

④ 电梯机房底板宜采用叠合楼板、装配整体式楼板或预制楼板，楼板厚度不宜小于 200mm（图 4.3.2-30）。

⑤ 双井道预制电梯井道中间需要设置防火隔墙板时，隔墙板宜采用预制构件，并与主体结构进行可靠连接（图 4.3.2-31）。

⑥ 预制电梯井道构件自重一般不宜大于 80kN。

⑦ 电梯井道地坑缓冲器基座宜采用预制混凝土构件。

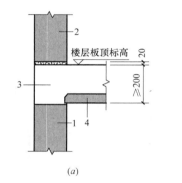
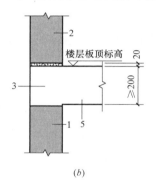

（a）　　　　　　　　　　（b）　　　　　　　　　　（c）

1—下层预制墙板；2—上层预制墙板；3—现浇层；4—叠合板；5—现浇楼板；6—预制楼板

图 4.3.2-30　预制电梯井道机房底板示意图
（a）叠合楼板；（b）整体楼板；（c）预制楼板

4.3.3　预制楼盖设计

1. 装配式结构的楼、屋盖形式选择应符合下列规定：

（1）装配整体式结构的楼、屋盖宜采用桁架钢筋混凝土叠合楼板图 4.3.3-1。

（2）结构转换层、平面复杂或开洞较大的楼层、作为上部结构嵌固部位的地下室楼层应采用现浇楼盖结构，屋面层宜采用现浇楼盖，在条件允许的情况下水平构件可尽量采用装配式结构。

2. 叠合板应按现行国家标准《混凝土结构设计规范》GB 50010 和《建筑抗震设计规范》GB 50011 的有关规定进行设计，并应符合下列规定：

（1）叠合板的预制板厚度不应小于 60mm，后浇混凝土叠合层厚度不应小于 50mm，不宜小于 60mm，推荐采用 70mm，此处叠合板后浇层最小厚度的规定考虑了楼板整体性要求以及管线预埋、面筋铺设、施工误差等方面的因素。预制板最小厚度的规定考虑了脱模、吊装、运输、施工等因素。

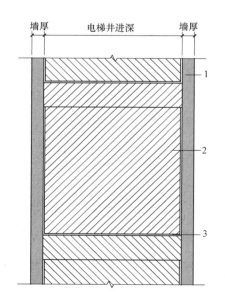

1—预制墙板；2—预制隔墙；3—施工缝

图 4.3.2-31　预制电梯井道隔墙连接示意图

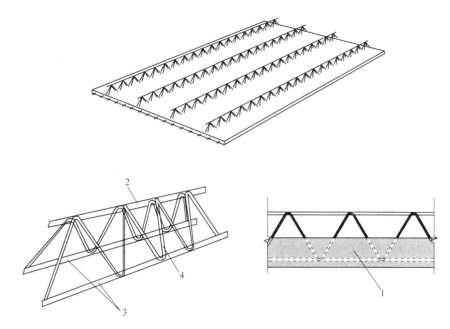

1—预制板；2—上弦钢筋；3—下弦钢筋；4—格构钢筋

图 4.3.3-1 叠合楼板示意图

（2）叠合楼板的预制板的受力板端在支座上的搁置长度不应少于 10mm。

（3）跨度大于 6m 的叠合板，宜采用预应力混凝土预制板。

（4）板厚大于 180mm 的叠合板，预制部分宜采用空心混凝土楼板。

（5）预制板板端及与后浇层之间的水平结合面宜做成粗糙面，凹凸不宜小于 4mm。

3. 叠合板可按同等厚度的现浇板进行计算，楼板内力应考虑预制板接缝情况的影响进行适当调整。

4. 叠合楼板可采用单向（图 4.3.3-2a）或双向预制叠合板（图 4.3.3-2b、c）的形式。叠合楼板在结构整体分析中可按双向板进行荷载传递。

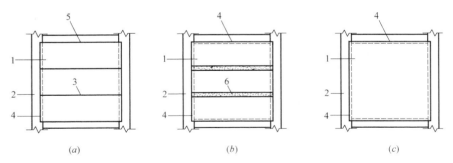

1—预制叠合板；2—梁或墙；3—板侧分离式拼缝；4—板端支座；5—板侧支座；6—板侧整体式拼缝

图 4.3.3-2 预制叠合板形式

（a）单向预制叠合板；（b）带拼缝的双向预制叠合板；（c）整块双向预制叠合板

5. 叠合楼板支座处预制板内的纵向钢筋应满足下列要求：

（1）板端支座处，预制板内纵向受力钢筋宜从板端伸出并锚入支承梁或墙的后浇混凝土中，锚固长度不应小于 5d（d 为纵向受力钢筋直径），且宜伸过支座中心线（图 4.3.3-3a）。对设置桁架钢筋的叠合板，当后浇层厚度不小于 80mm 时，预制板内纵向受力钢筋可不伸入支座，此时应在紧邻预制板顶面的后浇混凝土叠合层中设置连接钢筋，连接钢筋截面面积不宜小于预制板内同向钢筋面积，钢筋直径不宜小于 8mm，间距不宜大于 200mm；连接钢筋在板的后浇叠合层内搭接长度不应小

于 $1.2l_a$，在支座内锚固长度不应小于 $15d$，且应伸过支座中心线（图 4.3.3-3b）。

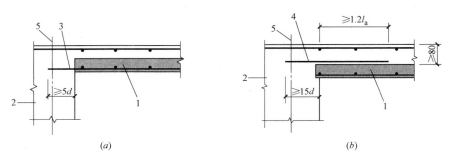

1—预制板；2—梁或墙；3—纵向受力钢筋；4—连接钢筋；5—支座中心线

图 4.3.3-3　叠合板端支座处纵筋构造示意

（a）板端支座；（b）板端支座（后浇层厚度≥80）

（2）单向叠合板的板侧支座处，当预制板内的板底分布钢筋伸入支承梁或墙的后浇混凝土中时，应符合上述第（1）条的要求；当板底分布钢筋不伸入支座时，宜在紧邻预制板顶面的后浇混凝土叠合层中设置连接钢筋，连接钢筋截面面积不宜小于预制板内同向钢筋面积，间距不宜大于 600mm，在板的后浇混凝土叠合层及支座内的锚固长度均不应小于 $15d$（d 为连接钢筋直径），且宜伸过支座中心线（图 4.3.3-4）。

6. 双向叠合板板侧的整体式接缝宜设置在叠合板的次要受力方向上，接缝可采用后浇带的形式，并应符合下列规定：

（1）后浇带宽度不宜小于 200mm，且应避开最大弯矩截面。

（2）后浇带两侧底板纵向受力钢筋可在后浇带中焊接、搭接连接、弯折锚固。

（3）当后浇带两侧板底纵向受力钢筋在后浇带中弯折锚固时（图 4.3.3-5），应符合下列规定：

1）叠合板厚度不应小于 $10d$，且不应小于 120mm（d 为弯折钢筋直径的较大值）；

2）接缝处预制板侧伸出的纵向受力钢筋应在后浇混凝土叠合层内锚固，且锚固长度不应小于 l_a；两侧钢筋在接缝处重叠的长度不应小于 $10d$，钢筋弯折角度不应大于 $30°$，弯折处沿接缝方向应配置不少于 2 根通长构造钢筋，且直径不应小于该方向预制板内钢筋直径。

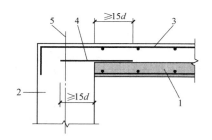

1—预制板；2—梁或墙；3—纵向受力钢筋；
4—连接钢筋；5—支座中心线

图 4.3.3-4　单向叠合板板侧支座处纵筋构造示意

1—通长构造筋；2—纵向受力钢筋；3—预制板；
4—后浇混凝土叠合层；5—后浇层内钢筋

图 4.3.3-5　整体式接缝构造示意

7. 桁架钢筋混凝土叠合板应满足下列要求：

（1）桁架钢筋应沿主要受力方向布置。

（2）桁架钢筋距板边不应大于 300mm，间距不宜大于 600mm，不应大于 700mm。

（3）桁架钢筋弦杆钢筋应采用 HRB400 钢筋，腹杆钢筋可采用 HPB300 钢筋或 CRB550 钢筋；桁架上弦钢筋直径不宜小于 8mm，腹杆钢筋直径不应小于 4mm。

（4）桁架下弦钢筋，当其兼作板内受力钢筋时，直径不宜小于 8mm；当不考虑下弦钢筋受力时，直径不应小于 6mm。

（5）桁架弦杆钢筋的混凝土保护层厚度不应小于 15mm。

8. 叠合板的负弯矩可进行调幅，设置在后浇层内的负弯矩钢筋应按叠合受弯构件计算确定，其构造要求与现浇板的负弯矩钢筋相同。

9. 叠合板楼板降低标高处采用局部下卧方式时，两侧楼板连接部位宽度不应小于 1.0h（h 为叠合板厚度）；预制板及后浇叠合层内钢筋的锚固应符合现行国家标准《混凝土结构设计规范》GB 50010 的有关规定。

10. 预制板开孔补强措施：

（1）与需预留洞口的专业协商，是否能在满足使用功能的前提下，将洞口的位置予以微调，避开桁架钢筋。

（2）当开洞位置无法避开桁架钢筋时，需要截断桁架钢筋，桁架钢筋补强措施可参考如下做法，附加桁架钢筋与被截断桁架钢筋搭接长度不小于 500；受力钢筋的补强方法详见标准图集 16G101-1。

4.3.4 预制楼梯设计

1. 公共租赁住房预制楼梯宜设计成模数化的标准梯段，各梯段净宽、梯段长度、梯段高度应尽量统一。

2. 公共租赁住房楼梯采用梯段（含踏步）预制，楼梯平台（含梯梁）现浇；预制梯段两端预留钢构件与现浇楼梯梁埋件焊接，避免地震情况下楼梯段从楼梯平台板滑落。

3. 梯板厚度不宜小于 120mm，宜配置连续的上部钢筋；分布钢筋直径不应小于 6mm，间距不宜大于 250mm；下部钢筋宜按两端简支计算确定并配置通长的纵向钢筋。当楼梯两端均不能滑动时，板底、板面应配置通长的纵向钢筋。

4. 预制楼梯与支承构件之间宜采用简支连接。采用简支连接时，应符合下列规定：

（1）预制楼梯两端宜高端设置固定铰，低端设置滑动铰，其转动及滑动变形能力应满足罕遇地震作用下结构弹塑性层间变形的要求，且预制楼梯端部在支承构件上的搁置长度不应小于 120mm。

（2）预制楼梯设置滑动铰的端部应采取防止滑落的构造措施。

（3）滑动端与结构主体应预留缝隙，留缝内不宜填充材料，表面由建筑设计处理；预留缝宽不应小于结构弹塑性层间位移角限值与梯段高度的乘积，且不应小于 30mm。

（4）预制楼梯与主体结构的固定铰连接可采用点连接或线连接，连接构造应满足梯板的受力要求。

5. 楼梯板一端设置滑动铰时，可不考虑楼梯参与整体结构抗震计算；梯板两端均采用固定铰时，计算中应考虑楼梯构件对主体结构的不利影响。

6. 为避免后期楼梯栏杆安装时破坏梯面，预制楼梯栏杆宜预留插孔（图 4.3.4）或设置预埋件。当预留孔时，孔边距楼梯边缘距离不宜小于 30mm。

7. 混凝土强度等级 C30，钢筋保护层厚度 15mm；各种预埋件、预留孔洞的规格、位置和数量应符合设计、施工要求，并有专门人员进行验收；混凝土的养护应采用低温蒸汽，蒸养应在原生产模位上进行，可采用表面遮盖油布蒸养罩，内通蒸汽的方法；除有特殊要求外，预制梯段表面为清水混凝土面，因此一般采用立打成型，梯段侧面预埋吊钩起模用。

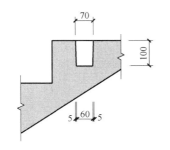

图 4.3.4 楼梯栏杆预留孔

8. 预制梯段允许偏差见表 4.3.4。

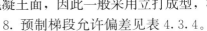
预制梯段允许偏差表　　　　　　　　　　表 4.3.4

项目	误差	项目	误差
长、宽、厚	±4mm	钢筋保护层	±3mm
预埋件中心线位置	≤5mm	表面平整度	5mm
预留孔中心位置	≤5mm		

4.3.5 预制阳台、空调板与女儿墙设计

1. 阳台板宜采用叠合构件，也可采用预制构件；空调板因跨度较小，重量较轻，标准化程度较高，宜采用预制构件。预制构件应与主体结构可靠连接；叠合构件的负弯矩钢筋应在相邻叠合板的后浇混凝土中可靠锚固，叠合构件中预制板底钢筋的锚固应符合下列规定；

（1）当板底为构造配筋时，其锚固应符合相关条文的规定。

（2）当板底为计算要求配筋时，钢筋应满足受拉钢筋的锚固要求。

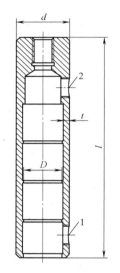

1—灌浆孔；2—排浆孔；

l—套筒总长；d—套筒外径；

D—套筒锚固段段环形突起部分的内径；

t—套筒最大受力处壁厚

注：D 不包括灌浆孔、排浆孔外侧因导向、定位等其他目的而设置的比锚固段定环形突起内径偏小的尺寸。

图 4.3.6-1 半灌浆套筒

2. 同一建筑单体，预制阳台板、预制空调板规格均不宜超过2种。限制预制阳台板和预制空调板规格数量，有利于预制构件的规模化生产，降低构件成本。

3. 预制阳台板长度，宜选用阳台长度 1010mm 的规格。

4. 预制阳台板宽度，宜采用 3M（即 300mm）的整数倍数。

5. 预制阳台板封边高度，宜选用封边高度 400mm 的规格。实际工程中，如需要较高的阳台栏板，可另做阳台栏板构件。

6. 预制空调板，宜选用长度 740mm，宽度 1200mm 的空调板。实际工程中，如空调板需要做百叶，可考虑采取外挂百叶形式，以保证净空尺寸。建议空调板宽度尺寸选择 1200mm。

7. 女儿墙可采用现浇构件，也可采用预制构件；当采用预制构件时，女儿墙应与现浇段可靠连接。

8. 预制女儿墙与后浇混凝土结合面应做成粗糙面，且凸凹应不小于 4mm

9. 预制女儿墙应尽量按开间布置，保证下部现浇段能直通女儿墙，女儿墙长度取用 2M 或 3M（即 200mm 或 300mm）。

4.3.6 钢筋连接用灌浆套筒设计

1. 套筒按结构形式分为全灌浆套筒和半灌浆套筒。公共租赁住房中普遍采用半灌浆套筒，如图 4.3.6-1 所示。

2. 套筒应按设计要求进行生产，其规格、型号、尺寸及公差应在按要求备案的企业标准中规定。

3. 套筒与钢筋组成的连接接头是承载受力构件，不可作为导电、传热的物体使用。

4. 套筒最大应力处的套筒屈服承载力和受拉承载力的标准值不应小于被连接钢筋的屈服承载力和受拉承载力标准值的 1.1 倍。

5. 套筒长度应根据试验确定，且灌浆连接端钢筋锚固长度不宜小于 8 倍钢筋直径，套筒中间轴向定位点两侧应预留钢筋安装调整长度，预制端不应小于 10mm，现场装配端不应小于 20mm。

6. 套筒出厂前应有防锈措施。

7. 半灌浆套筒图例见图 4.3.6-2。

4.3.7 预制构件制作详图设计

1. 编制预制剪力墙板制作详图设计文件除了要满足现行国家、行业和地方的标准的规定外，尚应将下列内容作为设计依据：

（1）施工图设计文件。

（2）预制构件厂家的生产设备、工艺、质量承诺等。

（3）项目施工计划、吊装设备及机具、安装工艺和工法等。

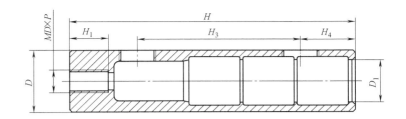

图 4.3.6-2 GT12～GT16 结构示意图

套筒型号	连接钢筋直径(mm)	套筒外径D×长度H(mm)	螺纹孔深度H_1(mm)	螺纹孔深度H_1允许偏差(mm)	灌浆腔钢筋插入深度(mm)	灌浆腔钢筋插入深度允许偏差(mm)	灌浆端口孔径D_1(mm)	灌浆端口孔径偏差(mm)	灌浆孔距端部H_4(mm)	灌浆孔排浆孔孔距H_3(mm)	单个套筒内灌浆料理论重量(kg)
JM GTJB4 12/12（简称GT12）	$\phi12$	$\phi32×140$	17.5		96		$\phi23$			74	0.09
JM GTJB4 14/14（简称GT14）	$\phi14$	$\phi34×156$	21	±1.0	112	0～+15	$\phi25$	±0.2	30	89	0.12
JM GTJB4 16/16（简称GT16）	$\phi16$	$\phi38×174$	23		128		$\phi28.5$			104	0.17

注：1. 以上为标准型套筒尺寸参数；
  2. 套筒材料机械性能：抗拉强度≥600MPa，屈服强度≥355MPa，断后伸长率≥16%；
  3. 连接不同直径钢筋的变径套筒，尺寸与大直径钢筋标准套筒外形尺寸相同，型号表示为灌浆连接钢筋直径在前，螺纹连接端钢筋直径在后，如灌浆连接钢筋为25mm、螺纹连接钢筋直径为20mm，套筒型号表示为JM GTJB4 25/20，简称GT 25/20。

（4）预制构件生产、运输、堆放和安装施工所涉及的全部产品、配件的有效质量证明文件等。

（5）项目检验与质量验收计划、方法和要求。

2. 制作详图设计文件编制应包括如下基本内容：

（1）制作和使用说明，包括对材料（重点是与构件生产和安装施工相关的部分）、制作工艺和标准、模具设计及安装、质量检验、运输要求、堆放存储和安装施工要求等。

（2）预制构件平面和竖向布置图，包括预制构件生产编号、位置、数量、起吊重量等内容。

（3）预制构件模板图、配筋图和预埋件布置图，包括材料和配件明细表等。

（4）标准工艺详图，包括钢筋加工、吊点、预埋螺栓和螺母、预留孔道成孔工艺、预埋管线布置及固定详图、构件表面处理、连接件安装固定详图、与模具相关的细部做法等。

（5）预制夹心保温外墙板中内外叶墙板的拉结件布置图、保温板排板图等，带饰面砖或饰面板构件的排砖图或排板图。

（6）制作、运输、存放、吊装和安装定位、连接施工等阶段的短暂设计工况的复核计算和预设连接件、预埋件、临时固定支撑等内容的计算书等。

（7）生产计划、模具加工计划、材料和配件供应计划、运输计划等。

（8）检验和验收。

（9）构件修补措施和实施计划，包括修补方法、材料、设备工具、人员、程序和验收等。

3. 全部制作详图设计文件应由工程设计方审查确认；需要提交有关部门审查时，应按审查要求提交相关设计文件。

4. 在正式生产前，预制构件厂家应进行试生产，必要时尚应对复杂的预制剪力墙板进行预拼装；并根据试生产的结果，对制作详图设计文件进行调整和完善。

5. 标准预制构件可直接采用标准图集的内容作为设计文件，设计人应认真核对使用条件和设计参数。

4.3.8 基于BIM的装配式混凝土结构预制构件库

1. 基于BIM的装配式结构预制构件库的创建

基于BIM的装配式结构设计方法相对于传统装配式结构设计方法而言具有巨大的优势，其通过调用构件库中的预制构件进行设计，预制构件库的创建是此设计方法实现的重点，构件库创建后应该具有良好的组织管理功能，并能够方便地应用于工程中的BIM模型创建（图4.3.8-1～图4.3.8-3）。

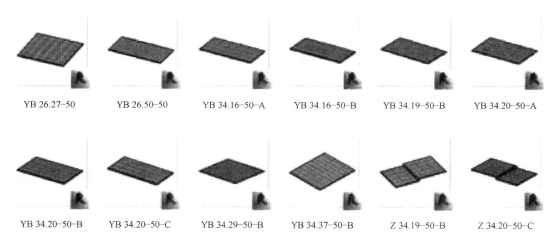

YB 26.27–50　　YB 26.50–50　　YB 34.16–50–A　　YB 34.16–50–B　　YB 34.19–50–B　　YB 34.20–50–A

YB 34.20–50–B　　YB 34.20–50–C　　YB 34.29–50–B　　YB 34.37–50–B　　Z 34.19–50–B　　Z 34.20–50–C

图 4.3.8-1　叠合楼板 BIM 构件库

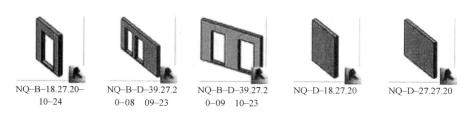

NQ–B–18.27.20–　　NQ–B–D–39.27.2　　NQ–B–D–39.27.2　　NQ–D–18.27.20　　NQ–D–27.27.20
10–24　　　　　　0–08　09–23　　　　0–09　10–23

图 4.3.8-2　内墙板 BIM 构件库

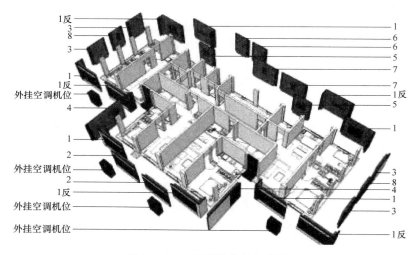

图 4.3.8-3　预制构件的组合图

　　预制构件是整个 BIM 模型的组成部分，其他的图纸、材料报表等信息都是通过预制构件实现的。预制构件具有复用性、可扩展性、独立性等特点。

　　（1）复用性指预制构件库中的同一个预制构件可重复应用到不同的工程中。

　　（2）可扩展性指将预制构件调用到具体的工程时需要添加深化设计、生产、运输等信息，这些信息均添加在预制构件的信息扩展区，即预制构件能够满足信息扩展的需要。

　　（3）独立性指预制构件库中的各预制构件相互独立，并且，预制构件具有自身的独立性，并不随着被调用次数增加而属性发生改变。

　　（4）BIM 技术在装配式结构中应用的关键是实现信息共享，而信息共享的前提就是构件库的建立。基于 BIM 的预制构件库应是设计方和预制构件单位所共有的，这样设计人员所选用的构件在预制构件厂能随时看到，避免设计的预制构件需要太多的定制，给预制构件厂带来制造的麻烦。预制构件库的创建应包含预制构件的创建和预制构件库的管理功能实现，主要步骤有：预制构件的分类与选择、预制构件的编码与信息创建、预制构件的审核与入库、预制构件库的管理。

（5）装配式结构必须按照各种结构体系来进行设计，不同体系的构件并不是都可互用的。同一种预制构件的类型较多，需要对众多的预制构件进行归并，选择通用性较强的预制构件进行入库，因此预制构件应按照专业、结构的不同种类分别建立。

（6）所需要入库的预制构件应保证都有体现其特点并具有唯一标识的编码，编码只是便于区别和组织预制构件，而预制构件的核也是信息，信息的创建包括几何信息和非几何信息创建，预制构件包含的信息应该根据实际需要确定，避免建立的信息不足影响实际的使用。

（7）预制构件入库必须遵循一定的标准，入库前依照统一的入库标准审核构件，严格检查几何和非几何信息是否完整、正确。

（8）只有经过合理管理的构件库才能发挥巨大的使用价值，构件库的管理应保证构件信息内容的完整与准确，及构件库的可扩充性，构件库应能够方便人员使用。构件库的管理权限需根据不同的人员设置不同的权限，一般的建模人员只能具有查询和调用权限，只有管理人员才具有修改和删除的权限。预制构件库应定时进行更新、维护，保证预制构件信息的准确与完善。

2. 装配式混凝土结构预制构件库

（1）预制外墙板

1）编号说明如下，示例见表 4.3.8-1。

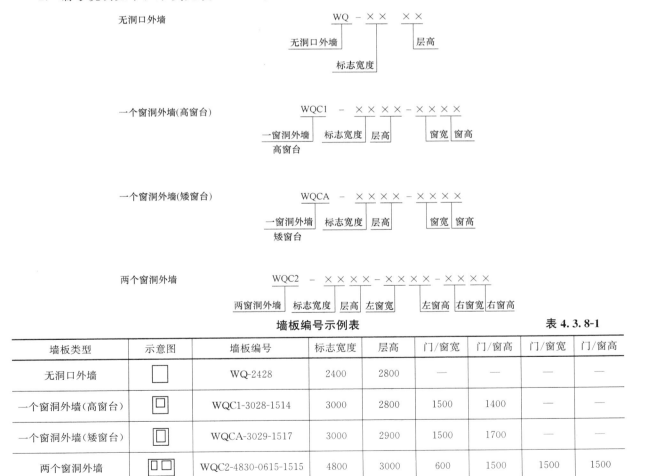

墙板编号示例表　　　　　　　　　　　　表 4.3.8-1

墙板类型	示意图	墙板编号	标志宽度	层高	门/窗宽	门/窗高	门/窗宽	门/窗高
无洞口外墙	□	WQ-2428	2400	2800	—	—	—	—
一个窗洞外墙(高窗台)	▣	WQC1-3028-1514	3000	2800	1500	1400	—	—
一个窗洞外墙(矮窗台)	▣	WQCA-3029-1517	3000	2900	1500	1700	—	—
两个窗洞外墙	▣▣	WQC2-4830-0615-1515	4800	3000	600	1500	1500	1500
一个门洞外墙	⊓	WQM-3628-1823	3600	2800	1800	2300	—	—

2）预制外墙板构件库示例见表 4.3.8-2。

第4章　装配式混凝土建筑标准化设计管理——以小户型装配整体式剪力墙住宅建筑为例

预制外墙板构件库示例　　　　　　　　　　　　　　　　　表 4.3.8-2

墙板编号	内页宽/m	内页厚/m	内页高/m	外页宽/m	外页厚/m	外页高/m	保温厚/m	洞1宽/m	洞1高/m	洞2宽/m	洞2高/m	内页V/m³	外页V/m³	混凝土V/m³	保温V/m³	重量/t
WQ-1228	1.20	0.20	2.64	1.36	0.06	2.78	0.08					0.63	0.23	0.86	0.30	2.15
WQ-1528	1.50	0.20	2.64	2.13	0.06	2.78	0.08					0.79	0.36	1.15	0.47	2.87
WQ-1828	1.80	0.20	2.64	2.08	0.06	2.78	0.08					0.95	0.35	1.30	0.46	3.24
WQ-2328	2.30	0.20	2.64	3.16	0.06	2.78	0.08					1.21	0.53	1.74	0.70	4.35
WQ-2428	2.40	0.20	2.64	2.93	0.06	2.78	0.08					1.27	0.49	1.76	0.65	4.39
WQ-3128	3.10	0.20	2.64	3.95	0.06	2.78	0.08					1.64	0.66	2.30	0.88	5.74
WQC1-1728-1015	1.70	0.20	2.64	1.40	0.06	2.78	0.08	1.00	1.50			0.60	0.14	0.74	0.19	1.85
WQC1-1928-1515	1.90	0.20	2.64	2.17	0.06	2.78	0.08	1.50	1.50			0.55	0.23	0.78	0.30	1.95
WQC1-2028-0615	2.00	0.20	2.64	2.68	0.06	2.78	0.08	0.60	1.50			0.88	0.39	1.27	0.52	3.17
WQC1-2328-1515	2.30	0.20	2.64	2.66	0.06	2.78	0.08	1.50	1.50			0.76	0.31	1.07	0.41	2.68
WQC1-2328-1520	2.30	0.20	2.64	2.90	0.06	2.78	0.08	1.50	2.00			0.61	0.30	1.42	0.40	3.55
WQC1-2328-1820	2.30	0.20	2.64	2.88	0.06	2.78	0.08	1.80	2.00			0.49	0.26	1.18	0.35	2.95
WQC1-2728-1620	2.70	0.20	2.64	2.92	0.06	2.78	0.08	1.60	2.00			0.79	0.30	1.45	0.39	3.63
WQC1-2928-2420	2.90	0.20	2.64	3.23	0.06	2.78	0.08	2.40	2.00			0.57	0.25	0.82	0.33	2.05
WQC1-3328-1620	3.30	0.20	2.64	4.01	0.06	2.78	0.08	1.60	2.00			1.10	0.48	1.97	0.64	4.92
WQC1-3828-2420	3.80	0.20	2.64	4.18	0.06	2.78	0.08	2.40	2.00			1.05	0.41	1.46	0.55	3.64
WQC2-4828-1220-1212	4.80	0.20	2.64	4.54	0.06	2.78	0.08	1.20	2.00	1.20	1.20	1.77	0.53	2.29	0.70	5.55

3）预制外墙构件简图及配筋图如图 4.3.8-4～图 4.3.8-6 所示。

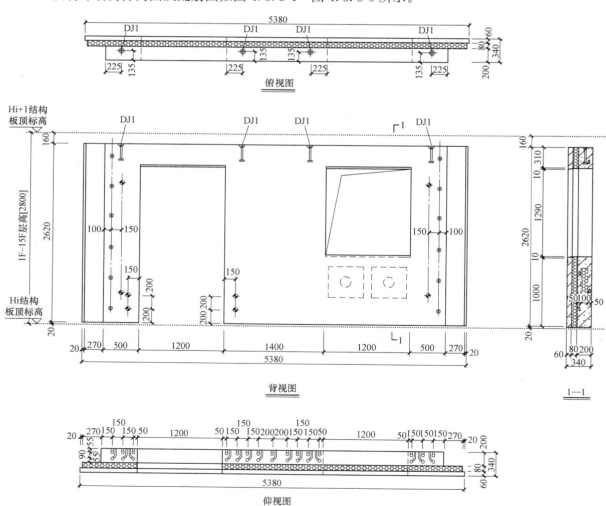

图 4.3.8-4　预制外墙构件简图

156

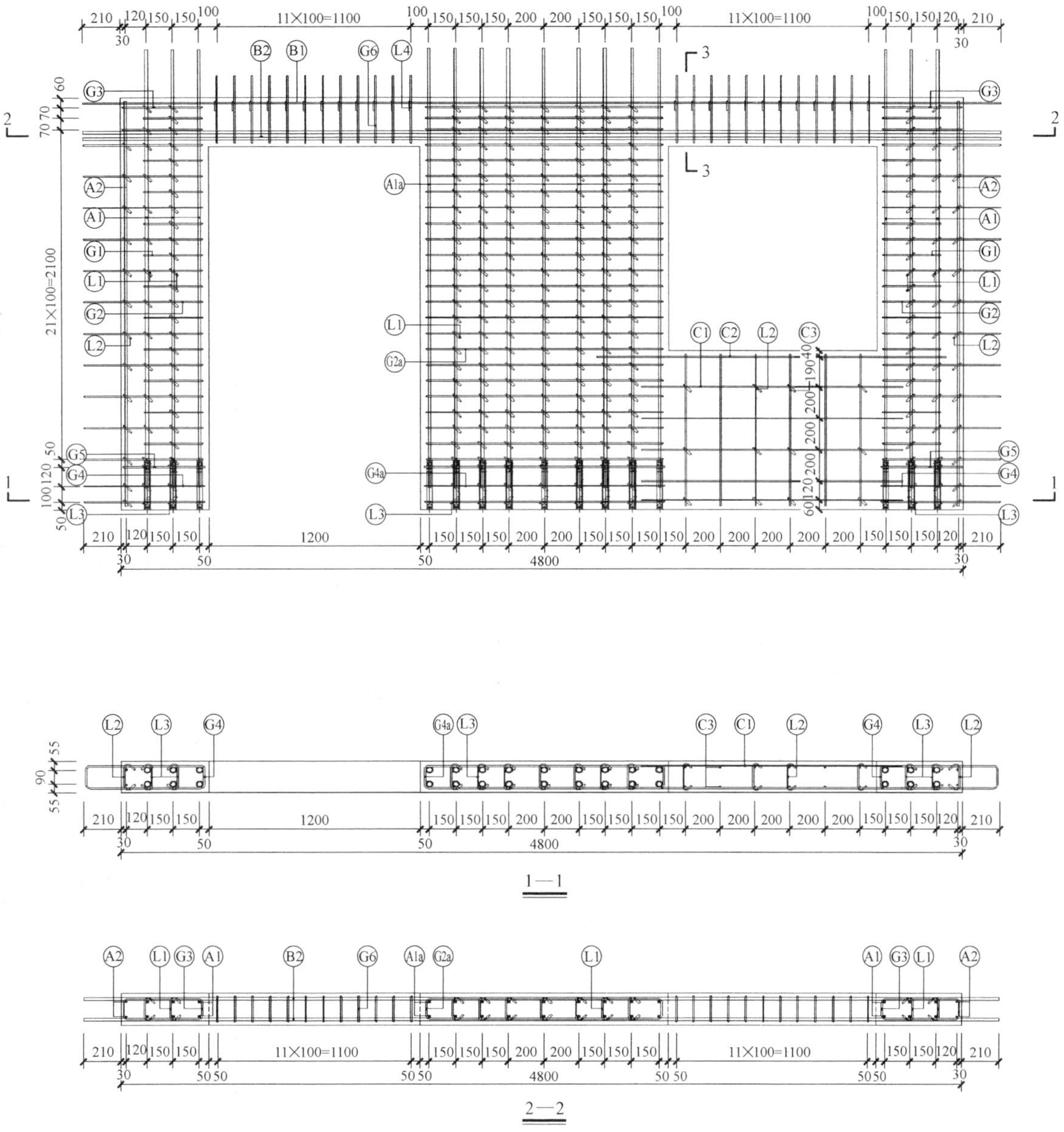

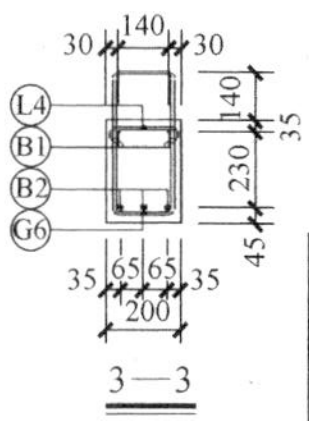

配件信息表

配件编号	配件名称	规格	数量/单块板	备注
VG16	套筒	L=310 D=42	30	
VG16	套筒	L=310 D=42	18	
VG14	套筒	L=280 D=38	12	
JG1/JG2	灌/出浆孔(PVC)	Φ22	60	

YWQ2内叶墙板钢筋明细表

编号	数量	规格	钢筋加工尺寸(mm)	单根重量(kg)	备注
A1	12	Φ16	155 2310 315	4.39	边缘构件纵筋
	12	Φ14	140 2340 300	3.36	边缘构件纵筋
A1a	18	Φ16	155 2310 315	4.39	边缘构件纵筋
A2	4	Φ10	2580	1.59	竖向分布筋
B1	2	Φ12	220 4800 220	4.65	连梁钢筋
B2	4	Φ18	220 4800 220	10.47	连梁钢筋
C1	10	Φ8	150 1200 150	0.59	水平分布筋
C2	2	Φ10	450 1200 450	1.28	水平分布筋
C3	12	Φ8	970 80	0.45	竖向分布筋
D1	4	Φ36	470 380	6.80	抗剪钢筋
G1	22	Φ8	130 340	0.37	边缘构件箍筋(焊接封闭箍)
G2	22	Φ10	130 210 470	1.00	边缘构件箍筋
	22	Φ8	130 210 470	0.64	边缘构件箍筋
G2a	22	Φ10	130 1340	1.81	边缘构件箍筋
	24	Φ8	130 1340	1.16	边缘构件箍筋
G3	2	Φ8	130 460	0.46	边缘构件箍筋(焊接封闭箍)
G4	4	Φ10	150 210 480	1.04	边缘构件箍筋
	4	Φ8	150 210 480	0.66	边缘构件箍筋
G4a	3	Φ10	150 1360	1.86	边缘构件箍筋
	3	Φ8	150 1360	1.19	边缘构件箍筋
G5	2	Φ8	150 470	0.49	边缘构件箍筋(焊接封闭箍)
G6	24	Φ12	160 140 290	1.05	连梁箍筋(焊接封闭箍)
L1	242	Φ8	130	0.11	拉筋1
L2	26	Φ6	150	0.05	拉筋2
L3	33	Φ8	150	0.11	拉筋3
L4	24	Φ8	150	0.11	拉筋4

图 4.3.8-5 预制外墙内叶配筋图

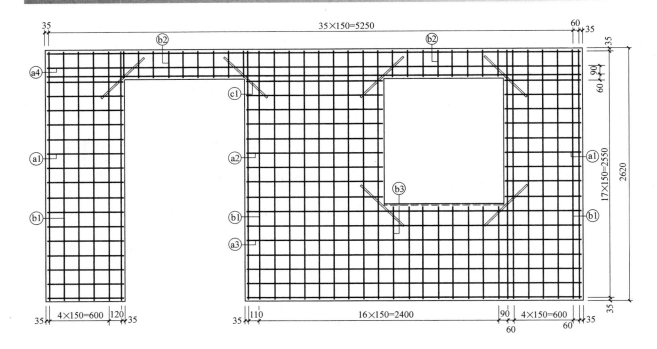

外叶墙板钢筋明细表					
编号	数量	规格	钢筋加工尺寸(mm)	单根重量(kg)	备注
ⓐ1	25	ΦR5	750	0.12	水平分布筋
ⓐ2	9	ΦR5	1360	0.21	水平分布筋
ⓐ3	7	ΦR5	3350	0.52	水平分布筋
ⓐ4	3	ΦR5	5340	0.82	水平分布筋
ⓑ1	23	ΦR5	2580	0.40	竖向分布筋
ⓑ2	17	ΦR5	270	0.04	竖向分布筋
ⓑ3	8	ΦR5	960	0.15	竖向分布筋
ⓒ1	6	Φ10	700	0.43	洞加筋

图 4.3.8-6 预制外墙外叶配筋图

（2）预制内墙板

1）编号说明如下，示例见表4.3.8-3。

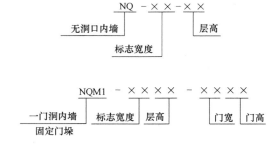

墙板编号示例表   表 4.3.8-3

墙板类型	示意图	墙板编号	标志宽度	层高	门宽	门高
无洞口内墙		NQ-2128	2100	2800	—	—
固定门垛内墙		NQM1-3028-0921	3000	2800	900	2100
中间门洞内墙		NQM2-3029-1022	3000	2900	1000	2200
刀把内墙		NQM3-3330-1022	3300	3000	1000	2200

2）预制内墙板构件库示例见表 4.3.8-4。

预制内墙板构件库示例　　　　　　　　　　表 4.3.8-4

墙板编号	内页宽/m	内页厚/m	内页高/m	洞1宽/m	洞1高/m	内页 V/m³	混凝土 V/m³	重量/t
NQ-1228	1.20	0.20	2.64			0.63	0.87	2.17
NQ-1528	1.50	0.20	2.64			0.79	1.16	2.90
NQ-1828	1.80	0.20	2.64			0.95	1.31	3.27
NQ-2428	2.40	0.20	2.64			1.27	1.77	4.43
NQ-2728	2.70	0.20	2.64			1.43	2.11	5.27
NQM1-1728-1022	1.70	0.20	2.64	1.00	2.20	0.46	0.57	1.42
NQM1-1928-1022	1.90	0.20	2.64	1.00	2.20	0.56	0.81	2.02
NQM1-2028-1222	2.00	0.20	2.64	1.20	2.20	0.53	0.83	2.08
NQM1-2328-1222	2.30	0.20	2.64	1.20	2.20	0.69	0.99	2.47
NQM1-2428-1522	2.30	0.20	2.64	1.50	2.20	0.55	1.36	3.39
NQM1-2628-1022	2.60	0.20	2.64	1.00	2.20	0.93	1.72	4.30
NQM1-2728-1822	2.70	0.20	2.64	1.80	2.20	0.63	1.27	3.18
NQM1-2928-2422	2.90	0.20	2.64	2.40	2.20	0.48	0.72	1.79

3）预制内墙构件简图及配筋图如图 4.3.8-7 和图 4.3.8-8 所示。

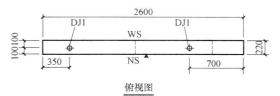

俯视图

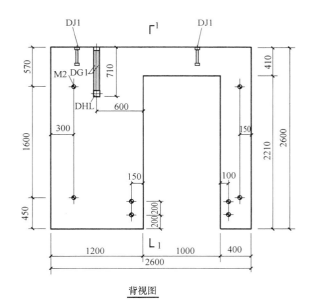

背视图

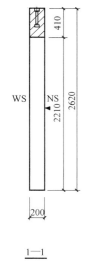

1—1

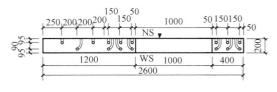

仰视图

图 4.3.8-7　预制内墙构件简图

配件信息总表

配件编号	配件名称	规格	数量/单块板	备注
VG14	套筒	L=280 D=38	16	
VG12	套筒	L=245 D=38	16	
JG1/JG2	灌/出浆孔(PVC)	φ22	32	

内叶墙板钢筋明细表

编号	数量	规格	钢筋加工尺寸(mm)	单根重量(kg)	备注
A1	12	Φ14	140 2340 300	3.36	边缘构件纵筋
A2	12	Φ12	120 2375 285	2.47	边缘构件纵筋
A3	2	Φ10	2580	1.59	竖向分布筋
A3	3	Φ10	2580 100	1.72	竖向分布筋
A3	3	Φ8	2580 100	1.10	竖向分布筋
A4	3	Φ14	140 2340 300	3.36	剪力墙纵筋
A4	3	Φ12	120 2375 285	2.47	剪力墙纵筋
B1	4	Φ12	640 1000 640	2.02	连接钢筋
B2	3	Φ16	640 1000 640	3.60	连接钢筋
G1	22	Φ8	130 340 130	0.37	边缘构件箍筋
G2	11	Φ10	370 210 130	0.88	边缘构件箍筋
G2	11	Φ8	370 210 130	0.57	边缘构件箍筋
G3	12	Φ10	1170 210 130	1.86	边缘构件箍筋
G3	12	Φ8	1170 210 130	1.19	边缘构件箍筋
G3	2	Φ8	1140	1.00	边缘构件箍筋
G4	2	Φ10	380 210 150	0.91	边缘构件箍筋
G4	2	Φ8	380 210 150	0.58	边缘构件箍筋
G4	2	Φ10	1180 210 150	1.90	边缘构件箍筋
G4	2	Φ8	1180 210 150	1.21	边缘构件箍筋
G5	1	Φ8	360	0.40	边缘构件箍筋(焊接封闭箍)
G5	1	Φ8	1160	1.03	边缘构件箍筋(焊接封闭箍)
G6	10	Φ12	140 390 060	1.23	连接箍筋(焊接封闭箍)
L1	84	Φ6	130 90	0.06	拉筋1
L2	12	Φ6	150 30	0.05	拉筋2
L3	14	Φ8	150 80	0.11	拉筋3
L4	10	Φ8	130 80	0.11	拉筋4

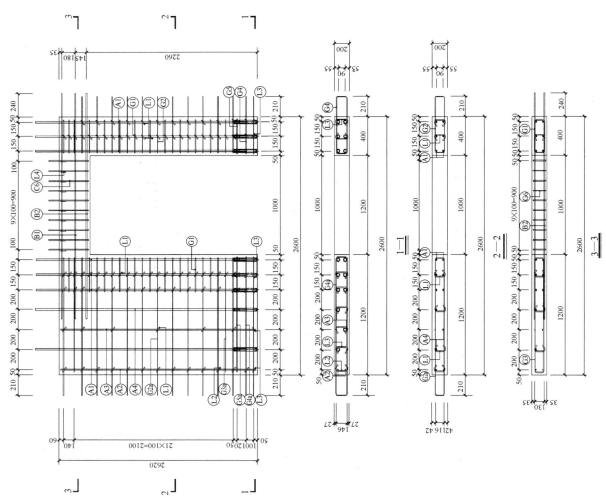

图 4.3.8-8 预制内墙配筋图

（3）预制叠合板

1）编号说明：

单向板

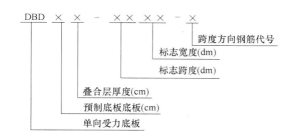

双向板

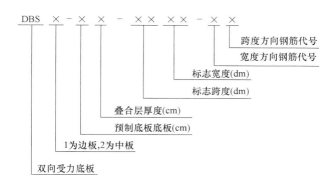

示例：叠合板预制板厚度 60mm，叠合板厚度 70mm，长度 3000mm，宽度 2400mm，双向叠合板代号：DBS1-67-3024。

2）预制叠合板构件库示例见表 4.3.8-5。

预制叠合板构件库示例   表 4.3.8-5

水平构件								
板编号	长度 （mm）	宽度 （mm）	厚度 （mm）	板缝宽度 （mm）	边跨出筋长度 （mm）	中跨出筋长度 （mm）	混凝土方量 （m³）	重量 （t）
DBS1-68-2118	2120	1800	60	300.00	90.00	290.00	0.23	0.57
DBS1-68-2525	2520	2500	60	300.00	90.00	290.00	0.38	0.95
DBS1-68-2618	2620	1800	60	300.00	90.00	290.00	0.28	0.71
DBS1-68-2714	2720	1400	60	300.00	90.00	290.00	0.23	0.57
DBS1-68-2718	2720	1800	60	300.00	90.00	290.00	0.29	0.73
DBS1-68-2816	2820	1600	60	300.00	90.00	290.00	0.27	0.68
DBS1-68-2818	2820	1800	60	300.00	90.00	290.00	0.30	0.76
DBS1-68-2821	2820	2100	60	300.00	90.00	290.00	0.36	0.89
DBS1-68-3018	3020	1800	60	300.00	90.00	290.00	0.33	0.82
DBS1-68-3216	3220	1600	60	300.00	90.00	290.00	0.31	0.77
DBS1-68-3221	3220	2100	60	300.00	90.00	290.00	0.41	1.01
DBS1-68-3618	3620	1800	60	300.00	90.00	290.00	0.39	0.98
DBS1-68-3620	3620	2000	60	300.00	90.00	290.00	0.43	1.09
DBS1-68-5421	5420	2100	60	220.00	90.00	205.00	0.68	1.71
DBS2-68-2118	2120	1800	60	300.00		290.00	0.23	0.57
DBS2-68-3018	3020	1800	60	300.00		290.00	0.33	0.82
DBS2-68-3216	3220	1600	60	300.00		290.00	0.31	0.77
DBS2-68-3221	3220	2100	60	300.00		290.00	0.41	1.01
DBD1-68-3215	3220	1500	60	300.00	90.00	290.00	0.29	0.72
DBD1-68-3218	3220	1800	60	300.00	90.00	290.00	0.35	0.87
DBD1-68-3224	3220	2400	60	300.00	90.00	290.00	0.46	1.16
DBD1-68-3618	3620	1800	60	300.00	90.00	290.00	0.39	0.98
DBD1-68-3624	3620	2400	60	300.00	90.00	290.00	0.52	1.30

3）预制叠合板构件简图如图 4.3.8-9 所示。

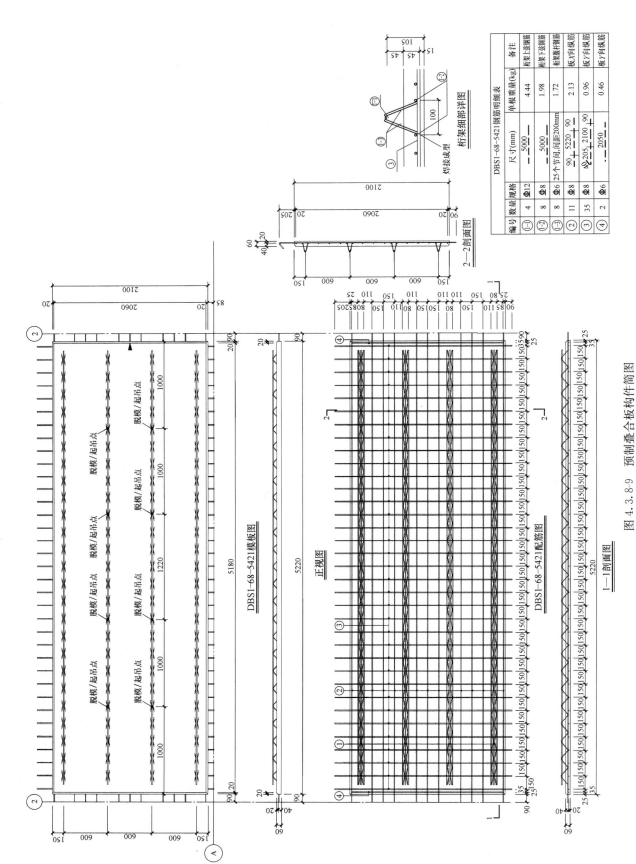

图4.3.8-9 预制叠合板构件简图

（4）预制楼梯

1）编号说明：

双跑楼梯

$$\underset{\substack{\text{楼梯板}}}{\text{ST}} - \underset{\substack{\text{层高}}}{\times\times} - \underset{\substack{\text{楼梯间净宽}}}{\times\times}$$

示例1：建筑层高2.8m，梯段宽度2500mm，代号：ST-28-25

剪刀楼梯

$$\underset{\substack{\text{楼梯板}}}{\text{JT}} - \underset{\substack{\text{层高}}}{\times\times} - \underset{\substack{\text{楼梯间净宽}}}{\times\times}$$

示例2：建筑层高2.8m，梯段宽度2500mm，代号：JT-28-25

2）预制楼梯构件库示例见表4.3.8-6。

预制楼梯构件库示例　　　　表4.3.8-6

型号	层高/m	楼梯间宽度/m	梯井宽度/mm	梯段板水平投影长度/m	混凝土方量/m³	重量/t	混凝土强度	DJ1	DJ2	φ8	φ10	φ12
JT-28-25-1	2.80	2.50	70.00	4.94	1.65	4.14	C30	2		41.44	2.22	72.94
ST-28-25-1	2.80	2.50	70.00	3.62	0.86	2.14	C30		2	32.48	26.60	22.90
ST-28-25-2	2.80	2.50	70.00	3.62	0.85	2.14	C30		2	34.37	30.26	6.29

3）预制楼梯构件简图如图4.3.8-10～图4.3.8-12所示。

（5）预制阳台板

1）编号说明：

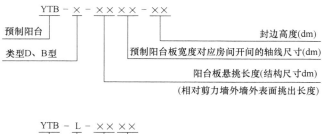

预制阳台板类型：D型代表叠合板式阳台；B型代表全预制板式阳台；L型代表全预制梁式阳台。

预制阳台板封边高度：04代表阳台板封边400mm高；08代表阳台板封边800mm高；12代表阳台板封边1200mm高。

示例：阳台板为叠合预制板，厚度60mm，阳台板悬挑长度1000mm，房间开间轴线尺寸4500mm，封边高度400mm，阳台板代号：YTB-D-1045-04。

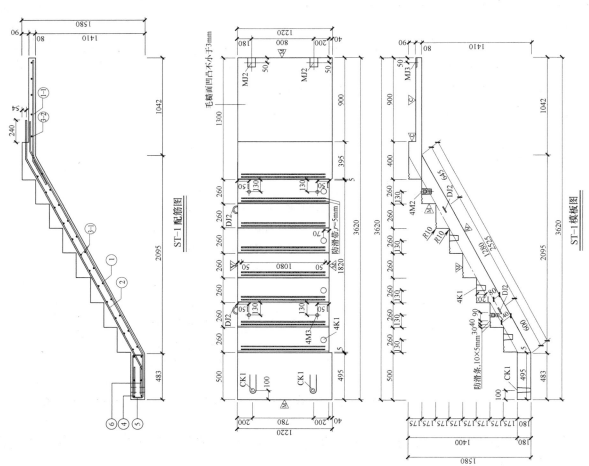

图 4.3.8-10　预制楼梯构件（ST-1）

构件信息总表

构件型号		ST-2	ST-2F
数量	块	173	173
混凝土体积	m³	0.88	0.88
聚苯体积	m³	—	—
重量	t	2.20	2.20
钢筋含量	见钢筋配筋图		
混凝土保护层	mm		
混凝土强度	C30		

配件名称	规格	数量/单块板
CK1	预留孔洞	D=60/50	2
K1	预留孔洞	D=65/50 H=120	4
DJ2	安装吊环	φ12	2
M3	安装吊环	M20 L=120	4
MJ2	预埋铁件	100×100×8	2

▲ 装配方向   YS: 外表面   NS: 内表面

△ 粗糙面   △ 模板面

△ 模板面   △ 压光面

符号说明

注: 1 除特殊说明外,标注尺寸以毫米为单位。
2 构件编号标写任安装方向,吊点位置刷红色油漆标识。
3 埋件详图见GY-01。
4 ST-*F号与ST-*上下对称。

ST-2钢筋明细表

编号	规格	数量	钢筋加工尺寸(mm)	单根重量(kg)	备注
①	Φ10	12	2680 ∟ 1270	2.44	下铁/等距布置
②	Φ8	9	2690 ∟ 110	1.11	上铁/等距布置
③	Φ8	28	1140	0.45	横向分布筋
③	Φ8	10	1180 50	0.51	横向分布筋
④	Φ12	6	1180	1.05	暗梁-纵筋
⑤	Φ8	9	450 140	0.47	暗梁-箍筋/缝封闭筋
⑥	Φ10	8	280	0.35	洞附加钢筋

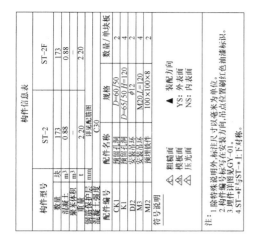

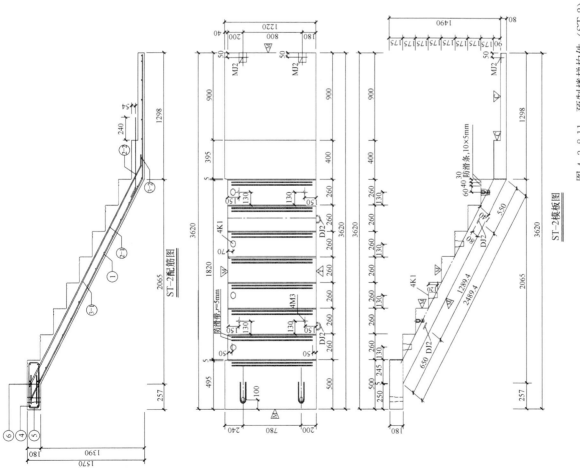

ST-2配筋图

ST-2模板图

图 4.3.8-11 预制楼梯构件 (ST-2)

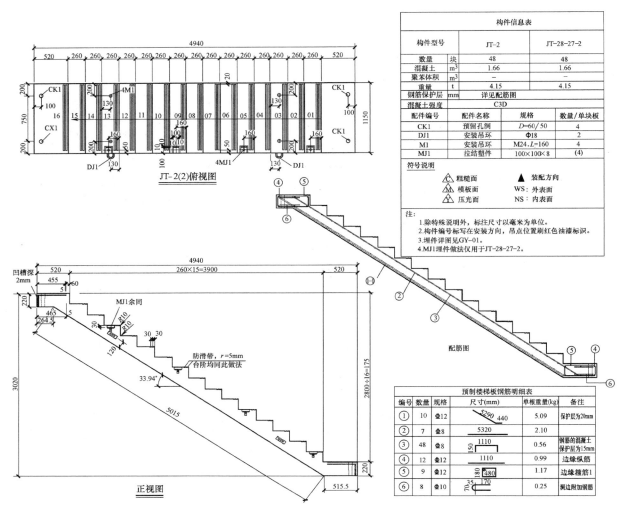

图 4.3.8-12　预制楼梯构件（JT-2）

2）预制阳台板构件库示例见表 4.3.8-7。

预制阳台板构件库示例　　　　　　　　　　　　　　　　表 4.3.8-7

规格	阳台长度 l(mm)	房间开间 b(mm)	阳台宽度 b_0(mm)	现浇层厚度 h_2(mm)	叠合板总厚度 h(mm)	规格	预制构件重量 (t)	脱模吊装吊点 a_1(mm)	脱模吊点拉力 (kN)	运输、吊装吊点拉力 (kN)	施工临时支撑 c_1(mm)	施工临时支撑 c_2(mm)
YTB-D-1024-××	1010	2400	2380	70	130	YTB-D-1024-04	0.85	450	11.68	9.63	425.00	765.00
YTB-D-1027-××	1010	2700	2680	70	130	YTB-D-1027-04	0.93	550	12.81	10.50	475.00	865.00
YTB-D-1030-××	1010	3000	2980	70	130	YTB-D-1030-04	1.01	600	13.95	11.37	525.00	965.00
YTB-D-1033-××	1010	3300	3280	70	130	YTB-D-1033-04	1.10	650	15.08	12.24	575.00	1065.00
YTB-D-1036-××	1010	3600	3580	70	130	YTB-D-1036-04	1.18	700	16.21	13.12	625.00	1165.00
YTB-D-1039-××	1010	3900	3880	70	130	YTB-D-1039-04	1.27	800	17.34	13.99	675.00	1265.00
YTB-D-1042-××	1010	4200	4180	70	130	YTB-D-1042-04	1.35	850	18.48	14.86	725.00	1365.00
YTB-D-1045-××	1010	4500	4480	70	130	YTB-D-1045-04	1.43	900	19.61	15.74	775.00	1465.00
YTB-D-1224-××	1210	2400	2380	70	130	YTB-D-1224-04	0.97	450	13.36	10.91	425.00	765.00
YTB-D-1227-××	1210	2700	2680	70	130	YTB-D-1227-04	1.06	550	14.64	11.87	475.00	865.00
YTB-D-1230-××	1210	3000	2980	70	130	YTB-D-1230-04	1.16	600	15.92	12.84	525.00	965.00
YTB-D-1233-××	1210	3300	3280	70	130	YTB-D-1233-04	1.25	650	17.19	13.81	575.00	1065.00
YTB-D-1236-××	1210	3600	3580	70	130	YTB-D-1236-04	1.34	700	18.47	14.77	625.00	1165.00
YTB-D-1239-××	1210	3900	3880	70	130	YTB-D-1239-04	1.43	800	19.75	15.74	675.00	1265.00
YTB-D-1242-××	1210	4200	4180	70	130	YTB-D-1242-04	1.53	850	21.02	16.71	725.00	1365.00
YTB-D-1245-××	1210	4500	4480	70	130	YTB-D-1245-04	1.62	900	22.30	17.67	775.00	1465.00

3）预制阳台板构件简图如图 4.3.8-13 所示。

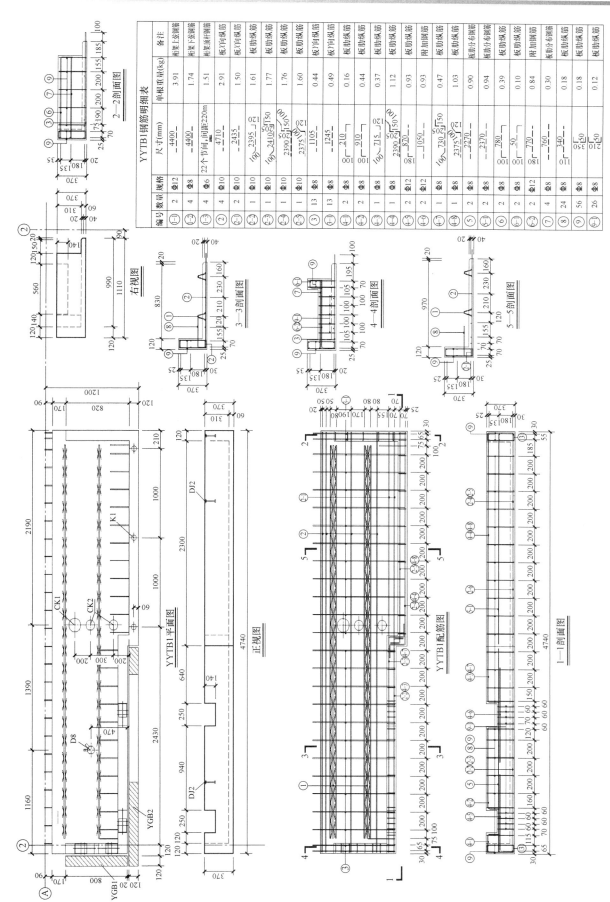

图 4.3.8-13 预制阳台板构件简图

（6）预制空调板

1）编号说明：

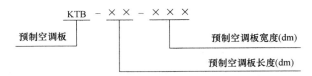

2）预制空调板构件库示例见表4.3.8-8。

预制空调板构件库示例　　　　　　　　　表4.3.8-8

编号	长度 L(mm)	宽度 B(mm)	厚度 h(mm)	重量（kg）
KTB-63-110	630	1100	80	139
KTB-63-120	630	1200	80	151
KTB-63-130	630	1300	80	164
KTB-73-110	730	1100	80	161
KTB-73-120	730	1200	80	175
KTB-73-130	730	1300	80	190
KTB-74-110	740	1100	80	163
KTB-74-120	740	1200	80	178
KTB-74-130	740	1300	80	192
KTB-84-110	840	1100	80	185
KTB-84-120	840	1200	80	202
KTB-84-130	840	1300	80	218

3）预制空调板构件简图如图4.3.8-14所示。

钢筋明细表					
编号	数量	规格	尺寸(mm)	单根重量(kg)	备注
①	11	$\Phi 8$	40 ⌐1135⌐320	0.57	板Y向纵筋
②	7	$\Phi 8$	40 ⌐1950	0.77	板X向纵筋

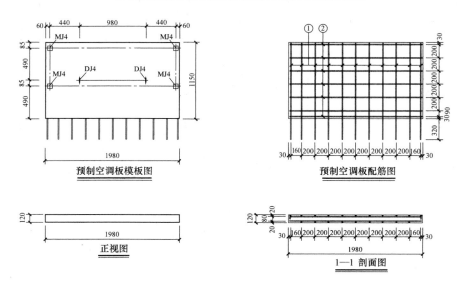

图4.3.8-14　预制空调板构件简图

（7）预制女儿墙

1）编号说明：

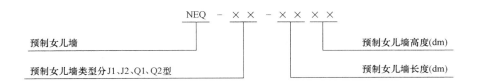

2）预制女儿墙构件库示例见表 4.3.8-9。

预制女儿墙构件库示例

表 4.3.8-9

编号	长度 L（mm）	L_1（mm）	L_2（mm）	L_3（mm）	L_4（mm）	板厚（mm）	高（mm）	重量（t）
NEQ-J1-3014	2980.00	1200.00	600.00	1540.00	—	290.00	1210.00	1.67
NEQ-J1-3314	3280.00	1350.00	700.00	1640.00	—	290.00	1210.00	1.87
NEQ-J1-3614	3580.00	1500.00	700.00	1940.00	—	290.00	1210.00	2.07
NEQ-J1-3914	3880.00	1650.00	800.00	2040.00	—	290.00	1210.00	2.26
NEQ-J1-4214	4180.00	1050.00	900.00	2140.00	1500.00	290.00	1210.00	2.46
NEQ-J1-4514	4480.00	1200.00	900.00	2440.00	1500.00	290.00	1210.00	2.66
NEQ-J1-4814	4780.00	1350.00	1000.00	2540.00	1500.00	290.00	1210.00	2.85

3）预制女儿墙构件简图如图 4.3.8-15 和图 4.3.8-16 所示。

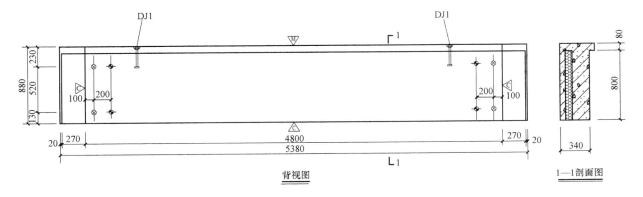

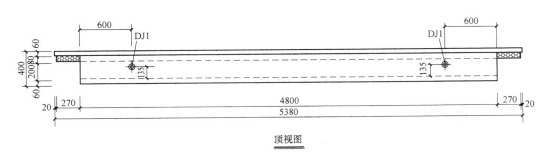

图 4.3.8-15 预制女儿墙构件简图

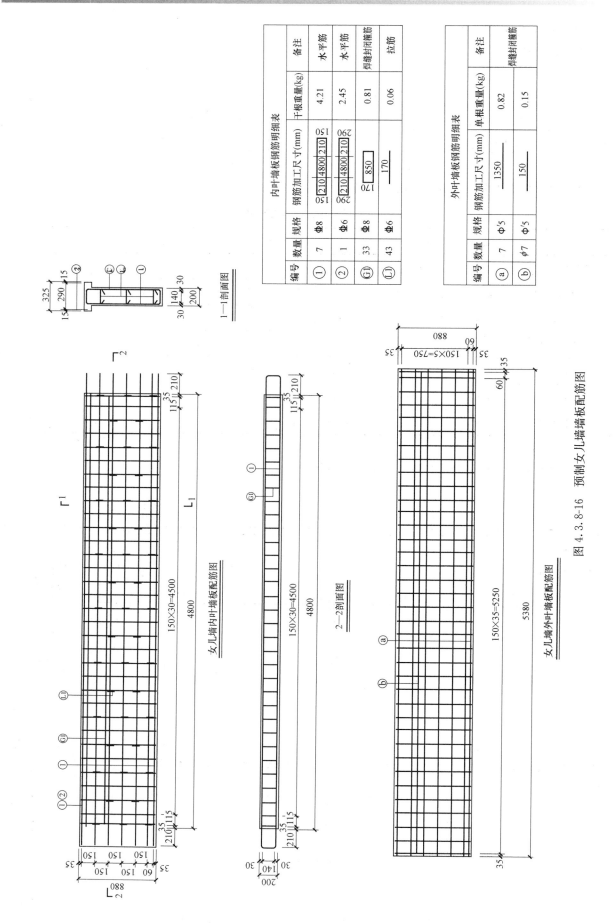

内叶墙板钢筋明细表

编号	数量	规格	钢筋加工尺寸(mm)	干根重量(kg)	备注
①	7	Φ8	210 4800 210 / 150 150	4.21	水平筋
②	1	Φ6	210 4800 210 / 290 290	2.45	水平筋
(G)	33	Φ8	850 / 170	0.81	焊缝封闭箍筋
(L)	43	Φ6	170	0.06	拉筋

外叶墙板钢筋明细表

编号	数量	规格	钢筋加工尺寸(mm)	单根重量(kg)	备注
(a)	7	Φ'5	1350	0.82	
(b)	φ7	Φ'5	150	0.15	焊缝封闭箍筋

1—1剖面图

女儿墙内叶墙板配筋图

2—2剖面图

女儿墙外叶墙板配筋图

图4.3.8-16 预制女儿墙墙板配筋图

4.4　装修及机电设备专业标准化设计管理

传统装修建造存在着一些无法突破的产业发展瓶颈：一是各类管线均埋设在住宅结构或者地面做法内，更换改造将严重影响结构使用寿命及安全；二是大量湿法作业导致渗漏、空鼓、开裂等质量通病无法避免；三是施工人员技术水平参差不齐，导致工效低、工价高、工程质量不稳定；四是施工周期长、环境差，材料、设备、设施等产品质量良莠不齐且缺乏有效的集成，给日后维修维护带来极大困难；五是再次改造更新时，装修材料回收残值很低，并产生大量的建筑垃圾。

为解决上述问题，一方面政府在政策上进行引导推动，譬如要求全装修交房，并鼓励实施装配式装修，另一方面行业内一些企业也开始推动装配式装修的实施。如北京市保障性住房建设投资中心，联合高校、部品生产厂家遵循建筑全生命期的可持续性原则，坚持以标准化设计、工厂化生产、装配化施工、一体化装修为出发点，从 2013 年开展了以"与结构分离的管线及其集成体系、轻质隔墙装配体系、四合一多功能地面装配体系为主要特征的装配式装修整体解决方案"的研究，并逐步拓展实现了以集成化部品部件贯穿部品选型、设计、生产、施工及运维的全过程。

因为装配式混凝土小户型住宅机电设备专业在大系统设计上与传统住宅建筑并无太大差别，在装配式建筑里，如何实现机电设备管线及末端点位与内装修一体化集成化是关键，所以，本书以北京市保障性住房建设投资中心装配式装修完整的技术体系要求——装配式装修建造标准、技术规程（详见附录A）、标准化构造图集（详见附录B）及施工图制图标准化要求，来全面说明当确立了要什么样的装修，在过程中如何来实现这个装修，包括怎么验收以及怎么维修维护。

4.4.1　装配式装修技术体系基本特点

装配式装修包含以下关键要素：

（1）管线与结构分离。采用管线分离，一方面可以保证使用过程中维修、改造、更新、优化的可能性和方便性，有利于建筑功能空间的重新划分和内装部品的维护、改造、更换，另一方面可以避免破坏主体结构，更好地保持主体结构的安全性，延长建筑使用寿命。

（2）干法施工。采用非湿法的作业方式，采用标准化部品部件进行现场组装，减少用水作业，施工现场整洁，规避湿作业带来的开裂、空鼓、脱落的质量通病。同时干法施工不受冬期施工影响，也可以减少不必要的施工技术间歇，工序之间搭接紧凑，提高工效，缩短工期。

（3）部品部件工厂化定制。装配式装修都是定制生产，按照不同地点、不同空间、不同风格、不同功能、不同规格的需求定制，装配现场一般不再进行裁切或焊接等二次加工。通过工厂化生产，减少原材料的浪费，将部品部件标准化与批量化，降低制造成本。

4.4.2　装配式装修建造标准

在项目建设之初，应根据项目定位制定装修的建造标准，确定内装部品规格要求、材料性能及质量要求。将内装部品的匹配需要贯彻于建筑设计全过程中，使建筑空间、墙体布局、结构体上机电点位的预留预埋等达到理想的契合状态。同时也实现了装配式建筑标准化设计要求的一方面。表 4.4.2 为北京市保障性住房建设投资中心专为公共租赁住房而制定的装配式装修建造标准。

装配式装修建造标准

表 4.4.2

序号	区域	装修部位	项目	装配式装修标准	
				主材	质量标准
1	公共区域	大堂	单元门	主材:钢制电控防盗门 1. 采用钢制电控防盗门。 2. 安全级别:乙级以上。 3. 使用材料:镀锌钢板。 4. 电控锁:电压适用范围在额定电压的85%~115%变化范围内,常开状态锁具的开锁通电时间能自动控制应不大于2s,连续通电7s不应损坏,在断电时应具备手动开锁功能。 5. 闭门器应符合 QB/T 3893 的要求。 6. 应具备楼宇对讲和电控开锁的电子系统。 7. 满足材料行业标准和环保要求	1. 门体安装允许偏差: 门框的正、侧面垂直度≤3mm; 横框的水平度≤3mm; 横框标高≤4mm; 竖向偏离中心≤4mm。 2. 楼宇对讲选呼功能正常,实施双向通话语音清晰,无振鸣现象,室内机能实施电控开锁
2	公共区域	大堂	地面	主材:防滑地砖 1. 规格:600mm×600mm。 2. 长度、宽度尺寸偏差:±0.75%。 3. 厚度偏差:±5%。 4. 边直度偏差:±0.4%。 5. 直角度偏差:±0.4%。 6. 中心弯曲度偏差:±0.5%。 7. 翘曲度偏差:±0.4%。 8. 边弯曲度偏差:±0.4%。 9. 表面质量:至少有99%的砖,距0.8m远处垂直观测表面无缺陷。 10. 吸水率:≤10%。 11. 破坏强度:厚度≥7.5mm,破坏强度平均值不小于800N;厚度＜7.5mm,破坏强度平均值不小于500N。 12. 断裂模数:≥30MPa。 13. 满足材料行业标准和环保要求	1. 非整砖的宽度不宜小于原砖的1/3(除地面设计有波打线之外)。 2. 允许偏差: 表面平整度≤2mm; 缝格平直≤3mm; 接缝高低差≤0.5mm; 踢脚线上口平直≤3mm; 板块间隙宽度≤2mm。 3. 地砖单块空鼓面积不超过20%,整体不超过3%,在地砖的砖角处禁止出现空鼓,地砖中间部位的空鼓长度小于50mm
3	公共区域	大堂	墙面	主材:瓷砖 1. 规格:600mm×300mm。 2. 颜色与防滑地砖相匹配。 3. 高度应铺贴至顶板。 4. 其他技术要求与地砖相同。 5. 满足材料行业标准和环保要求	1. 每面墙不宜超过2列非整砖。 2. 砖缝80%以上应与地砖通缝。 3. 阳角采用预留1~2mm的45°倒角方式,禁止采用原边收口。 4. 允许偏差: 立面垂直度≤2mm; 表面平整度≤3mm; 阴阳角方正≤3mm; 接缝直线度≤2mm; 接缝高低差≤0.5mm; 接缝宽度≤1mm
4	公共区域	大堂	顶棚	主材:水性耐擦洗环保涂料 1. 颜色:符合房屋整体装修效果。 2. 光泽度:亚光。 3. 耐碱性:24小时无异常。 4. 干燥时间(表面):≤2小时。 5. 对比率(白色和浅色):≥0.95。 6. 耐洗刷性:≥5000次。 7. 耐水性:较好。 8. 护色性:较好。 9. 有害物质限量:应符合《室内装饰装修材料内墙涂料中有害物质限量》GB 18582—2008 要求。 10. 通过《中国环境标志产品认证》。 11. 满足材料行业标准和环保要求	1. 允许偏差: 表面平整度≤3mm; 顶棚水平度≤10mm。 2. 无裂缝、空鼓。 3. 颜色均匀一致

续表

序号	区域	装修部位	项目	装配式装修标准	
				主材	质量标准
5	公共区域	外窗	窗户	主材:断桥铝合金窗 1. 铝材:铝型材的强度、厚度和氧化膜等,应符合《铝合金门窗》GB/T 8478—2008及《建筑门窗》GB/T 5823标准规定,壁厚应在1.4mm以上。 2. 中空玻璃:应采用6+12+6(无色中空浮法玻璃),符合《钢化玻璃》GB/T 9963—1998的规定,隔热防潮槽铝装填防潮分子粒(95%),槽铝与玻璃粘结采用丁基复合胶,玻璃四周密封采用硅硐玻璃胶。 3. 五金件:应符合《建筑门窗五金件通用要求》JGT 212—2007及《建筑门窗五金传动机构执手、合页、锁闭器》JGT 124/125/130等检验要求。 4. 密封胶条:必须符合《建筑门窗三元乙丙密封胶条》GB/T 10712标准规定。 5. 纱窗:外置隐形纱窗,玻璃纤维加强网。 6. 满足材料行业标准和环保要求	按设计及国家相关标准执行
6	公共区域	护栏	护栏	主材:不锈钢护栏 1. 所有用于固定栏杆和立杆的螺栓、垫圈和螺帽必须是不锈钢材质。 2. 不锈钢:主要受力杆件壁厚不应小于1.5mm,一般杆件不宜小于1.2mm。 3. 护栏高度及立杆间距必须符合《住宅设计规范》GB 50096的规定。 4. 护栏设计除应明确式样、高宽尺寸、材料品种外,还应有制作连接和安装固定的构造详图以及明确杆件的规格型号及壁厚等。 5. 护栏应以坚固、耐久的材料制作,并能承受荷载规范规定的水平荷载。 6. 其余要求依照现行国家相关标准执行	1. 不锈钢护栏制作与安装所用材料的材质、规格、数量符合施工规范及设计要求。检验方法:观察,检查产品合格证书和性能检测报告。 2. 不锈钢护栏的造型、尺寸及安装位置符合设计要求。检验方法:观察,尺量检查。 3. 护栏安装预埋件的数量、规格、位置符合施工验收规范要求。检验方法:观察检查,检查施工记录。 4. 护栏高度、安装位置、护栏间距必须符合设计要求。护栏安装必须牢固。检验方法:观察,尺量检查,手板检查。 5. 不锈钢护栏安装的允许偏差见下表: 项目 / 允许偏差(mm) / 检验方法 栏杆垂直度 / 3 / 用1m垂直检查尺 栏杆间距 / 3 / 用钢尺检查 扶手直线度 / 4 / 拉通线,钢尺检查 扶手高度 / 3 / 用钢尺检查
7	公共区域	防火门	防火门	主材:钢质防火门 1. 材料:应符合《钢质防火门通用技术条件》GB 12955—2008的要求。 2. 防火门的等级应按设计及国家相关标准执行。 3. 满足材料行业标准和环保要求	按设计及国家相关标准执行
8	公共区域	一层公共走廊和电梯间	墙面	主材:瓷砖 1. 规格:600mm×300mm。 2. 颜色与防滑地砖相匹配。 3. 高度应铺贴至顶板。 4. 其他技术要求与地砖相同。 5. 满足材料行业标准和环保要求	1. 每面墙不宜超过2列非整砖。 2. 砖缝80%以上应与地砖通缝。 3. 阳角采用预留1～2mm的45°倒角方式,禁止采用原边收口。 4. 允许偏差: 立面垂直度≤2mm; 表面平整度≤3mm; 阴阳角方正≤3mm; 接缝直线度≤2mm; 接缝高低差≤0.5mm; 接缝宽度≤1mm

序号	区域	装修部位	项目	装配式装修标准	
				主材	质量标准
9	公共区域	一层公共走廊和电梯间	顶棚	主材:水性耐擦洗环保涂料 1. 颜色:符合房屋整体装修效果。 2. 光泽度:亚光。 3. 耐碱性:24小时无异常。 4. 干燥时间(表面):≤2小时。 5. 对比率(白色和浅色):≥0.95。 6. 耐洗刷性:≥5000次。 7. 耐水性:较好。 8. 护色性:较好。 9. 有害物质限量:应符合《室内装饰装修材料内墙涂料中有害物质限量》GB 18582—2008要求 10. 通过《中国环境标志产品认证》。 11. 满足材料行业标准和环保要求	1. 允许偏差: 　表面平整度≤3mm; 　顶棚水平度≤10mm。 2. 无裂缝、空鼓。 3. 颜色均匀一致
10	公共区域	一层公共走廊和电梯间	地面	主材:防滑地砖 1. 规格:600mm×600mm。 2. 长度、宽度尺寸偏差:±0.75%。 3. 厚度偏差:±5%。 4. 边直度偏差:±0.4%。 5. 直角度偏差:±0.4%。 6. 中心弯曲度偏差:±0.5%。 7. 翘曲度偏差:±0.4%。 8.边弯曲度偏差:±0.4%。 9. 表面质量:至少有99%的砖,距0.8m远处垂直观测表面无缺陷。 10. 吸水率:≤10%。 11. 破坏强度:厚度≥7.5mm,破坏强度平均值不小于800N,厚度<7.5mm,破坏强度平均值不小于500N。 12. 断裂模数:≥30MPa。 13. 满足材料行业标准和环保要求	1. 非整砖的宽度不宜小于原砖的1/3(除地面设计有波打线之外); 2. 允许偏差: 　表面平整度≤2mm; 　缝格平直≤3mm; 　接缝高低差≤0.5mm; 　踢脚线上口平直≤3mm; 　板块间隙宽度≤2mm。 3. 地砖单块空鼓面积不超过20%,整体不超过3%,在地砖的砖角处禁止出现空鼓,地砖中间部位的空鼓长度小于50mm
11	公共区域	一层公共走廊和电梯间	踢脚线	主材:100mm高深色瓷片、石材或水泥砂浆踢脚。 1. 用于裁割踢脚线的地砖颜色应与地面砖相协调,砖应有出厂合格证,并与选购样品色泽一致。 2. 踢脚线应在加工厂统一加工成型或购买成品,成品尽量与地砖同一厂家;其规格应一致,进场时应验收。 3. 满足材料行业标准和环保要求	1. 踢脚线应粘贴牢固,无空鼓,出墙宽度一致,表面平整,上口水平,灰浆饱满,无残留砂浆。 2. 踢脚线接缝应与地砖一致,上下对缝,缝格勾缝均匀
12	公共区域	二层及以上公共走廊和电梯间	墙面	主材:水性耐擦洗环保涂料 1. 颜色:符合房屋整体装修效果。 2. 光泽度:亚光。 3. 耐碱性:24小时无异常。 4. 干燥时间(表面):≤2小时。 5. 对比率(白色和浅色):≥0.95。 6. 耐洗刷性:≥5000次。 7. 耐水性:较好。 8. 护色性:较好。 9. 有害物质限量:应符合《室内装饰装修材料内墙涂料中有害物质限量》GB 18582—2008要求 10. 通过《中国环境标志产品认证》。 11. 满足材料行业标准和环保要求	1. 允许偏差: 　表面平整度≤3mm; 　顶棚水平度≤10mm。 2. 无裂缝、空鼓。 3. 颜色均匀一致

续表

序号	区域	装修部位	项目	装配式装修标准	
				主材	质量标准
13	公共区域	二层及以上公共走廊和电梯间	顶棚	主材:水性耐擦洗环保涂料 1. 颜色:符合房屋整体装修效果。 2. 光泽度:亚光。 3. 耐碱性:24 小时无异常。 4. 干燥时间(表面):≤2 小时。 5. 对比率(白色和浅色):≥0.95。 6. 耐洗刷性:≥5000 次。 7. 耐水性:较好。 8. 护色性:较好。 9. 有害物质限量:应符合《室内装饰装修材料内墙涂料中有害物质限量》GB 18582—2008 要求。 10. 通过《中国环境标志产品认证》。 11. 满足材料行业标准和环保要求	1. 允许偏差: 表面平整度≤3mm; 顶棚水平度≤10mm。 2. 无裂缝、空鼓。 3. 颜色均匀一致
14				主材:石塑片材 同毛坯收房标准 主材:模块式快装公共区域架空地面(40 厚)。 同起居室地面要求	主材:石塑片材 同毛坯收房标准 主材:模块式快装采暖地面 同起居室地面要求
15	公共区域	二层及以上公共走廊和电梯间	地面	主材:防滑地砖,材质不限 1. 规格:600mm×600mm。 2. 长度、宽度尺寸偏差:±0.75%。 3. 厚度偏差:±5%。 4. 边直度偏差:±0.4%。 5. 直角度偏差:±0.4%。 6. 中心弯曲度偏差:±0.5%。 7. 翘曲度偏差:±0.4%。 8. 边弯曲度偏差:±0.4%。 9. 表面质量:至少有 99% 的砖,距 0.8m 远处垂直观测表面无缺陷。 10. 吸水率:≤10%。 11. 破坏强度:厚度≥7.5mm,破坏强度平均值不小于 800N,厚度<7.5mm,破坏强度平均值不小于 500N。 12. 断裂模数:≥30MPa。 13. 满足材料行业标准和环保要求	主材:防滑地砖 1. 非整砖的宽度不宜小于原砖的 1/3(除地面设计有波打线之外); 2. 允许偏差: 表面平整度≤2mm; 缝格平直≤3mm; 接缝高低差≤0.5mm; 踢脚线上口平直≤3mm; 板块间隙宽度≤2mm。 3. 地砖单块空鼓面积不超过 20%,整体不超过 3%,在地砖的砖角处禁止出现空鼓,地砖中间部位的空鼓长度小于 50mm。 4. 应满足《建筑地面工程施工质量验收规范》GB 50209—2011
16	公共区域	二层及以上公共走廊和电梯间	踢脚线	主材:100mm 高深色瓷片、石材或 PVC 踢脚(适用于石塑地板)。 1. 用于裁割踢脚线的颜色应与地面砖(石塑地板)相协调,砖应有出厂合格证,并与选购样品色泽一致。 2. 踢脚线应在加工厂统一加工成型或购买成品,成品尽量与地砖(石塑地板)同一厂家;其规格应一致,进场时应验收。 3. 满足材料行业标准和环保要求	1. 踢脚线应粘贴牢固、无空鼓,出墙宽度一致,表面平整,上口水平。 2. 地砖踢脚线接缝应与地砖一致,上下对缝,缝格勾缝均匀,灰浆饱满,无残留砂浆

续表

序号	区域	装修部位	项目	装配式装修标准	
				主材	质量标准
17	公共区域	楼梯间	墙面、顶棚	主材:水性耐擦洗环保涂料 1. 颜色:符合房屋整体装修效果。 2. 光泽度:亚光。 3. 耐碱性:24 小时无异常。 4. 干燥时间(表面):≤2 小时。 5. 对比率(白色和浅色):≥0.95。 6. 耐洗刷性:≥5000 次。 7. 耐水性:较好。 8. 护色性:较好。 9. 有害物质限量:应符合《室内装饰装修材料内墙涂料中有害物质限量》GB 18582—2008 要求。 10. 通过《中国环境标志产品认证》。 11. 满足材料行业标准和环保要求	1. 允许偏差: 表面平整度≤3mm; 顶棚水平度≤10mm; 2. 无裂缝、空鼓。 3. 颜色均匀一致
18	公共区域	楼梯间	地面、踏步、休息平台、踢脚	预制楼梯踏步面:清水 现浇楼梯间: 主材:水泥砂浆 1. 水泥宜采用硅酸盐水泥、普通硅酸盐水泥,强度等级应符合设计要求。 2. 砂应为中粗砂,含泥量不应大于 3%。 3. 水泥砂浆的体积比(强度等级)应符合设计要求,强度等级不应小于 M15。 4. 满足材料行业标准和环保要求	1. 无空鼓开裂现象。 2. 面层表面洁净,不应有裂纹、脱皮、麻面、起砂现象。 3. 允许偏差: 表面平整度≤4mm; 踢脚线上口平直≤4mm; 缝格顺直≤3mm
19	公共区域	楼梯间	楼梯栏杆	主材:不锈钢栏杆/钢管扶手 1. 所有用于固定栏杆和立杆的螺栓、垫圈和螺帽必须是不锈钢材质。 2. 不锈钢:主要受力杆件壁厚不应小于 1.5mm,一般杆件不宜小于 1.2mm。 3. 栏杆高度及立杆间距必须符合《住宅设计规范》GB 50096—2011 的规定。即多层住宅及以下的临空栏杆高度不低于 1.05m,中高层住宅及以上的临空高度不低于 1.1m,楼梯楼段栏杆和落地窗维护栏杆的高度不低于 0.9m,楼梯水平段栏杆长度大于 0.50m 时,其高度不低于 1.05m。栏杆垂直杆件的净距不大于 0.11m,采用非垂直杆件时,必须采取防止儿童攀爬的措施。 4. 栏杆设计除应明确式样、高宽尺寸、材料品种外,还应有制作连接和安装固定的构造详图以及明确杆件的规格型号及壁厚等。 5. 防护栏板安装完后,侧推力不得小于 80kg,手扶栏杆无晃动感。 6. 不锈钢栏杆立柱、扶手的扣盖应用胶与地面、墙面粘牢,不应活动。 7. 其余未尽事宜(钢管扶手主材要求)按设计及国家相关标准执行	1. 不锈钢栏杆制作与安装所用材料的材质、规格、数量符合施工规范及甲方要求。检验方法:观察,检查产品合格证书和性能检测报告。 2. 不锈钢栏杆的造型、尺寸及安装位置符合甲方要求。检验方法:观察,尺量检查。 3. 栏杆安装预埋件的数量、规格、位置符合施工验收规范要求。检验方法:观察检查,检查施工记录。 4. 栏杆高度、安装位置、栏杆间距必须符合设计要求。栏杆安装必须牢固。检验方法:观察,尺量检查,手板检查。 5. 不锈钢栏杆安装的允许偏差见下表:<table><tr><td>项目</td><td>允许偏差(mm)</td><td>检验方法</td></tr><tr><td>栏杆垂直度</td><td>3</td><td>用1m垂直检查尺</td></tr><tr><td>栏杆间距</td><td>3</td><td>用钢尺检查</td></tr><tr><td>扶手直线度</td><td>4</td><td>拉通线,钢尺检查</td></tr><tr><td>扶手高度</td><td>3</td><td>用钢尺检查</td></tr></table>6. 钢管扶手质量标准按设计及国家相关标准执行
20	公共区域	管井	墙面顶棚	主材:刮腻子找平 1. 挥发性有机化合物(VOC)(g/L):未检出。 2. 耐水性:48h 无起泡、开裂及明显掉粉。 3. 粘结强度标准状态:1.29MPa,浸水后:1.17MPa。 4. pH 值:9.5。 5. 满足材料行业标准和环保要求	1. 腻子面层应与基底粘结牢固且色泽一致。 2. 成活的腻子表面应光滑洁净,不得有脱皮开裂、接茬、刮痕、气孔、瘤痕、污迹、不平整等现象。 3. 阴阳角应平直成角,不应出现凹凸不平、扭曲等现象。 4. 门窗洞口、踢脚线上口、开关插座、与其他材料交接处的周边须平整、垂直、方正

续表

序号	区域	装修部位	项目	装配式装修标准	
				主材	质量标准
21	公共区域	管井	地面	主材:水泥砂浆 1. 同楼梯间地面水泥砂浆要求; 2. 满足材料行业标准和环保要求	同楼梯间地面水泥砂浆要求
22	公共区域	消防系统	消防中控室	按设计及国家相关标准执行	按设计及国家相关标准执行
23	公共区域	消防系统	火灾自动报警设备(烟感、喷淋设施、手动报警装置等)	按设计及国家相关标准执行	按设计及国家相关标准执行
24	公共区域	消防系统	消防管道系统、消防栓箱及其配件、应急灯	1. 消防系统:采用镀锌钢管。 2. 喷淋系统:采用内外壁热浸镀锌钢管(沟槽连接或丝扣连接)。 3. 满足材料行业标准和环保要求。 4. 其余未尽事宜,依照设计及国家相关标准执行	按设计及国家相关标准执行
25	公共区域	消防系统	消防标识	按设计及国家相关标准执行	按设计及国家相关标准执行
26	公共区域	消防系统	消防水泵	以消防专用立式多级水泵为主 其余指标按设计及国家相关标准执行	按设计及国家相关标准执行
27	公共区域	弱电系统	宽带、手机信号放大器、电话、电视	按设计及国家相关标准执行	按设计及国家相关标准执行
28	公共区域	弱电系统	楼宇对讲系统:管理机	1. 住户报警时确认报警住户房号。 2. 显示呼叫住户房号功能、呼叫住户并通话功能、呼叫门口机并通话。 3. 遥控开锁	对讲系统的质量控制标准依据《楼宇对讲系统及电控防盗门技术条例》GA/T 72—94 和《楼寓对讲系统及电控防盗门通用技术条件》GA/T 72—2005 执行
29	公共区域	弱电系统	楼宇对讲系统:门口机	1. 中文液晶界面,数字联网。 2. 呼叫住户并对讲。 3. 不锈钢按键,按键夜光指示。 4. 面板优质铝型材,防水、防腐、防暴。 5. 全天候防潮对讲扩音器,保证对讲声音清晰。 6. 液晶显示,可显示住户房号。 7. 呼叫住户室内机,直接呼叫管理机。 8. 使用密码开自动门功能	按设计及国家相关标准执行

续表

序号	区域	装修部位	项目	装配式装修标准	
				主材	质量标准
30	公共区域	弱电系统	楼宇对讲系统：分机	1. 非可视壁挂安装。 2. 开启公共单元门。 3. 可与管理中心、门口机通话。 4. 可遥控开锁	按设计及国家相关标准执行
31	公共区域	弱电系统	楼宇对讲系统：读卡器	1. 非接触式读卡方式。 2. 读卡时间≤0.5s，无误读。 3. 读距离：10cm。 4. 操作温度：0～50℃。 5. 湿度：10%～90%无凝露。 6. 内置蜂鸣器能够发出提示音	按设计及国家相关标准执行
32	公共区域	弱电系统	监控系统	按设计及国家相关标准执行	按设计及国家相关标准执行
33	公共区域	强电系统	配电箱体及内部元件	按设计及国家相关标准执行	按设计及国家相关标准执行
34	公共区域	强电系统	电表、电缆、电线	按设计及国家相关标准执行	按设计及国家相关标准执行
35	公共区域	强电系统	感应灯	感应灯采用红外感应灯。 1. 照明色温为3500～4500K； 2. 感应灯带有光控功能	1. 避免污染天花涂料，安装灯具位置居中； 2. 应采用膨胀螺丝固定
36	公共区域	强电系统	感应开关	感应开关采用红外感应开关。 1. 感应距离大于3m； 2. 人员离开感应区域后照明延时60s	1. 照明开关：位置便于操作，距地面高度1.3m。 2. 插座：相零接线正确，无虚接。 3. 开关插座允许偏差： 　　并列高度差≤0.5mm； 　　同一场所高度差≤5mm； 　　板面垂直度≤0.5mm
37	公共区域	强电系统	开关、插座	1. 开关性能：符合《家用和类似用途固定式电气装置的开关》GB 16915.1—2003/IEC 669-1第一部分：通用要求。 2. 插座性能：符合《家用和类似用途插头插座》GB 2099.1—2008第一部分：通用要求。 3. 面板：材料为PC料，表面应具有良好的光泽，阻燃性能应通过650℃灼热丝温度试验要求。 4. 底壳：材料PC料或尼龙料，阻燃性能应通过850℃灼热丝温度试验要求。 5. 开关触点：铝合金触点，动静触点分开后，绝缘电阻不小于5MΩ。 6. 插座铜片：为锡磷青铜或耐热铜，表面洁净不能有氧化污垢，厚度不小于0.6mm，不同极性之间绝缘电阻不小于5MΩ。 7. 产品必须按国家规定要求通过安全认证并获得证书。 8. 厨房、卫生间应使用防溅插座。 9. 安装电源插座时，面向插座的左侧应接零线(N)，右侧应接相线(L)，中间上方应接保护地线(PE)。PE线在插座间不串联连接	1. 照明开关：位置便于操作，边缘距门框距离0.15～0.2m，距地面高度1.3m。 2. 插座：相零接线正确，无虚接。 3. 开关插座允许偏差： 　　并列高度差≤0.5mm； 　　同一场所高度差≤5mm； 　　板面垂直度≤0.5mm

续表

序号	区域	装修部位	项目	装配式装修标准	
				主材	质量标准
38	公共区域	给排水系统	给水、排水、中水	按设计及国家相关标准执行	按设计及国家相关标准执行
39			给排水水泵	1. 以不锈钢立式多级离心泵为主； 2. 其他指标按设计及国家相关标准执行	按设计及国家相关标准执行
40	公共区域	给排水系统	分户计量表	按设计及国家相关标准执行	按设计及国家相关标准执行
41	公共区域	采暖系统	采暖管线	按设计及国家相关标准执行	按设计及国家相关标准执行
42	公共区域	采暖系统	散热器	1. 散热器最小工作压力应不小于 0.4MPa，且应满足采暖系统的工作压力要求。 2. 散热器壁厚不应小于 1.3mm。 3. 散热器管接口螺纹应保证 3～5 扣完成无缺陷，每组散热器应设置活动手动跑风一个。 4. 散热器焊缝应平直、均匀、整齐、美观，不得有裂纹、气孔、未焊透和烧穿等缺陷。 5. 散热器表面涂刷材料应无毒无味，在高温下不能产生对人体有害物质，也不能降低其本身的物理性能，表面应光滑、平整、均匀，不得有气泡、堆积、流淌和漏喷，表面不得有明显变形、划痕、碰上和毛刺。 6. 满足材料行业标准和环保要求	1. 散热器支管应有坡度，当支管全长小于 0.5m 时，坡度值为 5mm，大于 0.5m 时为 10mm。 2. 散热器与管道连接，必须安装活节，阀门宜紧靠散热器。 3. 散热器的安装高度一般距地面 100～200mm，离墙净距 40mm，散热器在窗下安装应居中，顶部距窗台板的距离不得小于 50mm。 4. 散热器托架安装，位置应正确，埋设应平整且牢固
43	公共区域	电梯		1. 电梯主要部件均为合资产品，原则上所有住宅电梯均采用有机房电梯。 2. 电梯应运行平稳、各项安全保护装置功能有效，制动可靠，连续运行无故障。 3. 轿门带动层门开、关运行不得有刮碰现象、平层准确度符合要求。 4. 自动扶梯和自动人行道的梯级、踏板或胶带与围裙板之间不得有刮碰现象（导向部分接触除外），扶手带外表面应无刮痕。 5. 电梯选型、功能、装饰做法等其他技术参数依据市投资中心企业标准《电梯技术标准和要求》的规定执行	1. 电梯、自动扶梯和自动人行道的安装工程及其安装工程质量验收，必须符合《电梯工程施工质量验收规范》GB 50310—2012 的规定和设计要求，并经专业主管部门检验认可准用。 2. 电梯平层准确度　企业标准 $V \leqslant 0.63$m/s　　±12mm 0.63m/s$< V$　　±24mm $V \leqslant 1.0$m/s 其他调速电梯　　±12mm 检查方法：尺量。 3. 应注意开关门过程中不得有异响或撞击声响
44	公共区域	无障碍设施	坡道	按设计及国家相关标准执行	按设计及国家相关标准执行
45		无障碍设施	不锈钢护栏	按设计及国家相关标准执行	按设计及国家相关标准执行
46	户内	户门	钢制三/四防门	主材：钢制三/四防门 1. 防盗等级：乙级以上。 2. 防火等级：乙级。 3. 空气声隔声性能等级：一级； 4. 保温性能：符合国家现行节能标准。 5. 门扇钢板厚度≥1.0mm。 6. 门框钢板厚度≥2.0mm。 7. 三方位锁点≥10 个。 8. 铰链数量≥3 个。 9. 配件：包括隐形门铃、广角门镜	1. 质量标准符合《建筑装饰装修工程质量验收标准》GB 50210—2012。 2. 允许偏差应满足下列要求： 门框的正、侧面垂直度≤3mm； 横框的水平度≤3mm； 横框标高≤4mm； 竖向偏离中心≤4mm； 门框与门扇配合间隙不大于 4mm； 搭接宽度不小于 8mm

续表

序号	区域	装修部位	项目	装配式装修标准	
				主材	质量标准
47	户内	外窗	塑钢窗	主材:断桥铝合金窗(要求同公共区断桥铝合金窗)、塑钢窗(要求见毛坯收房标准)	同公共区域外窗断桥铝合金窗标准要求
48	户内	窗台	窗台板	主材:钢制覆膜整体窗套 1. 整体窗套制作与安装所使用材料的材质、规格应符合设计要求。 2. 整体窗套表面洁净、线条顺直、接缝严密、色泽一致,不得有裂缝、翘曲及损坏。 3. 整体窗套与窗框的衔接应严密,密封胶应顺直、光滑	允许误差: 1. 水平度、垂直度≤2mm,用1m水平尺和塞尺检查。 2. 四周直线度≤3mm,拉通线,用钢直尺检查。 3. 阴角方正≤3mm,用方尺检查。 4. 两端出墙厚度差≤3mm,用钢直尺检查
49	户内	轻质隔墙		主材:快装轻质隔墙 1. 外观:颜色符合房屋整体装修效果。 2. 厚度:≥8mm。 3. 面层:厨房卫生间为 UV 钛晶包覆硅酸钙板,居室为 UV 包覆硅酸钙板。 4. 防霉等级 Ⅰ 级(厨房卫生间)。 5. 抗菌能力:优等品。 6. 耐洗刷性:一万次不透底(厨房卫生间)。 7. 耐沾污性:0 级(厨房卫生间)。 8. 耐冲击性 2.2kJ/m²。 9. 硬度:铅笔硬度 2H。 10. 密度:>1.4g/cm³。 11. 含水率:≤10%。 12. 湿涨率:≤0.25%。 13. 不透水性:24h 反面不得出现水滴。 14. 抗折强度:Ⅲ 级。 15. 放射性核素限量:国标 16. 石棉含量:无。 17. 甲醛释放量:≤0.2mg/L。 18. 不燃性。 19. 天地龙骨:U 型 50 龙骨 50×45×0.6 (mm)。 20. 竖向龙骨:C 型 50 龙骨 50×45×0.6 (mm)。 21. 横向龙骨:C 型 38 龙骨 38×10×0.8 (mm)。 22. 岩棉:50mm 厚、容重 80kg/m³。 23. 防水隔膜:PE 防水膜 0.35mm 厚,卫生间内侧做一层	1. 后置埋件、连接件的数量、规格、位置、连接方法和防腐处理须符合设计要求,后置埋件现场拉拔强度必须符合设计要求。 2. 板材表面应平整、洁净、色泽一致,无裂痕和缺损。 3. 嵌缝应密实、平直,宽度和深度应符合设计要求,嵌填材料色泽应一致。 4. 允许偏差:(轻钢龙骨与包覆硅酸钙板) 　立面垂直度≤2mm; 　表面平整度≤1.5mm; 　阴阳角方正≤2mm; 　接缝直线度≤2mm; 　接缝高低差≤0.5mm
50	户内	起居室、客厅、卧室、书房、餐厅	顶棚	主材:水性耐擦洗环保涂料 1. 颜色:符合房屋整体装修效果。 2. 光泽度:亚光。 3. 耐碱性:24 小时无异常。 4. 干燥时间(表面):≤2 小时。 5. 对比率(白色和浅色):≥0.95。 6. 耐洗刷性:≥5000 次; 7. 耐水性:较好。 8. 护色性:较好。 9. 有害物质限量:应符合《室内装饰装修材料内墙涂料中有害物质限量》GB 18582—2008 要求; 10. 通过《中国环境标志产品认证》	1. 允许偏差: 　表面平整度≤3mm。 　顶棚水平度≤10mm。 2. 无裂缝、空鼓。 3. 颜色均匀一致

续表

序号	区域	装修部位	项目	装配式装修标准	
				主材	质量标准
51	户内	起居室、客厅、卧室、书房、餐厅	墙面	主材:干挂架空墙面 1. 外观:颜色符合房屋整体装修效果。 2. 厚度:≥8mm。 3. 面层:UV包覆板。 4. 耐冲击性2.2kJ/m²。 5. 密度:>1.4g/cm²。 6. 含水率:≤10%。 7. 湿涨率:≤0.25%。 8. 不透水性:24h反面不得出现水滴。 9. 抗折强度:Ⅲ级。 10. 放射性核素限量:国标 11. 石棉含量:无。 12. 甲醛释放量:≤0.2mg/L。 13. 硬度:铅笔硬度2H。 14. 涂层附着力、涂层耐溶剂性、涂层耐沾污性、抗冲击性。 15. 不燃性。 16. 丁字形涨塞: $\phi10\times40mm$、$\phi10\times60mm$、$\phi10\times80mm$。 17. 横向龙骨:C型38龙骨38×10×0.8(mm)。	1. 后置埋件、连接件的数量、规格、位置、连接方法和防腐处理须符合设计要求,后置埋件现场拉拔强度必须符合设计要求。 2. 板材表面应平整、洁净、色泽一致,无裂痕和缺损。 3. 嵌缝应密实、平直,宽度和深度应符合设计要求,嵌填材料色泽应一致。 4. 允许偏差:(轻钢龙骨与包覆硅酸钙板) 立面垂直度≤2mm; 表面平整度≤1.5mm; 阴阳角方正≤2mm; 接缝直线度≤2mm; 接缝高低差≤0.5mm
52	户内	起居室、客厅、卧室、书房、餐厅	地面:可调节地脚组件	模块式快装采暖地面 可调节地脚组件 1. 可调节地脚组件由聚丙烯材料制成的支撑块、丁腈橡胶制成的橡胶垫及连接螺栓三部分组成,用以支撑地暖模块及调平地暖模块。 2. 可调节地脚组件规格50mm×50mm×(35～55)mm 直边与斜边。 3. 可调节地脚组件的承载力需满足设计要求。 4. 承压性能的测定满足《建筑结构检测技术标准规定》GB/T 50344—2004。	1. 地脚组件设置合理,间距不大于400mm。 检验方法:目测、尺量检查。 2. 地脚组件材质应符合设计要求,具有防火、防腐性能。 检验方法:观察检查。 3. 每组地暖模块间隙10mm,板缝使用专用盖缝条
53	户内	起居室、客厅、卧室、书房、餐厅	地面:地暖模块	模块式快装采暖地面 地暖模块(快装集成地暖模块) 1. 地暖模块选用材质:镀锌钢板厚度1mm。模塑聚苯板盘管隔热层28mm,无石棉硅酸钙板散热层10mm,标准板尺寸为宽度400mm、厚度39mm。 2. 地暖模块与地暖模块及地脚组件连接牢固,无松动。 3. 地暖加热管材质选用PE-RT De16×2。 4. 地暖供热管埋设于成品地暖模块内	1. 地暖模块应排列整齐,接缝均匀,周边顺直。 2. 地暖加热管的材料,规格及铺设间距、弯曲半径应符合设计要求并固定牢固。 检验方法:观察、尺量检查。 3. 敷设于地暖模块内的加热管不应有接头。 检验方法:隐蔽前观察检查。 4. 加热管隐蔽前必须进行水压试验,试验压力为工作压力1.5倍,但不小于0.6MPa。 检验方法:稳压1h内压力降不大于0.05MPa且不渗不漏。 5. 加热管弯曲部分不得出现硬折弯现象,曲率半径不应小于管道外径的8倍。 检验方法:尺量检查。 6. 加热管管径、间距和长度应符合设计要求,间距偏差不大于±10mm 检验方法:拉线和尺量检查。 7. 地暖模块间管路需保护套管保护。 8. 房间散热量应符合设计要求

续表

序号	区域	装修部位	项目	装配式装修标准	
				主材	质量标准
54	户内	起居室、客厅、卧室、书房、餐厅	地面：散热层	模块式快装采暖地面 散热层 1. 散热层与地暖模块工厂集成。 2. 散热层材质采用无石棉硅酸钙板，厚度 8mm。 3. 热功性能的测定满足《供暖供冷技术规程规定》JGJ 142—2012	1. 散热层与地暖模块集成，要求成品表面平整，模块连接整齐。 检验方法：观察检查。 2. 地面散热层工程的允许偏差： 项目：表面平整度　允许偏差：2
55	户内	起居室、客厅、卧室、书房、餐厅	地面：面层	模块式快装采暖地面 地面铺贴工程 1. 饰面层材料采用涂装板，标准板尺寸为 1190mm×300mm×8mm。 2. 饰面层无裂纹、掉角和缺棱等缺陷，行走无声响、无摆动。 3. 饰面层表面应平直，颜色、纹理协调一致，洁净无胶痕，板间接缝均匀。 4. 抗冲击性能的测定满足 JC/T 564.2—2008。 5. 抗折强度性能的测定满足 GB/T 7019—2014。 6. 不透水性能的测定满足 JC/T 564.1—2008。 7. 耐旋转磨耗性能的测定满足 GB/T 18102—2007。 8. 满足材料行业标准和环保要求	1. 地面涂装板应具有耐磨、防潮、阻燃、耐污染及耐腐蚀等特点，应符合设计要求。 检验方法：观察检查和检查材质检测报告。 2. 饰面层与散热层应粘接牢固，无裂纹、掉角和缺棱缺陷，行走无声响、无摆动。 检验方法：观察和脚踩检查。 3. 饰面层表面应平直，颜色、纹理协调一致，洁净无胶痕，板间接缝均匀。 检验方法：观察检查。 地面铺贴工程的允许偏差和检验方法： 项目：板面缝隙宽度　允许偏差：0.5　检查方法：用钢尺检查 项目：表面平整度　允许偏差：2　检查方法：用 2m 靠尺和楔形塞尺检查 项目：板面拼缝平直　允许偏差：3 项目：相邻板材高差　允许偏差：0.5　检查方法：用钢尺和楔形塞尺检查
56	户内		踢脚线	主材：木塑踢脚线 1. 外观：颜色符合房屋整体装修效果。 2. 高度：90mm。 3. 安装施工质量符合《高级建筑装饰工程质量验收标准》DBJ/T 01-27—2003 要求。	1. 踢脚线表面光滑，接缝严密，高度一致。 检验方法：观察和钢尺检查。 2. 踢脚线上口平齐≤3mm。 检验方法：拉 5m 通线，不足 5m 拉通线和用钢尺检查
57	户内		窗帘杆	1. 简装配置，不锈钢或铝合金材质； 2. 金属管直径≥DN25，壁厚≥2.0mm。	1. 安装牢固，有防脱落措施； 2. 双侧拉帘时，窗帘杆伸出窗口长度≥150mm，单侧拉帘时，窗帘杆伸出窗口长度≥200mm
58	户内	起居室、客厅、卧室、书房、餐厅	室内门	主材：复合材质门扇，钢制覆膜门框。 1. 颜色：符合房屋整体装修效果。 2. 规格：应符合门洞口预留尺寸。 3. 木材含水率：应不大于 10%。 4. 门扇、门框外观良好，无划痕、碰伤，无掉漆、起泡，无翘曲、变形。 5. 甲醛释放限量应符合《室内装饰装修材料、人造板及其制品中甲醛释放限量》GB 18580—2008 要求。 6. 门框材质为镀锌钢板厚度 1mm，表面包覆 60g/m² 自重 3D 木纹纸。 7. 铰链：无生锈、使用灵活。 8. 锁具：不锈钢材质、相关性能符合《锁具安全通用技术条件》GB 21556—2008 要求。ABS 锁舌槽。 9. 门吸：坚固、耐用，与地面（或墙面）有可靠连接	1. 允许偏差： 　框的正、侧面垂直度≤3mm； 　框的对角线长度≤2mm； 　框与扇接触处高低差≤2mm； 　门扇与框的留缝宽度 1.5～2mm； 　内门与地面留缝宽度≤5mm； 　厨卫间门与地面留缝宽度≤12mm。 2. 贴脸线：厚度与踢脚线一致

序号	区域	装修部位	项目	装配式装修标准	
				主材	质量标准
59	户内	起居室、客厅、卧室、书房、餐厅、厨房、卫生间	门吸	主材:金属材质 安装形式:墙装式、地装式	1. 防止在搬运中出现的碰伤。 2. 清洁时,不要弄湿金属镀件,先用软布或干棉纱除灰尘,再用干布擦拭,保持干燥。不可以使用有颜色的清洁剂,或用力破坏表面层。 3. 固定端全部和门端门吸贴合。 4. 门吸安装坚实牢固,不可有松动。 5. 固定点不少于 3 个,非主体结构墙墙采用木楔子固定
60	户内	厨房	墙面	主材:快装轻质墙面(厨房) 1. 外观:颜色符合房屋整体装修效果。 2. 厚度:8mm。 3. 面层:钛晶包覆板。 4. 密度:＞1.4g/cm³。 5. 含水率:≤10%。 6. 湿涨率:≤0.25%。 7. 不透水性:24h 反面不得出现水滴。 8. 抗折强度:Ⅲ级。 9. 放射性核素限量:国标。 10. 石棉含量:无。 11. 甲醛释放量:≤0.2mg/L。 12. 硬度:铅笔硬度 2H。 13. 涂层附着力、涂层耐溶剂性、涂层耐沾污性、抗冲击性。 14. 不燃性。 15. 丁字形涨塞: φ10×40mm、φ10mm×60mm、φ10×80mm。 16. 横向龙骨:C 型 38 龙骨 38×10×0.8(mm)。	1. 后置埋件、连接件的数量、规格、位置、连接方法和防腐处理须符合设计要求,后置埋件现场拉拔强度必须符合设计要求。 2. 板材表面应平整、洁净、色泽一致,无裂痕和缺损。 3. 嵌缝应密实、平直,宽度和深度应符合设计要求,嵌填材料色泽应一致。 4. 允许偏差:(轻钢龙骨与包覆硅酸钙板) 立面垂直度≤2mm; 表面平整度≤1.5mm; 阴阳角方正≤2mm; 接缝直线度≤2mm; 接缝高低差≤0.5mm
61	户内	厨房	顶棚	主材:包覆硅酸钙板吊顶 1. 颜色:符合房屋整体装修效果。 2. 龙骨:覆膜铝型材"几"字形边龙骨和"上"字形龙骨,材料表面洁净、色泽一致,龙骨不得扭曲、变形。 3. 板材:厚度 5mm,材料表面应洁净、色泽一致,不得有翘曲、裂缝及缺损	1. 安装应牢固可靠,间距符合设计要求、四周平顺。 2. 吊顶饰面板与龙骨连接紧密牢固,阴阳角收边方正。 3. 灯具、风扇等设备的安装必须牢固。 4. 阴角采用 45°拼接方式。 5. 允许偏差: 表面平整度≤3mm; 接缝直线度≤3mm; 接缝高低差≤2mm
62	户内	厨房	地面	模块式快装采暖地面 地暖模块(快装集成地暖模块) 1. 地暖模块选用材质:镀锌钢板厚度 1mm。模塑聚苯板盘管隔热层 28mm,无石棉硅酸钙板散热层 10mm,标准板尺寸为宽度 400mm、厚度 39mm。 2. 地暖模块与地暖模块及地脚组件连接牢固,无松动。 3. 地暖加热管材质选用 PE-RT De16×2。 4. 地暖供热管埋设于成品地暖模块内	1. 地暖模块应排列整齐,接缝均匀,周边顺直。 2. 地暖加热管的材料,规格及铺设间距、弯曲半径应符合设计要求并固定牢固。 检验方法:观察、尺量检查。 3. 敷设于地暖模块内的加热管不应有接头。 检验方法:隐蔽前观察检查。 4. 加热管隐蔽前必须进行水压试验,试验压力为工作压力 1.5 倍,但不小于 0.6MPa。 检验方法:稳压 1h 内压力降不大于 0.05MPa 且不渗不漏。 5. 加热管弯曲部分不得出现硬折弯现象,曲率半径不应小于管道外径的 8 倍。 检验方法:尺量检查。 6. 加热管管径、间距和长度应符合设计要求,间距偏差不大于±10mm。 检验方法:拉线和尺量检查。 7. 地暖模块间管路需保护套管保护。 8. 房间散热量应符合设计要求

续表

序号	区域	装修部位	项目	装配式装修标准	
				主材	质量标准
63	户内	厨房	厨房门	主材:复合门 同装配式装修 1.0 版标准卧室户内门要求	1. 允许偏差: 　框的正、侧面垂直度≤3mm; 　框的对角线长度≤2mm; 　框与扇接触处高低差≤2mm; 　门扇与框的留缝宽度 1.5～2mm; 　内门与地面留缝宽度≤5mm; 　厨卫间门与地面留缝宽度≤12mm。 2. 贴脸线:厚度与踢脚线一致
64	户内	厨房	整体橱柜	1. 布置形式:"一"字形、"L"形。 2. 空间位置:地柜、吊柜。 3. 外观:应符合房屋整体装修效果,使用方便,具有足够的收纳空间。 4. 尺寸:底柜(宽×高)520mm×820mm,吊柜(宽×高)350mm×600mm。 5. 柜门板:基板采用三聚氰胺防潮中密度刨花板,80%以上柜门尺寸应统一。 6. 柜体板:使用 16mm 厚双饰面三聚氰胺防潮中密度刨花板,使用与柜体板同色PVC 封边条四周封边,封边条厚度不小于0.6mm,柜体前端开门后见光面采用与门板同色的 2.0mm 封边条,使用环保热溶胶粘结。 7. 背板:使用 5mm 厚与柜身板同色的双饰面三聚氰胺纤维板。 8. 台面:(1)人造石台面板材厚度≥18mm;(2)不锈钢台面钢板厚度≥2mm。 9. 铰链:采用高级快装无阻尼铰链。 10. 拉手:无锈蚀,无毛刺锐棱。 11. 可调地脚:表面无凹痕、断牙等缺陷,应有±15mm 可调范围,应能承受 50kg 及以上的能力。 12. 洗菜盆:尺寸应与整体橱柜配合一致,材质为不锈钢厚度 0.8mm,下水口位置应偏向橱柜台面内侧,水槽柜柜体应采取防水防潮措施。 13. 环保:材料应符合《环境标志产品技术要求-橱柜》要求	1. 人造板、贴面板、封边带、人造石、五金件等材料的合格证件及检测报告齐全有效。 2. 同一套柜体表面颜色无明显色差,褪色、掉色、漏漆、发黏等缺陷,台板做工细腻,手感光滑且有光洁度,无凹凸、无划痕磕碰伤、崩角和刃口等缺陷,外表面的倒棱、圆角、圆线应均匀一致。 3. 各种配件、连接件安装应严密、平整、端正、牢固,结合处无崩茬或松动,不得缺件、漏钉、透钉,启闭部件,如门、抽屉、转篮等零配件应启闭灵活、无噪声。 4. 台面应合理布置洗、切、炒位置。 5. 台盆下水口应靠墙侧,留出下柜储物空间。 6. 吊柜与吊顶缝隙应≤1mm,并打胶封闭。 7. 允许偏差: 　外形尺寸≤3mm; 　两端高低差≤2mm; 　立面垂直度≤2mm; 　上下口平直度≤2mm; 　柜门与门框错台≤2mm; 　柜门与上框间隙≤0.7mm; 　柜门并缝或与两边框间隙≤1mm; 　柜门与下框间隙≤1.5mm
65	户内	厨房	排烟机	1. 排放方式:同层直排方式(若结构已经预留烟道则采用普通排烟机)。 2. 安装方式:壁挂式。 3. 安装位置:在灶具正上方与灶具同一轴心线上,且应保持左、前、后位置的水平,吸油烟机底端到灶面的距离应为 650～750mm。 4. 外观:美观大方,与整体橱柜和谐,符合房屋装修整体效果。 5. 结构尺寸:外形尺寸和排风管的内径尺寸应与整体橱柜尺寸相配合。 6. 噪声:应符合 GB 19606—2004 要求。 7. 性能:应符合《吸油烟机》GB 17713—2011 要求	1. 安装面应牢固结实,安装高度应符合要求; 2. 止逆阀应固定牢固,动作可靠; 3. 排风出口到机体的距离不宜过长,转弯 半径尽可能大且少转弯; 4. 排烟管伸出户外或通进烟道,接口处要严密,防止室外水倒灌

续表

序号	区域	装修部位	项目	装配式装修标准	
				主材	质量标准
66	户内	厨房	灶具	1. 结构形式:嵌入式。 2. 灶眼数:双眼灶。 3. 性能:应符合《家用燃气灶具》GB 16410—2007 要求。 4. 点火方式:带脉冲点火。 5. 进风方式:上进风型或后进风型。 6. 外观:美观大方,与整体橱柜和谐,符合房屋装修整体效果,炉碟、炉架、炉面配合良好,平正安全稳固,炉脚支撑可靠不歪斜,表面喷涂光洁,附着可靠,使用时受热部位受热后不变色,不剥离,不起泡,电镀件镀层均匀,颜色光亮。 7. 挖孔尺寸:不大于 680mm×360mm。 8. 必须具备自动熄火保护装置	1. 燃气灶安装牢固,应能防振动冲击,不应倾斜、龟裂、破损、出现安全故障。 2. 连接金属管、燃气阀、金属柔性管和强化软管应无附加应力,并应牢固。 3. 不应对燃气表、燃气管或电器设备产生影响,主要指辐射热和烟气影响
67	户内	厨房	洗菜盆	1. 采用不锈钢台下盆,其规格应符合设计及国家相关标准的规定。 2. 洗菜盆产品应平整无损裂。排水栓应有不小于 8mm 直径的溢流孔。 3. 排水栓与洗菜盆让接时排水栓溢流孔应尽量对准洗菜盆溢流孔以保证溢流部位畅通,镶接后排水栓上端面应低于洗菜盆底。 4. 安装前,应与整体橱柜操作台面统一规格,便于台面加工时开洞	1. 洗菜盆应安装牢固无松动,托架固定螺栓可采用不小于 6mm 的镀锌开脚螺栓或镀锌金属膨胀螺栓(如墙体是多孔砖,则严禁使用膨胀螺栓)。 2. 洗菜盆与排水管连接后应牢固密实,且便于拆卸,连接处不得敞口。洗菜盆与操作台面接触部应用硅膏嵌缝
68	户内	厨房	混水龙头	按设计及国家相关标准执行	按设计及国家相关标准执行
69	户内	卫生间	墙面	主材:快装轻质墙面(卫生间) 1. 外观:颜色符合房屋整体装修效果。 2. 厚度:8mm。 3. 面层:钛晶包覆板。 4. 密度:>1.4g/cm³。 5. 含水率:≤10%。 6. 湿涨率:≤0.25%。 7. 不透水性:24h 反面不得出现水滴。 8. 抗折强度:Ⅲ级。 9. 放射性核素限量:国标 10. 石棉含量:无。 11. 甲醛释放量:≤0.2mg/L。 12. 硬度:铅笔硬度 2H。 13. 涂层附着力、涂层耐溶剂性、涂层耐沾污性、抗冲击性。 14. 不燃性。 15. 丁字形涨塞: φ10×40mm、φ10×60mm、φ10×80mm。 16. 横向龙骨:C 型 38 龙骨 38×10×0.8(mm)。 17. 防水隔膜:PE 防水膜 0.35mm 厚,卫生间内侧做一层	1. 后置埋件、连接件的数量、规格、位置、连接方法和防腐处理须符合设计要求,后置埋件现场拉拔强度必须符合设计要求。 2. 板材表面应平整、洁净、色泽一致,无裂痕和缺损。 3. 嵌缝应密实、平直,宽度和深度应符合设计要求,嵌填材料色泽应一致。 4. 允许偏差:(轻钢龙骨与包覆硅酸钙板) 立面垂直度≤2mm; 表面平整度≤1.5mm; 阴阳角方正≤2mm; 接缝直线度≤2mm; 接缝高低差≤0.5mm

续表

序号	区域	装修部位	项目	装配式装修标准	
				主材	质量标准
70	户内	卫生间	吊顶	主材:包覆硅酸钙板吊顶 1. 颜色:符合房屋整体装修效果。 2. 龙骨:覆膜铝型材"几"字形边龙骨和"上"字形龙骨,材料表面洁净、色泽一致,龙骨不得扭曲、变形。 3. 板材:厚度 5mm,材料表面应洁净、色泽一致,不得有翘曲、裂缝及缺损	1. 主龙骨的相互间距≤1.2m,主龙骨端部距离墙体的间距≤0.3m,当大于 0.3m 时,应增加吊杆。 2. 固定板材的次龙骨间距≤600mm。 3. 收边条采用胶粘方式,阴角采用 45°拼接方式。 4. 允许偏差: 表面平整度≤2mm; 接缝直线度≤1.5mm; 接缝高低差≤1mm
71	户内	卫生间	地面	主材:卫生间整体防水底盘 19mm 厚轻薄型架空地板(承压层)	卫生间整体防水底盘外观无破损、毛刺、固化不良、变形等缺陷,防水无渗漏
72	户内	卫生间	门	主材:木塑门扇或硅酸钙板复合门扇、钢制覆膜门套(须满足卫生间防水要求)。 1. 门扇:45mm 厚,0.8mm 厚 PVC 顶底部封边条收口。 2. ABS 防水门套垫脚。 3. 塑料定制连接角码。 其他同装配式装修 1.0 版标准卧室户内门要求	1. 允许偏差: 框的正、侧面垂直度≤3mm; 框的对角线长度≤2mm; 框与扇接触处高低差≤2mm; 门扇与框的留缝宽度 1.5~2mm; 内门与地面留缝宽度≤5mm; 厨卫间门与地面留缝宽度≤12mm。 2. 贴脸线:厚度与踢脚线一致
73	户内	卫生间	坐便器	马桶为同层排水马桶。 1. 结构:大、小便分档冲洗。 2. 水量:大便冲洗用水量≤6L,小便冲洗用水量≤4.5L。 3. 规格尺寸:长 645mm,宽≤360mm。 4. 马桶下水孔距墙(装饰层)孔距:305mm。 5. 允许最大变形值(mm):6mm。 6. 吸水率:≤0.3%。 7. 水封:深度不小于 50mm,面积≥100mm×85mm。 8. 存水弯最小管径:≥41mm。 9. 固体物排放功能:球排放三次试验平均数≥90 个。 10. 水封回复功能:每次冲洗后深度≥50mm。 11. 污物冲洗功能:墨线试验后,残留墨线总长度≤50mm,每一段残留长度≤13mm。 12. 进水阀强度:≤0.6mpa,性能可靠。 13. 有效水量的排水量:≥1.5L/s。 14. 有效水量的进水时间(0.005MPa):120s	1. 安装位置准确,与地面或墙面连接牢固,接触部位均应采用硅酮胶或防水密封条密封,陶瓷类器具不得使用水泥砂浆窝嵌。 2. 角阀接口无渗漏; 3. 箱内自动阀启闭灵活; 4. 水位计限位准确
74	户内	卫生间	洗脸盆	1. 型式:台下盆带下柜。 2. 台下盆尺寸:不大于 700mm×500mm。 3. 吸水率:≤0.29%。 4. 耐荷重性:≥1.1kN。 5. 柜体应有采取防水防潮措施	按设计及国家相关标准执行
75	户内	卫生间	水盆柜	按设计及国家相关标准执行	按设计及国家相关标准执行
76	户内	卫生间	混水龙头	按设计及国家相关标准执行	按设计及国家相关标准执行

续表

序号	区域	装修部位	项目	装配式装修标准	
				主材	质量标准
77	户内	卫生间	毛巾杆	1. 材质:材质应选用品质高于不锈钢302的优质钢。 2. 应满足日常洗浴用品的收纳要求。 3. 毛巾杆长度应满足4条毛巾展开放置。 4. 应集成漱口杯架的功能。	1. 安装位置正确、对称、牢固,横平竖直无变形,镀膜光洁无损伤,无污染,护口遮盖严密与墙面靠实无缝隙,外露螺丝卧平,整体美观。 2. 安装高度距台盆不小于500mm,无台盆距地1200mm
78	户内	卫生间	浴帘杆	1. 材质:材质应选用品质高于不锈钢302的优质钢。 2. 应满足日常洗浴要求	1. 安装位置正确、对称、牢固,横平竖直无变形。 2. 镀膜光洁无损伤,无污染。 3. 护口遮盖严密与墙面靠实无缝隙,外露螺丝卧平,整体美观
79	户内	卫生间	盥洗镜	1. 尺寸(高×宽):不小于700mm×500mm。 2. 厚度:5mm。 3. 涂层:厚度应均匀一致,且≥0.04mm	1. 表面无划痕、破损和污迹。 2. 镜体及辅助材料的固定位置和方法必须符合设计要求,安装必须牢固无松动
80	户内	卫生间	镜前灯	1. 材质:LED灯。 2. 安装高度:在镜子上面墙上,中线与镜子重合,高度1.7~1.8m之间或按设计要求,应满足日常使用要求	安装位置正确,牢固,表面无污染,整体美观
81	户内	卫生间	电热水器	1. 安全标准:产品符合国家安全标准《家用和类似用途电器的安全储水式热水器的特殊要求》GB 4706.12—2006,获得CCC认证证书,且满足GB 4706.12—2006附录AA要求。 2. 节能标准:产品能效须达到国家标准《储水式电热水器能效限定值及能效等级》GB 21519—2008中能效2级及以上水平。 3. 环保标准:符合国家环保要求,采用环戊烷、HCFC141b或HFC245fa环保发泡剂。 4. 额定容量大于40L,容器脉冲压力应符合国家标准《储水式电热水器》GB/T 20289—2006的要求。 5. 尺寸要求:电热水器尺寸应不大于700mm×400mm。 6. 宽电压设计:产品可以在187~242V电压波动范围内正常启动。 7. 最大功率:不高于2000W	1. 内胆包用年限:内胆包用年限不低于5年,自产品安装验收合格之日起算起。 2. 储水式电热水器应具备排污功能。 3. 安装高度不低于1.8m。 4. 安装面应坚固结实,承载能力应不低于热水器注满水后4倍的质量。 5. 通水管路固定牢固,连接严密,无跑冒滴漏现象。
82	户内	卫生间	淋浴器	按设计及国家相关标准执行	按设计及国家相关标准执行
83	户内	卫生间	浴室物品架	1. 材质:材质应选用品质高于不锈钢302的优质钢。 2. 应满足日常洗浴用品的收纳要求	1. 安装位置正确、对称、牢固,横平竖直无变形。 2. 镀膜光洁无损伤,无污染。 3. 护口遮盖严密与墙面靠实无缝隙,外露螺丝卧平,整体美观
84	户内	卫生间	地漏	应采用同层排水防臭地漏,其他按设计及国家相关标准要求执行。	按设计及国家相关标准执行。
85	户内	卫生间	排风扇	1. 类型:导管排气型。 2. 换气方式:排出式。 3. 换气量:≥12次/h。 4. 尺寸:应符合卫生间整体装修效果,吊顶开孔尺寸300mm×300mm	1. 安装位置应与吊顶造型、分块、灯具和谐统一,避开淋浴正上方,靠近气味潮气产生位置。 2. 安装应牢固、可靠,无松动

续表

序号	区域	装修部位	项目	装配式装修标准	
				主材	质量标准
86	户内	卫生间	等电位箱	按设计及国家相关标准执行	按设计及国家相关标准执行
87	户内	卫生间	卫生间墙面防水	1. 防水隔膜应竖向铺贴,搭接宽度100mm。隔膜底部搭接于整体卫生间底盘,形成整体防水体系。 2. 防水隔膜为0.35mm厚PE膜。 3. PE土工膜物理力学性能指标应符合相关规范要求。 4. PE土工膜宽度与长度的选择应符合下列原则: ① 在满足厚度要求的前提下,应使膜在施工时接缝最少; ② 每卷膜材的重量不宜超过1t; ③ 应根据工程实际尺寸、面积、市场产品规格与工厂生产能力等条件确定	PE土工膜施工质量需满足《聚乙烯(PE)土工膜防渗工程技术规范》SL/T 231—98规定
88	户内	卫生间	卫生间地面防水	1. 第一道为涂膜防水层; 2. 第二道为整体卫生间底盘防水层	1. 涂膜防水层应涂刷均匀、不露底,厚度满足产品技术要求的规定。 2. 涂膜防水层应从地面延伸到墙面,高出地面≥250mm。 3. 整体卫生间底盘边缘上翻50mm,厚度不小于4mm。与地漏、排水口等相接处接缝、严密,不渗漏。 4. 墙面满铺防水隔膜,防水隔膜与整体卫生间底盘搭接闭合
89	户内	洗衣机位	地面防水	洗衣机底盘为PC-ABS材质,厚度4mm,区域为洗衣机及地漏位置,洗衣机底盘外圈需设置挡水功能	同卫生间地面防水标准要求
90	户内	洗衣机位	地漏	1. 采用洗衣机专用地漏,材质:不锈钢。 2. 内外表面应光滑、平整,不允许有气泡、裂口和明显的痕纹、凹陷,并应完整无缺损,浇口及溢边应平整塑料地漏不允许有色泽不均及分解变色线	1. 有水封地漏的水封深度应不小于50mm。 2. 有足够强度,承受水压不小于0.2MPa;30s本体无泄漏、无变形。 3. 排水中的杂物不易沉淀下来
91	户内	洗衣机位	水龙头	用洗衣机专用不锈钢水龙头,其他按设计及国家相关标准执行	按设计及国家相关标准执行
92	户内	厨房阳台	墙面	主材:快装轻质墙面(厨房) 1. 外观:颜色符合房屋整体装修效果。 2. 厚度:8mm。 3. 面层:钛晶包覆板。 4. 密度:>1.4g/cm²。 5. 含水率:≤10%。 6. 湿涨率:≤0.25%。 7. 不透水性:24h反面不得出现水滴。 8. 抗折强度:Ⅲ级。 9. 放射性核素限量:国标。 10. 石棉含量:无。 11. 甲醛释放量:≤0.2mg/L。 12. 硬度:铅笔硬度2H。 13. 涂层附着力、涂层耐溶剂性、涂层耐沾污性、抗冲击性。 14. 不燃性。 15. 丁字形涨塞: $\phi10\times40$mm、$\phi10\times60$mm、$\phi10\times80$mm。 16. 横向龙骨:C型38龙骨38×10×0.8(mm)。	1. 后置埋件、连接件的数量、规格、位置、连接方法和防腐处理须符合设计要求,后置埋件现场拉拔强度必须符合设计要求。 2. 板材表面应平整、洁净、色泽一致,无裂痕和缺损。 3. 嵌缝应密实、平直,宽度和深度应符合设计要求,嵌填材料色泽应一致。 4. 允许偏差:(轻钢龙骨与包覆硅酸钙板) 立面垂直度≤2mm; 表面平整度≤1.5mm; 阴阳角方正≤2mm; 接缝直线度≤2mm; 接缝高低差≤0.5mm

序号	区域	装修部位	项目	装配式装修标准	
				主材	质量标准
93	户内	厨房阳台	顶棚	主材:水性耐擦洗环保涂料 1. 颜色:符合房屋整体装修效果。 2. 光泽度:亚光。 3. 耐碱性:24h 无异常。 4. 干燥时间(表面):≤2 小时。 5. 对比率(白色和浅色):≥0.95。 6. 耐洗刷性:≥5000 次。 7. 耐水性:较好。 8. 护色性:较好。 9. 有害物质限量:应符合《室内装饰装修材料内墙涂料中有害物质限量》GB 18582—2008 要求。 10. 通过《中国环境标志产品认证》。 11. 满足材料行业标准和环保要求	1. 允许偏差: 表面平整度≤3mm; 顶棚水平度≤10mm。 2. 无裂缝、空鼓。 3. 颜色均匀一致
94	户内	厨房阳台	地面	模块式快装采暖地面 地暖模块(快装集成地暖模块) 1. 地暖模块选用材质:镀锌钢板厚度1mm。模塑聚苯板盘管隔热层28mm,无石棉硅酸钙板散热层 10mm,标准板尺寸为宽度400mm、厚度39mm。 2. 地暖模块与地暖模块及地脚组件连接牢固,无松动。 3. 地暖加热管材质选用 PE-RT De16×2。 4. 地暖供热管埋设于成品地暖模块内	1. 地暖模块应排列整齐,接缝均匀,周边顺直。 2. 地暖加热管的材料、规格及铺设间距、弯曲半径应符合设计要求并固定牢固。 检验方法:观察、尺量检查。 3. 敷设于地暖模块内的加热管不应有接头。 检验方法:隐蔽前观察检查。 4. 加热管隐蔽前必须进行水压试验,试验压力为工作压力 1.5 倍,但不小于 0.6MPa。 检验方法:稳压 1h 内压力降不大于 0.05MPa 且不渗不漏。 5. 加热管弯曲部分不得出现硬折弯现象,曲率半径不应小于管道外径的 8 倍。 检验方法:尺量检查。 6. 加热管管径、间距和长度应符合设计要求,间距偏差不大于±10mm。 检验方法:拉线和尺量检查。 7. 地暖模块间管路需保护套管保护。 8. 房间散热量应符合设计要求
95	户内	厨房阳台	踢脚线	主材:木塑踢脚线 1. 外观:颜色符合房屋整体装修效果。 2. 高度:90mm。 3. 安装施工质量符合《高级建筑装饰工程质量验收标准》DBJ/T 01-27—2003 要求	1. 踢脚线表面光滑,接缝严密,高度一致。 检验方法:观察和钢尺检查。 2. 踢脚线上口平齐≤3mm。 检验方法:拉 5m 通线,不足 5m 拉通线和用钢尺检查。
96	户内	厨房阳台	栏杆、栏板	按设计及国家相关标准执行	按设计及国家相关标准执行

序号	区域	装修部位	项目	装配式装修标准	
				主材	质量标准
97	户内	生活阳台	墙面	主材:干挂架空墙面 1. 外观:颜色符合房屋整体装修效果。 2. 厚度:≥8mm。 3. 面层:UV包覆板。 4. 耐冲击性2.2kJ/m²。 5. 密度:>1.4g/cm³。 6. 含水率:≤10%。 7. 湿涨率:≤0.25%。 8. 不透水性:24h反面不得出现水滴。 9. 抗折强度:Ⅲ级。 10. 放射性核素限量:国标 11. 石棉含量:无。 12. 甲醛释放量:≤0.2mg/L。 13. 硬:铅笔硬度2H。 14. 涂层附着力、涂层耐溶剂性、涂层耐沾污性、抗冲击性。 15. 不燃性。 16. 丁字形涨塞: ϕ10×40mm、ϕ10×60mm、ϕ10×80(mm) 17. 横向龙骨:C型38龙骨38×10×0.8(mm)	1. 后置埋件、连接件的数量、规格、位置、连接方法和防腐处理须符合设计要求,后置埋件现场拉拔强度必须符合设计要求。 2. 板材表面应平整、洁净、色泽一致,无裂痕和缺损。 3. 嵌缝应密实、平直,宽度和深度应符合设计要求,嵌填材料色泽应一致。 4. 允许偏差:(轻钢龙骨与包覆硅酸钙板) 　立面垂直度≤2mm; 　表面平整度≤1.5mm; 　阴阳角方正≤2mm; 　接缝直线度≤2mm; 　接缝高低差≤0.5mm
98	户内	生活阳台	顶棚	主材:水性耐擦洗环保涂料 1. 颜色:符合房屋整体装修效果。 2. 光泽度:亚光。 3. 耐碱性:24h无异常。 4. 干燥时间(表面):≤2小时。 5. 对比率(白色和浅色):≥0.95。 6. 耐洗刷性:≥5000次。 7. 耐水性:较好。 8. 护色性:较好。 9. 有害物质限量:应符合《室内装饰装修材料内墙涂料中有害物质限量》GB 18582—2008要求。 10. 通过《中国环境标志产品认证》。 11. 满足材料行业标准和环保要求	1. 允许偏差: 　表面平整度≤3mm; 　顶棚水平度≤10mm。 2. 无裂缝、空鼓。 3. 颜色均匀一致
99	户内	生活阳台	地面	模块式快装采暖地面 地暖模块(快装集成地暖模块) 1. 地暖模块选用材质:镀锌钢板厚度1mm。模塑聚苯板盘管隔热层28mm,无石棉硅酸钙板散热层10mm,标准板尺寸为宽度400mm、厚度39mm。 2. 地暖模块与地暖模块及地脚组件连接牢固,无松动。 3. 地暖加热管材质选用PE-RT De16×2。 4. 地暖供热管埋设于成品地暖模块内	1. 地暖模块应排列整齐,接缝均匀,周边顺直。 2. 地暖加热管的材料,规格及铺设间距、弯曲半径应符合设计要求并固定牢固。 　检验方法:观察、尺量检查。 3. 敷设于地暖模块内的加热管不应有接头。 　检验方法:隐蔽前观察检查。 4. 加热管隐蔽前必须进行水压试验,试验压力为工作压力1.5倍,但不小于0.6MPa。 　检验方法:稳压1h内压力降不大于0.05MPa且不渗不漏。 5. 加热管弯曲部分不得出现硬折弯现象,曲率半径不应小于管道外径的8倍 　检验方法:尺量检查。 6. 加热管管径、间距和长度应符合设计要求,间距偏差不大于±10mm。 　检验方法:拉线和尺量检查。 7. 地暖模块间管路需保护套管保护。 8. 房间散热量应符合设计要求

序号	区域	装修部位	项目	装配式装修标准	
				主材	质量标准
100	户内	生活阳台	踢脚线	主材:木塑踢脚线 1. 外观:颜色符合房屋整体装修效果。 2. 高度:90mm。 3. 安装施工质量符合《高级建筑装饰工程质量验收标准》DBJ/T 01-27—2003 要求	1. 踢脚线表面光滑,接缝严密,高度一致。 检验方法:观察和钢尺检查 2. 踢脚线上口平齐≤3mm。 检验方法:拉 5m 通线,不足 5m 拉通线和用钢尺检查
101	户内	生活阳台	晾衣杆	1. 简装配置,不锈钢材质。 2. 不锈钢管通径 DN25,壁厚≥2.0mm	固定牢固,有防脱落措施
102	户内	生活阳台	栏杆、栏板	按设计及国家相关标准执行	按设计及国家相关标准执行
103	户内	强电系统	开关、插座	1. 开关性能:符合《家用和类似用途固定式电气装置的开关》GB 16915.1—2003/IEC 669-1 第一部分:通用要求。 2. 插座性能:符合《家用和类似用途插头插座》GB 2099.1—2008 第一部分:通用要求。 3. 面板:材料为 PC 料,表面应具有良好的光泽,阻燃性能应通过 650℃灼热丝温度试验要求。 4. 底壳:材料 PC 料或尼龙料,阻燃性能应通过 850℃灼热丝温度试验要求。 5. 开关触点:铝合金触点,动静触点分开后,绝缘电阻不小于 5MΩ。 6. 插座铜片:为锡磷青铜或耐热铜,表面洁净不能有氧化污垢,厚度不小于 0.6mm,不同极性之间绝缘电阻不小于 5MΩ。 7. 产品按国家规定要求通过安全认证并获得证书 8. 厨房、卫生间应使用防溅插座。 9. 安装电源插座时,面向插座的左侧应接零线(N),右侧应接相线(L),中间上方应接保护地线(PE)。PE 线在插座间不串联连接。 10. 其余未尽事宜按设计及国家相关标准执行	1. 照明开关:位置便于操作,边缘距门框距离 0.15~0.2m,距地面高度 1.3m。 2. 插座:相零接线正确,无虚接。 3. 开关插座允许偏差: 　并列高度差≤0.5mm; 　同一场所高度差≤5mm; 　板面垂直度≤0.5mm
104	户内	强电系统	灯具	1. 类型:起居室、卧室使用普通节能吸顶灯,厨房、卫生间使用防水防尘灯。 2. 照度要求:起居室、卧室的一般活动区≥30lx,书写、阅读区≥200lx,厨房≥90lx,卫生间≥15lx。 3. 色温:3500~4500K,冷白色。 4. 灯具须具有安全认证标志,防爆灯具应有防爆产品合格证。 5. 卧室、起居室、阳台灯具选型应一致,选用纯白色灯罩	1. 灯具安装位置以美观为原则,尽量居中。 2. 固定牢固可靠,不使用木楔。每个灯具固定用螺丝或螺栓不少于 2 个
105	户内	强电系统	配电箱及组件	配电箱箱体采用金属材质,禁止采用塑料材质箱体。 其余要求依据设计及相关国家规范执行	依据设计及相关国家规范执行

续表

序号	区域	装修部位	项目	装配式装修标准	
				主材	质量标准
106	户内	强电系统	电缆	依据设计及相关国家规范执行	依据设计及相关国家规范执行
107			电线	依据设计及相关国家规范执行	依据设计及相关国家规范执行
108	户内	弱电系统	户内配电箱	配电箱箱体采用金属材质,禁止采用塑料材质箱体。 其余要求依据设计及相关国家规范执行	检查项目 / 允许偏差 垂直度(每米) / 1.2/1000 成排盘面平整度 / 4mm 盘间接缝 / 2mm 测量方法:吊线、尺量、塞尺检查
109			电视、电话、网络、门禁	依据设计及相关国家规范执行	依据设计及相关国家规范执行
110			线缆	依据设计及国家相关标准执行	依据设计及国家相关标准执行
111			管材	依据设计及相关国家规范执行	依据设计及相关国家规范执行
112	户内	暖气片采暖系统	散热器	1. 散热器最小工作压力应不小于0.4MPa,且应满足采暖系统的工作压力要求。 2. 散热器壁厚不应小于1.3mm。 3. 散热器管接口螺纹应保证3~5扣完成无缺陷,每组散热器应设置活动手动跑风一个。 4. 散热器焊缝应平直、均匀、整齐、美观,不得有裂纹、气孔、未焊透和烧穿等缺陷。 5. 散热器表面涂刷材料应无毒无味,在高温下不能产生对人体有害物质,也不能降低其本身的物理性能,表面应光滑、平整、均匀,不得有气泡、堆积、流淌和漏喷,表面不得有明显变形、划痕、碰上和毛刺。 6. 满足材料行业标准和环保要求	1. 散热器支管应有坡度,当支管全长小于0.5m时,坡度值为5mm,大于0.5m时为10mm。 2. 散热器与管道连接,必须安装活节,阀门宜紧靠散热器。 3. 散热器的安装高度一般距地面100~200mm,离墙净距40mm,散热器在窗下安装应居中,顶部距窗台板的距离不得小于50mm。 4. 散热器托架安装,位置应正确,埋设应平整且牢固
113	户内	地采暖系统	管材、保温反射层、保护层	模块式快装采暖地面 地暖模块(快装集成地暖模块) 1. 地暖模块选用材质:镀锌钢板厚度1mm。模塑聚苯板盘管隔热层28mm,无石棉硅酸钙板散热层10mm,标准板尺寸为宽度400mm、厚度39mm。 2. 地暖模块与地暖模块及地脚组件连接牢固,无松动。 3. 地暖加热管材质选用PE-RT De16×2。 4. 地暖供热管埋设于成品地暖模块内	1. 地暖模块应排列整齐,接缝均匀,周边顺直。 2. 地暖加热管的材料,规格及铺设间距、弯曲半径应符合设计要求并固定牢固。 检验方法:观察、尺量检查。 3. 敷设于地暖模块内的加热管不应有接头。 检验方法:隐蔽前观察检查。 4. 加热管隐蔽前必须进行水压试验,试验压力为工作压力1.5倍,但不小于0.6MPa。 检验方法:稳压1h内压力降不大于0.05MPa且不渗漏。 5. 加热管弯曲部分不得出现硬折弯现象,曲率半径不应小于管道外径的8倍。 检验方法:尺量检查。 6. 加热管管径、间距和长度应符合设计要求,间距偏差不大于±10mm。 检验方法:拉线和尺量检查。 7. 地暖模块间管路需保护套管保护。 8. 房间散热量应符合设计要求

续表

序号	区域	装修部位	项目	装配式装修标准	
				主材	质量标准
114	户内		分集水器	按设计及国家相关标准执行	按设计及国家相关标准执行
115	户内	地采暖系统	保温反射层	模块式快装采暖地面 地暖模块(快装集成地暖模块) 1. 地暖模块选用材质:镀锌钢板厚度1mm。模塑聚苯板盘管隔热层28mm,无石棉硅酸钙板散热层10mm,标准板尺寸为宽度400mm、厚度39mm。 2. 地暖模块与地暖模块及地脚组件连接牢固,无松动。 3. 地暖加热管材质选用PE-RT De16×2。 4. 地暖供热管埋设于成品地暖模块内	1. 地暖模块应排列整齐,接缝均匀,周边顺直。 2. 地暖加热管的材料、规格及铺设间距、弯曲半径应符合设计要求并固定牢固。 检验方法:观察、尺量检查。 3. 敷设于地暖模块内的加热管不应有接头。 检验方法:隐蔽前观察检查。 4. 加热管隐蔽前必须进行水压试验,试验压力为工作压力1.5倍,但不小于0.6MPa。 检验方法:稳压1h内压力降不大于0.05MPa且不渗不漏。 5. 加热管弯曲部分不得出现硬折弯现象,曲率半径不应小于管道外径的8倍。 检验方法:尺量检查。 6. 加热管管径、间距和长度应符合设计要求,间距偏差不大于±10mm。 检验方法:拉线和尺量检查。 7. 地暖模块间管路需保护套管保护。 8. 房间散热量应符合设计要求
116	户内		循环水泵	按设计及国家相关标准执行	按设计及国家相关标准执行
117	户内	燃气系统	燃气报警器、管道、燃气计量表	按设计及国家相关标准执行	按设计及国家相关标准执行
118			自来水	按设计及国家相关标准执行	按设计及国家相关标准执行
119			中水	按设计及国家相关标准执行	按设计及国家相关标准执行
120	户内	给排水管道	热水管道	1. 必须保证洗菜盆、洗手盆混水龙头与热水管道相连,随时有热水供应。 2. 无法提供热水需预留加热设备安装条件,在橱柜内部增设插座。 3. 按设计及国家相关标准执行	按设计及国家相关标准执行
121			厨房排水	按设计及国家相关标准执行	按设计及国家相关标准执行
122			卫生间排水	主材:HDPE或PP管材 连接方式:橡胶圈承插	按设计及国家相关标准执行

4.4.3 装配式装修工程施工图内容要求

装配式装修工程施工图设计,建议按通用类、公共区域部位以及户内部分分别编制施工图,并按卷分别装订,即:总图卷、公共区域卷、户型卷。下面分别表述每卷的要求。

1. 总图卷

总图单独成卷,包括如下主要内容:

（1）图纸封面

应包括工程名称、总卷数、第几卷、出图单位、日期等内容。

（2）图纸目录

图纸目录为包括总图卷、公共区域卷、户型卷三部分内容的总目录。编号清晰准确，与装订图纸编号一一对应。

（3）施工图设计说明

① 总则

工程概况应包括：工程名称；工程地点；项目面积、户型数量、户型面积、户型套数等统计数据；委托单位；设计方。

施工范围应包括：装饰部分；给水排水水及采暖部分；强电部分；弱电部分。

② 设计依据

应包括国家及北京市有关现行设计规范和规程、《装配式装修工程技术规程》QB/BPCH ZPSZX-2017、原设计图纸等。

③ 技术要求

图纸执行内容：不得擅自改动建筑主体、承重结构或主要使用功能；未经设计和建设单位同意，不得擅自拆改管线及配套设施、不得擅自改变图纸做法。

室内装修工程做法详见施工图。

通用做法列明详细的《材料做法表》。

材料选择要求：材料选择确认程序；材料选择应符合国家现行质量标准规定，严禁使用国家及北京市明令淘汰的材料；材料环保要求。

④ 施工说明

主要内容包括：装修部分；电气部分（强、弱电）；给、排水及中水部分；采暖部分。

⑤ 工程验收

列明验收依据。

注：以上部分由于内容较多，可分页制图，分页必须合理、方便查阅。

（4）房间用料表

按户内和公共区，分别列明每个功能区域墙面、地面、顶棚、踢脚等部位的材料名称及做法名称。

（5）材料做法表

墙面、地面、顶棚、踢脚等构造做法、分层材料厚度及总厚度。

（6）材料明细表及各项性能要求

装饰、设备、五金配件材料清单，包含材质名称、材料规格及各项性能要求（如燃烧性能、耐磨性能、承载力等）。

（7）图例

单列一张图纸。

（8）通用大样图

① 应在通用大样图上标明材料名称、规格、工艺做法。

② 通用大样图包括：通用隔墙大样图（轻质隔墙、混凝土基层涂装板安装大样、砌体基层涂装板安装大样、隔墙加固点位大样）；通用吊顶大样图；通用地面大样图（公共走廊、公共电梯厅、居室、阳台、卫生间等区域）；厨房、卫生间部品大样图；窗台板安装大样图；木门安装大样图；管井大样图（平面、立面）；浴帘杆、壁挂空调、电视机、给水阀等安装大样图；架空及非架空防水底盘、架空及非架空防水地面与门槛大样图；有防水及防火要求的分隔区域交界面大样图等。

2. 公共区域卷

公共区域的图纸单独成卷，包括如下主要内容：

（1）图纸封面

应包括工程名称、总卷数、第几卷、出图单位、日期等内容。

（2）设计说明

应标明所在楼栋，公共区域面积（按轴线中计算）等信息。

（3）首层公共区域地面管线综合布置图

（4）首层公共区域给水、中水、采暖管井大样图

（5）首层公共区域地面铺装图

（6）标准层公共区域给水、中水、采暖管井大样图

（7）标准层公共区域管线综合及地脚支撑平面布置图（给水、中水、采暖、弱电管线）；集成式给水管道材质及管径、分段管道尺寸及弯曲半径、专用管件设置位置

（8）标准层公共区域轻薄型模块及地脚支撑平面布置图

（9）标准层公共区域地面平衡层平面布置图

（10）标准层公共区域地面面层铺装图

注：不同平面形式的公共区域应分别设计，图纸分别编号并加入目录中。首层、标准层都按照大样图、地面铺装图分列。另外，如有其他形式的楼层，按照此方法出图。

3. 户型卷

项目中每个户型都需单独出图、单独成卷，户型设计图的主要内容包括：

（1）图纸封面

应包括工程名称、总卷数、第几卷、出图单位、日期等内容。

（2）设计说明

应标明该户型所在楼栋、面积、套数等信息。

（3）原始平面图

（4）深化设计平面图

应标明室内空间尺寸，功能区域划分、部品摆放位置、室内门开启方向。

（5）室内给水（中水）、排水、采暖、强电、弱电平面布置图及轴侧图（可分页出图）

（6）管线综合及地脚支撑平面布置图

应标明集成式给水管道材质及管径、分段管道尺寸及弯曲半径、专用管件设置位置。

（7）综合点位定位图

应标明插座、开关面板、温控、探测器等所有机电末端点位。

（8）地面面层铺装图

应标明地面材料铺装排版方式、过门石位置及尺寸。

（9）采暖模块布置图

应标明模块支撑地脚布置、模块分布、供暖管线布置等。

（10）墙体平面定位图

应包括龙骨排布位置、隔墙厚度（龙骨、岩棉、涂装板应分层表示）、隔墙尺寸、门洞口尺寸、结构墙面涂装板完成面尺寸、包管道尺寸及房间尺寸等。

（11）起居室、卧室、餐厅、厨房、卫生间墙面龙骨排布图

应包括龙骨平面及立面排布、加固位置龙骨排布等。

（12）起居室、卧室、餐厅、厨房、卫生间墙面立面饰面图

应包括涂装板排布、开关插座及加固点位等。

（13）综合天花布置图

应标明吊顶材料、铺装排版方式、吊顶标高、顶面灯具安装位置。

（14）厨房给水平面、立面立面图

应包括给水平面及立面布置、末端点位等定位。

（15）卫生间给水平面、立面图

应包括给水平面及立面布置、末端点位等定位。

（16）厨房部品部件布置图

包括橱柜立面图、平面图及详图，标明橱柜柜体尺寸、烟机及灶台安装位置。

（17）卫生间部品部件布置图

应包括马桶、盥洗柜、浴帘杆、毛巾杆、盥洗镜、淋浴器、热水器、加固点位及详图。

第5章
标准化设计管理工程案例分析

本章依然选取北京市保障性住房建设投资中心的建设项目为例，来说明在制定建设标准后，如何在具体工程项目中实施。标准化的目的是适应工业化大规模生产，从而提高品质、降低成本。但也会因此带来了对建筑产品同质化、建筑产品更新换代升级能力受限等方面的担心，下面通过两个项目案例来剖析如何在标准化户型产品的基础上实现预制结构构件的少规格、楼型组合多样性和建筑造型的多样性效果，从而实现项目的迭代升级。

5.1　工程案例1：同一项目间基于同户型同楼型的多样性实施效果

案例1为北京市通州台湖公共租赁住房项目，选择该项目作为本书案例，是基于该项目在同户型同楼型的标准化设计下，不同的外观效果的表达。项目分两个地块（B1地块和D1地块），结构形式为装配整体式剪力墙结构，装修采用装配式装修。两个地块采用四种标准户型、两种标准楼型（2T6及2T7）的设计，但是两个地块所呈现的外观效果是完全不同的。项目总体概况如图5.1-1和图5.1-2所示。

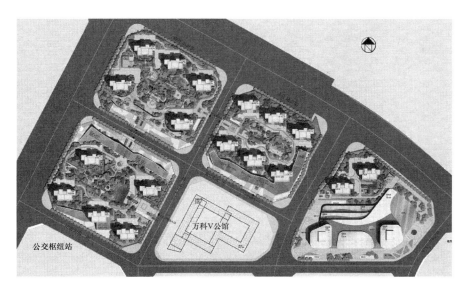

B1地块技术指标：

总建筑面积：347247m²

建筑层数：10～28层

建筑高度：79.4m

总户数：2670户

实施装配式建筑规模：

共16栋住宅楼，地上建

筑面积约164000m²

图 5.1-1　B1 地块总平面图

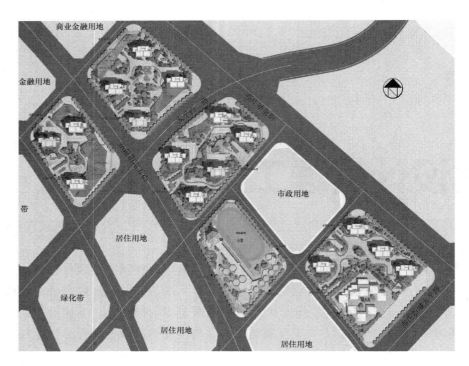

D1地块技术指标：

总建筑面积：217622m²

建筑层数：14～28层

建筑高度：79.4m

总户数：2388户

实施装配式建筑规模：

共有16栋住宅楼，地上建

筑面积约138154m²

图 5.1-2 D1 地块总平面图

5.1.1 对标《装配式建筑评价标准》评价项的技术体系应用情况

详见表 5.1.1-1～表 5.1.1-3。

<table>
<tr><td colspan="3" align="center">结构系统</td><td align="right">表 5.1.1-1</td></tr>
<tr><td>装配范围</td><td>地上首层及以上为装配式
（10～28层）</td><td>预制构件类型
（全部类型）</td><td>预制剪力墙、预制叠合板、预制阳台板、
预制空调板、预制楼梯</td></tr>
<tr><td rowspan="2">楼（屋）盖结构</td><td rowspan="2">1～3层顶板及屋面板为现浇
板、其余楼板为叠合楼板</td><td rowspan="2">竖向构件</td><td>部分为预制剪力墙</td></tr>
<tr><td>部分为现浇剪力墙</td></tr>
</table>

<table>
<tr><td colspan="3" align="center">预制构件连接技术</td></tr>
<tr><td>内容</td><td>技术类型</td><td>说明</td></tr>
<tr><td>竖向钢筋</td><td>灌浆套筒</td><td>《钢筋套筒灌浆连接应用技术规程》JGJ 355</td></tr>
<tr><td>水平钢筋</td><td>搭接/连接件</td><td>《混凝土结构设计规范》GB 50010—2010、《钢筋机械连接技术规程》JGJ 107</td></tr>
<tr><td>楼（屋）盖</td><td>叠合/预制</td><td>《装配式混凝土结构技术规程》JGJ 1—2014、《装配式混凝土建筑技术标准》GB/T 51231—2016</td></tr>
<tr><td>预制构件界面</td><td>粗糙面/键槽</td><td>《装配式混凝土结构技术规程》JGJ 1—2014、《装配式混凝土建筑技术标准》GB/T 51231—2016</td></tr>
</table>

<table>
<tr><td colspan="2" align="center">建筑墙体</td><td align="right">表 5.1.1-2</td></tr>
<tr><td>内容</td><td>产品类型</td><td>说明</td></tr>
<tr><td>非承重围护墙非砌筑</td><td>无</td><td>与预制外墙板集成</td></tr>
<tr><td>围护墙体、保温、装饰一体化</td><td>预制三明治外墙板</td><td>清水混凝土饰面</td></tr>
<tr><td>内隔墙非砌筑</td><td>快装轻质隔墙</td><td>工厂生产，现场干法组装</td></tr>
<tr><td>内隔墙与管线、装修一体化</td><td>轻钢龙骨带饰面涂装板隔墙</td><td>管线敷设于隔墙空腔内</td></tr>
<tr><td>建筑外墙防水</td><td>预制外墙防水构造＋密封胶</td><td></td></tr>
<tr><td>保温做法</td><td>三明治夹心外保温＋底部加强区外贴保温</td><td>80mm 厚硬泡聚氨酯保温</td></tr>
<tr><td>外墙饰面做法</td><td>清水混凝土饰面</td><td></td></tr>
</table>

装修和设备管线 表 5.1.1-3

内容	技术类型	说明（如技术特征、指标等）
全装修	装配式装修	
干式工法楼面、地面	集成采暖模块式架空楼面、地面	采暖、承载、饰面等功能集成模块
集成厨房	隔墙、吊顶、楼地面、橱柜及管线现场装配	
集成卫生间	隔墙、吊顶、楼地面、洁具及管线现场装配	
管线分离	户内管线敷设于楼面、墙面及吊顶的空腔内	户内仅照明管线敷设在结构内

5.1.2 标准化设计与预制构件少规格

1. 标准化户型、楼座及功能模块

该项目通过一种厨房、一种卫生间、两种阳台模块形成四种标准户型，标准户型模块和两种交通核模块，构成了台湖公共租赁住房 B1 地块 16 栋住宅和 D1 地块 16 栋住宅的两种楼座，分别为 2T7 楼型和 2T6 楼型。（详见图 5.1.2-1～图 5.1.2-4）

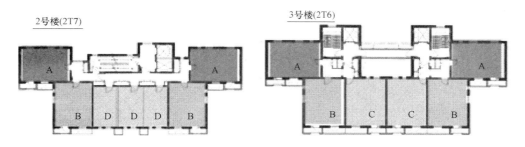

图 5.1.2-1 标准楼座平面图

图 5.1.2-2 标准户型模块

注：标准化户型选用的是北京市保障性住房建设投资中心户型模块 C 系列以及 D 系列。

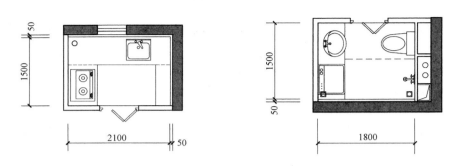

图 5.1.2-3　标准厨卫模块

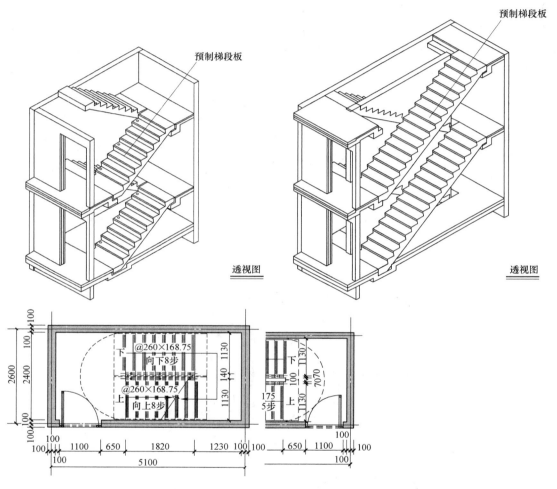

图 5.1.2-4　标准楼梯模块
（图中尺寸按工程项目）

2. 模数化设计

项目要求模数统一，让不同的建筑物各部分构件、内装部品等的规格统一，使其具有通用性和互换性。表 5.1.2-1、表 5.1.2-2、表 5.1.2-3 分别为户型开间尺寸模数化系列、楼梯模数化系列、门窗尺寸标准化和系列化。

户型开间尺寸模数化   表 5.1.2-1

类型		开间轴线尺寸（mm）	进深轴线尺寸（mm）	扩大模数 1M=100mm
零居户型	D 户型	3600	6900	3M

续表

类型		开间轴线尺寸（mm）	进深轴线尺寸（mm）	扩大模数 1M＝100mm
两居户型	A 户型	5400	7200	3M
	B 户型	5400	7200	3M
	C 户型	5400	7200	3M

楼梯的模数化　　　　　　　　表 5.1.2-2

所属楼型	踏步最小宽度（mm）	踏步最大高度（mm）	扩大模数 1M＝100mm
双跑梯	260	175	1/2M
剪刀梯			

门窗尺寸的标准化和系列化　　　　　　　　表 5.1.2-3

类型	最小洞宽 （mm）	最小洞高 （mm）	最大洞宽 （mm）	最大洞高 （mm）	基本模数 1M＝100mm	扩大模数 1M＝100mm
门	700	2100	1200	2200	3M	1M
窗	600	1600	1200	2200	3M	1M

3. 标准层外墙拆板设计

因为设计之初就确定了整个项目的标准化、模数化的要求，当进行装配式结构拆板设计时，就能很好地控制预制构件的规格种类。下面分别以 2T6 和 2T7 的标准层外墙构件的拆分来进行分析。

（1）2T6 楼型外墙拆板设计（图 5.1.2-5）

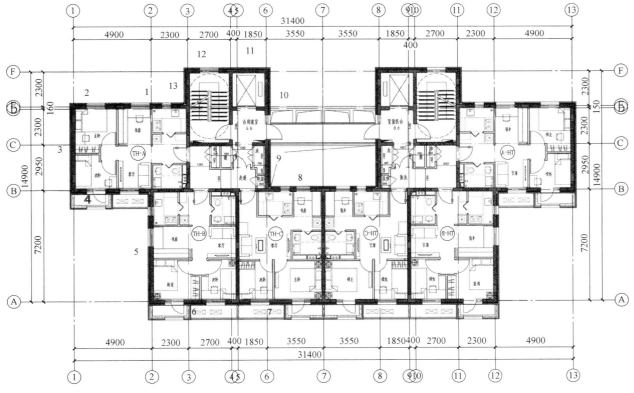

图 5.1.2-5　2T6 楼型标准层平面

通过 BIM 建模，非常直观地显示出每个构件模型，如图 5.1.2-6 所示。

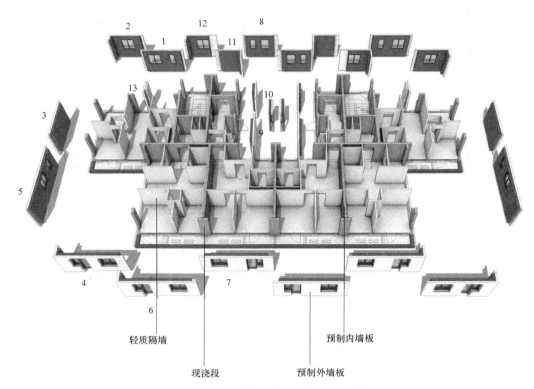

轻质隔墙   预制内墙板

现浇段   预制外墙板

图 5.1.2-6 2T6 楼型标准层 BIM 拆板模型图

通过标准化设计，2T6 户型外墙板共分为 13 种几何尺寸，从而控制项目预制夹心外墙板模具种类。

（2）2T7 楼型外墙拆板设计（图 5.1.2-7）

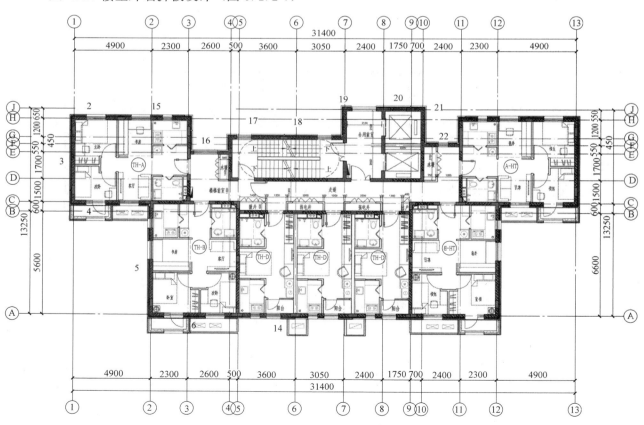

图 5.1.2-7 2T7 楼型标准层平面

通过 BIM 建模，非常直观地显示出每个构件模型，如图 5.1.2-8 所示。

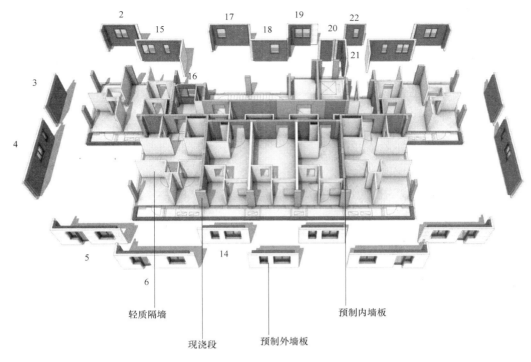

图 5.1.2-8 2T7 楼型标准层平面

通过标准化设计，控制项目预制夹心外墙板模具种类，2T7 户型外墙板共分为 14 种几何尺寸。

从上述分析可看出，2T7 与 2T6 户型有 5 种共用的外墙板，即项目整体共有 22 种尺寸规格的预制外墙板。而台湖公租房项目预制外墙板总数量为 19481 块，其中，B1 地块预制外墙板数量为 8998 块，D1 地块预制外墙板数量为 10483 块。最直接的经济效益就是构件厂生产时模具周转率大大提高，本项目模具周转率都在 150 次以上。

5.1.3 标准化设计与外观效果多样化表现

前面分析了本项目通过标准功能模块、标准户型模块及标准楼型模块的应用，实现了结构构件的少规格。建筑外立面设计时，又有意结合阳台、空调板设计了装饰性的线脚和装饰性的构件。并且在两个地块中，建筑设计采用了不同的表现手法。B1 地块强调竖向构图，在立面上有规律地分布着两种系列竖向装饰构件，同时结合阳台板和空调板做水平向通过凹凸形成的装饰线脚。D1 地块强调水平向构图，出挑的水平构件在端部安装预制混凝土现浇，而又通过户间分隔墙的突出穿插着竖向的跳动。如图 5.1.3-1～图 5.1.3-6 所示。

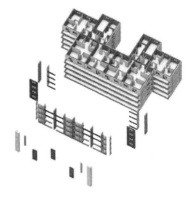

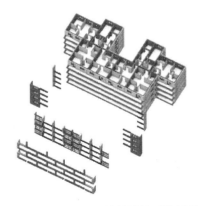

图 5.1.3-1 B1 地块外维护系统拆分　　　　图 5.1.3-2 D1 地块外维护系统拆分

图 5.1.3-3　B1 地块外立面效果图　　　　　图 5.1.3-4　D1 地块外立面效果图

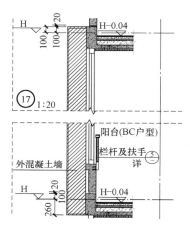

图 5.1.3-5　B1 地块外墙节点

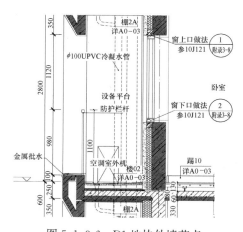

图 5.1.3-6　D1 地块外墙节点

5.1.4　装配式结构设计图示

详见图 5.1.4-1～图 5.1.4-25。

一、工程概况：
1. 本工程位于北京市通州区台湖镇环球影城总部基地D1地块范围内27~41号楼。
2. 本工程包含的预制构件有：外墙板、内墙板、楼梯板、阳台板、叠合板、空调板、预制挂板、女儿墙。

二、设计依据：
1. 《混凝土结构设计规范》GB 50010—2010；
2. 《高层建筑混凝土结构技术规程》JGJ 3—2010；
3. 《混凝土结构工程施工质量验收规范》GB 50204—2002(2011版)；
4. 《装配式混凝土结构技术规程》JGJ 1—2014；
5. 《钢筋连接用灌浆套筒》JG/T 398；
6. 《钢筋连接用套筒灌浆料》JG/T 408；
7. 通州台湖公租房项目27#~41#住宅楼施工图。
8. 预制构件编号规则如下示例：

1	YOB：预制外墙板； YNB：预制内墙板； YVB：预制女儿墙； YB：预制叠合板；	YYTB：预制阳台； YKB：预制空调板； YTB：预制楼梯板； LGB：楼梯板；	PCF：预制外墙模板； YGB：预制挂板；
	×××—××—××—××		
	1 2 3		
2	××	F 左右对称	J.E 区分构件饰面不同
	1,1a ……	与×板相反	
	构件埋件	配筋或外形差异	

三、预制构件设计：
1. 预制外墙板：
1.1 外墙板采用三层夹心保温做法。
1.2 预制剪力墙采用竖向钢筋机械连接应设一级，机械连接接头的性能应分别符合合相应产品标准。钢筋套筒和灌浆套和灌浆料应符合行业标准《钢筋连接用套筒灌浆料》JG/T 408的规定。
1.3 预制墙板底坐浆砂浆的高度控制不应大于20mm，接缝立方体抗压强度不低于预制剪力墙，混凝土立方体抗压强度10MPa或以上。采用座浆料时座浆料的强度选用聚苯板，轻质材料选用聚苯板，其容重不小于12kg/m³。
1.4 部分预制墙板填充材料的做法，凹凸尺寸不宜小于6mm。
1.5 预制墙板水平及竖向钢筋连接，搭接应坚向结构，搭接面与结构，保温面与结构。
1.6 预制外墙板应与单位设计方向为方向可实施，拉接件有效连接方案，应在设计单位确认方向可实施。

2. 预制构件加工：
2.1 生产计划和生产工艺；
2.2 模具方案和钢筋加工；
2.3 生产质量控制措施，成品保护措施。成品保护措施(包括预制构件在运输、存储、品装、安装连接等阶段)。
预制构件加工单位应根据本设计图纸规定和施工图的要求编制预制构件加工，方案内容包括：

四、钢筋混凝土预制构件生产技术要求：
1. 混凝土：
1.1 预制外墙板、内墙板混凝土强度等级划分详见表1。其他构件的混凝土强度等级为C30。

表1

楼层	27#28#30#31#32#34#35#36#37#38#39#40#	41#	29#33#42#
C55	5F-7F		1F-2F
C50	8F-13F		3F-4F
C40	14F-RF	8F-7F	5F-7F
C30		8F-RF	8F-RF

1.2 水泥——应优先选择低碱、低水化热的水泥品种。水泥进场强度不得低于42.5级，水泥中铝酸三钙(C₃A)成分含量不超过8%。
1.3 骨料——应选用普通混凝土用砂、石质量检验方法标准符合现行规范《普通混凝土用砂、石质量检验方法标准》JGJ 52—2006和行业标准的规定：应优先选用非碱活性或碱活性较低的粗细骨料，严格控制骨料中的碱含量和硫酸盐含量。
1.4 矿物掺合料——允许使用的矿物掺合料类型包括粉煤灰(I级和II级)、高炉矿渣粉等，其性能应符合《用于水泥和混凝土中的粉煤灰》GB/T 1596—2005和《用于水泥和混凝土中的粒化高炉矿渣粉》GB/T 18046—2008的规定。在混凝土中的掺量应控制在20%至25%的水泥用量内，并一批次混凝土，同一批次混凝土，
高炉矿渣粉替代水泥量不应大于30%的水泥用量为。高炉矿渣粉代替水泥量，并替代等量水泥，对于不应同时掺加粉煤灰和高炉矿渣粉，外加剂的使用不得掺加早强减水剂。
1.5 预制构件混凝土应符合料配合比设计连续性，应满足普通混凝土配合比设计规程》JGJ 55—2011的规定外，还应符合下列设计要求：
1.6 混凝土应符合下列设计要求——除满足《普通混凝土配合比设计规程》JGJ 55—2011的规定外，还应符合下列设计要求：
1. 最大水胶比：环境类别为二b类——0.5，二a类——0.55，一类——0.60。
2. 混凝土最大流量为二b类——b类。
3. 干缩率：90天的干缩率不大于0.06%。
4. 混凝土中应用引气剂或引气减水剂时，环境类别为二b类的混凝土，含气量应不大于5%，对于其他的混凝土，强度保证或预制构件的生产工艺、养护措施，
5. 坍落度：180mm±10mm。
通过试验确定。
1.7 预制剪力墙板混凝土强度控制应要求达到要求必须严格严格——本项目预制墙板混凝土28d标准不应符合《混凝土强度实测值不应于设计自行值为准。
1.8 构件预制剪力墙混凝土达到抗压强度达到设计值的75%时可脱模。未达到设计条件时可脱模。
预制埋件：
1.9 构件根据实际情况均匀分布，埋件，管线、面筋等。对于重要误差埋件部位应做好标记。

2、钢筋：
2.1 本工程各使用的钢筋均采用热轧钢筋。
2.2 本工程各单体建筑中抗震等级为二级的结构构件(包括剪力墙、连梁)所使用的钢筋，钢筋的强度标准值具有不小于95%的保证率。
2.2.1 钢筋的抗拉强度实测值与屈服强度实测值的比值不小于1.25。
2.2.2 钢筋的抗拉强度实测值与屈服强度标准值的比值不应小于1.25。
2.2.3 钢筋在最大拉力下的总伸长率实测值不应小于9%。
2.3 预制外墙板外叶墙混凝土保护层厚度为20mm，结构边图中所标尺寸为准。
2.4 饰面层混凝土保护层厚度均采用。
2.5 构件生产时要求受预制钢筋的位置和成形质量，在模板中固定要求采取措施严格控制锚固。
土保护层厚度：
2.6 灌浆孔及与之对应的外露钢筋定位应符合设计要求。
2.7 在钢筋加工中，各种钢筋的弯折要求见下图。

1) HPB300级钢筋端部180°弯钩；

2) 带肋钢筋端部135°弯钩；

3) 钢筋弯折为90°，4)钢筋弯折小于90°（D为钢筋直径），长度为5d(d为钢筋直径)，满足样样范围要求。
2.8 连接套筒端部应做做好标记。

图 5.1.4-1 结构设计总说明（一）

七、预制构件装配施工技术要求：
1. 预制构件应按《混凝土结构工程施工质量验收规范》GB 50204的规定进行进场验收验收合格后方可用于安装。
2. 预制构件安装应有专项施工方案等实构件安装就位的支撑固定措施。
3. 装配式单体预制墙电器预留连接钢筋钢筋做法详见下图：

八、预制墙板的外观质量及尺寸允许偏差应不低于《混凝土结构工程施工质量验收规范》的要求。

九、外墙板凹槽做法详见下图：

3 钢筋混凝土预制构件采用的材料详见表2：

表2
构件名称	外墙板	楼梯系板	PCF板、外挂板
混凝土强度等级	C55/C50/C40/C30	C30	C30
受力/构造钢筋	HRB400/HPB300	HRB400/HPB300	HRB400
钢材	Q235B	Q235B	Q235B
连接材料和方法	机械连接Ⅱ级	钢板、角钢焊接	箍筋连接

4. 预埋件个专业预留件：
4.1. 预埋件钢材均为Q235B，预埋件锚固钢筋严禁使用"冷加工钢筋"。
4.2. 板上吊件采用内螺栓的预埋在板内，安装时考虑好吊件及吊装相应的要求上，可选用通用产品。
4.3. 木砖需做防腐处理，使用年限应与建筑使用年限相同。

5. 钢筋混凝土预制构件成型处理：
5.1. 钢筋混凝土预制构件边角做法应满足设计更求。
5.2. 预制实体外墙板（包括外墙和内墙水平结合面及竖向结合面宜做粗糙面或成粗糙面幅，凹凸尺寸不宜小于6mm。

6. 外墙保温材料技术要求：
6.1. 外墙采用夹心保温系统，保温层采用80厚硬质聚氨酯发泡质聚氨酯发泡，材料导热系数为0.024W/m²·K。

五、预制构件内预埋件的加工和安装固定允许偏差详见表3：

表3
项目	允许偏差(mm)
连接套筒、预埋螺栓和螺母中心定位	±2
连接套筒	1/500
预留孔洞中心定位	±3
预埋螺栓中心定位	±5
预埋线盒、管盒定位	≤2
预埋线盒埋入深度	0，-2

项目	允许偏差(mm)
预制件规格尺寸	0，-5
预制件表面平整度	1/300且<2
预留孔洞尺寸	±3
预埋螺栓外伸长度	+10，-5
预埋线盒中心定位	±2
预埋线盒埋入深度	0，-2

六、预制构件成品的尺寸允许偏差详见表4：

表4
检查项目		误差控制标准(mm)
尺寸(长/宽/高)	墙板	±3
	其他预制构件	±5
侧向弯曲/翘曲	墙板	1/1000且≤4
	其他预制构件	1/750且≤3
对角线	墙板	±5
表面平整度	墙板	≤3
洞口尺寸	墙板	±2
外露钢筋混凝土保护层	其他预制构件	±3

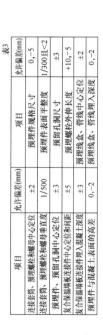

表4
检查项目		误差控制标准(mm)
预埋件	中心线位置	±2
	平整度	1/300
	螺栓外露长度	+5，-2
预留孔洞	中心线位置	±2
	尺寸	+5，-2
钢筋	中心线位置	±2
	外露长度	+5，-2
	I型	平均不小于4
人工粗糙面	II型和人工毛面	平均不小于6

图 5.1.4-2 结构设计总说明 （二）

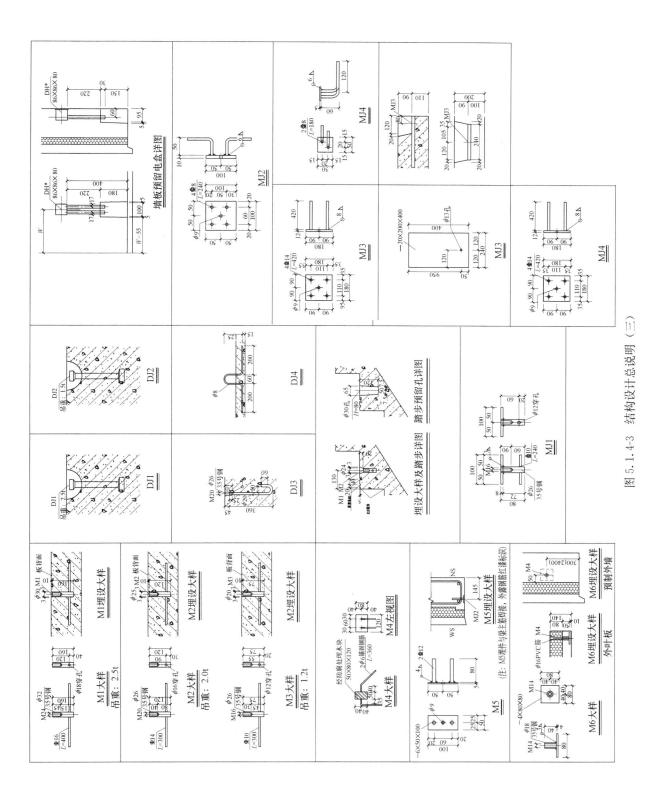

图 5.1.4-3　结构设计总说明（三）

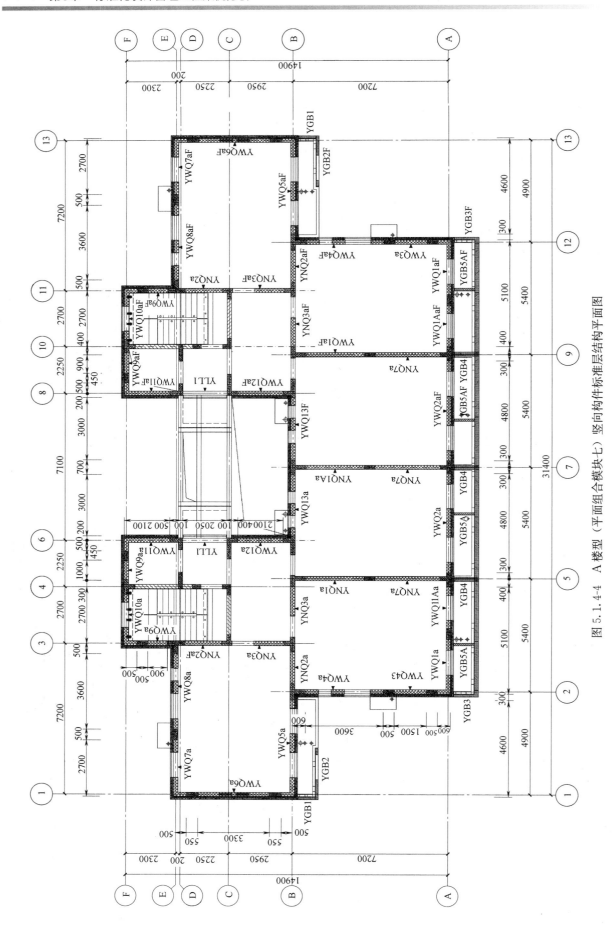

图 5.1.4-4 A楼型（平面组合模块七）竖向构件标准层结构平面图

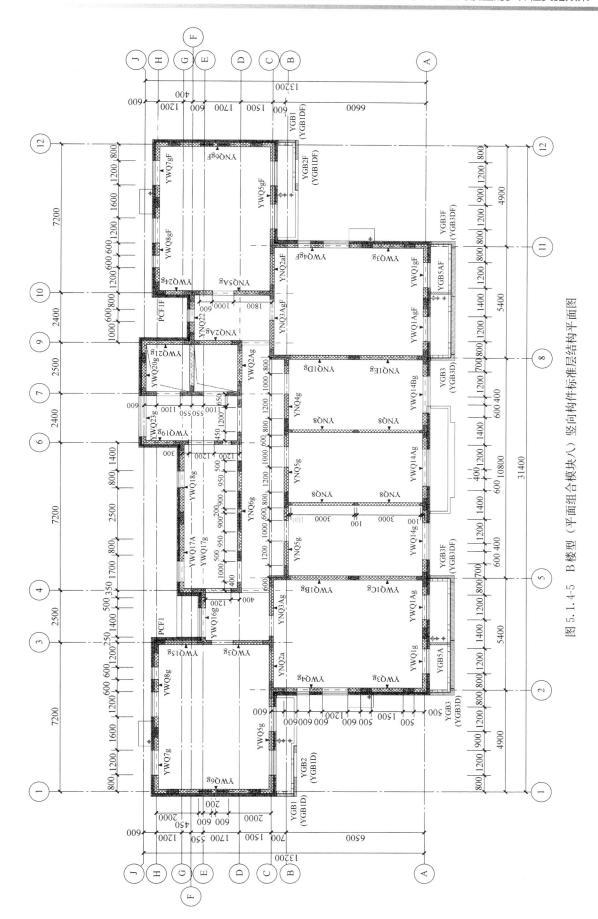

图 5.1.4-5 B楼型（平面组合模块八）竖向构件标准层结构平面图

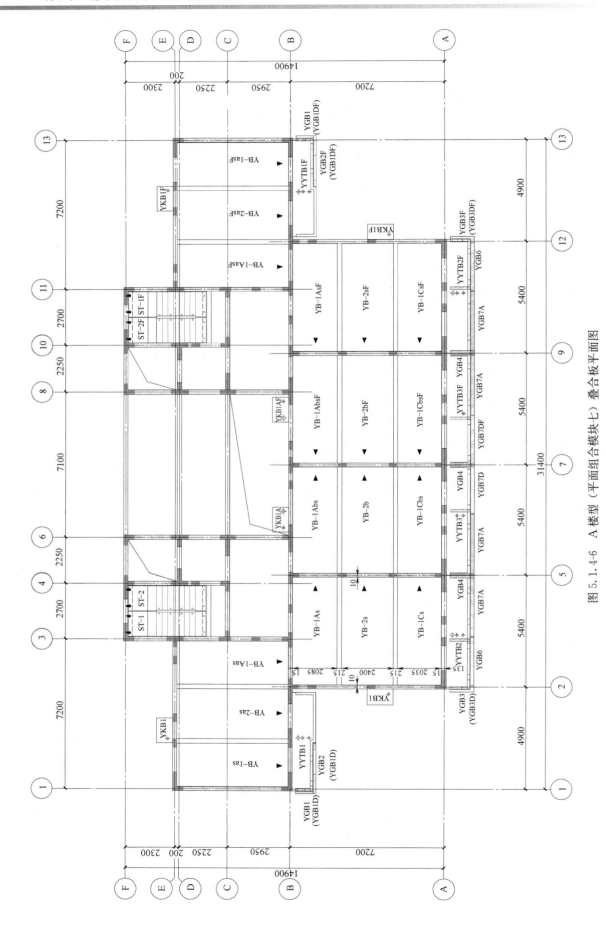

图 5.1.4-6　A 楼型（平面组合模块七）叠合板平面图

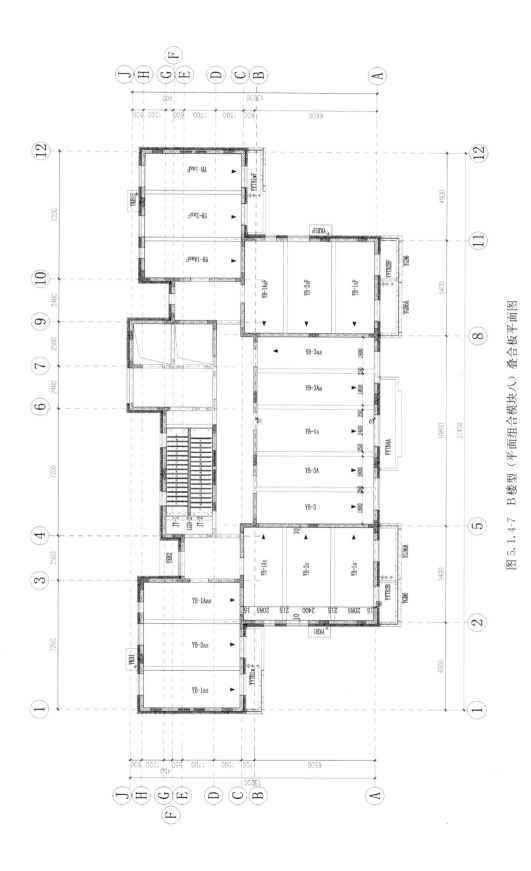

图 5.1.4-7 B 楼型（平面组合模块八）叠合板平面图

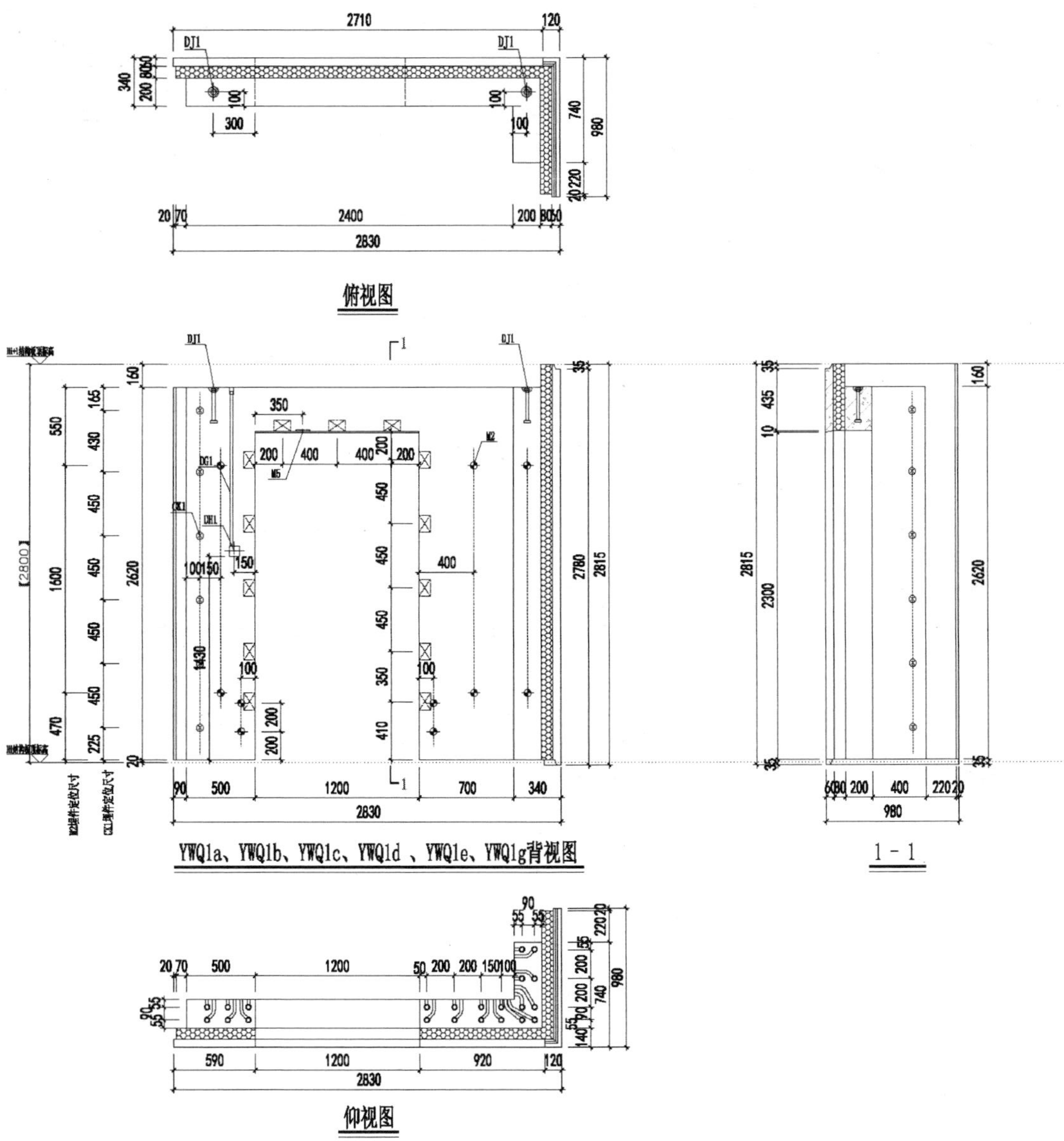

构件信息表			
构件型号		YWQ1a/YWQ1b/YWQ1c YWQ1d/YWQ1e/YWQ1g	YWQ1aF/YWQ1bF/YWQ1cF YWQ1dF/YWQ1eF/YWQ1gF
数量	块	详见数量表	
混凝土	m^3	1.45	1.45
保温聚苯体积	m^3	0.55	0.55
填充聚苯体积	m^3	-	-
重量	t	3.63	3.63
钢筋保护层	mm	详见配筋图	
混凝土强度		详见数量表	

配件编号	配件名称	规格	数量/单块板
M2	预埋螺母	M20	10
M4	预埋木方	50x80x120	13
M5	预埋铁件	-5x50x100	1
CK1	预留穿孔	φ20	12
CK2	预留穿孔	φ35	2
CK3	预留穿孔	φ70	2
DH1	PVC线盒	B6H70	1
DG1	PVC线管	φ20 L=1110	1
DJ1	预埋吊钉		2

符号说明

C 粗糙面　Y 压光面　M 模板面

▲ 装配方向　WS：外表面　NS：内表面

注：
1. 除特殊说明外，标注尺寸以毫米为单位。
2. 埋件详图详见GY1-03，节点详图详见GY1-04。
3. YWQ*F与YWQ*左右对称。

图 5.1.4-8　外墙模板图 YWQ1（F）

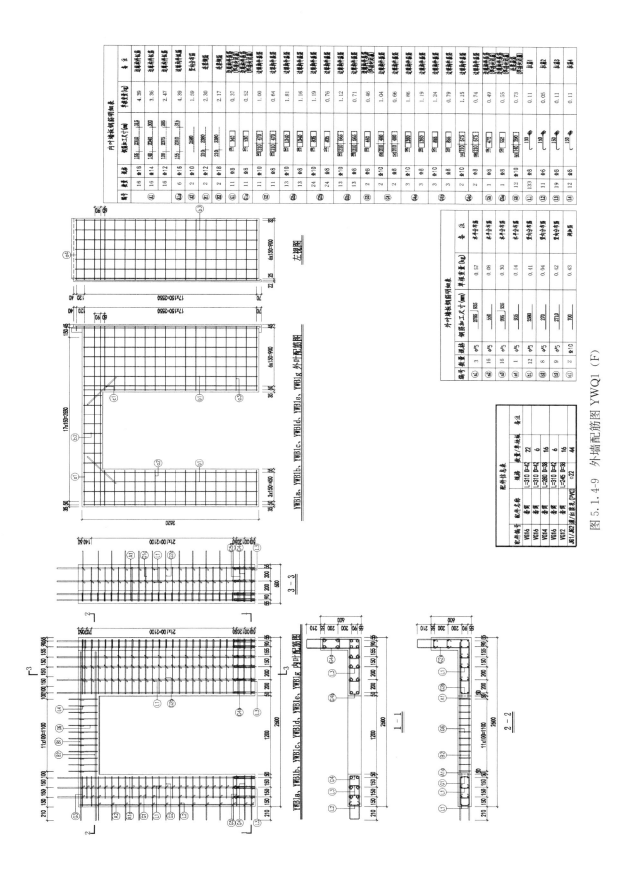

图 5.1.4-9　外墙配筋图 YWQ1（F）

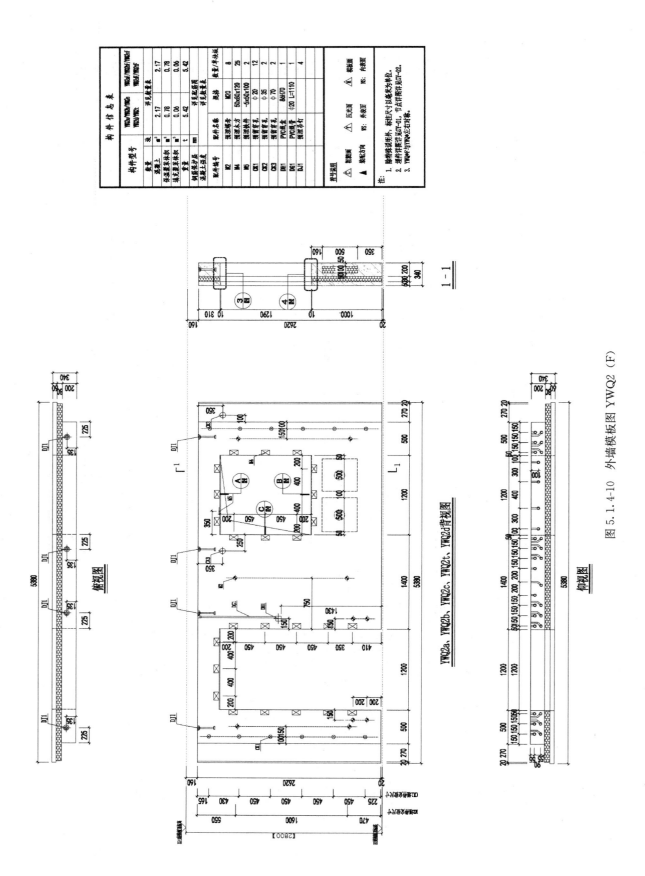

图 5.1.4-10 外墙模板图 YWQ2（F）

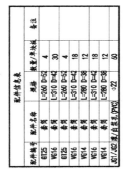

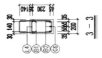

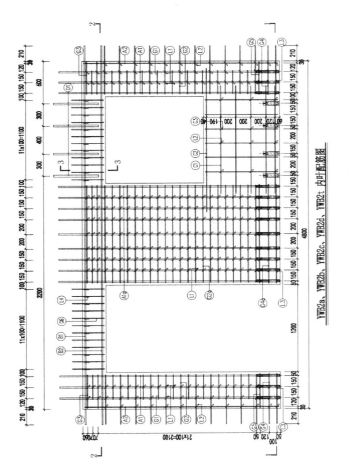

YWB2a、YWB2b、YWB2c、YWB2d、YWB2t 内叶配筋图

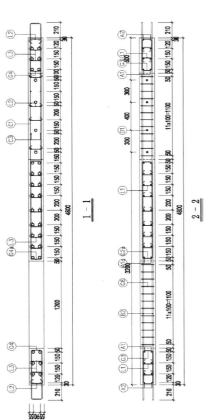

图5.1.4-11 外墙配筋图YWQ2 (F)

构 件 信 息 表		
构件型号	NQ1（F）	
数量	块	4
混凝土	m³	1.41
保温层本体体积	m³	—
挤出层本体体积	m³	—
毛重	t	3.53
钢筋保护层	mm	详见钢筋图
混凝土强度		详见钢筋图
配件编号	配件名称	数量/单块板
M2	预埋螺母	M20	4
DH1	PVC线盒	86H70	1
DG1	PVC线管	φ20 L=1100	(2)
DH2	PVC线盒	86H70	(4)
DG2	PVC线管	φ20 L=200	(4)
DJ1	混凝土吊钉		2

符号说明
△ 剖切面　△ 压光面　⚠ 粗糙面
▲ 脱模方向　WS：外表面　NS：内表面

注：
1. 除特殊说明外，标注尺寸以毫米为单位。
2. 洞口详图详见榀详图，节点详图详见榀详图-150。
3. NQ#7与NQ#左右对称。

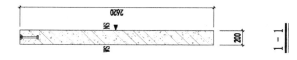

1—1

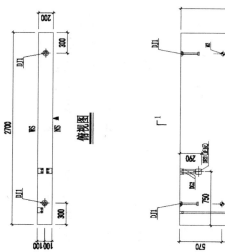

俯视图

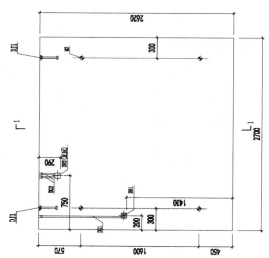

NQ1（F）背视图

仰视图

图 5.1.4-12　内墙模板图 YNQ1（F）

配件信息表

配件编号	配件名称	规格	数量/半块板	备注
VG14	套筒	L=280 D=39	12	
VG12	套筒	L=245 D=38	12	
JB1/JB2	束/出束孔(PVC)	Φ22	24	

NQ1内叶墙板钢筋明细表

编号	数量	规格	钢筋加工尺寸(mm)	单根重量(kg)	备注
A2	4	Φ10	2590	1.59	竖向分布筋
A3	12	Φ10	2590 ⌐100	1.72	竖向分布筋
A3	12	Φ8	2590 ⌐100	1.10	竖向分布筋
A4	12	Φ14	140 2340 300	3.36	剪力墙竖筋
A4	12	Φ12	120 2375 285	2.47	剪力墙竖筋
G1	12	Φ10	2700	4.01	边缘构件箍筋
G2	12	Φ8	130	2.57	边缘构件箍筋
G2	1	Φ8	2850	2.20	边缘构件箍筋(拉结筋)
G3	2	Φ10	2700	4.04	边缘构件箍筋
G3	2	Φ8	150	2.58	边缘构件箍筋(拉结筋)
G4	1	Φ8	2850	2.21	边缘构件箍筋(拉结筋)
L1	36	Φ6	130	0.06	拉筋1
L2	24	Φ6	150	0.05	拉筋2
L3	10	Φ8	150	0.11	拉筋3

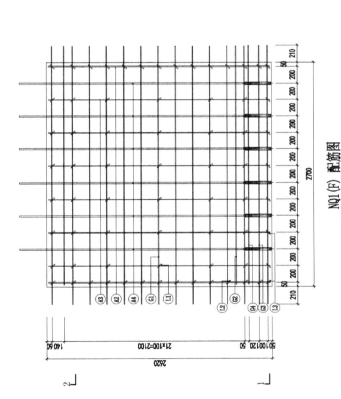

NQ1(F) 配筋图

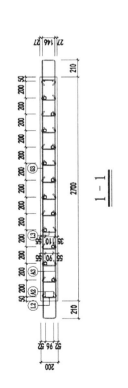

1 - 1

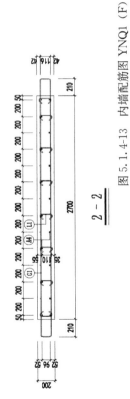

2 - 2

图 5.1.4-13 内墙配筋图 YNQ1（F）

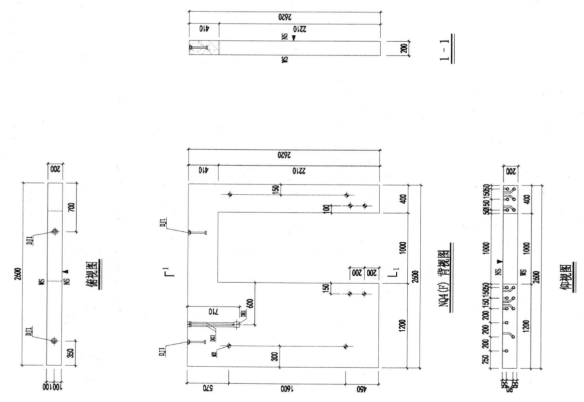

图 5.1.4-14 内墙模板图 YNQ4 (F)

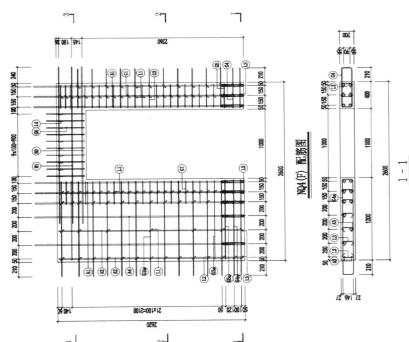

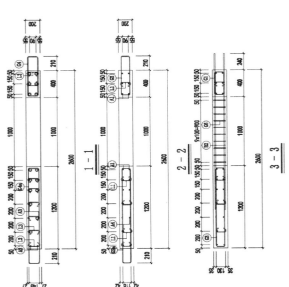

图 5.1.4-15　内墙配筋图 YNQ4（F）

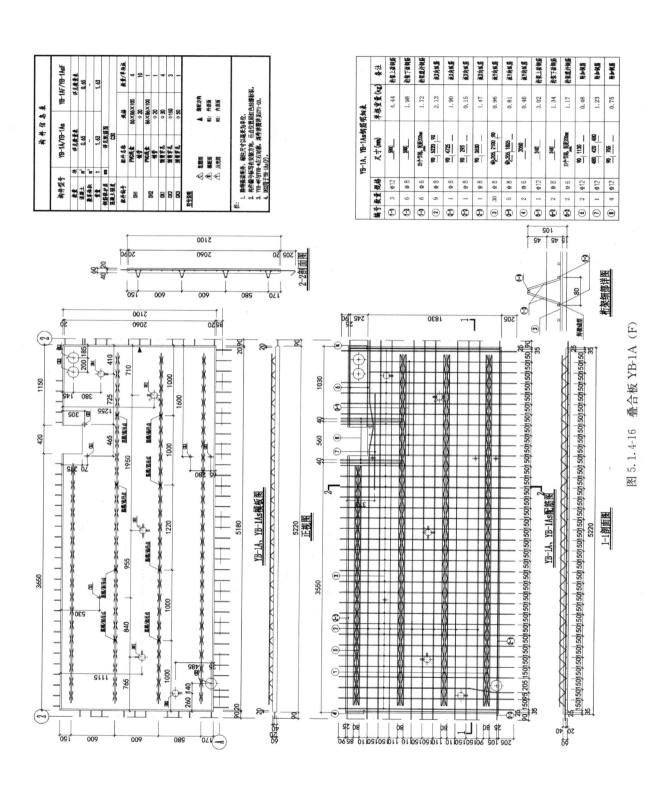

图5.1.4-16 叠合板 YB-1A（F）

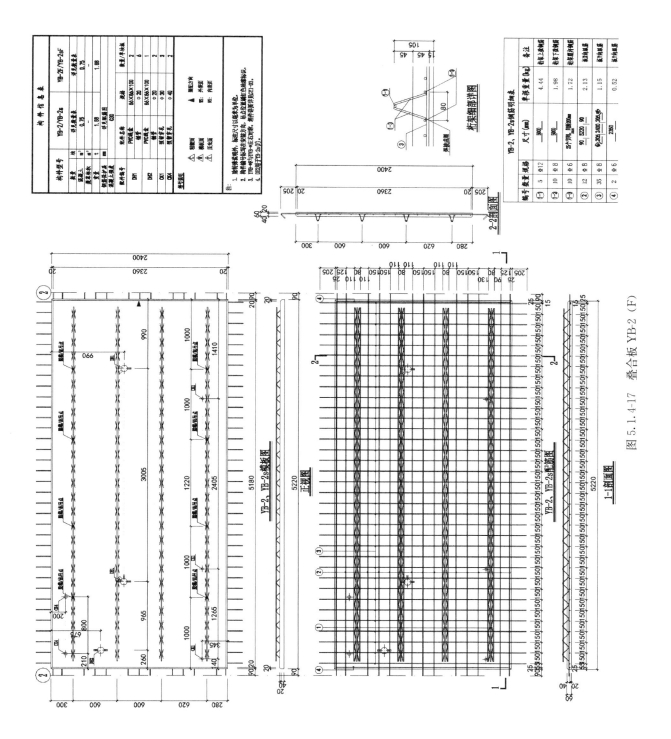

图 5.1.4-17　叠合板 YB-2（F）

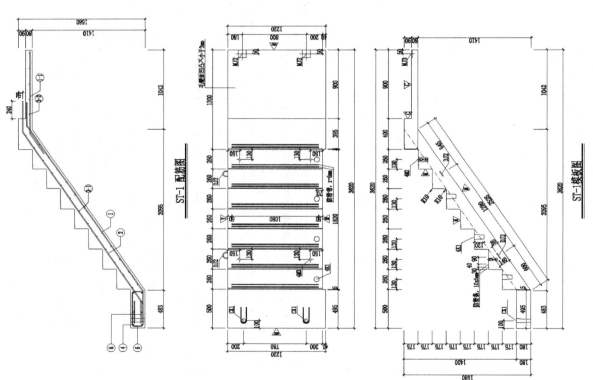

构件信息总表

构件型号	单位	ST-1	ST-1F
砼方量	m³	0.88	0.88
重量	t	2.20	2.20

砼强度等级 C30

构件信息表（钢筋明细表）

注：
1. 除标志说明外，标注尺寸以毫米为单位。
2. 构件吊装时标写在安装方向，吊点位置设置已色油漆标识。
3. 提升时横梁应不小于-0L。
4. ST-1F标写ST-1上下颠倒。

ST-1钢筋明细表

编号	规格	数量	钢筋加工尺寸(mm)	单根重量(kg)	备注
①	φ10	12		2.10	下弦/受拉受力
②	φ8	9		1.21	上弦/受拉受力
③	φ8	28		0.45	竖向分布筋
④	φ8	10		0.51	横向分布筋
⑤	φ12	6		1.05	端梁一级筋
⑥	φ8	9		0.47	楼梯一级纵向钢筋网增
⑥	φ10	8		0.35	附加钢筋

ST-1配筋图

ST-1模板图

ST-1模板图

图5.1.4-18　楼梯ST-1模板图

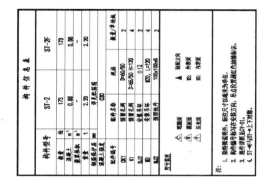

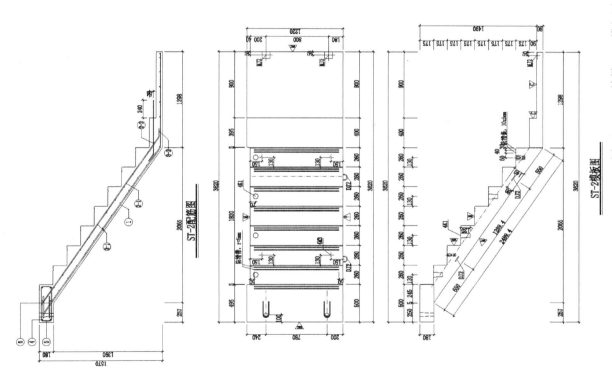

图 5.1.4-19　楼梯 ST-2 模板图

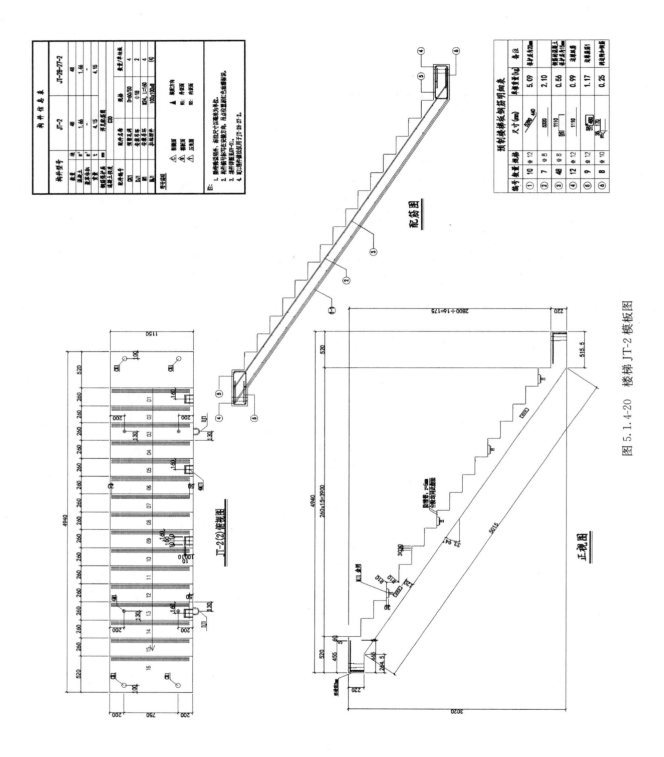

图 5.1.4-20　楼梯 JT-2 模板图

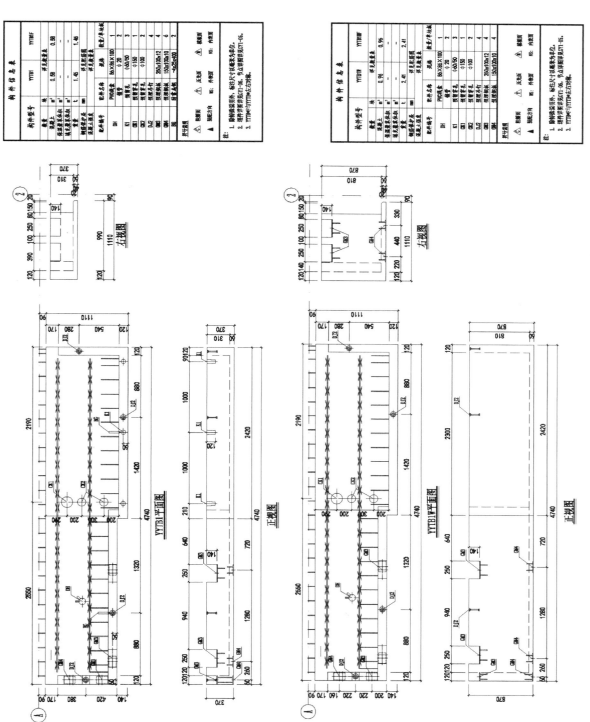

图 5.1.4-21　阳台板模板图 YYTB1（F）

YYTB1钢筋明细表

编号	数量	规格	尺寸(mm)	单根重量(kg)	备注
①-1	2	Φ12	4400	3.91	梁顶上部钢筋
①-2	4	Φ8	4400	1.74	梁底下部钢筋
①-3	4	Φ6	22个间距,间距@200mm	1.51	特殊复杆钢筋
②	6	Φ10	4710	2.91	底筋板钢筋
③	13	Φ8	1105	0.44	剖向板筋
③-1	13	Φ8	1245	0.49	剖向板筋
④-1	2	Φ8	210	0.16	长板筋
④-2	2	Φ8	910	0.44	长板筋
④-3	2	Φ8	610	0.32	长板筋
④	2	Φ12	2390	1.02	长板筋
⑤	2	Φ12	870	0.93	加固钢筋
④-4	2	Φ8	1050	0.93	长板分布钢筋
④-5	2	Φ8	2270	0.90	长板分布钢筋
④-6	2	Φ8	2370	0.94	长板分布钢筋
⑥	2	Φ8	780	0.39	长板筋
④-7	2	Φ8	70	0.11	长板筋
④-8	2	Φ8	50	0.10	长板筋
④-9	2	Φ12	770	0.84	加固钢筋
⑦	4	Φ8	760	0.30	长板筋
⑧	24	Φ8	340	0.18	长板分布钢筋
⑨	60	Φ8	350	0.18	长板筋
④-1	32	Φ8	210	0.12	长板筋

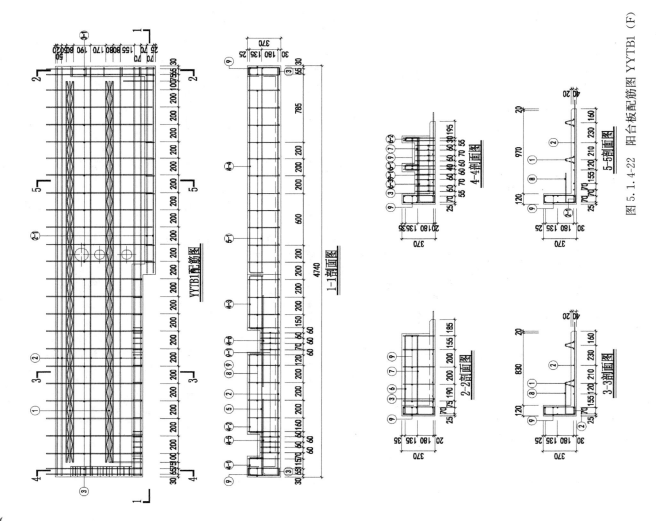

YYTB1配筋图

1-1剖面图

2-2剖面图

3-3剖面图

4-4剖面图

5-5剖面图

图5.1.4-22　阳台板配筋图 YYTB1 (F)

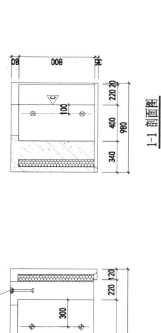

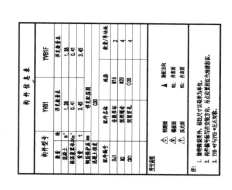

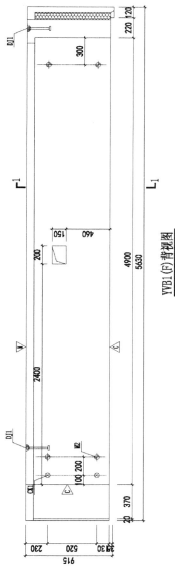

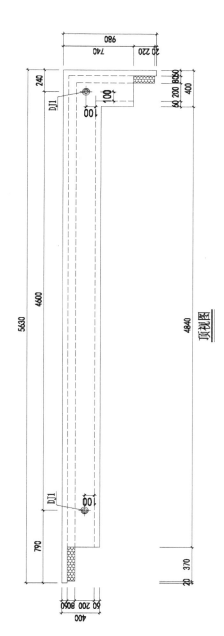

图5.1.4-23 女儿墙模板图

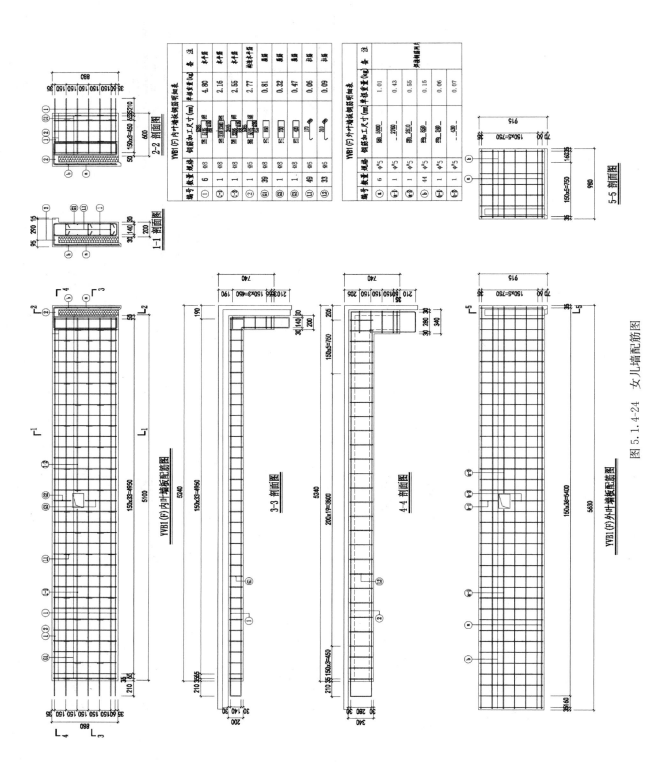

图 5.1.4-24　女儿墙配筋图

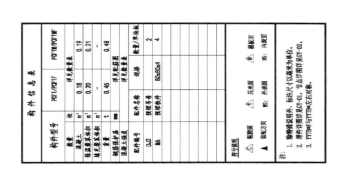

构件信息表

构件型号	PCF1/PCF1F	PCF1/PCF1F底
数量　块	9	
混凝土　m³	0.18	0.19
标准层叠合板　m³	0.20	0.21
墙底叠合板板　m³	—	—
重量　t	0.46	0.48
钢筋保护层　mm		
配筋名称	埋件	数量/单块板
强度等级	DJ2	2
吊	强度锚栓	4
	B6xB0x4	

注：1. 除特殊说明外，标注尺寸均以毫米为单位。
　　2. 埋件详图详见GT-01，节点详图详见JDT-02。
　　3. YYTP与YYTP'左右对称。

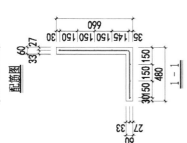

PCF1钢筋表

筋号	数量　规格	钢筋尺寸(mm)	单根重量(kg)	备注
①	9　φ5	2740	0.43	纵向钢筋
②	19　φ5	435　∅15	0.16	横向钢筋

PCF1F钢筋表

筋号	数量　规格	钢筋尺寸(mm)	单根重量(kg)	备注
①	9　φ5	2870	0.44	纵向钢筋
②	20　φ5	435　∅15	0.16	横向钢筋

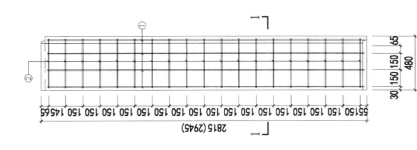

配筋图

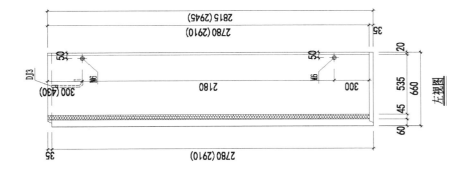

左视图

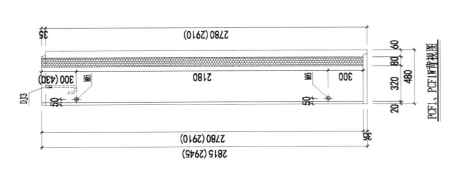

PCF1、PCF1F背视图

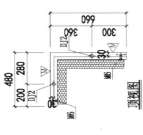

顶视图

图5.1.4-25　PCF模板配筋图

5.1.5 装配式装修设计图示

详见图 5.1.5-1~图 5.1.5-28。

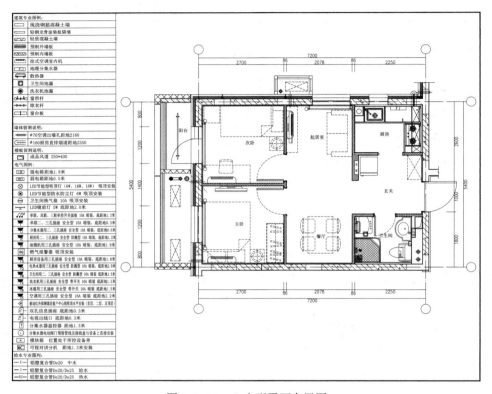

图 5.1.5-1 B户型平面布置图

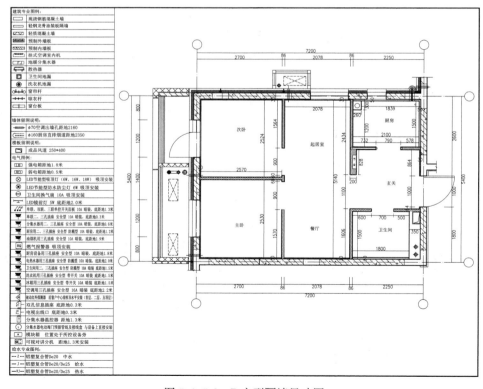

图 5.1.5-2 B户型隔墙尺寸图

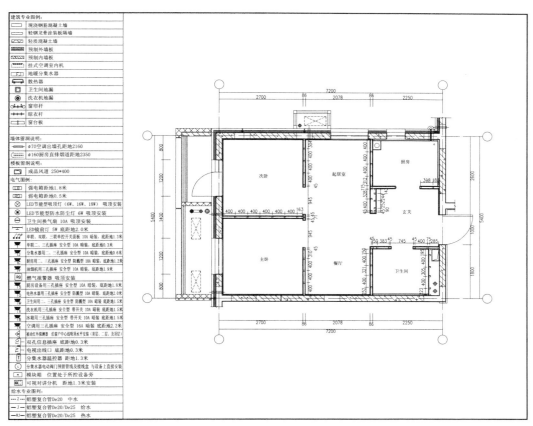

图 5.1.5-3 B户型龙骨尺寸图

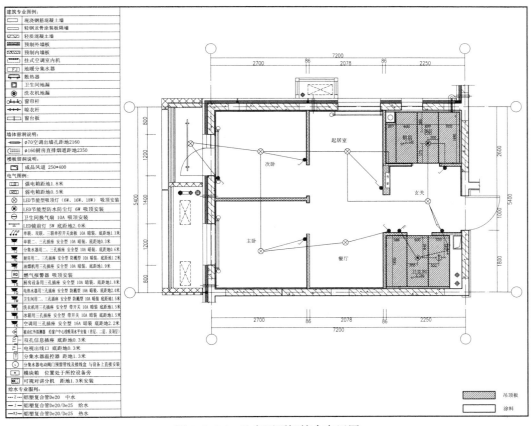

图 5.1.5-4 B户型顶棚综合布置图

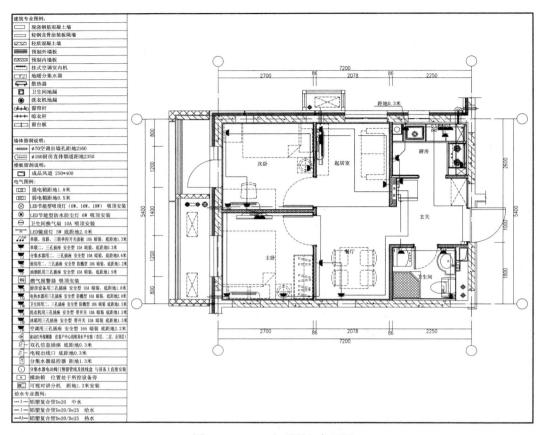

图 5.1.5-5　B 户型强电布置图

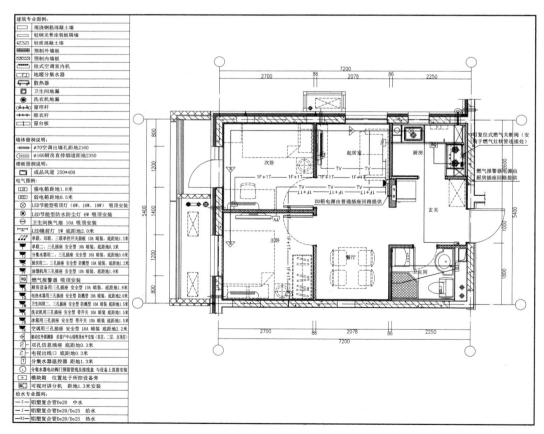

图 5.1.5-6　B 户型弱电布置图

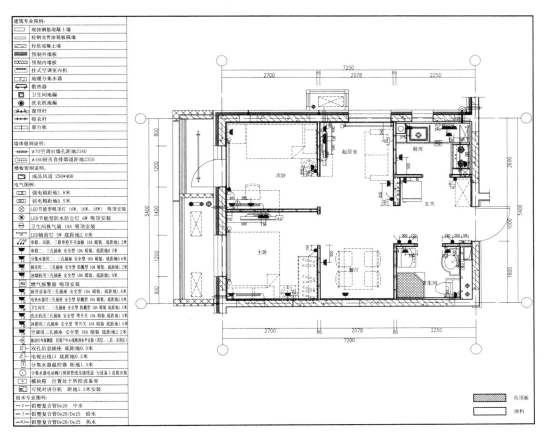

图 5.1.5-7　B户型综合点位定位图

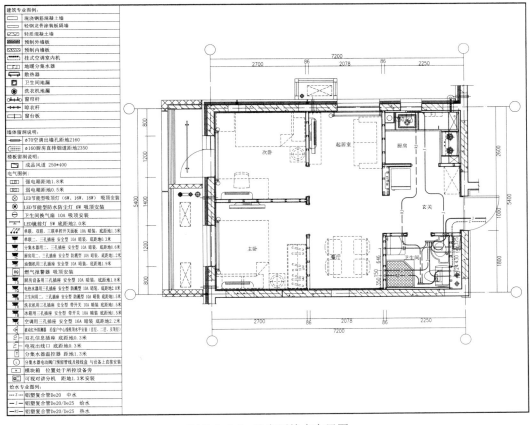

图 5.1.5-8　B户型给水布置图

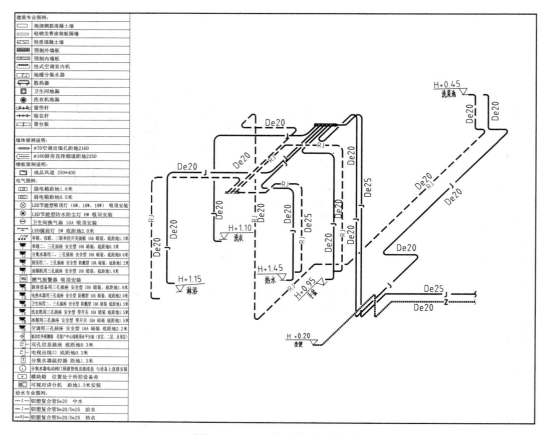

图 5.1.5-9　B 户型给水系统图

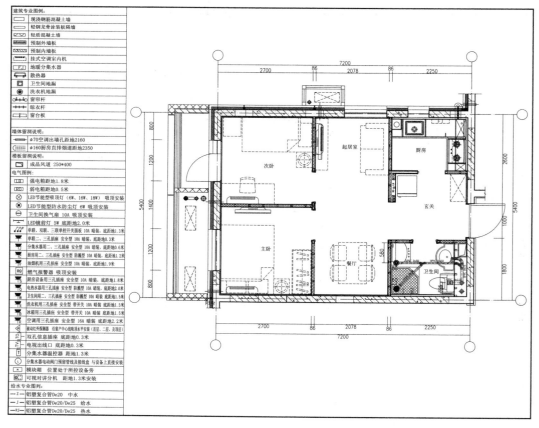

图 5.1.5-10　B 户型排水布置图

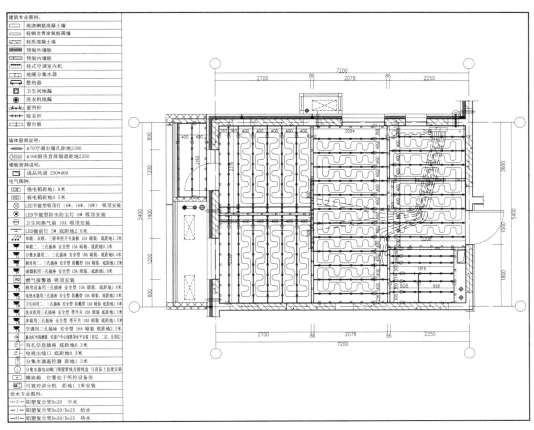

图 5.1.5-11 B户型地暖模块布置图

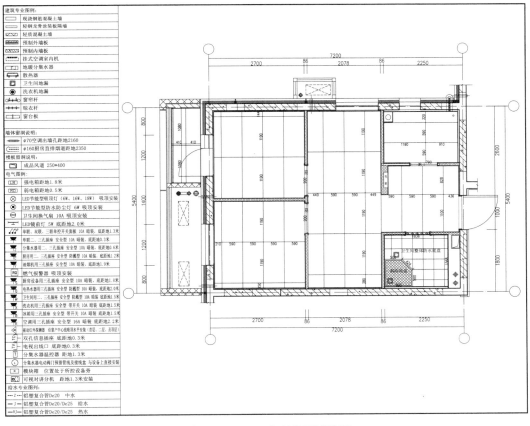

图 5.1.5-12 B户型地面铺装图

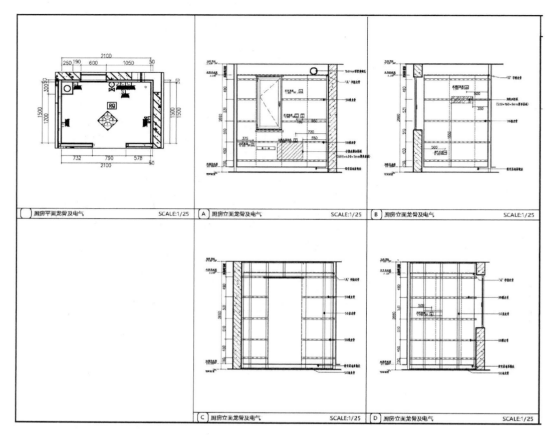

图 5.1.5-13　厨房

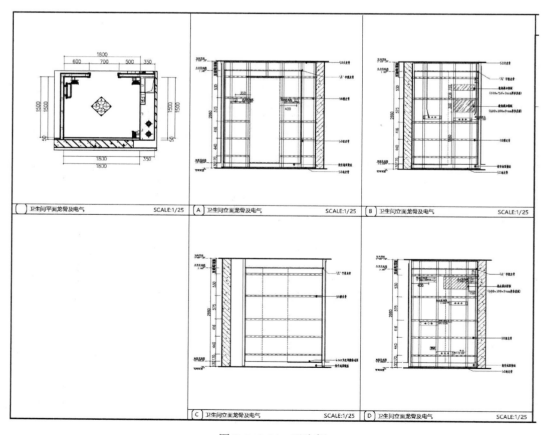

图 5.1.5-14　卫生间

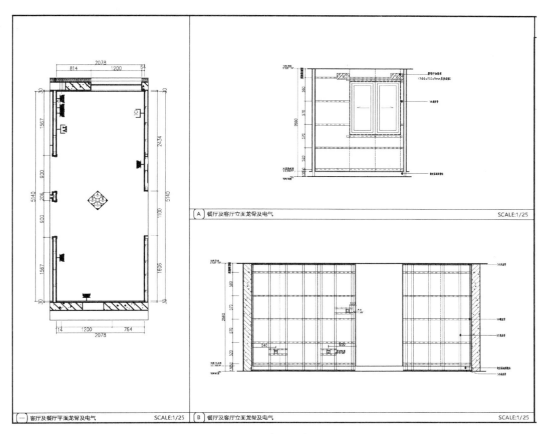

图 5.1.5-15　客厅及餐厅（一）

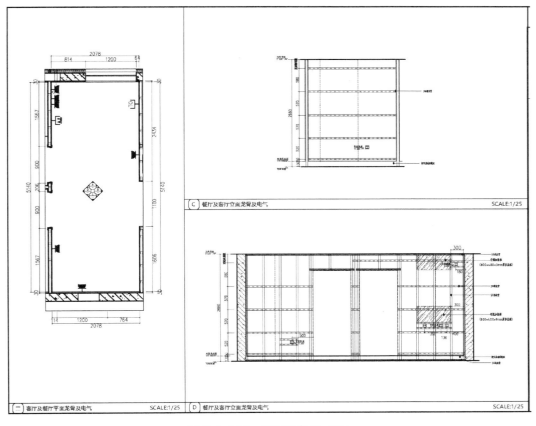

图 5.1.5-16　客厅及餐厅（二）

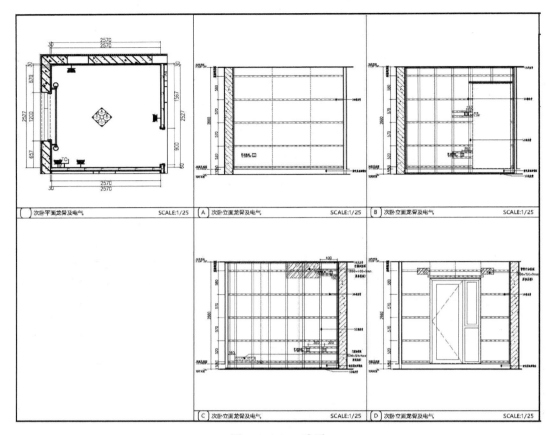

图 5.1.5-17 次卧

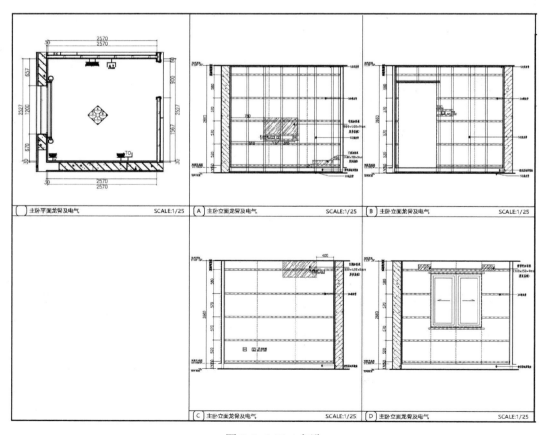

图 5.1.5-18 主卧

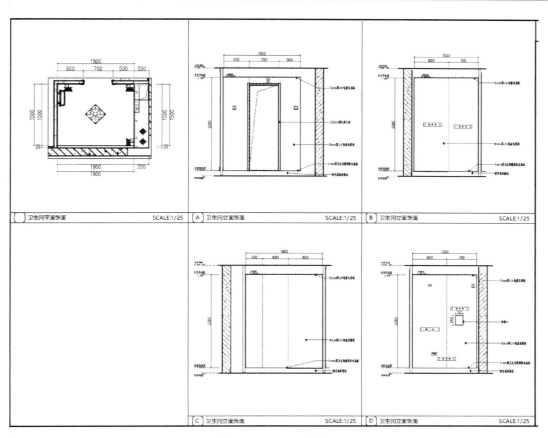

图 5.1.5-19　卫生间

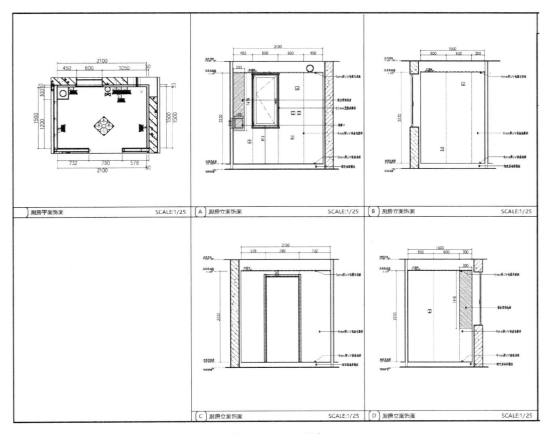

图 5.1.5-20　厨房

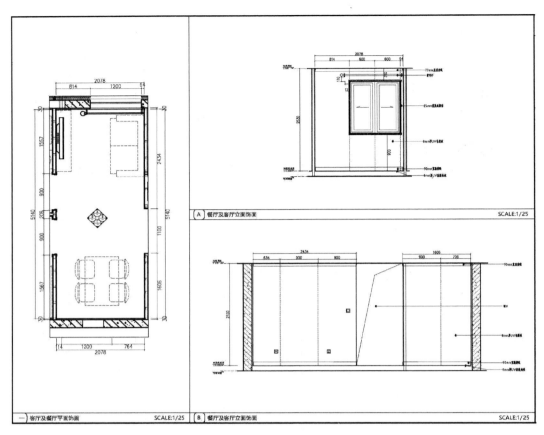

图 5.1.5-21　客厅及餐厅饰面（一）

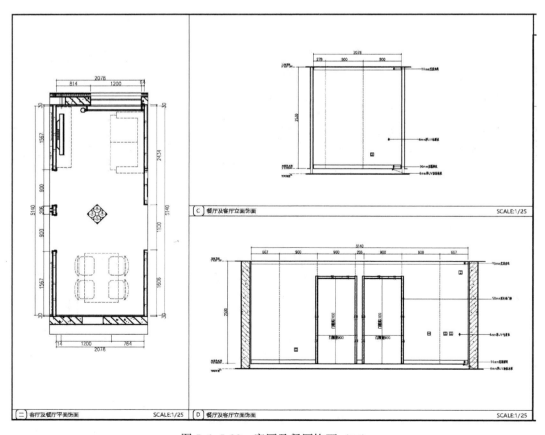

图 5.1.5-22　客厅及餐厅饰面（二）

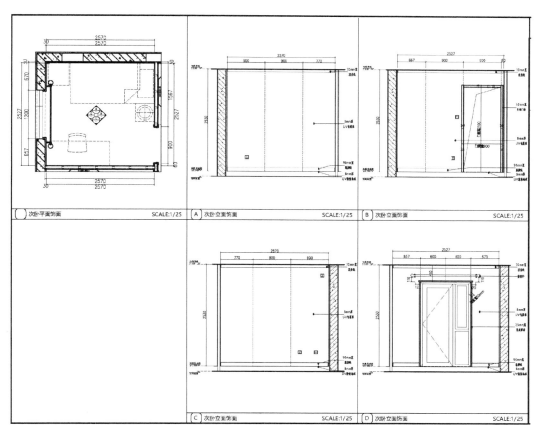

图5.1.5-23　次卧饰面

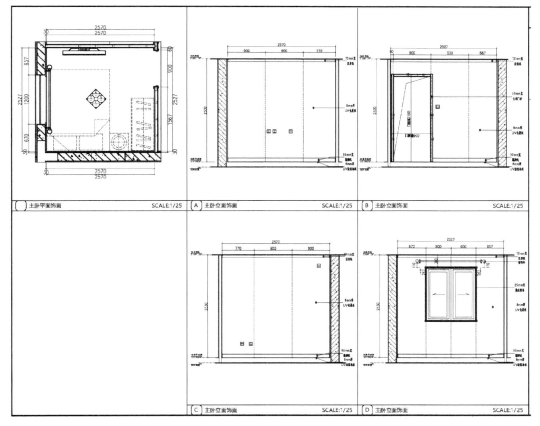

图5.1.5-24　主卧饰面

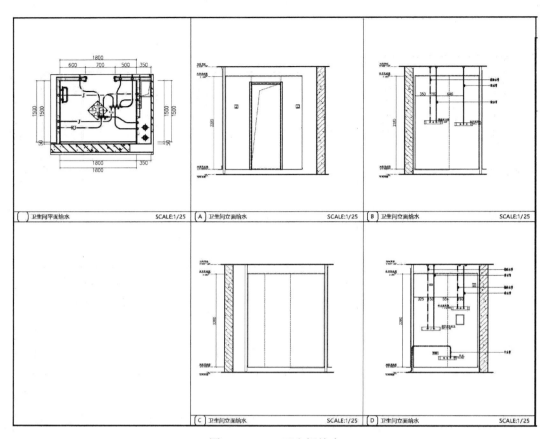

图 5.1.5-25　卫生间给水

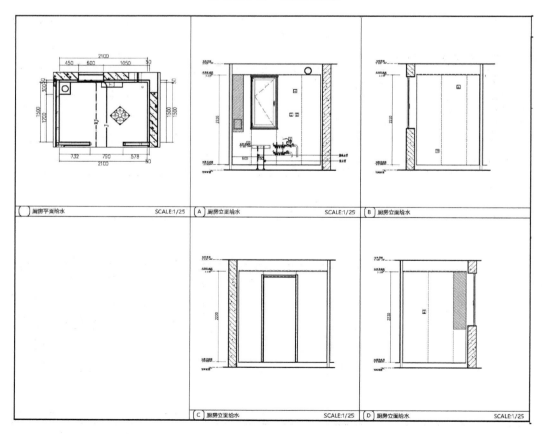

图 5.1.5-26　厨房给水

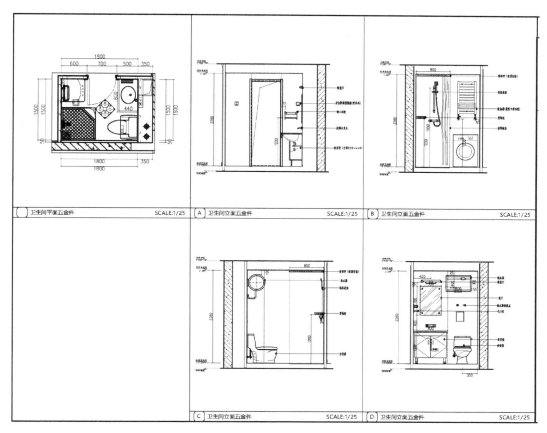

图 5.1.5-27 卫生间五金件

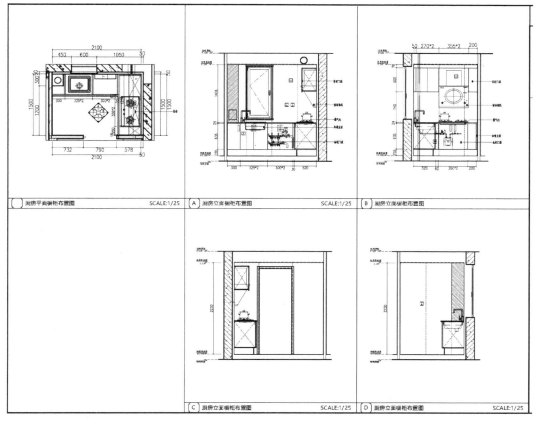

图 5.1.5-28 厨房橱柜

5.2 工程案例2：不同项目间基于同规格尺寸户型模块的多样性效果

案例2为北京市朝阳区百子湾公共租赁住房项目，项目建筑方案由马岩松先生设计，楼型与案例1完全不同。它的平面为三叉型，而立面上又多次退层，富于变化，实现建筑师非常有创意的山水意象设想。但是这个项目也同样执行标准化设计管控。项目90%以上的户型与台湖公共租赁住房项目在开间尺寸上是统一的，即5400mm开间尺寸。那么，在外墙构件设计时，就会形成统一规格的尺寸，甚至在两个项目间的外墙门窗洞口的尺寸上也进行协调，这样就控制了外墙板的规格种类，模板可多次周转使用，实现不同项目间模板通用性，大大节约成本。案例2非常好地展现了在标准化设计理念管控下，既实现装配式建筑多样化楼型与多样化外观效果，同时又实现了预制构件的少规格，节约成本。

项目规划总平面图如图5.2所示。项目基本情况见表5.2。

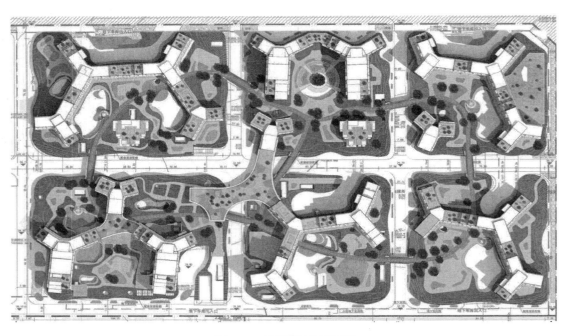

图5.2 项目规划总平面图

项目基本情况 表5.2

项目名称	百子湾保障房项目公租房地块		
建设地点	北京市朝阳区百子湾地区		
建设单位	北京市保障性住房建设投资中心		
设计单位	北京市建筑设计院有限公司		
其他(如咨询)	建筑方案设计:MAD		
内容	说明	内容	说明
实施阶段	已全部结构封顶,正在进行精装修施工及红线内小市政施工。		
建筑类型	公共租赁住房	结构形式	装配整体式剪力墙结构
建筑规模(m²)	473346	地上/地下建筑面积(m²)	303351/169995
建筑檐口高度(m)	80	建筑层数(地上/地下)	27/3

5.2.1　对标《装配式建筑评价标准》评价项的技术体系应用情况

详见表5.2.1-1～表5.2.1-3。

结构系统　　　　　　　　　　　　　　　　　　　　　　　　　表 5. 2. 1-1

装配范围	4～27层	预制构件类型（全部类型）	预制剪力墙、预制叠合板、预制阳台板、预制空调板、预制楼梯
楼（屋）盖结构	1～3层顶板及屋面板为现浇板，其余楼板为叠合楼板	竖向构件	部分为预制剪力墙
			部分为现浇剪力墙

预制构件连接技术

内容	技术类型	说　明
竖向钢筋	灌浆套筒	《钢筋套筒灌浆连接应用技术规程》JGJ 355
水平钢筋	搭接/连接件	《混凝土结构设计规范》GB 50010—2010、《钢筋机械连接技术规程》JGJ 107
楼（屋）盖	叠合/预制	《装配式混凝土结构技术规程》JGJ 1—2014、《装配式混凝土建筑技术标准》GB/T 51231—2016
预制构件界面	粗糙面/键槽	《装配式混凝土结构技术规程》JGJ 1—2014、《装配式混凝土建筑技术标准》GB/T 51231—2016

建筑墙体　　　　　　　　　　　　　　　　　　　　　　　　表 5. 2. 1-2

内容	产品类型	说明
非承重围护墙非砌筑	无	与预制外墙板集成
围护墙体、保温、装饰一体化	预制三明治外墙板	清水混凝土饰面
内隔墙非砌筑	快装轻质隔墙	工厂生产，现场干法组装
内隔墙与管线、装修一体化	轻钢龙骨带饰面涂装板隔墙	管线敷设于隔墙空腔内
建筑外墙防水	预制外墙防水构造＋密封胶	
保温做法	三明治夹心外保温＋底部加强区外贴保温	90mm厚硬泡聚氨酯保温
外墙饰面做法	清水混凝土饰面	

装修和设备管线　　　　　　　　　　　　　　　　　　　　表 5. 2. 1-3

内容	技术类型	说明（如技术特征、指标等）
全装修	装配式装修	
干式工法楼面、地面	集成采暖模块式架空楼面、地面	采暖、承载、饰面等功能集成模块
集成厨房	隔墙、吊顶、楼地面、橱柜及管线现场装配	
集成卫生间	隔墙、吊顶、楼地面、洁具及管线现场装配	
管线分离	户内管线敷设于楼面、墙面及吊顶的空腔内	户内仅照明管线敷设在结构内

5.2.2　标准化设计在项目间协同

1. 案例2标准化功能模块介绍

该项目户型设计有三种标准户型模块（90%以上）、一种转角过渡户型模块和仅首层设置的两种复式户型模块，卫生间设计上有一种标准卫生间模块（90％以上）、三种数量较少的变形卫生间模块，厨房设计上两种标准模块，有一种交通核模块，它们构成了小区 10 栋形态不同的楼型。详见表 5.2.2-1～表 5.2.2-3。

标准化厨房、卫生间模块 表 5.2.2-1

户型模块	模数化尺寸		
	开间尺寸	进深尺寸	扩大模数
	1500mm	2100mm	3M
	1500mm	2100mm	3M
	1500mm	1800mm	3M

标准化户型模块

表 5.2.2-2

户型模块	模数化尺寸		
	开间尺寸	进深尺寸	扩大模数
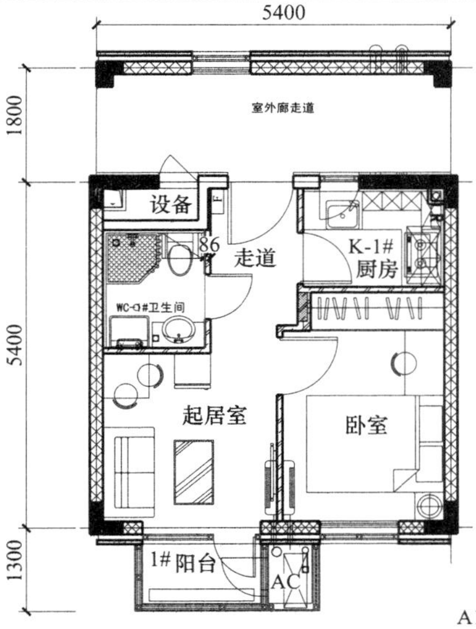 A1户型	5400mm	5400mm	3M
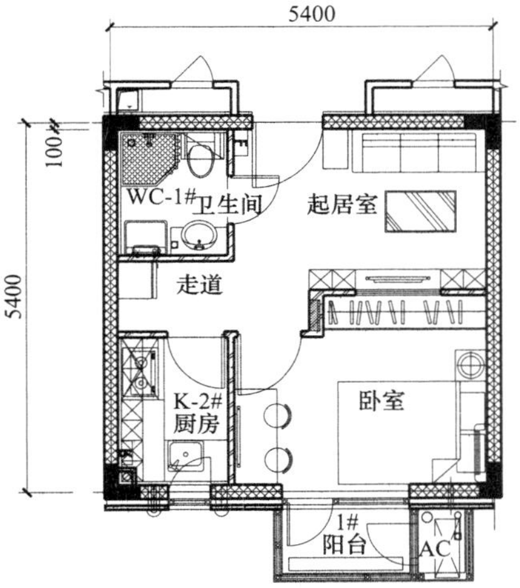 A2户型	5400mm	7200mm	3M
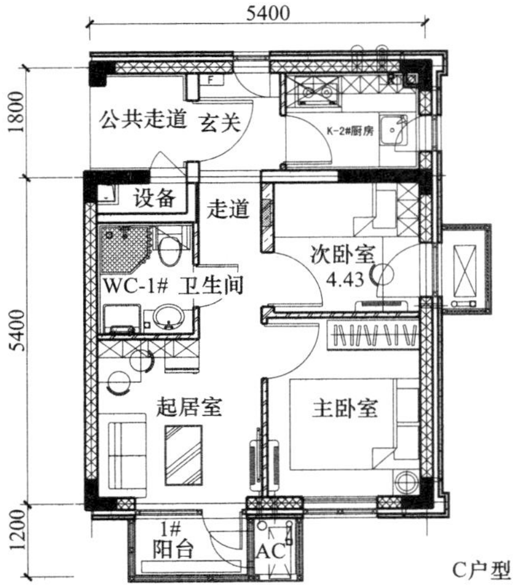 C户型	5400mm	5400mm	3M

续表

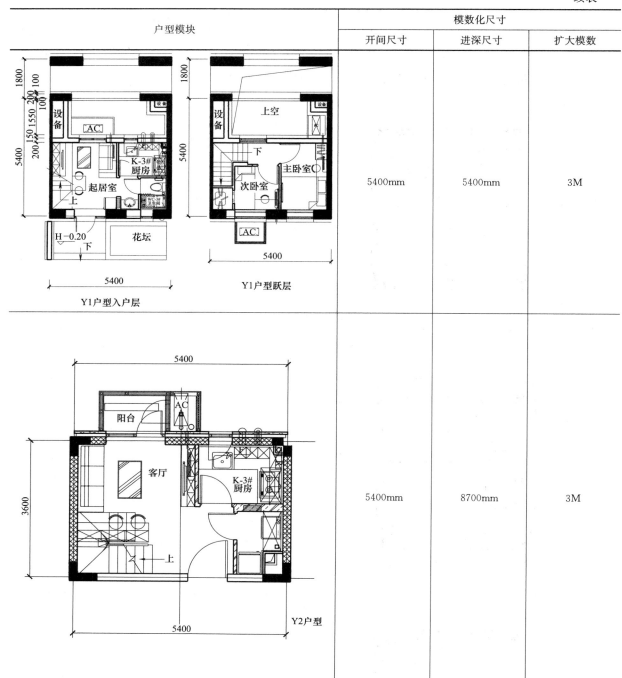

户型模块	模数化尺寸		
	开间尺寸	进深尺寸	扩大模数
Y1户型入户层 / Y1户型跃层	5400mm	5400mm	3M
Y2户型	5400mm	8700mm	3M

标准化楼梯模块   表 5.2.2-3

楼梯模块			
模数化	层高	踏步宽度	踏步高度	扩大模数
	2800	260mm	175mm	1/2M

2. 与案例1之间的协同关系

案例2依然采用北京市保障性住房建设投资中心标准户型系列，主要为5400×5400的A系列，在端部为5400×7200的C系列。案例1和案例2立项的时间接近，所以在项目前期策划阶段，两个项目间进行了产业化的协调设计。

（1）预制构件规格尽量统一。两个项目户型开间尺寸主要采用5400mm，外墙上门窗洞口尺寸统一（案例1和案例2门窗洞口统一规格尺寸见表5.2.2-4）。控制预制构件尺寸规格，实现不同项目间模板通用性。

门窗尺寸的标准化和系列化　　　　　　　　　　　　　　表5.2.2-4

类型	最小洞宽（mm）	最小洞高（mm）	最大洞宽（mm）	最大洞高（mm）	基本模数 1M＝100mm	扩大模数 1M＝100mm
门	700	2100	1200	2200	3M	1M
窗	600	1600	1200	2200	3M	1M

（2）装配式内装部品规格尽量统一。两个项目采用相同的装修标准，因为在建筑策划阶段执行了标准化设计原则，这给室内，尤其是厨房及卫生间区域实现了建筑空间的统一性，在内装部品实现工业化生产的要求下，这点尤其重要。在这两个项目里，卫生间工业化生产的整体防水底盘做到规格尺寸完全一致；厨房虽然受外窗位置及开门位置影响而造成橱柜布置有所不同，但同样遵循功能模块的尺寸，橱柜以"30"为单位进级模数进行设计，橱柜尺寸尽量做到规格统一，不规则尺寸调整至边角（表5.2.2-5）。

内装部品规格　　　　　　　　　　　　　　表5.2.2-5

项目	起居室、居室		卫生间				厨房				
	墙面板（宽×高）	地板模块（宽）	空间尺寸（长×宽）	整体淋浴底盘尺寸（长×宽）	吊顶板（长×宽）	墙面板（宽×高）	空间净尺寸（长×宽）	墙面板（宽×高）	橱柜		
									底柜（宽×高）	吊柜（宽×高）	柜门板（宽）
案例1 案例2	900mm× 2400mm	400mm	1500mm× 1800mm	1500mm× 1800mm	600mm× 1500mm	600mm× 2250mm	1500mm× 2100mm	600mm× 2250mm	540mm× 820mm	350mm× 600mm	300mm

5.2.3 标准化设计多样化表现

前文分析了本项目通过标准功能模块、标准户型模块的应用，实现项目间结构构件规格种类的控制。但是案例2与通常的装配式建筑相比，更具其独特的外观特点。

1. 楼型组合多样化

案例2从楼型构成上分单廊楼型、双廊楼型、柯布楼型3种，各楼型又通过不同的组合最终形成本项目共10栋单体。

项目楼型总图见图5.2.3-1。

1）单廊楼型：主要户型为A1、A2户型，端部为C户型。如图5.2.3-2所示。

2）双廊楼型：主要户型为A1、A2户型，端部为C户型。如图5.2.3-3所示。

3）柯布楼型：主要户型为Y1、Y2户型。为复式小户型组合的楼型。如图5.2.3-4所示。

2. 建筑造型多样化

住宅全部设于首层架空的平台上，从楼型上项目的三叉型已不同于常规的楼型平面，在立面造型上，设计师采用的手法是在竖向上多次退层，悬挑平台、局部架空、立体绿化等手法。整体上项目形象跳跃活泼，轮廓线非常丰富。在外饰面上采用的是混凝土清水保护剂，而且有意调成不同深浅的灰色调，有中国传统水墨画色彩的意蕴（图5.2.3-5）。

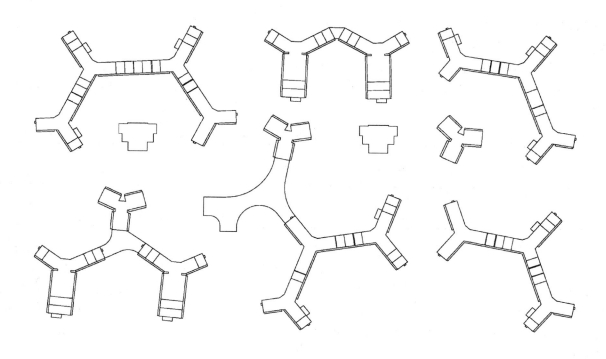

图 5.2.3-1 案例 2 楼型图

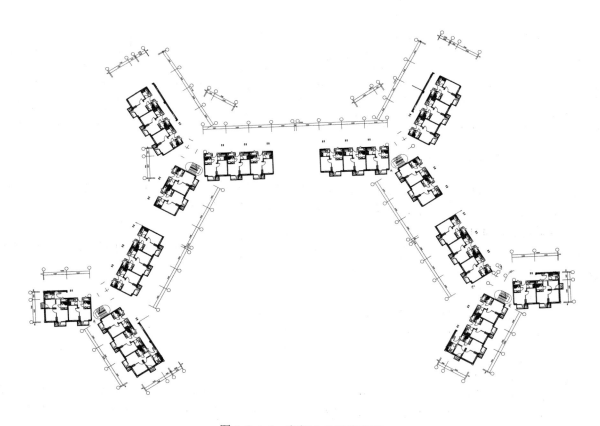

图 5.2.3-2 案例 2 单廊楼型图

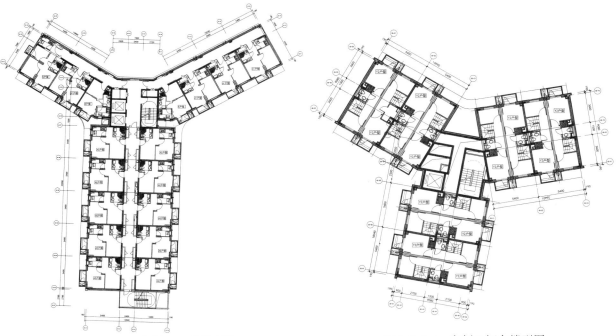

图 5.2.3-3　案例 2 双廊楼型图　　　　　图 5.2.3-4　案例 2 柯布楼型图

(a)

(b)

图 5.2.3-5　建筑造型示意图（一）

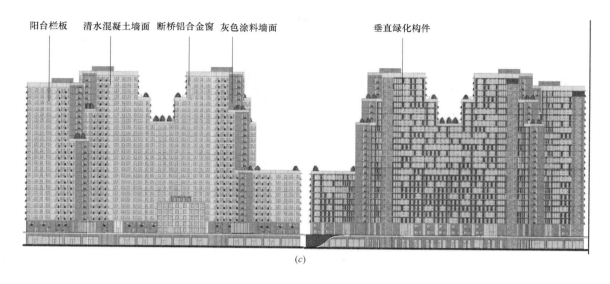

阳台栏板　清水混凝土墙面　断桥铝合金窗　灰色涂料墙面　　　　垂直绿化构件

(c)

图 5.2.3-5 建筑造型示意图（二）

5.2.4 装配式结构设计图示

详见图 5.2.4-1～图 5.2.4-11。

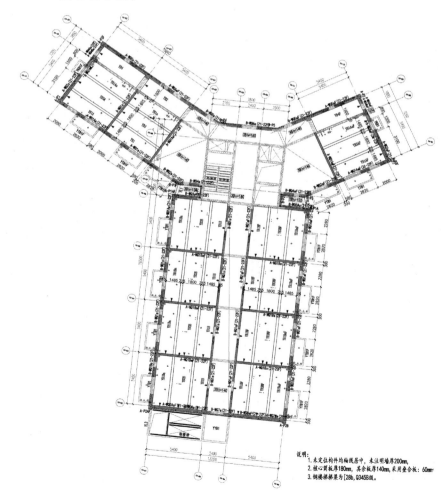

说明：
1. 未定位构件均轴线居中，未注明墙厚200mm。
2. 核心筒板厚180mm，其余板厚140mm，采用叠合板：60mm。
3. 钢楼梯梯梁为[28b, Q345B组。

图 5.2.4-1 10-Ⅱ号楼标准层层顶板结构平面图

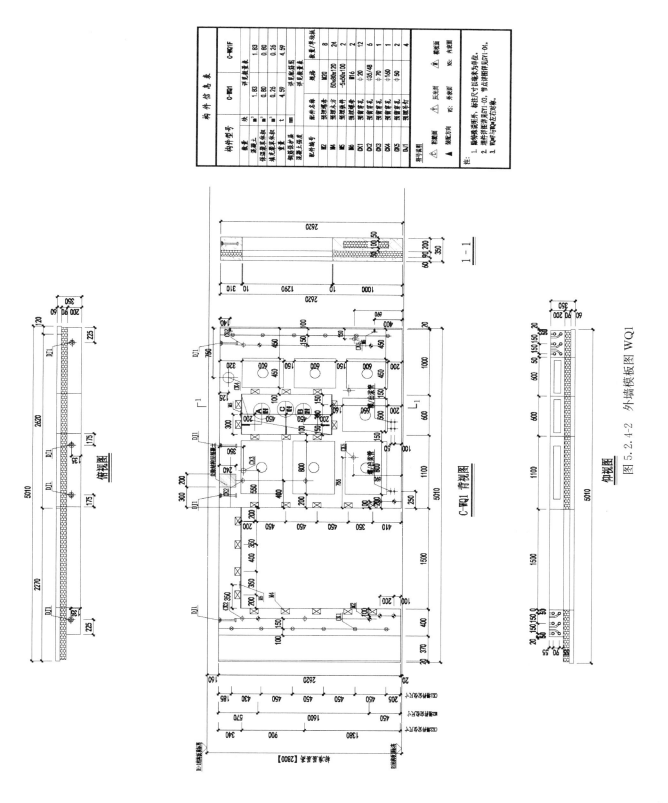

图 5.2.4-2 外墙模板图 WQ1

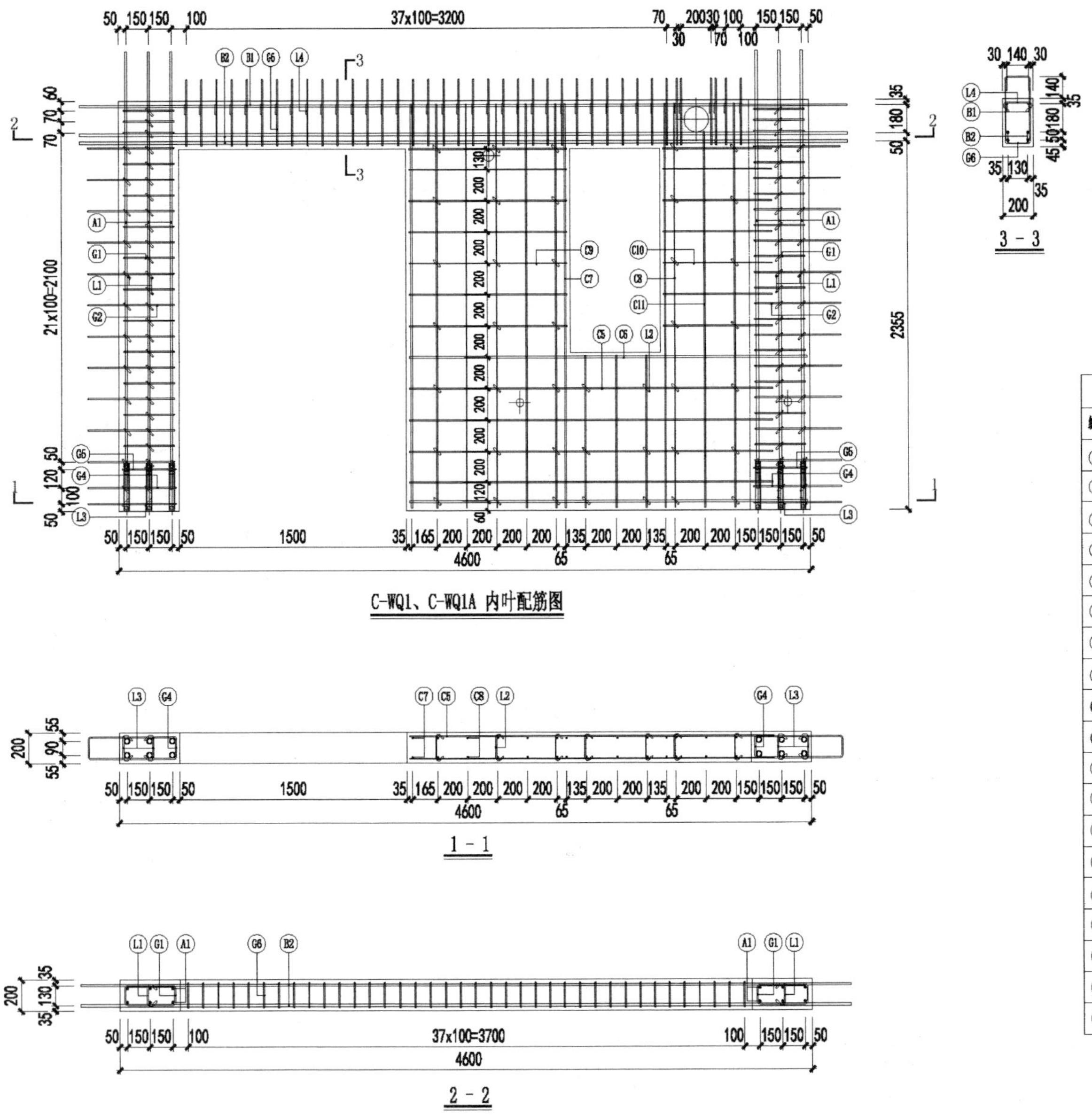

配件信息总表

配件编号	配件名称	规格	数量/单块板	备注
WG14	套筒	L=280 D=38	12	
JB1/JB2	漏出茶孔(PVC)	Φ22	24	

内叶墙板钢筋明细表

编号	数量	规格	钢筋加工尺寸(mm)	单重量(kg)	备注
①	12	Φ14	140 2340 300	3.36	边缘构件钢筋
②	2	Φ12	660 3800 660	4.55	连接竖筋
③	4	Φ20	660 3800 660	12.65	连接竖筋
④	8	Φ8	80 2280 150	0.99	水平分布筋
⑤	4	Φ10	2290 380	1.69	水平分布筋
⑥	6	Φ10	2290 380	1.69	复合水平筋
⑦	16	Φ8	80 2580 80	1.09	复合水平筋
⑧	14	Φ8	2580 80	0.48	水平分布筋
⑨	14	Φ8	1060 80	0.32	水平分布筋
⑩	2	Φ8	80 2400 80	1.01	水平分布筋
⑪	26	Φ8	210 370	0.37	边缘构件箍筋
⑫	22	Φ8	210 380	0.56	边缘构件箍筋
⑬	4	Φ8	370	0.58	边缘构件箍筋
⑭	2	Φ8	140 290	0.41	连接箍筋
⑮	38	Φ8	130	0.47	拉结筋
⑯	70	Φ8	150	0.11	拉结筋
⑰	41	Φ6	150	0.05	拉结筋
⑱	10	Φ8	150	0.11	拉结筋
⑲	38	Φ8	150	0.11	拉结筋

C-WQ1、C-WQ1A 内叶配筋图

1－1

2－2

3－3

图5.2.4-3　外墙配筋图 WQ1

外叶墙板钢筋明细表

编号	数量	规格	钢筋加工尺寸 (mm)	备　注
ⓐ1	3	φ5	4970	水平分布筋
ⓐ2	16	φ5	750	水平分布筋
ⓐ3	7	φ5	2880	水平分布筋
ⓐ4	9	φ5	1060	水平分布筋
ⓐ5	9	φ5	980	水平分布筋
ⓑ1	23	φ5	2880	垂向分布筋
ⓑ2	14	φ5	270	垂向分布筋
ⓑ3	4	φ5	960	垂向分布筋
ⓒ1	6	Φ10	700	洞加筋

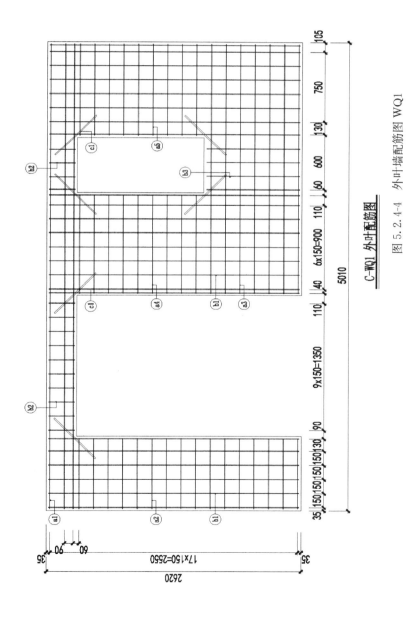

C-WQ1 外叶配筋图

图 5.2.4-4　外叶墙配筋图 WQ1

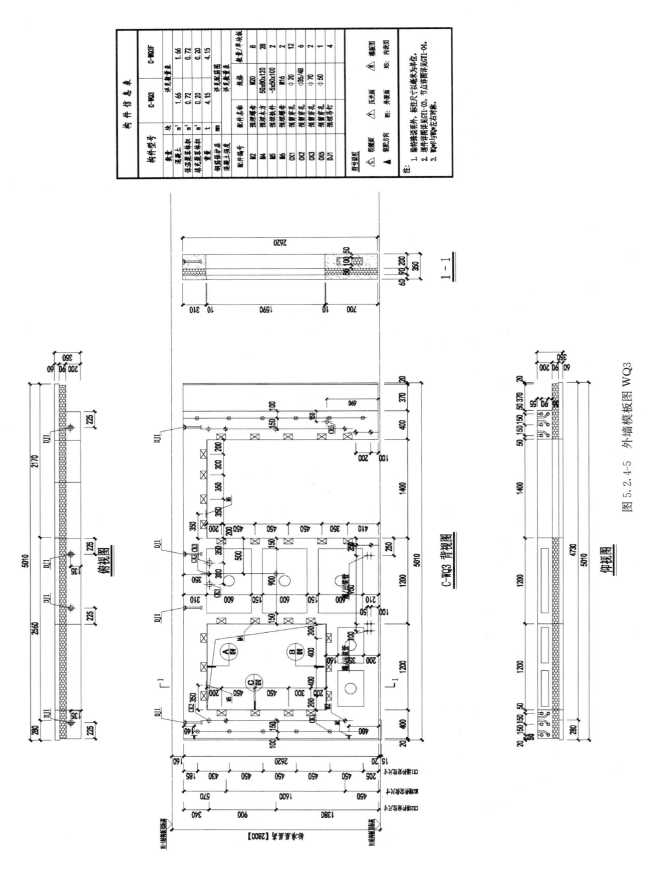

图 5.2.4-5　外墙模板图 WQ3

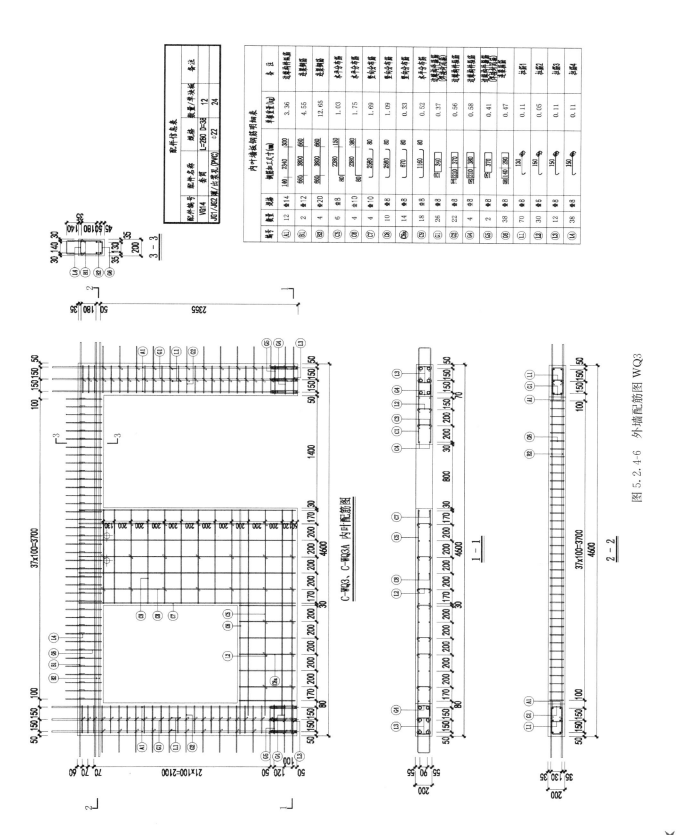

图 5.2.4-6 外墙配筋图 WQ3

编号	数量	规格	钢筋加工尺寸(mm)	单根重量(kg)	重量(kg)	
a1	3	Φ85	4970		水平分布筋	
a2	16	Φ85	750		水平分布筋	
a4	11	Φ85	1160		水平分布筋	
a5	11	Φ85	380		水平分布筋	
a6	5	Φ85	2870		水平分布筋	
b2	17	Φ85	270		竖向分布筋	
b3	8	Φ85	660		竖向分布筋	
b4	20	Φ85	2580		竖向分布筋	
c1	6	Φ10	700		附加筋	

C-WQ3外叶墙板钢筋明细表

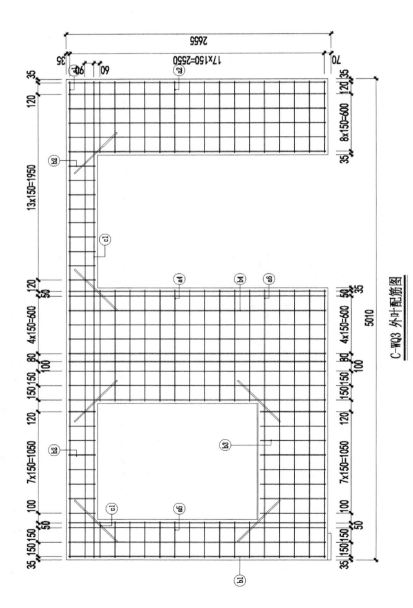

C-WQ3 外叶配筋图

图 5.2.4-7 外叶墙配筋图 WQ3

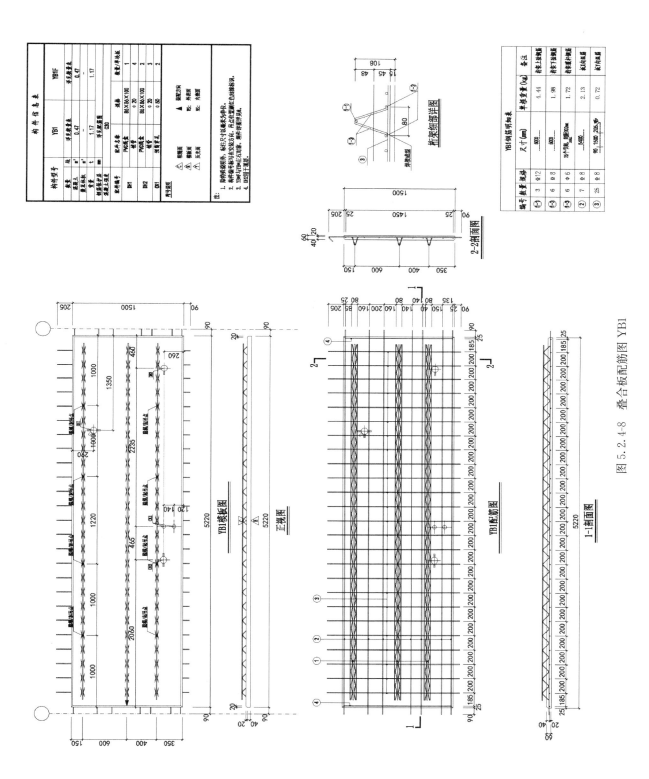

图 5.2.4-8　叠合板配筋图 YB1

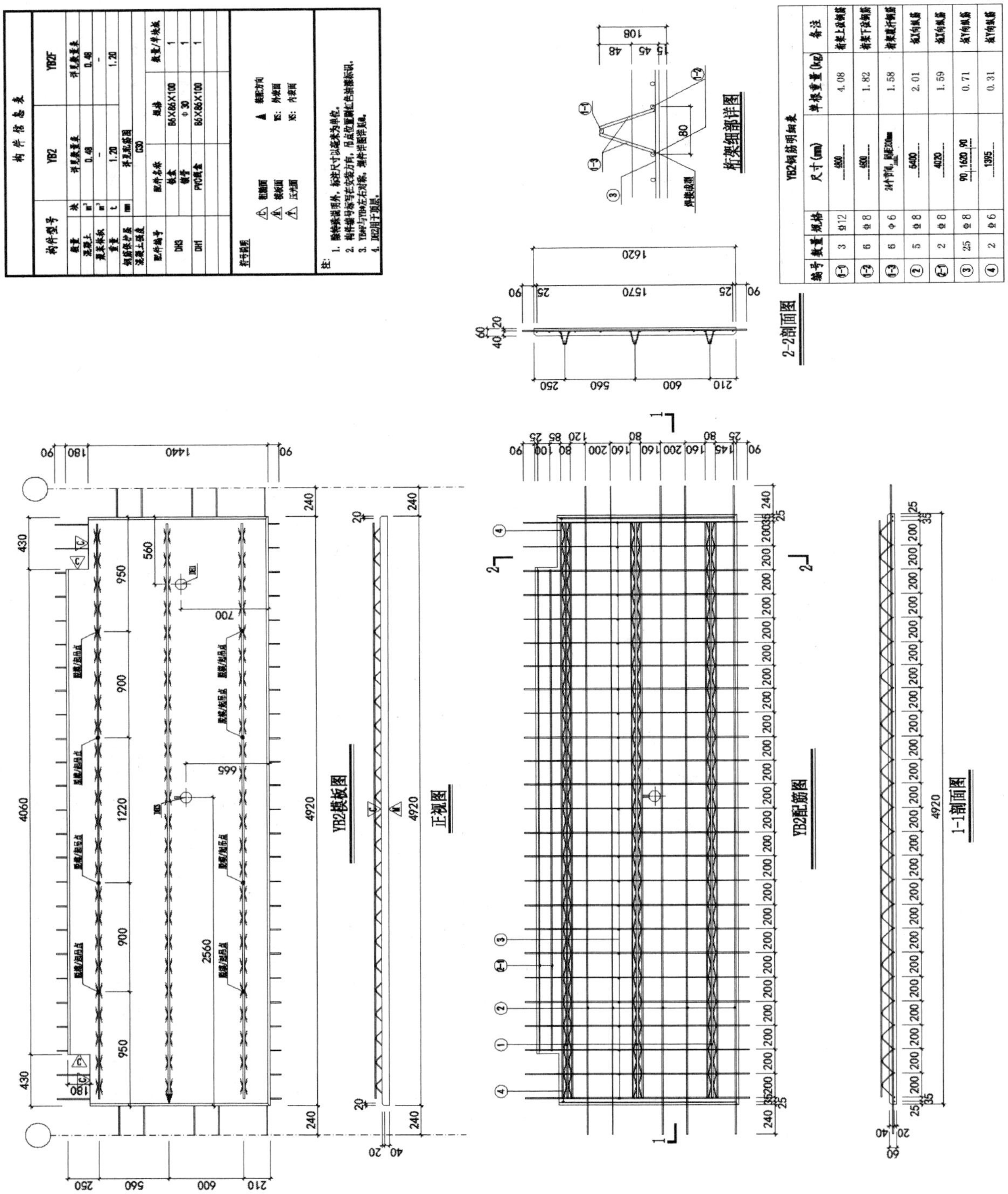

图 5.2.4-9 叠合板配筋图 YB2

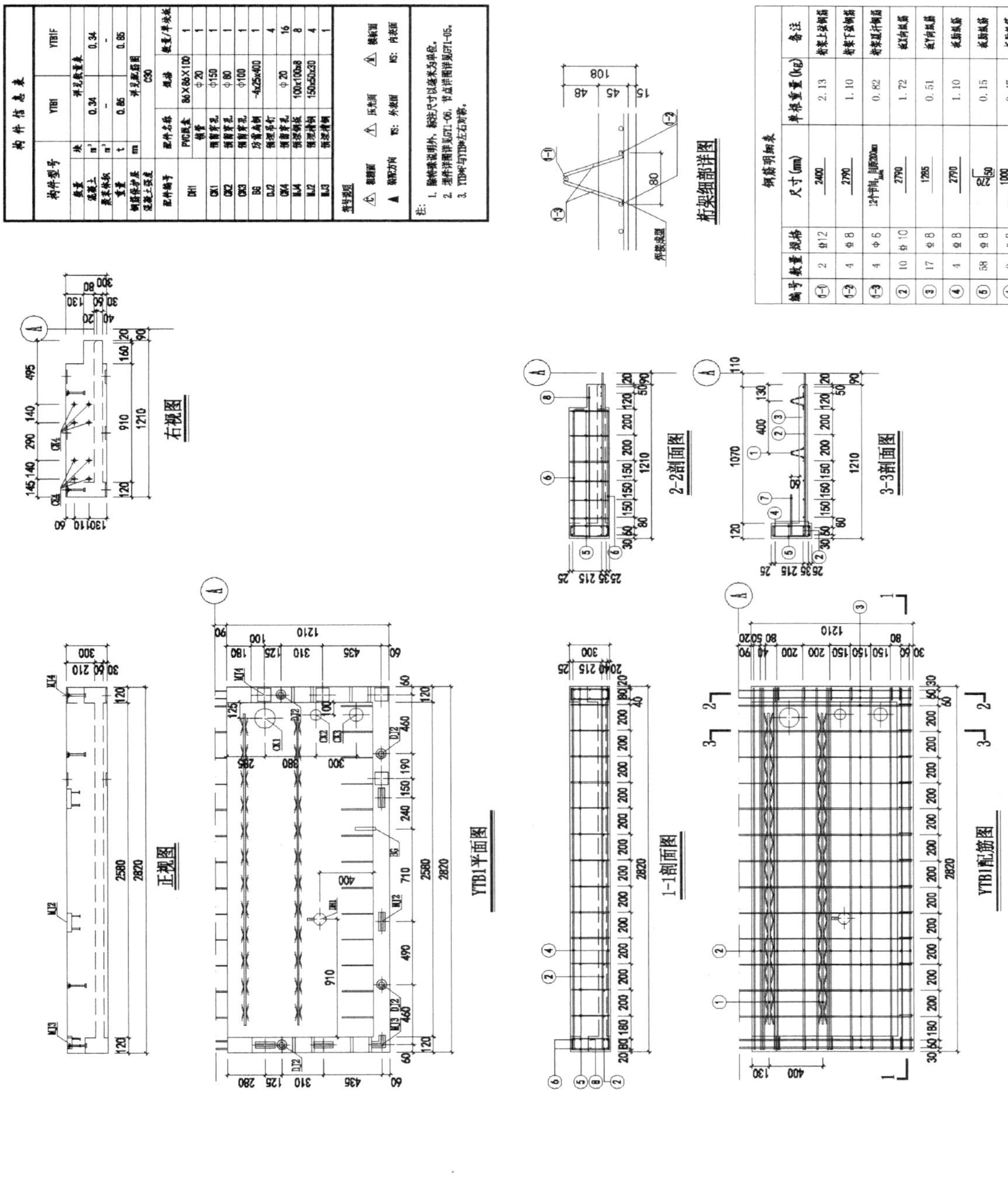

图 5.2.4-10　YTB1 配筋图

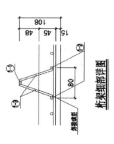

桁架细部详图

编号	数量	规格	尺寸(mm)	单根重量(kg)	备注
①	1	Φ12	1200	1.07	预埋上连钢筋
①'	2	Φ8	1420	0.58	预埋下连钢筋
①"	2	Φ6	分布筋，腹杆300mm	0.41	预埋腹杆钢筋
②	8	Φ10	1470	0.91	桁架腹筋
③	12	Φ8	1035	0.41	板内钢筋
④	4	Φ8	1470	0.58	板内钢筋
⑤	40	Φ8	780	0.15	板底钢筋
⑥	8	Φ8	320	0.37	板顶钢筋
⑦	8	Φ6	110	0.17	板顶钢筋
⑧	4	Φ8	930	0.37	板底钢筋

YKB1钢筋明细表

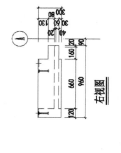

右视图

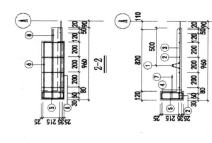

2-2

3-3

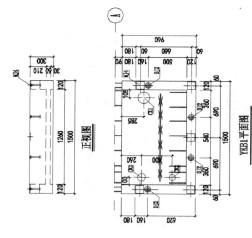

正视图

YKB1平面图

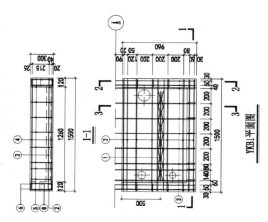

1-1

YKB1平面图

图5.2.4-11　YKB1配筋图

5.2.5　装配式装修设计图示

详见图 5.2.5-1～图 5.2.5-28。

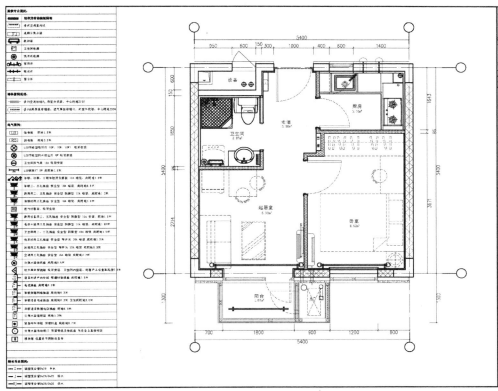

图 5.2.5-1　A1 户型　平面布置图

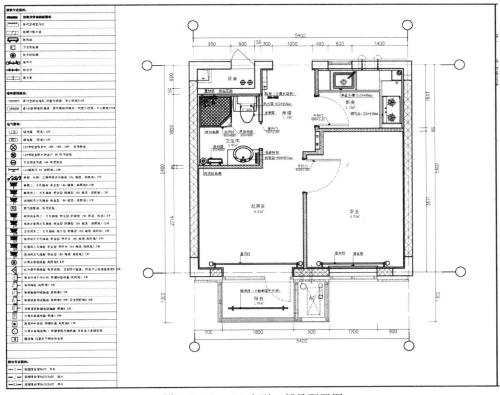

图 5.2.5-2　A1 户型　部品配置图

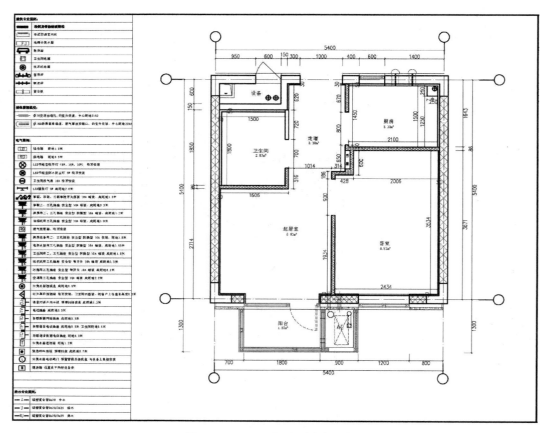

图 5.2.5-3　A1 户型　隔墙尺寸图

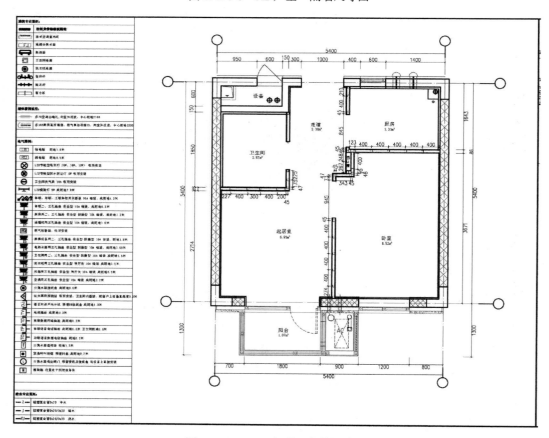

图 5.2.5-4　A1 户型　龙骨尺寸图

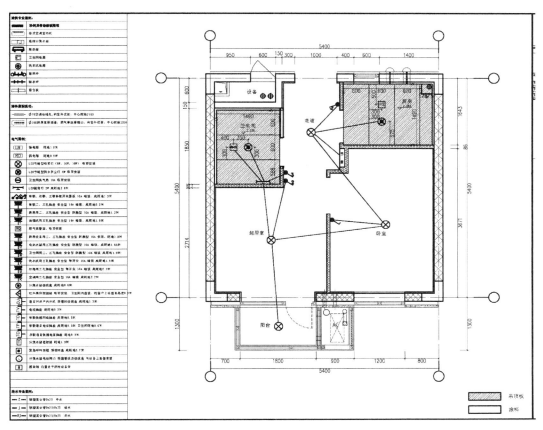

图 5.2.5-5　A1 户型　顶棚综合布置图

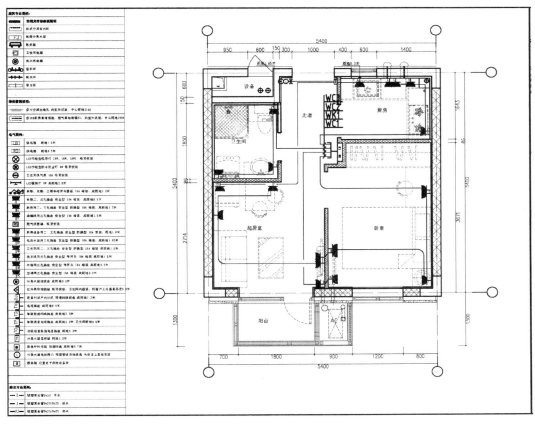

图 5.2.5-6　A1 户型　强电布置图

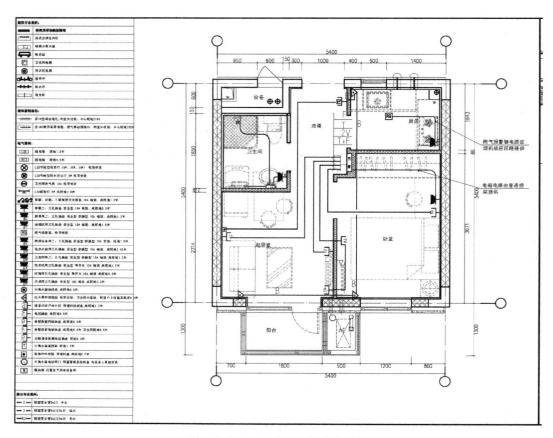

图 5.2.5-7　A1 户型　弱电布置图

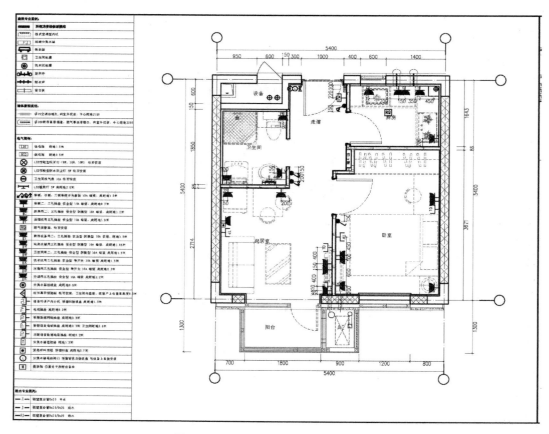

图 5.2.5-8　A1 户型　综合点位定位图

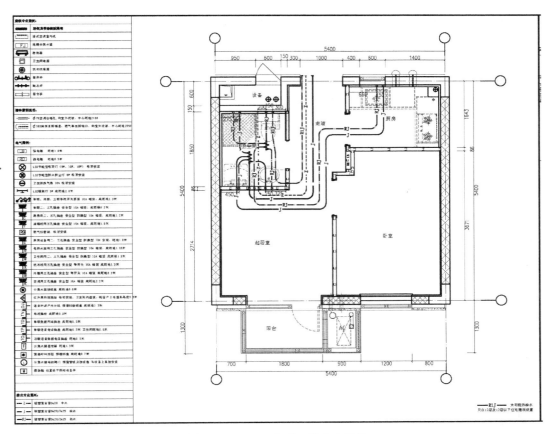

图 5.2.5-9 A1 户型 给水布置图

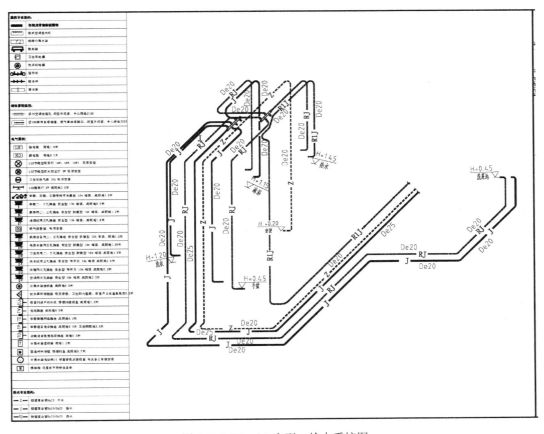

图 5.2.5-10 A1 户型 给水系统图

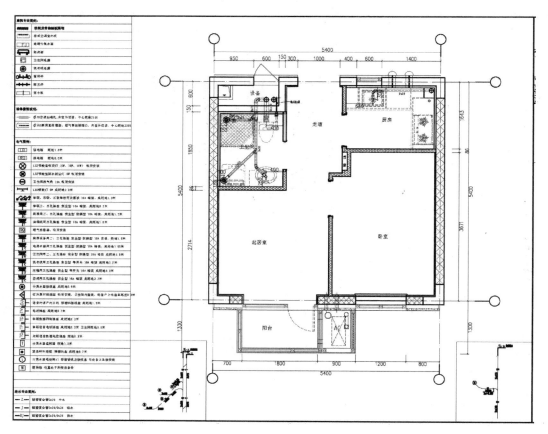

图 5.2.5-11 A1 户型 排水布置图

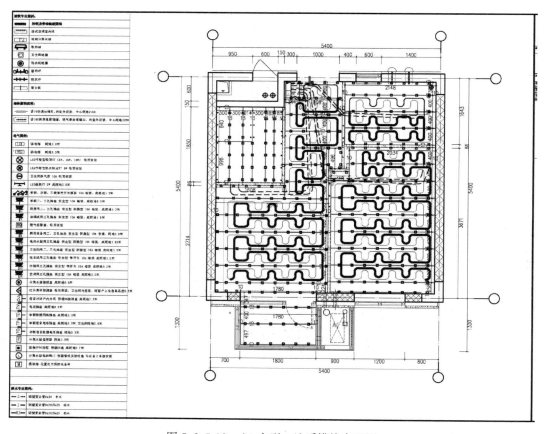

图 5.2.5-12 A1 户型 地暖模块布置图

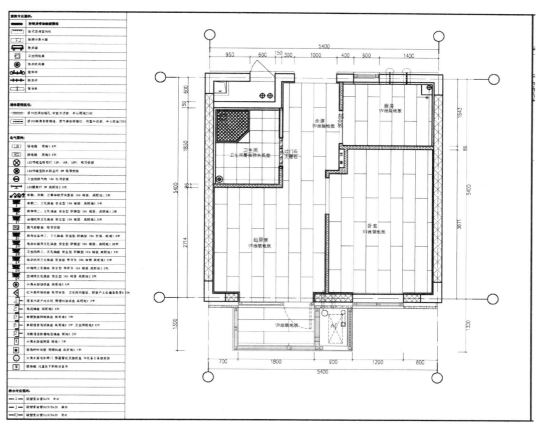

图 5.2.5-13　A1 户型　地面铺装图

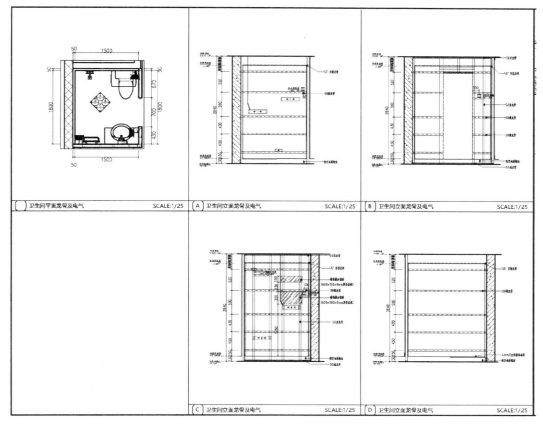

图 5.2.5-14　卫生间

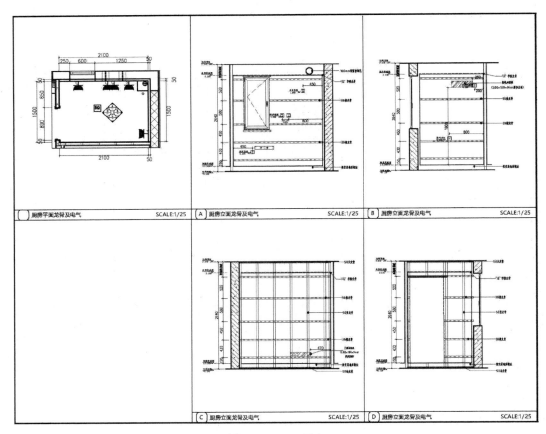

图 5.2.5-15 厨房

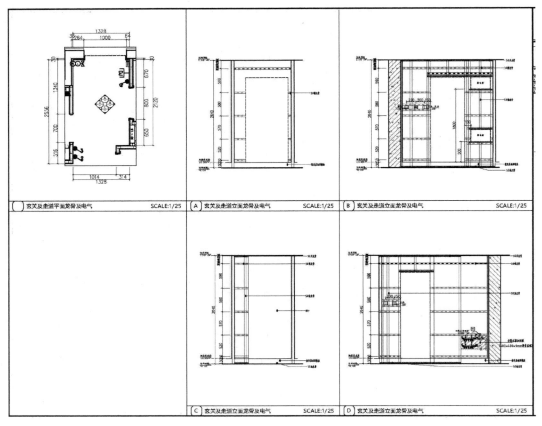

图 5.2.5-16 玄关及走道

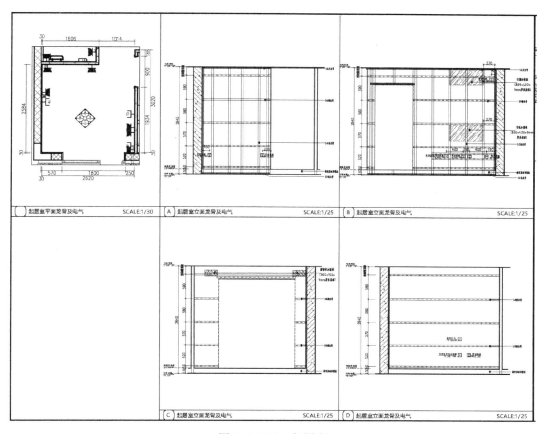

图 5.2.5-17 起居室

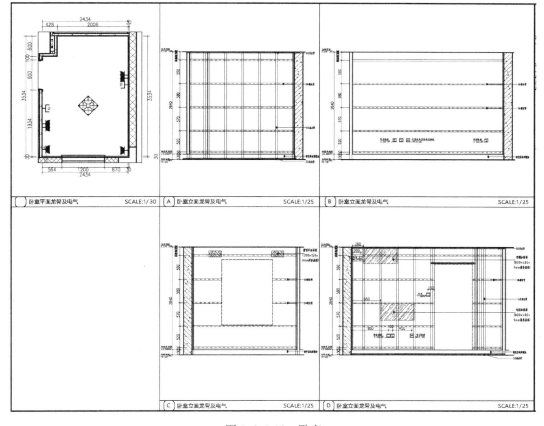

图 5.2.5-18 卧室

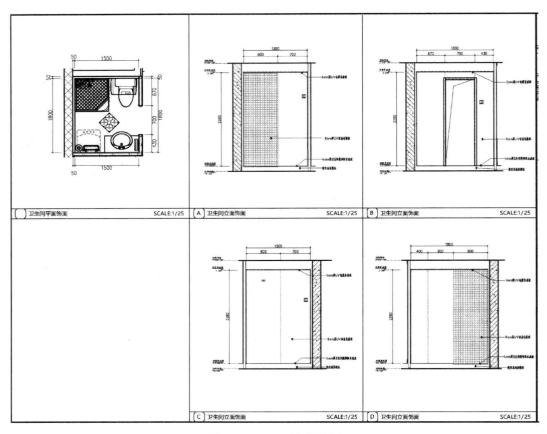

图 5.2.5-19 卫生间饰面

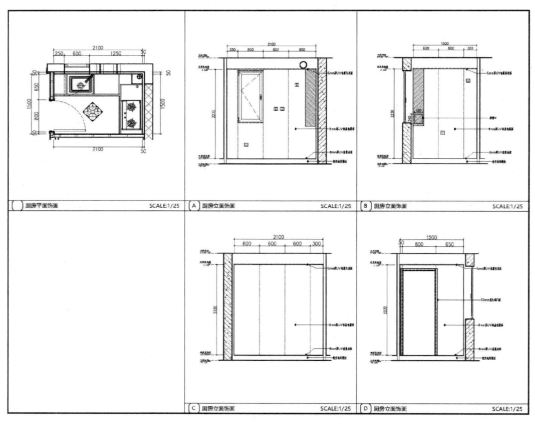

图 5.2.5-20 厨房饰面

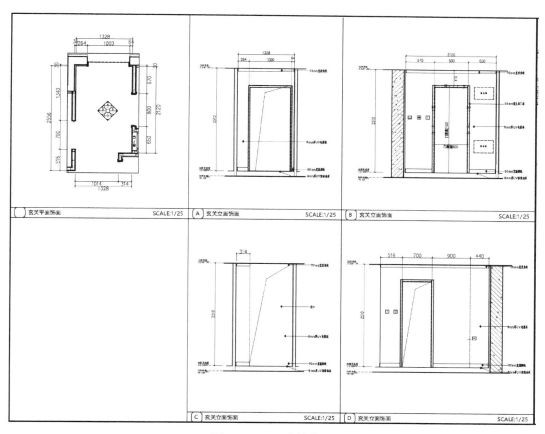

图 5.2.5-21 玄关饰面

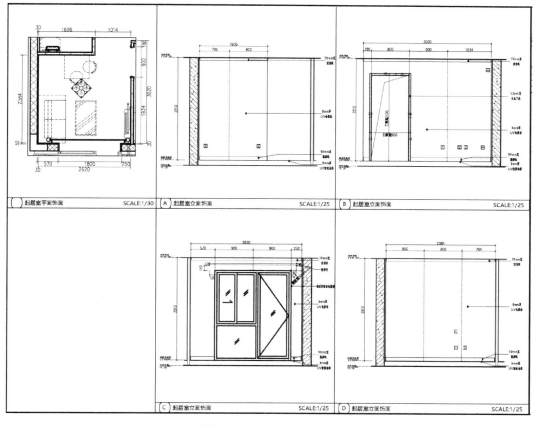

图 5.2.5-22 起居室饰面

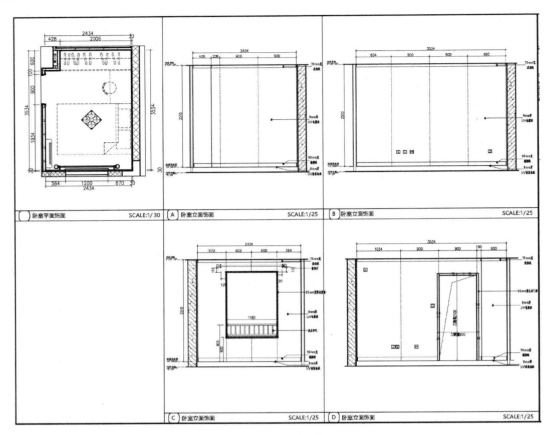

图 5.2.5-23 卧室饰面

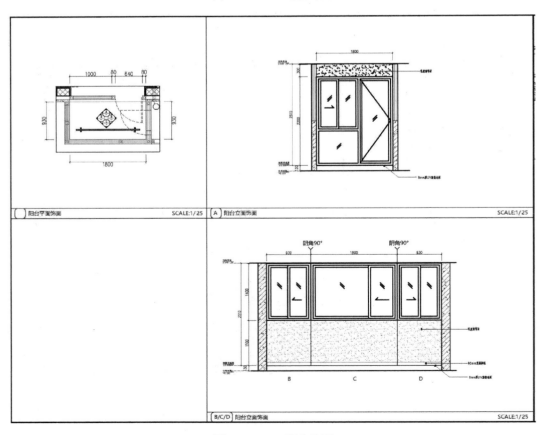

图 5.2.5-24 阳台饰面

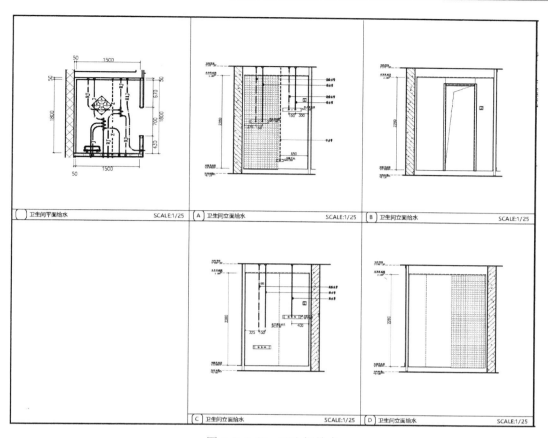

图 5.2.5-25 卫生间给水

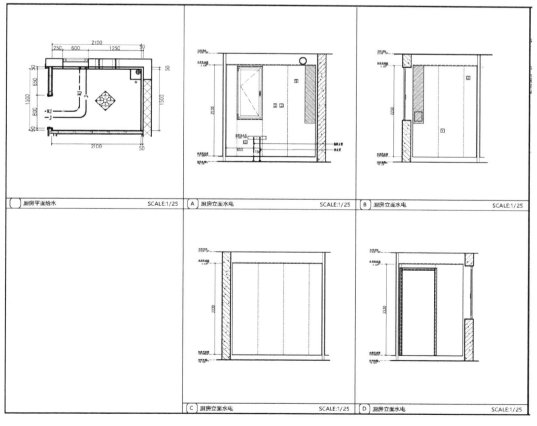

图 5.2.5-26 厨房给水

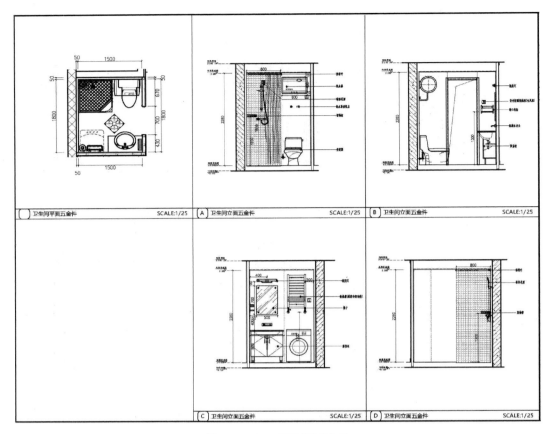

图 5.2.5-27 卫生间五金件

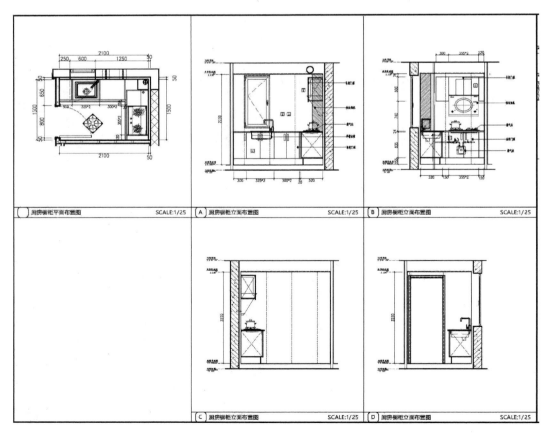

图 5.2.5-28 厨房橱柜

附录A 北京市保障性住房建设投资中心企业标准
《装配式装修工程技术规程》

A 总 则

A.0.1 为规范装配式装修工程设计、材料、装配施工、质量验收及使用维护，做到技术先进、安全适用、经济合理，实现节能减排、提高建筑质量和品质，制定本规程。

A.0.2 本规程适用于新建、改建、扩建的居住建筑和公共建筑的室内装配式装修工程。

A.0.3 装配式装修工程的设计、材料、装配施工、质量验收及使用维护除应符合本规程外，尚应符合国家和北京市现行有关标准的规定。

B 术 语

B.0.1 装配式装修 assembled decoration

主要采用干式工法，将工厂生产的装修部品、设备及管线，在项目现场进行组合安装的装修方式。

B.0.2 内装部品 parts

将多种配套的部件或复合产品以工业化技术集成的功能单元。

B.0.3 干式工法 non-wet construction

采用干作业施工工艺的建造方法。

B.0.4 管线与结构分离 pipe&wire detached from structure

指将各类水、电、暖等设备管线，与结构相分离的敷设方式。

B.0.5 架空层 empty space

在承重墙柱、楼板、隔墙外架设的一定高度（宽度）的空腔层。可局部架空，也可以整体架空。

B.0.6 快装轻质隔墙 assembled internal partition wall

主要在工厂生产、在现场采用干式工法组合安装而成的集成化轻质隔墙。

B.0.7 快装墙面 assembled wall surface

在墙面基层上，主要采用干式工法，在工厂生产、在现场组合安装而成的集成化墙面，由连接构造和面层构成。

B.0.8 快装楼地面 assembled floor

主要采用干式工法，在工厂生产、在现场组合安装而成的集成化楼地面。包括模块式架空楼地面、架空活动地板楼地面、整体防水底盘等。

B.0.9 模块式架空楼地面 empty space module floor

由可调节地脚组件、架空层、地板模块、基层衬板、饰面层构成，具备架空（支撑）、调平、供暖（或非供暖）、装饰等功能。

B.0.10 地板模块 floor module

分为供暖型和非供暖型，以优质的热镀锌钢板为基层，内设可敷设地暖加热管的保温层，表面覆盖无石棉高密度硅酸钙板类无机材料板材的组合模块。非供暖型地板模块也可不设保温层。

B.0.11 快装吊顶 assembled ceiling

主要采用干式工法，在工厂生产、在现场组合安装而成的集成化顶棚。

B.0.12 涂装板 coating board

指通过复合制造技术，在无石棉增强硅酸钙板类无机材料板材表面进行装饰处理，实现多种功能和效果表达的成品饰面板。

B.0.13 整体防水底盘 integration waterproof plate

将有机复合板，通过热塑制造技术整板加工成带有立体翻边、满足干式防水构造与设备接口的底盘地面。

B.0.14 集成式卫生间 integrated bathroom

主要采用干式工法，由工厂生产的墙面、吊顶、楼地面和洁具设备及管线等集成的卫生间。

B.0.15 集成式厨房 integrated kitchen

主要采用干式工法，由工厂生产的墙面、吊顶、楼地面、橱柜、厨房设备及管线等集成的厨房。

B.0.16 穿插施工 interpenetrated construction

指在主体结构施工阶段，在已完成分阶段验收的主体结构部分开展装修等后续工作。

B.0.17 分阶段验收 subsection of acceptance

指在工程施工阶段，对分部工程分层或分部位进行质量验收工作。

C 基 本 规 定

C.0.1 装配式装修集成设计应实现与建筑、结构、设备一体化设计，宜与结构、设备安装等施工工序同步穿插施工。

C.0.2 装配式装修内装部品应遵循标准化、模数化、通用化以及集成化的设计原则，满足生产工业化、现场装配化的要求，以提高其通用性和互换性。

C.0.3 装配式装修应坚持管线与结构分离的原则，保证使用过程中维修、改造、更新、优化的可能性和方便性，延长建筑使用寿命。

C.0.4 装配式装修工程所用原材料的品种、规格、质量应符合设计要求及国家和北京市现行有关标准的规定，宜选用绿色、节能及环保材料。

C.0.5 装配式装修工程验收工作宜采用分户或分阶段的验收方式。

C.0.6 室内空气质量应符合《民用建筑工程室内环境污染控制规范》GB 50325 及《民用建筑工程室内环境污染控制规程》DB11/T 1445 的相关规定。

C.0.7 装配式装修工程应符合《无障碍设计规范》GB 50763 的相关规定。

D 集 成 设 计

D.1 一般规定

D.1.1 装配式装修集成设计应符合《建筑设计防火规范》GB 50016、《住宅室内装饰装修设计规范》JGJ 367 和《建筑内部装修设计防火规范》GB 50222 的相关要求。

D.1.2 装配式装修集成设计宜实现住宅户内格局及公共建筑功能房间可变性要求。

D.1.3 装配式装修宜遵循可逆安装的设计原则。

D.1.4 从公共管井引出的给水、排水、采暖、电气等支管、分支管应与室内装配式装修一体化设计。

D.1.5 装配式装修集成设计，应坚持管线与结构分离的原则，并符合以下规定：

1 机电管线、开关盒、插座盒宜敷设在快装隔墙、快装吊顶、集成式架空楼地面的空腔层内，并应考虑隔声降噪、保温、防结露、防火等措施；

2 有供暖需求的房间，宜采用低温热水地板辐射供暖，其加热管宜与装配式架空楼地面一体化集成；带护套的供暖主管及连接分集水器的加热管，宜敷设在地面架空层内。

D.1.6 装配式装修的防火设计，应符合下列规定：

1 集成式厨房的顶面、地面、墙面宜采用燃烧等级为 A 级的防火材料；

2 强、弱电箱不应直接安装在燃烧性能等级低于 B1 级的装饰材料上；

3 装配式架空楼地面在住宅入户门处、公共走廊与楼电梯厅及管井的防火门等有防火分隔的门洞口处，应采取有效防火封堵措施确保其防火性能的完整性；

4 管道穿墙时，应采用防火封堵材料封堵穿孔处缝隙；

5 所有木质埋件均需进行阻燃防腐处理。

D.1.7 装配式装修集成设计应编制专项施工图纸。图纸内容包括但不限于下列内容：

1 设计说明、装配式装修材料做法表、房间用料表、材料部品清单（包括主要性能、规格特征、工艺要求等）；

2 套型或房间统计表；

3 平面设计、立面展开设计、顶面设计；

4 室内空间的快装轻质隔墙、快装墙面、快装吊顶、快装楼地面、集成式厨房、集成式卫生间等内装部品的设计；

5 室内空间的给排水、燃气、暖通、电气、智能化等专业设计；

6 室内空间的内门、内窗、门窗套等细部设计；

7 细部构造节点设计。

D.2　快装轻质隔墙设计

D.2.1 快装轻质隔墙宜选用轻钢龙骨隔墙、轻质条板隔墙、可拆装式隔断墙，并应符合下列规定：

1 应结合室内管线的敷设进行集成设计，并考虑维修便利性；

2 应与楼地面、顶面、结构墙连接牢固；

3 应在固定或吊挂物件部位设置加强板或采取其他可靠的固定措施；

4 应满足不同功能房间的防火、防水、隔声要求。

D.2.2 当采用轻钢龙骨涂装板隔墙时，应符合下列规定：

1 应根据隔声性能等要求、设备设施安装需要明确隔墙厚度，且不宜小于86mm；同时应明确各种龙骨的规格型号；

2 轻钢龙骨空腔内宜敷设给水分支管线、电气分支管线及线盒等；

3 竖向龙骨中心间隔不应大于400mm；除沿顶及沿地龙骨之外，横向龙骨不应少于5排，每排中心间距不应大于600mm。门窗洞口、自由端、墙体转角连接处和大开孔等部位应加设龙骨做加强处理；

4 隔墙填充材料宜选用岩棉板或玻璃棉板类材料；

5 有防水要求的房间隔墙内侧，应通高采用PE隔膜防潮措施；遇门洞口时，PE膜应连续敷设至隔墙外侧，距外侧洞口边不低于200mm，并与门口地面延展的防水层搭接；墙体根部应增设挡水措施，高度高出建筑完成面不低于250mm；

6 隔墙上需要固定或吊挂超过15kg物件时，应设置加强板或采取其他可靠的固定措施，并明确固定点位。

D.2.3 轻质条板隔墙当选用蒸压轻质加气混凝土板时，应符合准《蒸压加气混凝土建筑应用技术规程》JGJ/T 17，并宜符合下列规定：

1 板缝根据房间功能需要进行处理，应满足隔声、防火等要求；

2 应进行排板设计，并对给水分支管线、电气分支管线及线盒等进行精准定位；

3 对于地下车库、库房、自行车库等公共区域，轻质条板隔墙除板缝处理外宜不做抹灰；

4 轻质条板上可按照不同的固定方法吊挂重物，当重物较重时应采用专门的构造措施。

D.2.4 可拆装式隔断墙根据房间功能及使用部位，隔断墙面板可选择安全玻璃、铝合金板，应符合现行行业标准《可拆装隔断墙》JG/T 487的规定，并应符合下列规定：

1 面板应在工厂集成饰面层；

2 面板、骨架宜在工厂集成为内装部品。

D.3 快装墙面设计

D.3.1 快装墙面的面层应在工厂集成，宜选用龙骨与涂装板、吸声板、木丝板、玻璃等组成的连接构造，并应符合以下要求：

1 连接构造应与墙体结合牢固，宜在墙体空腔内预留预埋管线、连接构造等所需要的孔洞或埋件；

2 应提供小型吊挂物的固定方式；

3 快装墙面固定于轻钢龙骨隔墙时应封至结构板底；

4 应满足不同功能房间的防火、防水、隔声要求。

D.3.2 当采用轻钢龙骨与涂装板组成的快装墙面时，应符合下列要求：

1 设计应明确面板排板方案，开关、插座、温控、水龙头等末端设备应规划合理位置并避开板缝设置；

2 当面板与轻钢龙骨之间采用结构密封胶粘结时，应根据拟采用结构密封胶的性能明确粘结点数量、位置及粘结面积，并明确粘接点粘结强度指标。面板间采用缝接方式，板间缝隙不宜大于3mm，缝隙应用防霉型硅酮密封胶填充；

3 当面板与轻钢龙骨之间采用机械连接辅助密封胶粘结时，宜采用"工"字形铝型材连接于轻钢龙骨上。面板间采用密拼连接方式并在墙面板接缝处采取相应措施形成止水构造；

4 面板宜选用900mm或600mm宽度作为优先尺寸；

5 单元房间的每一面墙面应以序号明确墙面板的排布及装配次序。

D.4 快装吊顶设计

D.4.1 快装吊顶应采用轻钢龙骨或铝合金龙骨，面板宜采用集成饰面层的涂装板、金属板、PVC板、矿棉吸音板等，并应符合以下规定：

1 吊顶内宜设置可敷设管线的架空层；

2 当需要安装吊杆或其他吊件，宜在楼板（梁）内预留预埋所需的孔洞或埋件；

3 龙骨排布应与空调送回风口、灯具、检修口设备的位置错开，不应切断主龙骨；

4 快装吊顶应集成灯具、排风扇、浴霸等设备设施；

5 快装吊顶应具备检修条件。

D.4.2 居住建筑当采用轻钢龙骨涂装板吊顶时，房间跨度不大于1800mm时，应采用由"几"字形、"L"形边龙骨，"上"字形横龙骨和吊顶板组成的免吊杆的装配式吊顶。房间跨度大于1800mm时，应采取吊杆或其他加固措施。

D.4.3 公共建筑或大跨度空间宜采用金属板、矿棉吸声板等其他满足使用功能的吊顶材料。

D.5 快装楼地面设计

D.5.1 快装楼地面可采用模块式架空楼地面、架空活动地板楼地面、整体防水底盘，并应符合以下要求：

1 快装楼地面承载力应满足房间使用功能的要求；

2 快装楼地面应采用模块化连接构造，连接构造应稳定、牢固；

3 快装楼地面架空层高度应根据管线交叉情况进行计算，应结合管线路由进行综合设计；

4 有架空层的快装楼地面，宜在房间对角分别设置检修口；检修口位置应避开地暖管位置；

5 有防水要求的楼地面，应低于相邻房间楼地面15mm或设高度为15mm的挡水门槛，门槛及门内外高差应以斜面过渡。防水层在门口处应水平延展，向外延展长度不小于500mm，向两侧延伸宽度不应小于200mm；

6 房间隔墙有防水、防火及隔声性能要求的，其门洞口位于架空层内的部分须采用符合性能要求的分隔措施；

7 不同空间分界处宜设置过门石（条）。

D.5.2 当采用模块式架空楼地面时，饰面层可采用涂装板、石塑片材、整体防水底盘、强化木地板、实木复合地板、陶瓷地砖、石材或地毯等为饰面材料，并应符合以下要求：

1 模块式架空楼地面其地板模块应合理排布，减少非标准模块；

2 有供暖需求的房间，当采用低温热水地面辐射供暖时，应采用供暖型地板模块；

3 基层衬板应根据饰面材料、承受荷载等选用。采用无石棉硅酸钙板为基层衬板时，用于居住建筑室内房间时其厚度不低于 8mm，用于公共区域时其厚度不低于 10mm，并需根据饰面材料的性能加强基层板厚度；

4 饰面层应根据使用房间的功能、材料性能等选用。有防水要求的房间可采用涂装板、整体防水底盘、陶瓷地砖、石材；其他房间饰面层可采用涂装板、石塑片材、强化木地板、实木复合地板、陶瓷地砖、石材；公共区饰面层可采用石塑片材、陶瓷地砖、石材；

5 可调节地脚组件的边龙骨应采用镀锌钢、不锈钢、铝合金等具有防腐性能的金属龙骨。

D.5.3 模块式架空楼地面饰面层采用涂装板时，应符合以下要求：

1 宜企口密拼连接；

2 涂装板宜采用宽度为 600mm，长度≤3000mm 的通长整板；

3 设计时应明确涂装板的排布及装配次序。

D.5.4 办公、设备机房等空间可采用架空活动地板楼地面，并符合相关规范的要求。

D.6 集成式卫生间设计

D.6.1 集成式卫生间宜采用同层排水，各类水、电、暖等设备管线应设置在架空层内，并宜设置检修口。

D.6.2 集成式卫生间的楼地面应符合以下要求：

1 楼地面向地漏找坡，坡度不小于 1%，洗浴区地面可采用下沉式设计；

2 采用模块式架空楼地面时架空高度应根据排水管线的长度、坡度进行计算，且不低于 120mm；

3 采用同层排水时，可采用饰面层为整体防水底盘或整体防水底盘与涂装板集成的模块式架空楼地面。整体防水底盘需与墙面防水材料共同形成完整的防水层。架空层宜设置集水排水措施，并做防虫及防倒流处理；

4 当楼地面基层为混凝土或水泥砂浆找平层时，楼地面应采用整体防水底盘；

5 整体防水底盘、淋浴底盘与地漏边缘之间需有密闭防水措施；

6 整体防水底盘应设上翻的泛水，其高度应不小于 50mm；当底盘上有其他饰面做法时，其泛水净高应不小于 50mm；整体防水底盘泛水与墙面防水层交界处应设计搭接构造；

7 坐便器与整体底盘应螺栓连接，并应保证底盘整体防水性能。

D.6.3 集成式卫生间快装隔墙（墙面）应选用满足防水要求的快装轻质隔墙（墙面）。

D.6.4 集成式卫生间的防水层应从楼地面延伸至墙面，且楼地面和墙面连接构造应具有防渗漏的功能，并符合现行行业标准《住宅室内防水工程技术规范》JGJ 298 的规定。

D.6.5 集成式卫生间应设置大（小）便器、洗面盆、化妆镜、淋浴器（浴缸）、毛巾架、排风扇等部件，并应合理安排位置。

D.6.6 设洗浴设备的卫生间应做局部等电位联结设计。

D.6.7 应进行补风设计。

D.7 集成式厨房设计

D.7.1 集成式厨房的各类水、电、暖等设备管线应设置在架空层内，并设置检修口。

D.7.2 集成式厨房油烟排放宜采用同层直排的方式，并应在室外排气口设置避风、防雨和防止污染墙面的部件。

D.7.3 集成式厨房应设置橱柜、洗菜盆、灶具、排油烟机等设施，宜预留冰箱、热水器等电器设施的位置及相应接口。

D.7.4 集成式厨房的橱柜设计应符合以下要求：

1　应与墙体可靠连接，并宜与快装墙面集成设计；

2　橱柜台面可采用人造石、不锈钢材质；

3　设计应合理组织操作流线，操作台宜采用 L 形或 U 形布置；靠墙应设挡水台，高度不低于 50mm；

4　燃气表安装在橱柜里时，应在柜门上设通风措施。

D.7.5 集成式厨房的水槽龙头设置位置不应影响外窗开启。

D.8　设备管线设计

D.8.1 室内装配式装修设计时，应对接建筑设计，考虑给排水、暖通和电气等进行管线综合设计。管线工程的最低设计使用年限应不低于 20 年，并应提出全部管线材料的耐用指标。

D.8.2 集中管道井宜设置在公共区域，并应设置检修口，尺寸应满足管道检修更换的空间要求。

D.8.3 给水管线设计应符合下列规定：

1　给水入户管、干管、户用水表至分水器的管段宜采用金属给水管、金属复合管、塑料管材；分水器至用水器具的给水支管管段应采用柔韧性较好的塑料给水管或铝塑复合管等符合国家卫生标准及使用要求的管材；

2　分水器至用水器具之间的管段应无接口；

3　热水应采用热水型分水器及热水型管材、管件；冷水系统应采用冷水型分水器及冷水型管材、管件；二者不得混用；

4　在各分支接口之间的给水支管、分支管宜采用整根管，分支接口应设置在易检修的位置；

5　分支接口宜采用快插式接头，管道连接应满足严密性试验的相关要求；

6　各类型管线应采用不同颜色区分，且户内与户外管线颜色应保持一致。给水管宜用蓝色、热水管宜用橘红色、中水管宜用绿色；

7　敷设在架空层内的热水管道宜采取相应的保温措施，敷设在架空层内的冷水管道应采取相应的保温防结露措施。

D.8.4 排水管线设计应符合下列规定：

1　排水立管管井宜布置在公共区；

2　排水方式宜采用同层排水；

3　排水管道管件应采用 45°转角管件；

4　排水管道应采取隔声降噪措施；

5　在卫生间以外的洗衣机区域宜设置整体防水底盘，并采用配套排水接口。

D.8.5 供暖设备及管线设计应符合下列规定：

1　供暖设计及设备选型应满足分户计量的要求，卫生间供暖宜采用壁挂式散热器，并应设置自力式恒温阀；

2　当采用地暖方式时，地暖应与集成式架空楼地面的地板模块集成；

3　分集水器宜与内装部品集成设计，设置部位应便于维修。

D.8.6 电气设备及管线设计应符合下列规定：

1　电线接头宜采用快插式接头，接头应满足用电安全要求；

2　电气线路及线盒宜敷设在架空层内，面板、线盒及配电箱等宜与内装部品集成设计；

3　强、弱电线路敷设时不应与燃气管线交叉设置；当与给排水管线交叉设置时，应满足电气管线在上的原则；

4　户内配电箱、弱电箱应综合布线，箱体与快装轻质隔墙集成设计。

D.9　门窗设计

D.9.1　户内门门框采用金属覆膜外框，门扇宜采用无机材料构造。

D.9.2　外窗室内收口宜为钢质覆膜整体窗套。

D.9.3　厨房、卫生间门应具有防水防潮功能，卫生间门套应设计防水底脚。

D.9.4　内藏式推拉门应设计隐形拉手。

D.9.5　厨房和卫生间的门应在下部设置有效截面积不小于 0.02m² 的固定百叶，也可距地面留出不小于 30mm 的缝隙。

D.10　其他内装部品设计

D.10.1　其他内装部品主要包含：窗帘盒（杆）、窗台板、挂镜线、踢脚线、顶角线、阳角线、检修口、晾衣杆、五金挂件等的设计。

D.10.2　其他内装部品设计，应符合下列规定：

1　设计文件应明确细部部品所用材料的品种、规格等质量指标和技术参数；

2　其他内装部品应与相连的内装部品集成设计，当相连的内装部品承载力不足时应有固定设计；

3　应明确固定件及五金件的数量、规格和位置。

E　材　　料

E.1　一般规定

E.1.1　装配式装修工程宜采用集成化的部品，满足现场干式工法、绿色装配。

E.1.2　装配式装修工程应具有柔性加工技术，实现标准化、模块化的产品与非标产品的系列规格组合，实现大小批量同步加工的均衡转换，同时配套供应。

E.1.3　装配式装修工程所用原材，应符合下列规定：

1　原材的品种、规格、质量、燃烧性能以及有害物质限量，应符合设计要求，优先采用绿色、环保、节能材料；

2　原材应具备出厂合格证及相关检测报告并进行抽样检测。检测不合格的禁止使用，做退厂处理；

3　原材应达到 E1 级以上；

4　宜优先选用可循环、可再生利用材料；

5　宜优先选用可降解材料，使用后残余不会造成环境污染。

E.1.4　装配式装修工程的集成技术，应符合下列规定：

1　连接构造应采用安全、可靠、耐久的工业化技术，易于面层维修或重置；

2　制造精度应满足部品组合装配的要求；

3　部品构造应具有调节能力，适应现场不同条件下的快速装配；

4　部件之间连接优先选用物理连接方式，不宜大量采用化学连接方式。

E.2　主要材料规定

E.2.1　当采用轻钢龙骨涂装板隔墙或墙面时，主要材料应符合以下要求：

1　增强硅酸钙板板材原材其主要力学性能、物理性能指标应符合《纤维增强硅酸钙板 第 1 部分：无石棉硅酸钙板》JC/T 564.1 中的要求；

2　涂装板成品板材厚度不应小于 8mm，其主要力学性能、物理性能指标应满足表 E.2.1-1 的要求；

3　涂装板墙面的成品板材，其饰面层采用壁纸类材质包覆的，应整体包覆到侧面。其饰面层采用 UV 漆涂装的，底涂与基层应复合牢固；

4　面板间采用"工"字形等机械连接构造时，裸露外面的铝型材表面应做纯碱砂或包覆处理；

表 E.2.1-1 涂装板墙板主要力学性能、物理性能指标

项 目		单 位	性能指标
力学性能	抗折强度Ⅲ级	MPa	≥13
	抗冲击性	次	3
	抗弯承载力	kN/m²	≥0.8
物理性能	密度	g/cm³	≥1.25
	不透水性	h	≥24
	含水率	%	≤10
	湿涨率	%	≤0.25
	燃烧性能	—	A级不燃材料
	涂层附着力	等级	2级
	铅笔硬度	H	2H

5 面板采用粘结方式时，粘结材料应采用结构密封胶，其性能应符合《建筑用硅酮结构密封胶》GB 16776—2005 中的要求；

6 岩棉应符合《建筑用岩棉、矿渣棉绝热制品》GB/T 19686 中的要求；

7 PE 防水防潮隔膜应符合《土工合成材料聚乙烯土工膜》GB/T 17643 中的要求；

8 镀锌轻钢龙骨在工厂断切，应以机械式挤压式，严禁锯裁破坏镀锌层；

9 轻钢龙骨应符合《建筑用轻钢龙骨》GB/T 11981 中的要求，主要性能指标应满足表 E.2.1-2 的要求。

表 E.2.1-2 轻钢龙骨规格及主要性能

项目	50 沿顶及沿地龙骨	50 竖向龙骨	38 横向龙骨
断面尺寸 (A×B×t)	50×35×0.6(mm)	50×45×0.6(mm)	38×10×0.8(mm)
	标准要求	标准要求	标准要求
外观质量	外形平整,棱角清晰,切口无毛刺变形,镀锌层无起皮,起瘤、脱落,龙骨无腐蚀、无损伤、无麻点,每米长度内面积不大于1cm²的黑斑不多于3处	外形平整,棱角清晰,切口无毛刺变形,镀锌层无起皮,起瘤、脱落,龙骨无腐蚀、无损伤、无麻点,每米长度内面积不大于1cm²的黑斑不多于3处	外形平整,棱角清晰,切口无毛刺变形,镀锌层无起皮,起瘤、脱落,龙骨无腐蚀、无损伤、无麻点,每米长度内面积不大于1cm²的黑斑不多于3处
双面镀锌层厚度	≥14μm	≥14μm	≥14μm
侧面平直度	≤1.0mm/1000mm	≤1.0mm/1000mm	≤2.0mm/1000mm
地面平直度	≤2.0mm/1000mm	≤2.0mm/1000mm	≤2.0mm/1000mm
尺寸偏差	尺寸 A；≤0.5mm 尺寸 B；≤1.0mm	尺寸 A；≤0.5mm 尺寸 B；≤1.0mm	尺寸 A；≤0.5mm 尺寸 B；≤1.0mm
内角半径	≤1.50mm	≤1.50mm	≤1.75mm
角度偏差	≤1°30′	≤1°30′	≤2°00′
抗冲击试验	墙体龙骨残余变形量不大于10.0mm	墙体龙骨残余变形量不大于10.0mm	墙体龙骨残余变形量不大于10.0mm
静载试验	墙体龙骨残余变形量不大于2.0mm	墙体龙骨残余变形量不大于2.0mm	墙体龙骨残余变形量不大于2.0mm

E.2.2 当采用蒸压轻质加气混凝土板隔墙时应符合《蒸压加气混凝土建筑应用技术规程》JGJ/T 17的规定。

E.2.3 当采用可拆装式隔断墙时应符合现行行业标准《可拆装隔断墙》JG/T 487 的规定。

E.2.4 当采用轻钢龙骨涂装板吊顶时，主要材料应符合以下要求：

1 板材原材宜采用 5mm 厚无石棉硅酸钙板，其主要力学性能、物理性能指标应符合《纤维增强硅酸钙板 第 1 部分：无石棉硅酸钙板》JC/T 564.1 中的要求；

2 涂装板成品吊顶板材厚度不应小于 5mm。饰面层采用壁纸类材质包覆时，应整体包覆到背面。饰面层采用 UV 漆涂装时，底涂与基层应复合牢固；

3 采用铝型材"上"字形、"几"字形、"L"形的吊顶龙骨为集成饰面成品吊顶板连接构造时，裸露外面的铝型材表面需做纯碱砂或包覆处理。

E.2.5 当采用金属板、矿棉吸声板等吊顶板时，其龙骨及吊顶板应符合国家和北京市相关要求。

E.2.6 快装楼地面当采用模块式架空楼地面时，主要材料应符合以下要求：

1 模块式架空楼地面应参照《建筑结构监测技术标准》进行集中荷载、均布荷载极限承载力的检验，其均布荷载承载力不应小于 1000kg/m^2；

2 模块式架空楼地面采用供暖型地板模块时，架空楼地面应参照《预制轻薄型地暖板散热量测定方法》进行检测，热工性能应符合工程设计及设备技术文件要求；

3 模块式架空楼地面中地板模块原材应以优质冷轧连续热镀锌卷板，其表面镀锌量应不小于 60g/m^2；

4 地板模块的填充材料模塑泡沫板，应符合《绝热用模塑聚苯乙烯泡沫塑料（EPS）》GB/T 10801.2 中的要求；

5 模块式架空楼地面中的可调节地脚组件，应在 20~90mm 内灵活调整架空层的高度；

6 模块式架空楼地面的板材原材采用无石棉增强硅酸钙板时，其主要力学性能、物理性能指标应符合《纤维增强硅酸钙板 第 1 部分：无石棉硅酸钙板》JC/T 564.1 中的要求。主要性能指标应满足表 E.2.6-1 的要求；

表 E.2.6-1 无石棉增强硅酸钙板主要力学性能、物理性能指标

项　目		单　位	性能指标
力学性能	断裂载荷	N	＞110
	抗冲击性	次	3
物理性能	密度	g/cm^3	＞1.2/≤1.4
	燃烧性能	—	A 级不燃材料

7 面层采用涂装板、石塑片材时，应参照 GB/T 18102—2007/AMD.1—2009 第 6.3.11 节、《半硬质聚氯乙烯块状地板》GB/T 4085—2005 进行检测，其主要性能应符合表 E.2.6-2 的要求；

表 E.2.6-2 涂装板地板、石塑地板主要性能

项目	涂装板	石塑地板	
	标准要求	标准要求	
		G 型	H 型
耐旋转磨耗	≥6000 转	—	—
耐磨性,转（CT 型）	—	≥1500	≥5000

8 模块式架空楼地面采用 PVC 防水材料时，主要性能应符合表 E.2.6-3 的规定。

E.2.7 整体防水底盘主要性能应符合以下要求：

1 整体防水底盘应一次性热塑成型，原材厚度不应低于 4mm；

2 整体防水底盘制造应有换模技术，生产满足多样化规格、形状、任意位置开孔的需要；

表 E.2.6-3　PVC 防水材料主要性能指标

项目	单位	性能指标
成品克重	g/m²	550
成品厚度	(mm)	0.45
拉伸强度(经/纬)	(N/5cm)	1100/900
撕裂强度(经/纬)	(N)	120/120
剥离强度	(N/5cm)	40

3 整体防水底盘转角部位应加强处理;

4 整体防水底盘主要性能指标应符合表 E.2.7 要求。

表 E.2.7　整体防水底盘主要性能指标

外观	内表面无小孔、裂纹、气泡、缺损等缺陷;外表面无缺损、毛刺、固化不良等缺陷; 其他无针孔、颜色不均、变形等缺陷
耐渗水性	无渗漏现象
耐污染性	色差不应大于 3.5

E.2.8 快装楼地面当采用架空活动地板楼地面时,主要材料应符合《防静电活动地板通用规范》SJ/T 10796—2001 中相关要求。

E.2.9 集成式卫生间浴室柜宜采用环保、防潮、防霉、易清洁、不易变形的材料,台面板宜采用硬质、耐久、防水、抗渗、易清洁、强度高的材料。

E.2.10 集成式厨房的橱柜采用三聚氰胺板时,柜体板厚度不应小于 16mm;柜门板厚度不应小于 18mm;人造石台面板材最薄处应≥12mm,且应设不少于 3 道通长抗剪肋条,台面厚度应≥18mm;单块不锈钢台面长度不能超过 3m。

E.2.11 生活给水管道材料应满足饮用水卫生标准。

E.2.12 排水管材可选用排水 PP 管、HDPE 管等符合使用要求的管材,采用快插柔性连接,应配套可调节管件高度的免打孔固定件。

E.2.13 地暖加热管应满足设计使用寿命、施工和环保性能要求,并应符合下列规定:

　　1 地暖加热管的使用条件级别应满足现行国家标准《冷热水用热塑性塑料管材和管件》GB/T 18991—2003 中的 4 级;加热管的壁厚按实际工程条件按系列(S)确定,地暖加热管的性能应符合《辐射供暖供冷技术规程》JGJ 142 中附录 E 的规定;

　　2 供暖型地板模块的相邻模块,加工预留布置地暖加热管的通过缺口;

　　3 地暖加热管应设置保温层,向上热传导率应达到 80% 以上;

　　4 出厂成品地暖加热管、分集水器,应打压检验合格。

E.2.14 门窗及门窗套应符合下列要求:

　　1 门扇宜采用无机材料构造,宜在工厂将锁芯集成在门扇上;

　　2 门套应选用镀锌钢板饰面处理,宜在工厂将合页集成在门套上;

　　3 出厂成品门套、窗套应满足每个面表面气泡不超过 1 个;出厂成品门扇成品每平方米的瑕疵或气泡应不超过 3 个。

F　装　配　施　工

F.1　一般规定

F.1.1 装配施工应符合设计要求及国家和北京市现行有关标准的规定。

F.1.2 装配施工应以工厂化的组织形式,实施绿色装配。

F.1.3 装配施工前应进行设计交底,并编制专项施工方案。

F.1.4　装配式装修工程装配施工宜与结构、设备安装等施工工序同步穿插施工。内装部品安装前置条件应符合要求，各工序间交接界面应明确。

F.1.5　装配前应勘验现场具备装配条件，当采用穿插施工时，前置条件应符合装配要求。

F.1.6　装配式装修部品、材料包装应完好，应有产品合格证、说明书及相关性能的检测报告。

F.1.7　施工现场的水平和垂直运输中，对半成品、成品应采取保护措施，已装配成品在交付前应采取保护措施。

F.2　现场勘验测量

F.2.1　装配前应对装配式装修作业界面进行勘验，并符合下列规定：

　　1　楼地面的标高、平整度应满足装配条件；

　　2　既有墙体的位置、平整度、垂直度应满足装配条件；

　　3　预留孔洞的数量、位置、规格应满足装配条件；

　　4　预留管路的数量、位置、功能应满足装配条件。

F.2.2　装配前应参照设计图纸进行全屋测量放线，并符合下列规定：

　　1　优先满足集成式卫生间、集成式厨房的净尺寸；

　　2　对墙面、地面、顶面放出完成线；对门窗洞口放出控制线；对水、暖、电、风等管线放出路由线。当现场按照图纸尺寸不能满足部品装配的条件时，宜调整相应的完成线、控制线、管道路由线，并办理相应的变更手续；

　　3　应对放线结果验收。

F.2.3　应根据验收后的放线结果进行部品加工数据采集，符合下列规定：

　　1　依据采集的测量数据和部品构造容错能力核算归尺数据；

　　2　结合归尺数据确定部品生产的净尺寸，编制《定制部件加工清单》；

　　3　《定制部件加工清单》中部品加工清单数据应以 mm 为单位，并应标明每个部件编码、使用位置、生产规格、材质、颜色等信息。

F.3　快装轻质隔墙装配施工

F.3.1　快装轻质隔墙施工前置条件应符合下列规定：

　　1　对放线结果已验收；

　　2　对原预留位置不准确的管线已进行调整。

F.3.2　快装轻质隔墙施工技术要点：

　　1　与装配式隔墙连接的顶面、楼面基层应平整，强度应符合要求；

　　2　快装轻质隔墙应与相关结构连接牢固，连接点、加强部位应符合设计要求；

　　3　当在快装轻质隔墙空腔层内填充材料时，填充材料性能和填充密实度等指标应符合设计要求。

F.3.3　采用轻钢龙骨涂装板快装隔墙时，施工应符合下列要求：

　　1　沿顶及沿地龙骨及边框龙骨应与结构体连接牢固，并应垂直、平整、位置准确，龙骨与结构体采用塑料膨胀螺丝固定，固定点间距不应大于 600mm，第一个固定点距离端头不大于 50mm。龙骨对接应保持平直；

　　2　竖向龙骨安装于沿顶及沿地龙骨槽内，安装应垂直，龙骨间距不应大于 400mm。天地龙骨和竖向龙骨宜采用龙骨钳固定。门、窗洞口两侧及转角位置应采用双排口对口并列形式竖向龙骨加固；

　　3　横向龙骨安装于竖向龙骨两侧，每侧横向龙骨不应少于 5 排，每排间距不大于 600mm；

　　4　当隔墙高度大于 3m 时，应采用宽度为 100mm 的竖向龙骨，并应设置穿心龙骨进行固定，隔墙高度不大于 4m 时应居中设置一道穿心龙骨；隔墙高度大于 4m 时设置间距应不大于 2m。

F.3.4　壁挂空调、电视、热水器、吊柜、集分水器、散热器、油烟机、门顶等安装位置根据设计图纸进行加固。

F.3.5 装配式隔墙内水电管路铺设完毕且经隐蔽验收合格后，宜填充岩棉或其他吸声材料，岩棉应填充密实无缝隙，应减少现场切割。

F.3.6 快装轻质隔墙有防水要求侧，应符合下列规定：

1 墙根部位应按设计要求设置250mm高挡水板，挡水板与地面相接处，应用聚合物砂浆抹八字角；

2 应沿隔墙铺贴PE防水防潮隔膜，上部铺设至结构顶板并与顶板粘接，下部与整体防水底盘上翻的泛水黏结，粘结宽度≥50mm，形成整体防水防潮层。遇门洞口处，PE防水防潮膜外翻应不小于200mm。当PE防水防潮隔膜搭接时，搭接宽度不少于100mm；

3 自攻螺丝等部品部件穿过PE防水防潮隔膜时，应增加防水密封胶垫。

F.4　快装墙面装配施工

F.4.1 快装墙面施工前置条件应符合下列规定：

1 勘验墙面完成线，校核每面墙宽度、高度、阴阳角方正度、架空厚度、门窗洞口尺寸、开关插座位置尺寸、预留孔洞位置尺寸；

2 龙骨、电线管（盒）、水管、填充材料施工完毕验收合格并填写隐蔽验收记录；

3 按照设计图纸排版及墙板编号预列墙板次序。

F.4.2 涂装板快装墙面施工技术要点：

1 当墙面平整度大于10mm时，宜采用"丁"字形胀塞与横向龙骨组合构造架空调平。胀塞水平间距不得大于400mm；

2 密拼墙面墙板平面接缝处采用"工"字形铝型材、阳角处采用定型铝型材与既有墙体或横向龙骨连接。铝型材间距大于300mm时，应采用结构密封胶与既有墙体或横向龙骨粘结。粘结点之间或者粘结点与铝型材之间的水平间距不大于300mm，竖向粘结点间距不大于600mm；

3 胶粘墙面横向龙骨外侧用结构密封胶粘贴涂装板，板间缝隙应用防霉型硅酮玻璃胶填充并勾缝光滑。

F.4.3 墙板安装顺序应遵循先从阳角、门边、窗边开始安装，管线维修部位应设置专用检修口。

F.5　快装吊顶装配施工

F.5.1 快装吊顶施工前置条件：

1 墙板安装完毕，应采用墙面板材对吊顶板和结构顶板之间的轻质隔墙进行封堵；

2 排风口底标高应不低于吊顶板；

3 吊顶内管道、设备、电气线路施工完毕，并经隐蔽验收合格。

F.5.2 快装吊顶施工技术要点：

1 连接构造应固定牢固，吊顶板应安装可靠；

2 吊顶板上的灯具、风口等设备按设计位置安装，切割孔洞边缘应加设套口，确保成活面美观大方。

F.5.3 集成式厨房、卫生间吊顶采用涂装板快装吊顶时，应符合下列规定：

1 集成式厨房、卫生间墙板与"几"字形边龙骨应连接牢固；

2 "几"字形边龙骨阴阳角处应切割45°拼接，接缝应严密、平整；

3 "上"字形横龙骨宜比净空尺寸短5mm，与"几"字形边龙骨应接缝整齐。

F.6　快装楼地面装配施工

F.6.1 快装楼地面施工前置条件：

1 铺设架空地面模块之前，应按设计图纸完成架空层内管线敷设且应经隐蔽验收合格；

2 快装隔墙（墙面）龙骨安装完成，顶棚饰面完成；

3 楼地面基层应平整牢固，铺装前应进行清理和吸尘。

F.6.2 快装楼地面施工技术要点：

1 按设计图纸放标高控制线，位置应准确，基层应整洁；

2 快装楼地面与墙面、门槛等之间的密闭措施应符合设计要求；

3 楼地面的防水层在门口处应水平延展，并应符合相关规范的规定；

4 快装楼地面应与基层地面可靠连接，检查口、预放重物处等加强处理应符合设计要求；

5 快装楼地面下如铺设给水、供暖等管道，应在水压试验隐蔽验收合格后铺设面层。

F.6.3 模块式架空楼地面时，其地板模块装配施工应符合下列规定：

1 应按设计图纸布置可调节地脚组件，如地面有管道或其他障碍物应避开放置，间距不大于400mm；

2 在可调节地脚组件上铺设架空地板模块，地板模块间隙不大于10mm，专用连接扣件固定架空模块并用螺丝和可调节地脚紧固；

3 应按照设计图纸序号铺设架空地板模块；

4 铺装时地板模块上表面应略低于模块完成面线，调平地板模块时应由低向高调平；

5 地板模块间缝隙应粘贴布基胶带，模块与墙面四周缝隙采用聚氨酯泡沫填缝剂填充；

6 敷设于供暖型地板模块沟槽内的低温热水地面辐射供暖加热管不应有接头，不得突出于地板模块表面；

7 低温热水地面辐射供暖加热管敷设完成后应进行隐蔽验收，验收合格后带压铺贴第一层平衡层，铺贴完成检查低温热水地面辐射供暖加热管无渗漏后方可泄压。

F.6.4 采用同层排水房间的模块式架空楼地面，其装配施工前置条件：

1 应在基层涂刷聚合物水泥防水涂料。在大面积施工前，应先在阴阳角、管根、地漏、排水口及设备根部做附加层，并应夹铺胎体增强材料，附加层的宽度和厚度应符合设计要求。防水涂料涂刷前应对基层进行清理，基层坚实平整、无浮浆、无起砂、裂缝现象；

2 同层排水管出墙部位封堵、卫生间防水闭水试验合格，并经隐蔽验收合格；

3 同层排水管、排水点位置及高度应符合设计要求，排水管安装完毕灌水试验合格，并经隐蔽验收合格。

F.6.5 采用同层排水房间的模块式架空楼地面，其地板模块装配施工应符合下列规定：

1 应按设计图纸布置可调节地脚组件，如地面有管道或其他障碍物可适当移动，地脚组件间距不大于300mm；

2 架空地板模块应根据图纸和排水点位置进行开孔，开孔位置应准确；

3 在可调节地脚组件上铺装架空地板模块，地板模块间隙应符合设计要求，专用连接扣件固定架空地板模块并用螺丝和可调节地脚紧固；

4 铺装架空地板模块时，架空地板模块坡度应符合设计要求，淋浴区与非淋浴区高差应符合设计要求；

5 架空地板模块调平后，地板模块间缝隙及地板模块与墙面四周缝隙采用聚氨酯泡沫填缝剂填充。

F.6.6 模块式架空楼地面饰面层，其装配施工应符合下列规定：

1 饰面层铺装宜在楼地面隐蔽工程、吊顶工程、墙面施工完成并验收后进行；

2 饰面层铺装图案及固定方法应符合设计要求；

3 涂装板饰面层铺装前，应清除架空模块缝隙中凸起的聚氨酯泡沫填缝剂，对地面基层进行清理和吸尘。应根据图纸排板尺寸放十字铺装控制线，防止地板出现斜边或不方正。相邻地板宜采用企口连接；

4 石塑地板铺贴前应于现场放置24h以上，使材料记忆性还原，温度与施工现场一致。铺贴时两块材料之间应紧贴无缝隙；

5 应优先铺装过门石地板，由过门石向室内根据设计图纸图案整板铺贴；饰面层铺装完，安装踢脚线压住板缝。

F.7 集成式卫生间装配施工

F.7.1 集成式卫生间施工应符合下列规定：

1 集成式卫生间楼地面、墙面和吊顶的安装应牢固，所用金属型材、支撑构件应经过表面防腐蚀处理；

2 集成卫生间楼地面向地漏找坡，坡度应符合设计要求；卫生间楼地面还应防滑和便于清洗，地漏的安装应平整、牢固，低于排水表面，周边无渗漏；

3 集成卫生间管道、管件及接口应相互匹配，连接方式应安全可靠，无渗漏；

4 集成卫生间的照明灯、换气扇、烘干器及电源插座等电器设施均应符合国家现行标准的规定；电源插座宜设置独立回路；

5 集成卫生间交工前应做灌水和通水试验。

F.7.2 整体防水底盘施工前置条件：

1 楼地面基层防水施工完毕，防水涂料沿墙面四周刷至250mm高，在门口处应水平延伸，且外延展长度不小于500mm，向两侧延伸宽度不应小于200mm；

2 地板模块铺装完毕，且楼地面坡度及高差符合设计要求；

3 清除地板模块缝隙中凸起的聚氨酯泡沫填缝剂，对基层进行清理，应无油渍、无灰尘；

4 排水点位置应与整体底盘位置对应，且横龙骨在地面的投影应在底盘四周翻边内。

F.7.3 整体防水底盘装配施工应符合下列规定：

1 应在整体底盘预留坐便位置，底面粘接坐便固定件与垫板；

2 应在地漏胶垫和整体底盘之间采用蛇胶密封，加强防渗漏措施；

3 整体防水底盘采用硅酮结构胶粘贴于基层上，宜采用满粘法施工；

4 整体防水底盘放平后，宜先固定地漏，其密封应符合设计及规范要求；

5 整体防水底盘上翻泛水与墙面防水层应按设计要求进行粘结。

F.8 集成式厨房装配施工

F.8.1 集成式厨房装配施工应符合下列规定：

1 集成式厨房部品与墙面应连接牢固；

2 水、暖、电、燃气和通风管线设施的安装应符合国家及北京市现行相关标准的规定；

3 采用油烟同层直排设备时，风帽应安装牢固，与结构墙体之间的缝隙应密封。

F.8.2 整体式橱柜施工应符合下列规定：

1 橱柜板材开孔后应进行封边处理；

2 厨房操作台面应沿墙面设置50mm高挡水台，材质同台面；

3 橱柜台面厚度要求应符合设计要求；

4 燃气表安装在橱柜里时，柜门上应设通风措施。

F.9 给水管道装配施工

F.9.1 给水管道施工前置条件：

1 当给水管道布置在地面架空层时，地面应干净整洁；

2 当给水管道布置在轻质隔墙内时，应安装完成隔墙竖龙骨和厨房、卫生间外侧横龙骨。

F.9.2 给水管道安装，应符合下列规定：

1 给水分水器应安装在吊顶内，分水器至各点位的给水管不应有接头；

2 应根据图纸标注尺寸定位固定板位置。固定板安装在结构墙时，离墙要留10mm空隙；

3 将给水管道末端的带座弯头用十字平头燕尾螺丝安装到固定板上。水管的排布为左热右冷。安装带座弯头时，弯头丝扣部分应高出墙板完成面线2～3mm；

4 给水管道通过轻质隔墙龙骨时，沿顶沿地龙骨应裁切缺口方便管路通过；

5 管道沿墙面、轻钢龙骨、地面敷设应使用固定卡固定。固定卡水平间距热水管不得大于300mm，冷水管不得大于600mm，固定卡垂直间距不得大于900mm；

6 吊顶内水管交叉时，应采用可调高度的固定卡，且热水管在上、冷水管在下；

7 管道弯曲时，弯曲半径不得小于管外径的5倍并一次成型，并使用专用煨弯器，不宜重复弯曲；

8 安装快插接头时，应检查密封圈完好，分水器与直插接头连接处应用卡簧卡牢，锁紧。

F.9.3 给水管施工完毕应进行水压试验，验收合格后按设计要求做保温与防结露处理。

F.10 排水管道装配施工

F.10.1 排水管道施工前置条件：

1 卫生间结构防水经隐蔽验收合格；

2 对地面基层进行清理。

F.10.2 同层排水系统时，排水管道施工安装应符合下列规定：

1 按设计图纸在地面弹出排水管路由及点位线，管道固定卡的标高及坡度符合设计要求；

2 实测管材长度，使用专用工具切割并将插口加工成坡口，坡口角度为15°～30°，端口的剩余厚度不应小于管材壁厚的1/2；

3 如采用插入式粘结连接时，插口和承口的表面应洁净，插口应一次性地插入管件承口，插入深度及粘结应满足规范要求；

4 应采用专用可调固定卡，固定卡采用结构胶粘于地面上，通过调节固定卡上的螺母调整排水管坡度。非金属排水管道采用金属支架时，应在金属管卡与管道外壁接触面设置橡胶垫片；

5 户内排水安装应满足现行行业标准《建筑同层排水工程技术规程》CJJ 232—2016的有关规定。

F.10.3 安装地漏和脸盆排水连接器位置应准确。

F.10.4 安装积水排除器时应连接管道井及容易集水的部位，并保持一定坡度。

F.11 供暖管道装配施工

F.11.1 供暖设备及管线施工应符合下列规定：

1 设置在装配楼地面架空层内的管道不应有接头，应按设计图纸定位放线后，按放线位置敷设；

2 分集水器安装高度应符合设计要求，管道与分集水器应连接紧密。

F.11.2 采用集成供暖型地板模块时，施工前置条件：

1 采用集成地暖供热的房间，应在供暖型地板模块铺装前敷设供暖主管；

2 应在供暖型地板模块未盖保护板前敷设供暖加热管。

F.11.3 采用集成供暖型地板模块时，施工应符合下列规定：

1 敷设供暖加热管的地板模块，缺口位置应按图纸要求铺装准确、畅通；

2 供暖加热管通过相邻模块缺口时，应设置150mm长波纹保护套管；

3 敷设供暖加热管时，应优先敷设远端回路，逐步铺向集分水器；

4 架空层内的供暖主管及加热管应设置保护套管，并标记供回水端口；

5 敷设供暖加热管，随敷随盖保护板并用专用卡子卡牢；

6 分集水器安装高度应符合设计要求，供暖主管与分集水器宜采用滑紧式连接。

F.12 门窗装配施工

F.12.1 门窗施工前置条件：

1 户门与外门窗安装完毕并验收合格；

2 墙板安装完毕并验收合格。

F.12.2 门框安装应符合设计门扇开启方向，用自攻螺丝与门洞口竖向龙骨连接固定，每边固定点不应少于 5 处。

F.12.3 窗台板、整体窗套、整体门套应安装牢固，与墙面、窗框、门框或门窗洞口等的连接处应进行可靠密封。

F.12.4 门扇安装应垂直平整，缝隙应符合设计要求。

F.12.5 推拉门的滑轨应对齐安装并牢固可靠。

F.12.6 门窗五金件应安装齐全牢固。

F.12.7 卫生间门应按设计要求安装防水底脚。

G 质 量 验 收

G.1 一般规定

G.1.1 室内装配式装修工程质量除应执行本规程外，尚应符合现行国家标准，《建筑工程施工质量验收统一标准》GB 50300、《建筑地面工程施工质量验收规范》GB 50209、《建筑装饰装修工程质量验收规范》GB 50210、《建筑给水排水及供暖工程施工质量验收规范》GB 50242、《通风与空调工程施工质量验收规范》GB 50243、《建筑电气工程施工质量验收规范》GB 50303、《民用建筑工程室内环境污染控制规范》GB 50325、《建筑内部装修防火施工及验收规范》GB 50354 的有关规定。

G.1.2 室内装配式装修工程验收时，应提交下列文件及记录：

    1 完整的施工图纸及相关设计文件；

    2 满足设计要求的部品性能检测报告、产品质量合格证书和进场验收记录；

    3 进场的主要装配式装修部品、部件材料质量证明文件及复验报告；

    4 隐蔽工程验收记录，检验批、分项、子分部和分部工程的质量验收记录；

    5 分户质量验收的相关文件。

G.1.3 装配式装修工程验收应对居住建筑进行分户质量验收，应按下列规定划分检验单元：

    1 住宅套内空间以每户作为一个检验单元；

    2 住宅交通空间的走廊、楼梯间、电梯间公共部位以一个单元或楼层作为一个检验单元。

G.1.4 装配式装修工程验收应对公共建筑按主要功能空间、交通空间和设备空间进行分段验收。

G.2 快装轻质隔墙与墙面验收

G.2.1 快装轻质隔墙部品应按照部品的设计参数及相关标准要求每 500 户进行一组复试。采用轻质条板类可按现行行业标准《建筑轻质条板隔墙技术规程》JGJ/T 157 的规定进行验收。

G.2.2 快装轻质隔墙与墙面每层或 10 户为一个检验批（大面积房间和走廊按轻质隔墙的墙面 30m² 为一间，每 50 间为一个检验批），每个检验批应至少抽查 20%，并不得少于 6 间，不足 6 间时应全数检查。

G.2.3 快装轻质隔墙与墙面应对下列隐蔽工程项目进行验收：

    1 龙骨隔墙中设备管线的安装及水管试压；

    2 龙骨安装；

    3 预埋件及加固措施；

    4 填充材料设置；

    5 PE 防水防潮隔膜层铺设。

主 控 项 目

G.2.4 快装轻质隔墙与墙面所用材料的品种、规格、性能、图案及颜色应符合设计要求。有隔声、保温、防潮、防火等特殊要求的工程，材料应有相应等级的检测报告。

    检验方法：观察；检查产品合格证书、进场验收记录、性能检测报告和复验报告。

G.2.5 隔墙安装位置正确，连接牢固无松动。与周边墙体的连接符合设计要求。

　　检验方法：手扳检查；尺量检查；检查隐蔽工程验收记录。

G.2.6　卫生间内侧轻钢龙骨上安装的 PE 防水防潮隔膜层，应严密，无磨损，从顶至底满铺，部品穿过 PE 防水防潮隔膜处有密封措施。

　　检验方法：观察检查，手扳检查。

G.2.7　如采用涂装板装配应牢固，连接强度应符合设计要求。

　　检验方法：观察检查，手扳检查。

G.2.8　活动隔墙所用墙板、配件等材料的品种、规格、性能和木材的含水率应符合设计要求。有阻燃、防潮等特性要求的工程，材料应有相应性能等级的检测报告。

　　检验方法：观察；检查产品合格证书、进场验收记录、性能检测报告和复验报告。

G.2.9　玻璃板隔墙的安装必须牢固。玻璃隔墙胶垫的安装应正确。

　　检验方法：观察；手推检查；检查施工记录。

一般项目

G.2.10　快装轻质隔墙表面应平整、洁净、拼缝平直。套裁的孔洞槽盒应位置正确、套割吻合、边缘整齐。

G.2.11　竖向龙骨、横向龙骨安装间距允许偏差为 ±10mm。

　　检验方法：尺量检查，检查隐蔽工程验收记录。

G.2.12　填充材料应干燥、铺设厚度均匀、平整、填充饱满。

　　检验方法：观察检查，检查隐蔽工程验收记录。

G.2.13　隔墙内设置穿心龙骨时，穿心龙骨设置间距应符合设计要求。

　　检验方法：观察检查，检查隐蔽工程验收记录。

G.2.14　隔墙内设置纸面石膏板时，石膏板竖缝应留置在竖向龙骨上，水平缝应错开，牛皮纸带应封闭严密。

　　检验方法：观察检查，检查隐蔽工程验收记录。

G.2.15　装配式墙面板表面应平整、洁净、色泽一致，无脱层、翘曲、折裂及缺损。

　　检验方法：观察检查。

G.2.16　装配式墙面板应拼缝平直，套裁电气盒孔洞位置准确，边缘整齐。板缝连接方法及接缝材料应符合设计要求。

　　检验方法：观察检查，尺量检查。

G.2.17　轻质隔墙与装配式墙面装配的允许偏差和检验方法应符合表 G.2.17 的规定。

表 G.2.17　装配式隔墙与墙面安装的允许偏差和检验方法

项次	项目	允许偏差（mm）	检验方法
1	立面垂直度	3	用 2m 托线板（垂直检测尺）
2	表面平整度	2	用 2m 靠尺和塞尺检查
3	阴阳角方正	3	用方尺和塞尺检查
4	接缝直线度	2	拉 5m 线，不足 5m 拉通线，用钢直尺检查
5	压条直线度	2	拉 5m 线，不足 5m 拉通线，用钢直尺检查
6	接缝高低差	1	用钢直尺和塞尺检查

G.3　快装吊顶验收

G.3.1　快装吊顶部品，应按照部品的设计参数及相关标准要求每 500 户进行一组复试。

G.3.2　快装吊顶每层或每 10 户为一个检验批（大面积房间和走廊按吊顶面积 30m² 为一间，每 50 间为一个检验批），每个检验批应至少抽查 20%，并不得少于 6 间，不足 6 间时应全数检查。

G.3.3 快装吊顶应对下列隐蔽工程项目进行验收：

1 吊顶内管道、设备的安装及管道试压；

2 加强措施的连接构造。

主 控 项 目

G.3.4 快装吊顶所用材料的品种、规格、性能、图案及颜色应符合设计要求。

检验方法：观察；检查产品合格证书、进场验收记录、性能检测报告和复验报告。

G.3.5 快装吊顶的标高、尺寸、造型应符合设计要求。

检验方法：观察检查，尺量检查。

G.3.6 吊杆、龙骨的质量、规格、安装间距及连接方式应符合设计要求，金属吊杆、龙骨应进行表面防腐处理。

检验方法：观察、尺量检查、检查产品合格证书、进场验收记录和隐蔽工程验收记录。

G.3.7 快装吊顶板的安装应牢固，连接构造符合设计要求。

检验方法：观察检查、手扳检查。

G.3.8 饰面材料的材质、品种、图案及颜色应符合设计要求。

检验方法：观察、检查产品合格证书、性能检测报告和进场验收记录。

一 般 项 目

G.3.9 快装吊顶板表面应洁净、色泽一致，无脱层、翘曲、折裂及缺损。

检验方法：观察检查。

G.3.10 快装吊顶龙骨应平直、宽窄一致。

检验方法：观察检查，尺量检查。

G.3.11 顶板上的灯具、喷淋头、风口篦子等设备的位置应符合设计要求，与饰面板的交接应吻合、严密。

检验方法：观察检查，尺量检查。

G.3.12 快装吊顶装配的允许偏差和检验方法应符合表G.3.12的规定

表 G.3.12　快装吊顶工程的允许偏差和检验方法

项次	项　　目	允许偏差(mm)	检验方法
		饰面板	
1	表面平整度	3	用2m靠尺和塞尺检查
2	接缝直线度	3	拉5m线(不足5m拉通线)用钢直尺检查
3	接缝高低差	2	用钢直尺和塞尺检查

G.4　快装楼地面验收

G.4.1 快装楼地面部品，应按照部品的设计参数及相关标准要求每500户进行一组复试。

G.4.2 楼地面每层或每10户为一个检验批（大面积房间和走廊按施工面积30m²为一间，每50户为一个检验批），每个检验批应至少抽查20%，并不得少于6间，不足6间时应全数检查。

G.4.3 架空地面应对下列隐蔽工程项目进行验收：

1 架空层内管道、设备的安装；

2 支撑设置及安装。

主 控 项 目

G.4.4 快装楼地面工程应对下列隐蔽工程项目进行验收：

1 楼地面装饰层内管道、设备的安装；

2 架空模块设置及安装；

3 地供暖管道安装。

G.4.5 快装楼地面支撑模块材质应符合设计要求，具有防火、防腐性能。地供暖隐蔽前必须进行水压试验，具体应符合《建筑给水排水及供暖工程施工质量验收规范》GB 5024 中相关要求。

检验方法：进场复验，查看检测报告。

G.4.6 快装楼地面标高应符合设计要求，高度允许偏差为±5mm。

检验方法：尺量检查。

G.4.7 架空模块与可调节地脚组件连接牢固，无松动、无异响。

检验方法：观察检查、脚踩检查。

G.4.8 敷设于快装楼地面内的地暖加热管不应有接头。

检验方法：目测检查、手扳检查。隐蔽前观察检查。

G.4.9 地暖加热管弯曲部分曲率半径不应小于管道外径的 8 倍。

检验方法：尺量检查。

G.4.10 饰面层所用材料的品种、规格、性能、图案及颜色应符合设计要求。

检验方法：观察；检查产品合格证书、进场验收记录、性能检测报告和复验报告。

G.4.11 饰面层安装应牢固，连接方法及接缝材料应符合设计要求。

检验方法：观察检查，手扳检查；查看检测报告。

一 般 项 目

G.4.12 架空模块应排列整齐，接缝均匀，周边打胶密实。

检验方法：观察检查。

G.4.13 快装楼地面应牢固、无松动、振动异响。

检验方法：观察和行走检查。

G.4.14 架空地面装配的允许偏差和检验方法应符合表 G.4.14 的规定。

表 G.4.14　架空地面装配的允许偏差和检验方法

项次	项目	允许偏差（mm）	检查方法
1	板面缝隙宽度	±0.5	用钢尺检查
2	表面平整度	2	用 2m 靠尺和楔形塞尺检查
3	踢脚线上口平齐	3	拉 5m 通线，不足 5m
4	板面拼缝平直	3	拉通线和用钢尺检查
5	相邻板材高差	0.5	用钢尺和楔形塞尺检查
6	踢脚线与面层的接缝	1	楔型塞尺检查

G.4.15 饰面层材料应排列整齐，表面洁净、接缝均匀，周边顺直。

检验方法：观察。

G.4.16 饰面层的允许偏差和检验方法应符合表 G.4.16 的规定。

表 G.4.16　饰面层安装的允许偏差和检验方法

项次	项目	允许偏差（mm）	检查方法
1	板面缝隙宽度	±0.5	用钢尺检查
2	表面平整度	2	用 2m 靠尺和楔形塞尺检查
3	踢脚线上口平齐	3	拉 5m 通线，不足 5m 拉通线
4	板面拼缝平直	3	和用钢尺检查
5	相邻板材高差	0.5	用钢尺和楔形塞尺检查
6	踢脚线与面层的接缝	1	楔型塞尺检查

G.5　集成式卫生间验收

G.5.1　集成式卫生间部品，应按照部品的设计参数及相关标准要求每500户进行一组复试。

G.5.2　整体底盘每层或每10户为一个检验批，每个检验批应至少抽查20%，并不得少于6间，不足6间时应全数检查。

主 控 项 目

G.5.3　集成式卫生间内部尺寸、功能应符合设计要求。

检验方法：观察；尺量检查。

G.5.4　集成式卫生间面层材料的材质、品种、规格、图案、颜色和功能应符合设计要求。整体卫浴及其配件性能应符合现行行业标准《住宅整体卫浴间》JG/T 183 的规定。

检验方法：观察；检查产品合格证书、性能检验报告、进场验收记录。

G.5.5　集成式卫生间防水盘、墙面和吊顶的安装应牢固。

检验方法：观察；手扳检查；检查隐蔽工程验收记录。

G.5.6　集成式卫生间所用金属型材、支撑构件应经过表面防腐蚀处理。

检验方法：观察；检查产品合格证书。

G.5.7　整体底盘应对下列隐蔽工程项目进行验收：

1　内装部品成品管线与预留管线的接口连接；

2　防水层应进行检验。

G.5.8　整体底盘基层的安装应牢固。

检验方法：观察；手扳检查；检查隐蔽工程验收记录。

G.5.9　整体底盘与卫生间内侧 PE 防水防潮隔膜层应连接严密。

检验方法：观察检查，手扳检查。

G.5.10　整体底盘应做二次蓄水试验，每次蓄水试验合格后方可进行下一道工序。

检验方法：在防水底盘完成后进行蓄水试验，蓄水高度地面最高点处不应小于20mm，蓄水时间不应少于24h。

G.5.11　整体底盘坡度应符合设计要求，不应倒坡，卫生间门口处应设置挡水门槛。与地漏、管道结合处应严密牢固、无渗漏，底盘与基层粘结牢固无空鼓。

一 般 项 目

G.5.12　集成式卫生间防水盘、墙面和吊顶的面层材料表面应洁净、色泽一致，不得有翘曲、裂缝及缺损。压条应平直、宽窄一致。

G.5.13　集成式卫生间的灯具、风口、检修口等设备设施的位置应合理，与面板的交接应吻合、严密。

检验方法：观察。

G.5.14　集成式卫生间的外围墙体填充吸声材料的品种和铺设厚度应符合设计要求，并应有防散落措施。

检验方法：检查隐蔽工程验收记录、施工记录及影像记录。

G.5.15　整体卫浴安装的允许偏差和检验方法应符合表 G.5.15 的规定。

表 G.5.15　集成式卫生间安装的允许偏差和检验方法

项目	允许偏差（mm）			检验方法
	防水底盘	墙面	吊顶	
阴阳角方正	—	3	—	用200mm直角检测尺检查
立面垂直度	—	3	—	用2m垂直检测尺检查
表面平整度	2	2	3	用2m靠尺和塞尺检查
缝格、凹槽顺直	1	—	—	拉通线，用钢直尺检查

续表

项目	允许偏差（mm）			检验方法
	防水底盘	墙面	吊顶	
接缝直线度	—	2	3	拉通线，用钢直尺检查
接缝高低差	—	1	2	用钢直尺和塞尺检查

G.6　集成式厨房验收

G.6.1　同一规格的集成式厨房同楼内每层或 10 户为一个检验批，每个检验批应至少抽查 20%，并不得少于 6 间，不足 6 间时应全数检查。

主 控 项 目

G.6.2　集成式厨房内部尺寸、功能应符合设计要求。
　　检验方法：观察；尺量检查。

G.6.3　集成式厨房面层材料的材质、品种、规格、图案、颜色和性能应符合设计要求。集成式厨房家具及其配件性能应符合现行行业标准《住宅整体厨房》JG/T 184 的规定。
　　检验方法：观察；检查产品合格证书、性能检验报告、进场验收记录。

G.6.4　集成式厨房家具与基体的连接应可靠。
　　检验方法：观察；手扳检查；检查隐蔽工程验收记录。

一 般 项 目

G.6.5　集成式厨房家具表面应平整、洁净、色泽一致，不应有裂缝、翘曲及损坏。
　　检验方法：观察。

G.6.6　集成式厨房内的灯具、风口、检修口等设备设施的位置应合理。
　　检验方法：观察。

G.6.7　集成式厨房安装的允许偏差和检验方法应符合表 G.6.7 的规定。

表 G.6.7　集成式厨房安装允许偏差和检验方法

序号	项目		质量要求及允许偏差（mm）	检验方法
1	橱柜和台面等外表面		表面应光洁平整，无裂纹、气泡，颜色均匀，外表没有缺陷	观察
2	洗涤池、灶具、操作台、排油烟机等设备接口		尺寸误差满足设备安装要求	钢尺测量
3	橱柜与吊顶、墙面等处的交接、嵌合，台面与柜体结合		接缝严密，交接线应顺直、清晰、美观	观察
4	整体橱柜	外形尺寸	3	钢尺测量
5		两端高低差	2	钢尺测量
6		立面垂直度	2	激光仪测量
7		上、下口平直度	2	
8		柜门并缝或与上部及两边间隙	1.5	钢尺测量
9		柜门与下部间隙	1.5	钢尺测量

G.7　给水管道验收

G.7.1　给水管道验收每层或 10 户为一个检验批，每个检验批应至少抽查 20%。并不得少于 6 间，不足 6 间时应全数检查。

主 控 项 目

G.7.2　给水管道隐蔽前必须进行水压试验，试验压力为工作压力的 1.5 倍，但不小于 0.6MPa。

检验方法：稳压 1h 内压力降不大于 0.05MPa，然后在工作压力的 1.15 倍状态下稳压 2h，压力降不得超过 0.03MPa，且不渗不漏。

G.7.3 给水交付使用前必须进行通水试验并做好记录。

检验方法：观察和开启阀门、水嘴等放水。

G.7.4 生活给水管道在交付使用前必须进行冲洗和消毒，并经有关部门取样检验，符合国家《生活饮用水标准》方可使用。

检验方法：检查有关部门提供的检测报告。

一 般 项 目

G.7.5 给水管道敷设应牢固，无松动，管卡位置、管道坡度等应符合相应技术规范要求。

检验方法：观察检查。

G.7.6 冷、热水管安装应左热右冷、上热下冷，中心间距应大于等于 150mm，管道与管件连接处应采用管卡固定。

检验方法：观察检查，手扳检查。

G.8　排水管道验收

G.8.1 排水管道验收每层或 10 户为一个检验批，每个检验批应至少抽查 20%。并不得少于 6 间，不足 6 间时应全数检查。

主 控 项 目

G.8.2 排水管道隐蔽前必须进行灌水试验。

检验方法：灌水高度应不低于本层卫生器具的上边缘。满水 15min 水面下降后，再灌满观察 5min，检查各个接口不渗水，液面不下降为合格。

G.8.3 排水管道坡度应符合设计要求。

检验方法：观察检查，尺量检查。

一 般 项 目

G.8.4 排水管道敷设应牢固，无松动，管卡和支架位置应正确、牢固，固定方式未破坏建筑防水层。

检验方法：观察检查。

G.9　供暖管道验收

G.9.1 供暖验收每层或 10 户为一个检验批，每个检验批应至少抽查 20%，并不得少于 6 间，不足 6 间时应全数检查。并不得少于 6 间，不足 6 间时应全数检查。

G.9.2 集成供暖应对下列隐蔽工程项目进行验收：

1　可调节地脚组件设置及安装；

2　地暖模块安装；

3　供暖加热管与分集水器安装及试压。

主 控 项 目

G.9.3 敷设于架空模块内的地暖加热管不应有接头。

检验方法：隐蔽前观察检查。

G.9.4 地暖加热管隐蔽前必须进行水压试验，试验压力为工作压力的 1.5 倍，但不小于 0.6MPa。

检验方法：稳压 1h 内压力降不大于 0.05MPa 且不渗不漏。

G.9.5 地暖加热管弯曲部分曲率半径不应小于管道外径的 8 倍。

检验方法：尺量检查。

一 般 项 目

G.9.6 分集水器的型号、规格及公称压力应符合设计要求，分集水器中心距地面不小于 300mm。

检验方法：查看检测报告，尺量检查。

G.9.7 地暖加热管管径、间距和长度应符合设计要求，间距允许偏差为 ±10mm。

检验方法：尺量检查。

G.10 门窗验收

G.10.1 门窗每层或每 10 户为一个检验批（公共建筑每 100 樘应划分为一个检验批），每个检验批应至少抽查 20%，并不得少于 6 间，不足 6 间时应全数检查。

主 控 项 目

G.10.2 门窗所用材料的品种、规格、性能及颜色应符合设计要求。

检验方法：观察；检查产品合格证书、进场验收记录、性能检测报告和复验报告。

G.10.3 内门造型、尺寸、开启方向、安装位置符合设计要求。

检验方法：观察检查。

G.10.4 内门及窗套安装应牢固，内门关闭应严密。

检验方法：观察检查、手扳检查。

一 般 项 目

G.10.5 内门、窗套表面洁净，拼缝严密平整。

检验方法：观察检查。

G.10.6 内门上的槽、孔应边缘整齐。

检验方法：观察检查。

G.10.7 门窗装配的允许偏差和检验方法应符合表 G.10.7 的规定。

表 G.10.7 门窗安装的允许偏差和检验方法

项次	项目	构件名称	允许偏差（mm）	检验方法
1	翘曲	框	3	塞尺检查
		扇	2	
2	对角线	框扇	2	钢尺
3	表面平整度	扇	2	靠尺、塞尺
4	高、宽度	框	0，−2	钢尺
		扇	2，0	
5	裁口、线条高低差	框扇	1	靠尺、塞尺

H 使 用 维 护

H.0.1 室内装配式装修的日常检查和维护内容、专业技术和注意事项等，应根据政府相关政策规定纳入居住建筑使用说明类文件。

H.0.2 室内装配式装修工程质量保修期限应不低于 5 年，质量缺陷责任期应不低于 2 年。

H.0.3 装配式装修工程应建立易损内装部品及组件备用库，保证项目运行维护的有效性及时效性。

H.0.4 内装部品应由专业人员进行日常运维检查、维修、重置，并形成文字记录，建立完善的运维档案管理制度。

附录 B 北京市保障性住房建设投资中心企业标准
《装配式装修标准化构造图集》

A 图集总目录

页次	图集名称	图集编号
300～302	说明	说 01～说 05
303～306	主要材料选用表	表 01～表 07
306～309	部分材料主要性能表	表 01～表 07
310～314	墙面构造与做法	Q-01～Q-09
314～319	地面构造与做法	D-01～D-11
320～322	顶板构造与做法	T-01～T05
322～334	节点与详图	J-01～J-25
335	各专业点位安装标准	附表-01

B 说 明

说 明

1. 编制依据

本图集是根据北京市保障性住房建设投资中心的要求进行编制。

2. 使用范围

本图集适用于北京市保障性住房建设投资中心保障房项目的非承重内隔墙，结构墙面的装饰，地面架空四合一系统，卫生间整体防水地盘系统，快装吊顶系统，给水管道装系统，同层排水系统及部品安装系统。

3. 设计，施工依据

北京市保障性住房建设投资中心企业标准	QB/BPHCZPSZX-2014
住宅设计规范	GB 50096
住宅装饰装修工程施工规范	GB 50327
建筑地面工程施工质量验收规范	GB 50209
建筑给水，排水及采暖工程施工质量验收规范	GB 50242
辐射供暖供冷技术规程	JGJ 142
住宅室内防水工程技术规程	JGJ 298
居住建筑装饰装修工程质量验收规范	DB 11/T1076
房屋建筑制图统一标准	GB/T 50001
建筑制图标准	GB/T 50104
建筑内部装修设计防火规范	GBJ 50222
民用建筑隔声设计规范	GBJ 118
民用建筑热工设计规范	GB 50176
民用建筑节能设计标准(采暖居住建筑部分)	JGJ 26
建筑工程施工质量验收统一标准	GB 50300
建筑装饰装修工程质量验收规范	GB 50210

图名	说明	编制人		校核人		制图人		页次	说-01

民用建筑工程室内环境污染控制规范　　　　GB50325
建筑模数协调统一标准　　　　　　　　　　GBJ2
建筑用轻钢龙骨　　　　　　　　　　　　　GB/T11981

4. 编制内容

本图集的轻钢龙骨，装饰面板有涂装板，钛晶包覆板，包覆板，地面架空，整体卫生间地盘，快装吊顶，快插给水管道，同层排放，部品安装，节点详图等。主要材料的生产工艺及规格如下：

4.1 内隔墙用轻钢龙骨：用于内隔墙面板的支撑（俗称轻钢龙骨）是以镀锌板为原材料，采用冷弯工艺生产的薄壁钢。型钢（带）的厚为0.6mm-1.5mm。轻钢龙骨应经国家建材工业局装饰装修建筑材料质量监督检测中心检验。质量应符合GB/T11198 《建筑用轻钢龙骨》的规定。

隔墙用轻钢龙骨规格见—**表1**

表1　材料部件规格特征表（龙骨）						
部件名称	材料断面样式	材料断面尺寸（mm）			使用范围	断面透视
		A	B	t(厚度)		
50竖向龙骨		50	45	0.6/0.7	用于轻质载隔墙的竖向主龙骨	
50天地龙骨		50	35	0.6/0.7	用于轻质隔墙竖向龙骨及与结构相连接的部位	
38龙骨		38	10	0.8	用于轻质隔墙的横向主龙骨及涂装板的安装龙骨	

图名	说　明	编制人		校核人		制图人		页次	说-02

4.2 内墙，吊顶及地面，无石棉硅酸钙板，采用硬质、钙质纤维等有机和无机材料经先进生产工艺成型，加压，高温，高压预热和特殊技术处理后制成的高科技产品，是一种热高强度，大幅面，轻质，防水，防火等优良性能的新型建筑板材。

4.3 快捷吊顶，龙骨采用铝合金材质的几字型和上字型，面板采用5mm厚硅酸钙板覆膜，实现免钉快速安装，跨度在1.8m以下免吊挂。内墙，吊顶采用无石棉硅酸钙板及铝合金型材龙骨规格见—**表2**

表2　材料部件规格特征表(收口条)						
部件名称	材料断面样式	材料断面尺寸(mm)			使用范围	断面透视
		A	B	t(厚度)		
硅酸钙涂装板		900 600	长度为2400	8 5	用于客卧及厨房卫生间墙地面 用于厨房及卫生间吊顶	
上字形铝质龙骨		20	40	1	用于涂装板吊顶的龙骨	
几字形铝质边龙骨		20	20	1	用于涂装板墙面的吊顶边龙骨	
双个字铝质收口条		14	24	1	用于所有形式的涂装板阳角收口条	
山形铝质收口条		20	10	0.8	用于门窗洞口的装饰收口条	
小个字铝质收口条		15	15	1	用于所有形式的涂装板阳角收口条	
Z形模块边龙骨		42	60	1	用于地暖模块的沿墙边龙骨	

图名	说明	编制人		校核人		制图人		页次	说-03

4.4 整体底盘：整体地盘采用复合材料数控自动吸塑而成，预留孔距准确，尺寸任意可调，材料厚度为3mm至4mm两种，颜色可选

4.5 地暖模块：地板模块是以优质冷轧连续热镀锌卷板为原材料，采用冷弯工艺生产的薄壁型钢，型钢内粘贴聚苯板保温，防火为B2级，工艺先进，质量优良，模块内可在现场盘地暖管，也可在工厂完成铺管厚在现场组装。经清华大学建筑环境检测中心和天津市产品质量监督检测技术研究院检测，尺寸偏差，耐压实验，荷载测试，热功性能，撞击隔声实验等完全符合标准要求。

地暖模块规格见表3。

表3　材料部件规格特征表（模块）

部件名称	材料断面样式	材料断面尺寸（mm）		使用范围	断面透视
		A	B		
标准地暖模块		590	39	用于有供暖要求的架空地面	
标准轻型地暖模块		400	39	用于架空地面	
标准轻薄型地暖模块		300	19	用于卫生间同层排放的架空地面	
地暖模块地脚		38	——	地暖模块地脚	
地暖模块边地脚		40	——	轻型地暖模块的边地脚	

图名	说　明	编制人		校核人		制图人		页次	说-04

4.6 快插给水管：快插给水管采用铝塑管，快插件，卡簧组成。现场提供尺寸，工厂批量生产，分户打包运输，现场安装快捷牢固。详图索引见—表4

表4　材料部件规格特征表（模块）

部件名称	材料断面样式	材料断面尺寸（mm）		使用范围	断面透视
		A	B		
给水带座弯头		42	——	用于冷热供水的连接点位	
可调式墙钉		80 60	35	用于水管高低交叉的调节	
给水承插式三通		56	35	用于冷热供水的管路分枝	
PVC管卡		34	36	用于水管与结构的连接固定	

图名	说　明	编制人		校核人		制图人		页次	说-05

C　主要材料选用表

主要材料选用表(墙)

表-1

序号	项目名称	材质	规格	备注
1	钛晶包覆板	无石棉硅酸钙板	1220mm×2440×8mm(整版)	防火等级为A级
2	包覆板	无石棉硅酸钙板	1220mm×2440×7mm(整版)	防火等级为A级
3	涂料	耐擦洗环保涂料		
4	踢脚线	PVC，木塑	高度80mm/ 高度90mm	
5	集成窗套	钢制覆膜+硅酸钙板	参考对应窗口尺寸	防火等级为A级
6	50天地龙骨	热镀锌Ⅱ型轻钢龙骨	50mm×35mm×0.6mm	
7	50竖向龙骨	热镀锌C型龙轻钢骨	50mm×35mm×0.6mm	
8	38横向龙骨	热镀锌C型轻钢龙骨	38mm×10mm×0.8mm	
9	阳角条铝型材	铝合金	厚度1mm	
10	橱柜	三聚氰胺板	柜体板16mm、柜门板18mm	防火等级为B2级　环保等级为E1级
11	橱柜台面	人造石	厚度最薄处不小于18mm	防火等级为B1级
12	单槽水盆	不锈钢	400mm×515mm×183mm	
13	抽油烟机	成品	宽度701mm	

图名	主要材料选用表	编制人		校核人		制图人		页次	表01

主要材料选用表(墙)

表-2

序号	项目名称	材质	规格	备注
14	燃气灶具	成品	双灶725mm×430mm、熄火保护	
15	洗菜盆龙头	铜镀铬	冷热水	
16	洗手盆龙头	铜镀铬	冷热水	
17	洗衣机龙头	铜镀铬	洗衣机专用	
18	淋浴花洒	成品	冷热水	
19	浴帘杆	不锈钢	Φ25mm、长度参图纸	
20	置物架	不锈钢		
21	漱口杆架	不锈钢		
22	电热水器	成品	40L	
23	生态门	铝合金与无石棉硅酸钙板集成门扇，钢制覆膜门套	参对应门洞口尺寸	
24	浴室柜(含面盆)	三聚氰胺贴面多层板柜体、人造石台面	参图纸	防火等级为B2级，环保等级为E1级

图名	主要材料选用表	编制人		校核人		制图人		页次	表02

主要材料选用表(墙)

表-3

序号	项目名称	材质	规格	备注
25	洗手盆龙头	钢镀铬	冷热水	
26	卫生间散热器	钢制		
27	镜前灯	成品	LED灯	
28	二三孔插座	PC料	安全型	
29	洗衣机插座	PC料	安全型、带开关	防溅面盖
30	卫生间插座	PC料	安全型	防溅面盖
31	冰箱插座	PC料	安全型、带开关	防溅面盖
32	抽油烟机插座	PC料	安全型	
33	厨房操纵台插座	PC料	安全型	防溅面盖
34	燃气报警器插座	PC料	安全型	
35	电热水器插座	PC料	带开关、防溅面盖	
36	浴室柜(含面盆)	三聚氰胺贴面多层板	柜体、人造石台面 参图纸	防火等级为B2级,环保等级为E1级

图名	主要材料选用表	编制人		校核人		制图人		页次	表03

主要材料选用表(墙)

表-4

序号	项目名称	材质	规格	备注
37	空调插座	PC料	250V、16A、安全型、带开关	
38	单联翘板式开关	PC料	带指示	
39	双联翘板式开关	PC料	带指示	
40	三联翘板式开关	PC料	带指示	
41	燃气报警器	成品		
42	户内分集水器	铜	4路、5路、6路	
43	岩棉	岩棉	厚度50mm、密度80kg/m³	
44	PE防水防潮隔膜	PE	厚度0.35mm	
45	聚氨酯防水涂料	聚氨酯	单组分	
46	窗帘杆	铝合金	Φ30mm、壁厚1.0mm;长度参窗户(两边各加180mm)	
47	厨房、卫生间、阳台、门厅LED吸顶灯	LED	6W	色温不超过5500K

图名	主要材料选用表	编制人		校核人		制图人		页次	表04

主要材料选用表(地)

表-5

序号	项目名称	材质	规格	备注
48	石塑地板/塑胶地板	石塑	2mm(整板)	B2级
49	涂装地板	无石棉硅酸钙板	1220mm×2440mm×8mm(整板)	防火等级为A级
50	卫生间整体防水底盘	复合材料	厚度4mm,四周上卷不小于50mm	防火等级为B2级
51	卫生间过门石	天然石材	厚度16mm	
52	淋浴区地漏	PE	Φ115mm、同层侧排	
53	洗衣机地漏	PE	Φ115mm、同层侧排	
54	坐便器	陶瓷	节水型	
55	地面边龙骨	镀锌钢板	厚度1mm	
56	自流平水泥	成品		
57	地暖模块	成品	厚度39mm	
58	轻薄型防水架空模块	成品	厚度19mm	防火等级为A级
59	集成化轻薄型架空模块	成品	厚度39mm	
60	洗衣机底盘	PC-ABS(复合材料)	厚度4mm	B2级

图名	主要材料选用表	编制人		校核人		制图人		页次	表05

主要材料选用表(地)

表-6

序号	项目名称	材质	规格	备注
61	地暖调整脚	成品		B2级
62	表后水平支管	衬塑钢管	同表预留接口	
63	De16地暖管	PE-RT	S4级De16×2.0mm	
64	De25地暖管	PE-RT	S4级De25×2.8mm	

主要材料选用表(顶)

续表-6

序号	项目名称	材质	规格	备注
65	卫生间换气扇	成品	30W	
66	起居室,卧室LED吸顶灯	LED	16~18W	根据房间面积确定灯具的瓦数
67	顶角线	木塑	高度70mm	(特殊层高另设计)
68	晾衣杆	不锈钢	Φ25mm、壁厚0.7mm	长度参图纸
69	包覆吊顶板	无石棉硅酸钙板	1220mm×2440mm×5mm(整版)	防火等级为A级
70	吊顶"L"形、龙骨	铝合金	厚度1mm	
71	"几"字形、"上"字形龙骨	铝合金	厚度1mm	

图名	主要材料选用表	编制人		校核人		制图人		页次	表06

主要材料选用表(部件)

表-7

序号	项目名称	材质	规格	备注
72	BV导线	聚氯乙烯绝缘铜芯电线	1.5、2.5、4.0mm²	根据设计要求
73	PP静音排水管	聚丙烯	DN50mm、DN110mm	用于同层排放
74	中水管	铝塑复合管	De20mm、绿色	
75	进户给水主管	铝塑复合管	De25mm、白色或蓝色	
76	给水热水管	铝塑复合管	De20mm、红色	
77	给水冷水管	铝塑复合管	De20mm、白色或蓝色	
78	PVC电线管	聚氯乙烯硬质电线管	Φ20mm 国标	
79	JDG电线管	套接紧定式钢管	Φ20mm 国标	
80	BVR-1X4导线	铜芯线	4.0mm²	
81	WDZ-BYJ导线	低烟无卤阻燃聚乙烯绝缘电线电缆	2.5mm²	根据设计要求
82	WDZ-BYJ导线	低烟无卤阻燃聚乙烯绝缘电线电缆	1.5mm²	根据设计要求

图名	主要材料选用表	编制人		校核人		制图人		页次	表07

D　部分材料主要性能表

部分材料主要性能（一）

一、1）钛晶包覆板、包覆板、包覆吊顶板规格及主要性能。

表-1

项　目	包覆板（1220mm×2440mm×7mm）	钛晶包覆板（1220mm×2440mm×8mm）	包覆板吊顶板（1220mm×2440mm×5mm）
	标准要求	标准要求	标准要求
密度D（g/cm³）	$1.20<D\leqslant1.40$	$D>1.40$	$D>1.40$
抗冲击性	落球法试验冲击1次板面无贯通裂纹	落球法试验冲击1次板面无贯通裂纹	落球法试验冲击1次板面无贯通裂纹
放射性核素限量（A类装饰装修材料）	内照射指数$I_{Ra}\leqslant1.0$	内照射指数$I_{Ra}\leqslant1.0$	内照射指数$I_{Ra}\leqslant1.0$
	外照射指数$I_r\leqslant1.3$	外照射指数$I_r\leqslant1.3$	外照射指数$I_r\leqslant1.3$
甲醛释放量（mg/L）	—	—	—
含水率（%）	—	$\leqslant10$	—
湿涨率（%）	—	$\leqslant0.25$	—
不透水性	—	24h检验后允许板反面出现湿痕，但不得出现水滴	24h检验后板反面未出现湿痕，无水滴

图名	部分材料主要性能（一）	编制人		校核人		制图人		页次	表01

部分材料主要性能（二）

一、2）钛晶包覆板、包覆板、包覆吊顶板规格及主要性能。

表-2

项 目		包覆板(1220mm×2440mm×7mm)	钛晶包覆板(1220mm×2440mm×8mm)	包覆板吊顶板(1220mm×2440mm×5mm)
		标准要求	标准要求	标准要求
抗折强度	抗折强度III级（MPa）	—	≥13	
	纵横强度比（%）		≥58	
石棉含量		不得含有石棉	不得含有石棉	不得含有石棉
表面铅笔硬度		—	—	
涂层附着力（划格法）（级）		—	—	
涂层耐溶剂性		—	—	
涂层耐沾污性（%）		—	—	
附着力		—	—	
燃烧性能等级		A级	A级	A级

图 名	部分材料主要性能（二）	编制人		校核人		制图人		页 次	表02

部分材料主要性能（三）

二、50天地龙骨、50竖向龙骨、38横龙骨规格及主要性能。

表-3

项 目	50天地龙骨	50竖向龙骨（水平间距不得大于400mm）	38横向龙骨（水平间距不得大于600mm）
断面			
断面尺寸（$A×B×t$）	50×35×0.6	50×45×0.6	38×10×0.8
	标准要求	标准要求	标准要求
外观质量	外形平整，棱角清晰，切口无毛刺变形，镀锌层无起皮、起瘤、脱落，龙骨无腐蚀、无损伤、无麻点，每米长度内面积不大于1CM²的黑斑不多于3处。	外形平整，棱角清晰，切口无毛刺变形，镀锌层无起皮、起瘤、脱落，龙骨无腐蚀、无损伤、无麻点，每米长度内面积不大于1CM²的黑斑不多于3处。	外形平整，棱角清晰，切口无毛刺变形，镀锌层无起皮、起瘤、脱落，龙骨无腐蚀、无损伤、无麻点，每米长度内面积不大于1CM²的黑斑不多于3处。
双面镀锌层厚度	≥14μm	≥14μm	≥14μm
尺寸偏差	尺寸A：≤0.5mm 尺寸B：≤1.0mm	尺寸A：≤0.5mm 尺寸B：≤1.0mm 尺寸C：≥6.0mm	尺寸A：≤0.5mm 尺寸B：≤1.0mm
侧面平直度	≤1.0mm/1000mm	≤1.0mm/1000mm	≤2.0mm/1000mm
底面平直度	≤2.0mm/1000mm	≤2.0mm/1000mm	≤2.0mm/1000mm
内角半径	≤1.50mm	≤1.50mm	≤1.75mm
角度偏差	≤1°30'	≤1°30'	≤2°00'
抗冲击试验	墙体龙骨 残余变形量不大于10.0mm	墙体龙骨 10.0mm 残余变形量不大于10.0mm	墙体龙骨 残余变形量不大于10.0mm
静载试验	墙体龙骨 残余变形量不大于2.0mm	墙体龙骨 残余变形量不大于2.0mm	墙体龙骨 残余变形量不大于2.0mm

图 名	部分材料主要性能（三）	编制人		校核人		制图人		页 次	表03

部分材料主要性能（四）

三、防水隔膜主要性能。

表-4

序号	检验项目	
1	厚度（mm）	
2	密度（kg/m³）	
3	拉伸断裂应力（MPa）	纵向
		横向
4	拉伸断裂伸长率（%）	纵向
		横向
5	拉伸弹性模量 MPa	纵向
		横向
6	直角撕裂强度（N/mm）	纵向
		横向
7	耐静水压	
8	渗透系数（cm/s）	

四、涂塑布检测要求。

表-5

序号	检验项目	单位
1	抗透水性能	kPa
2	抗透水性能（80°C，72h）	kPa
3	抗透水性能（水浸泡，72h）	kPa

五、无石棉硅酸钙板涂装地板及石塑地板主要性能

表-6

项 目	无石棉硅酸钙涂装地板		石塑地板	
	客户要求	检测结果	标准要求	
			G型	H型
耐旋转磨耗	≥6000转	6500转未磨至基材	—	—
耐磨性，转（CT型）	—	—	≥1500	≥5000

图 名	部分材料主要性能（四）	编制人		校核人		制图人		页次	表04

部分材料主要性能（五）

六、轻薄型架空地板、集成化轻薄型架空地板系统荷载测试。

表-7

	项 目	集成化轻薄型架空地板	轻薄型架空地板
集中荷载测试	加载等级	8	8
	加载量	20	20
	累计	140	140
	持荷时间(min)	65	65
	试验结果	无破坏现象	无破坏现象
均匀荷载限承载力的结构性能测试	加载等级	16	16
	加载量	300	300
	累计	1610	1610
	持荷时间(min)	60	60
	试验结果	无破坏现象	无破坏现象

七、户内分室隔墙的隔声性能

表-8

房间名称	空气声隔声单值评价量+频谱修正量（dB）	
户内卧室墙	计权隔声量+分红噪声频谱修正量 $R_w + C$	≥35
户内其他墙		≥30
构造特征：墙厚86mm，硅酸钙板单层双面，夹层50mm岩棉板		

图 名	部分材料主要性能（五）	编制人		校核人		制图人		页次	表05

部分材料主要性能（六）

八、集成化轻薄型架空地暖热功性能。

表-9

热工检测数据				
检测工况	单位	工况1	工况2	工况3
进口温度	°C	40.47	50.27	59.93
进口焓	kJ/kg	169.8903	210.9493	251.4218
出口温度	°C	33.78	40.30	46.69
出口焓	kJ/kg	141.8612	169.1780	195.9502
空气基准过余温度	K	17.98	17.91	18.36
流量	kg/s	0.0167	0.0167	0.0167

九、吊顶龙骨的主要性能。

表-10

项目	标注要求		单项结论
外观质量	不允许有电灼伤，氧化膜脱落等影响适应的缺陷		符合
膜厚	平均膜厚≥10μm　局部膜厚≥8μm		符合
力学性能	抗拉强度	≥160MPa	符合
	规定非比例延伸强度	≥160MPa	符合
	断后伸长率	≥8%	符合

图　名	部分材料主要性能（六）	编制人		校核人		制图人		页　次	表06

部分材料主要性能（七）

十、分集水器主要性能。

表-11

序号	检验项目		标准要求
1	外观	主体表面	应有生产厂商 标或识别标志，标志应清晰耐久
			应光洁，无裂纹、砂眼、锈蚀、冷隔、夹渣、凹坑及其他影响性能的缺陷，螺纹不应该有断扣或者磕碰损伤，表面镀层应色泽均匀，镀层牢固，不应有脱镀现象
		支路数量	主体直径为DN25时，支路数量不应大于6路
		主体上	应配有排气阀
2	气密性		在（20±2）kPa压力下，分集水器主体不应渗漏
3	表面处理		表面等级应符合GB/T 6461-2002中不低于8级的规定
4	压力强度		在1.5倍额定压力的水压下，分集水器不应泄漏
5	连接		连接外螺纹应符合GB/T7307-2001的规定
6	抗弯性能	主体	DN25，应能承受（340±10）M/（N·m）的力矩，不应断裂损坏
		支路管路	DN15，应能承受（105±10）M/（N·m）的力矩，不应断裂损坏

图　名	部分材料主要性能（七）	编制人		校核人		制图人		页　次	表07

E　墙面构造与做法

目　　录

说明：

　　轻质隔墙的天地龙骨与结构板连接点间距应不大于600，竖向沿墙龙骨不大于800，端头起点应不大于150。

图　名		编制人	校核人	制图人	页　次	Q-01

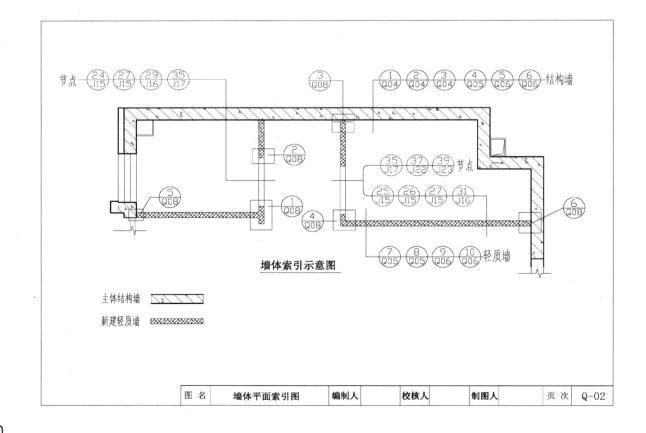

墙体索引示意图

主体结构墙

新建轻质墙

图　名	墙体平面索引图	编制人	校核人	制图人	页　次	Q-02

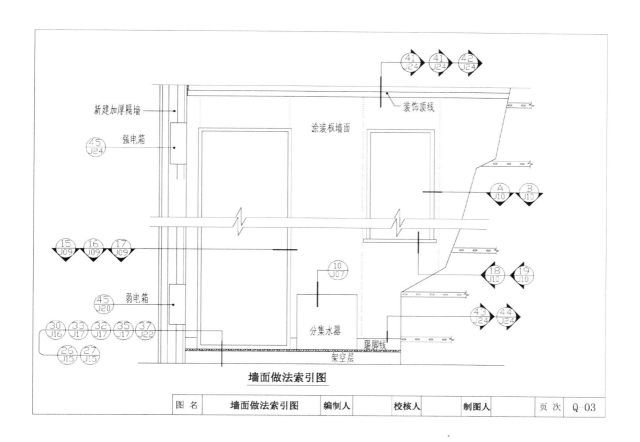

墙面做法索引图

图　名	墙面做法索引图	编制人		校核人		制图人		页　次	Q-03

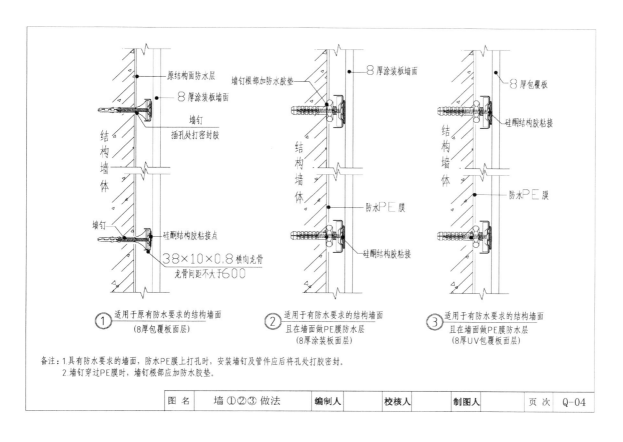

① 适用于原有防水要求的结构墙面
（8厚包覆板面层）

② 适用于有防水要求的结构墙面
且在墙面做PE膜防水层
（8厚涂装板面层）

③ 适用于有防水要求的结构墙面
且在墙面做PE膜防水层
（8厚UV包覆板面层）

备注：1.具有防水要求的墙面，防水PE膜上打孔时，安装墙钉及管件应后将孔处打胶密封。
　　　2.墙钉穿过PE膜时，墙钉根部应加防水胶垫。

图　名	墙①②③做法	编制人		校核人		制图人		页　次	Q-04

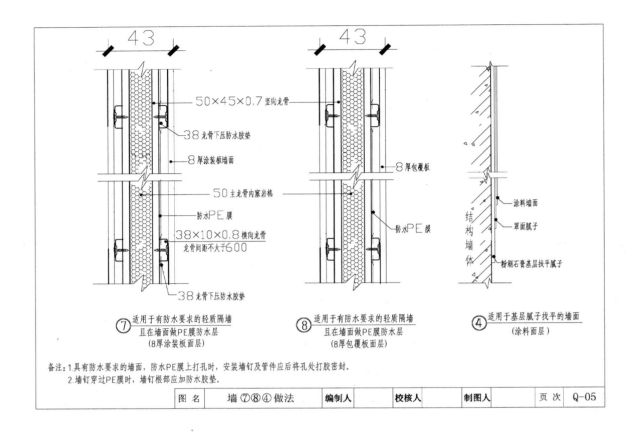

| 图名 | 墙⑦⑧④做法 | 编制人 | | 校核人 | | 制图人 | | 页次 | Q-05 |

备注：1.具有防水要求的墙面，防水PE膜上打孔时，安装墙钉及管件应将孔处打胶密封。
　　　2.墙钉穿过PE膜时，墙钉根部应加防水胶垫。

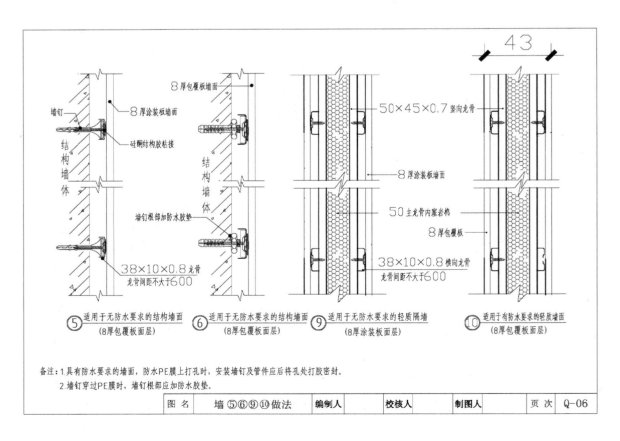

| 图名 | 墙⑤⑥⑨⑩做法 | 编制人 | | 校核人 | | 制图人 | | 页次 | Q-06 |

备注：1.具有防水要求的墙面，防水PE膜上打孔时，安装墙钉及管件应将孔处打胶密封。
　　　2.墙钉穿过PE膜时，墙钉根部应加防水胶垫。

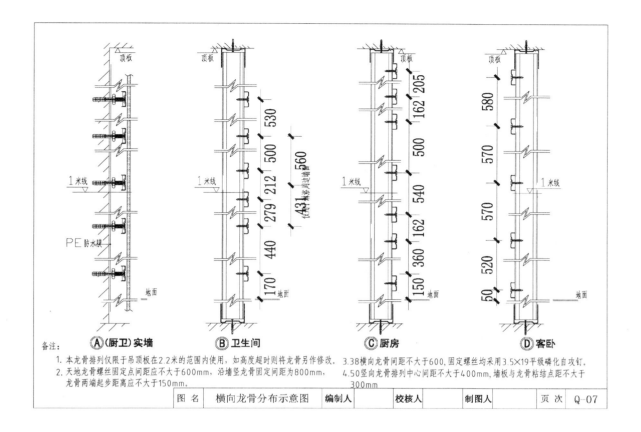

备注：
1. 本龙骨排列仅限于吊顶板在2.2米的范围内使用，如高度超时则将龙骨另作修改。
2. 天地龙骨螺丝固定点间距应不大于600mm，沿墙竖龙骨固定间距为800mm，龙骨两端起步距离应不大于150mm。
3. 38横向龙骨间距不大于600，固定螺丝均采用3.5×19平级磷化自攻钉。
4. 50竖向龙骨排列中心间距不大于400mm，墙板与龙骨粘结点距不大于300mm

| 图 名 | 横向龙骨分布示意图 | 编制人 | | 校核人 | | 制图人 | | 页 次 | Q-07 |

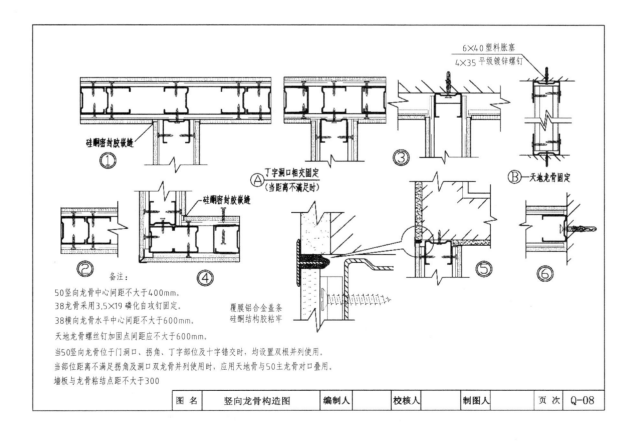

备注：
50竖向龙骨中心距不大于400mm。

38龙骨采用3.5×19磷化自攻钉固定。

38横向龙骨水平中心间距不大于600mm。

天地龙骨螺丝钉加固点间距不大于600mm。

当50竖向龙骨位于门洞口、拐角、丁字部位及十字错交时，均设置双根并列使用。

当部位距离不满足拐角及洞口双龙骨并列使用时，应用天地骨与50主龙骨对口叠用。

墙板与龙骨粘结点距不大于300

| 图 名 | 竖向龙骨构造图 | 编制人 | | 校核人 | | 制图人 | | 页 次 | Q-08 |

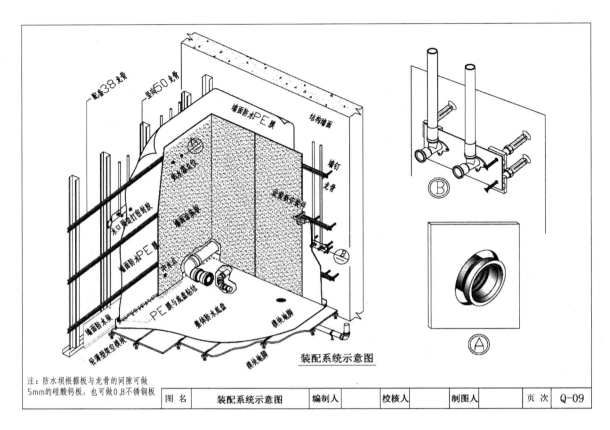

注：防水坝根据板与龙骨的间隙可做
5mm的硅酸钙板，也可做0.8不锈钢板

| 图　名 | 装配系统示意图 | 编制人 | | 校核人 | | 制图人 | | 页　次 | Q-09 |

F　地面构造与做法

目　录

| 图　名 | 地面构造目录 | 编制人 | | 校核人 | | 制图人 | | 页　次 | D-01 |

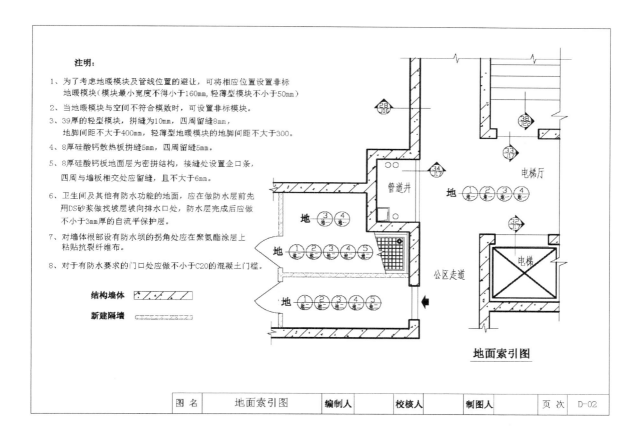

注明:

1、为了考虑地暖模块及管线位置的避让,可将相应位置设置非标
地暖模块(模块最小宽度不得小于160mm,轻薄型模块不小于50mm)

2、当地暖模块与空间不符合模数时,可设置非标模块。

3、39厚的轻型模块,拼缝为10mm,四周留缝8mm,
地脚间距不大于400mm,轻薄型地暖模块的地脚间距不大于300。

4、8厚硅酸钙散热板拼缝5mm,四周留缝5mm。

5、8厚硅酸钙板地面层为密拼结构,接缝处设置企口条,
四周与墙板相交处应留缝,且不大于6mm。

6、卫生间及其他有防水功能的地面,应在做防水层前先
用DS砂浆做找坡层坡向排水口处,防水层完成后应做
不小于3mm厚的自流平保护层。

7、对墙体根部设有防水坝的拐角处应在聚氨酯涂层上
粘贴抗裂纤维布。

8、对于有防水要求的门口处应做不小于C20的混凝土门槛。

结构墙体

新建隔墙

地面索引图

图　名	地面索引图	编制人		校核人		制图人		页　次	D-02

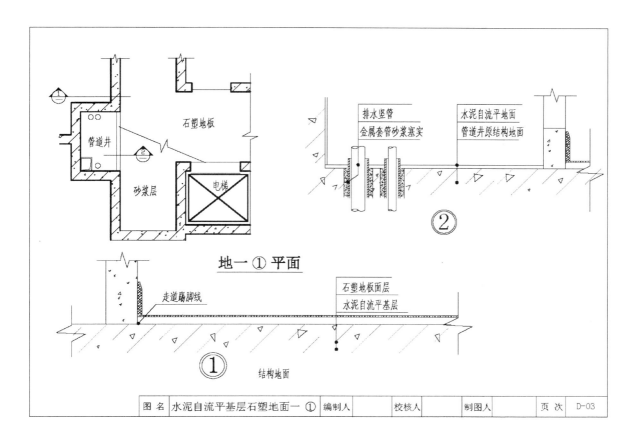

地一① 平面

图　名	水泥自流平基层石塑地面一①	编制人		校核人		制图人		页　次	D-03

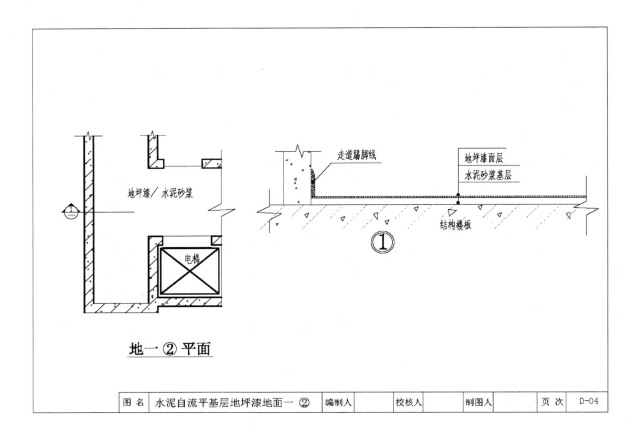

| 图 名 | 水泥自流平基层地坪漆地面一 ② | 编制人 | | 校核人 | | 制图人 | | 页 次 | D-04 |

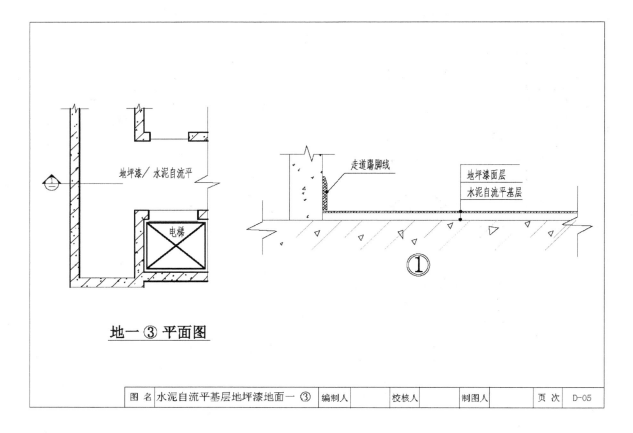

| 图 名 | 水泥自流平基层地坪漆地面一 ③ | 编制人 | | 校核人 | | 制图人 | | 页 次 | D-05 |

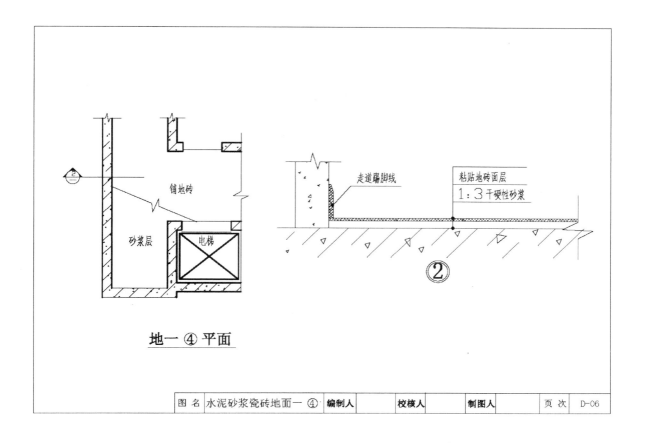

图 名	水泥砂浆瓷砖地面一④	编制人		校核人		制图人		页 次	D-06

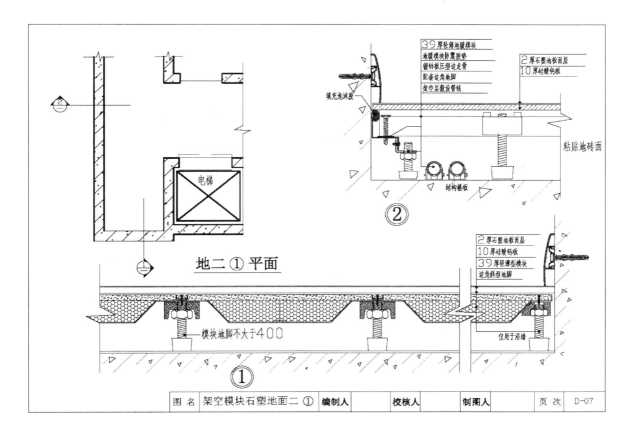

图 名	架空模块石塑地面二①	编制人		校核人		制图人		页 次	D-07

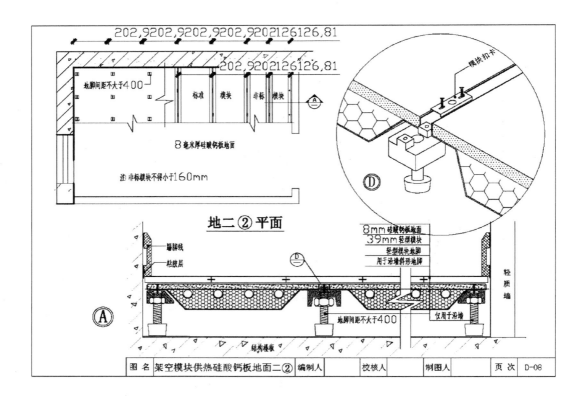

地二②平面

| 图　名 | 架空模块供热硅酸钙板地面二② | 编制人 | | 校核人 | | 制图人 | | 页　次 | D-08 |

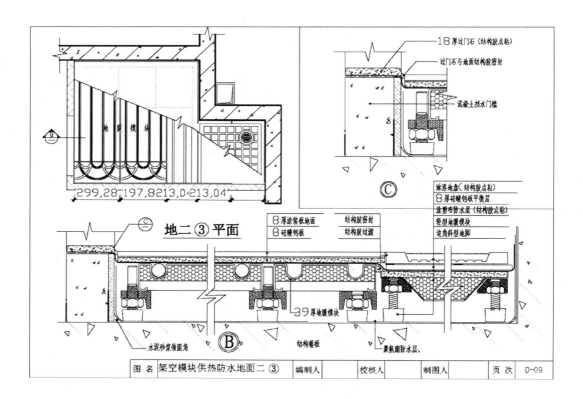

地二③平面

| 图　名 | 架空模块供热防水地面二③ | 编制人 | | 校核人 | | 制图人 | | 页　次 | D-09 |

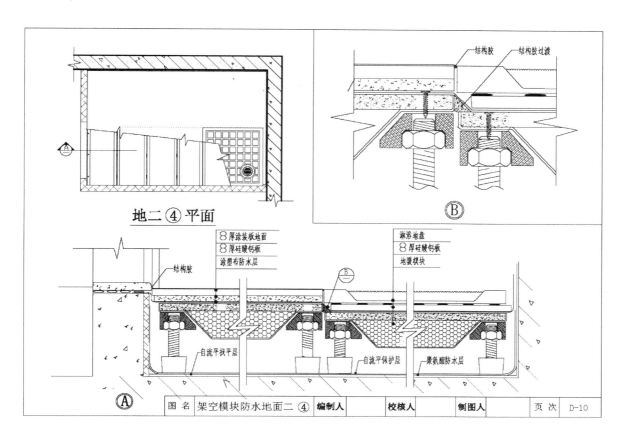

| 图　名 | 架空模块防水地面二 ④ | 编制人 | | 校核人 | | 制图人 | | 页次 | D-10 |

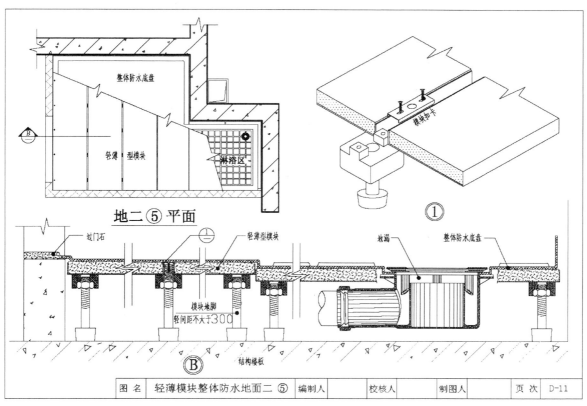

| 图　名 | 轻薄模块整体防水地面二 ⑤ | 编制人 | | 校核人 | | 制图人 | | 页次 | D-11 |

G　顶板构造与做法

目　录

图　名	顶板构造目录	编制人		校核人		制图人		页　次	T-01

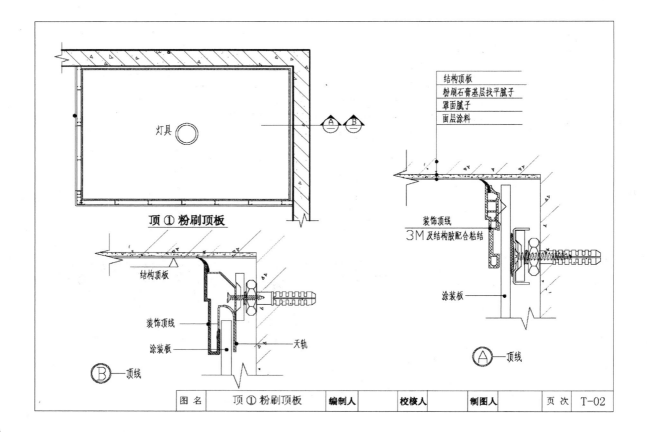

顶① 粉刷顶板

结构顶板
粉刷石膏基层找平腻子
罩面腻子
面层涂料

装饰顶线
3M及结构胶配合粘结

涂装板

Ⓐ 顶线

结构顶板

装饰顶线

涂装板

天轨

Ⓑ 顶线

图　名	顶① 粉刷顶板	编制人		校核人		制图人		页　次	T-02

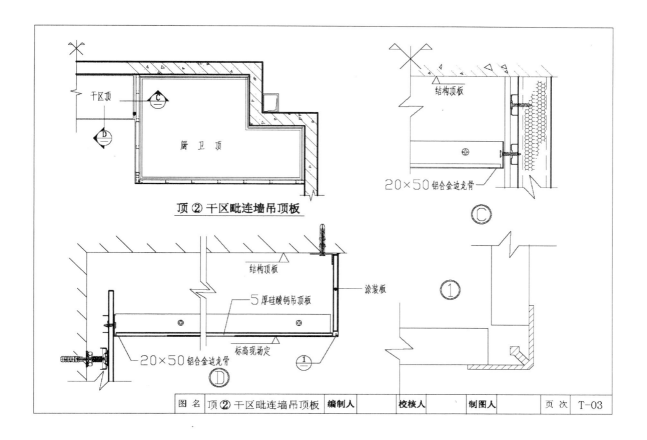

顶② 干区毗连墙吊顶板

结构顶板

20×50铝合金边龙骨

C

结构顶板

涂装板

5厚硅酸钙吊顶板

20×50铝合金边龙骨

标高现场定

D

①

| 图　名 | 顶②干区毗连墙吊顶板 | 编制人 | | 校核人 | | 制图人 | | 页次 | T-03 |

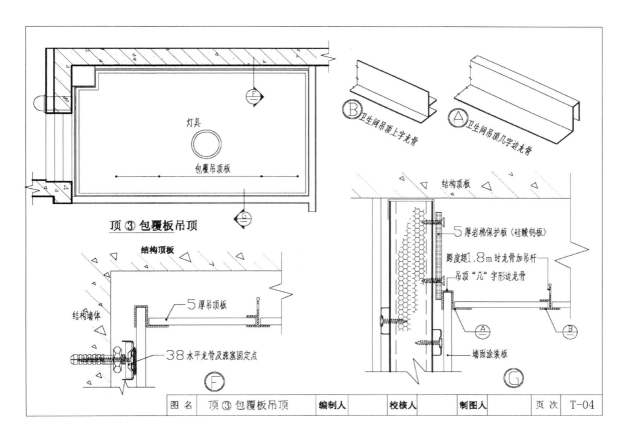

顶③ 包覆板吊顶

灯具

包覆吊顶板

E

G

卫生间吊顶上字形龙骨

卫生间吊顶几字形边龙骨

B

A

结构顶板

5厚岩棉保护板(硅酸钙板)

跨度超1.8m时龙骨加吊杆

吊顶"几"字形边龙骨

墙面涂装板

A

B

G

结构顶板

5厚吊顶板

结构墙体

38水平龙骨及澎塞固定点

F

| 图　名 | 顶③包覆板吊顶 | 编制人 | | 校核人 | | 制图人 | | 页次 | T-04 |

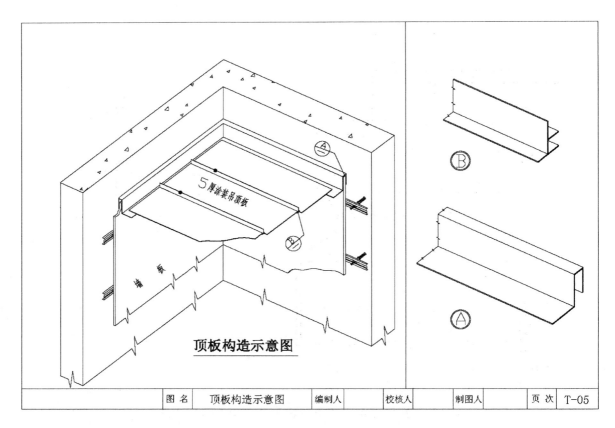

顶板构造示意图

5厚涂装吊顶板

墙板

Ⓑ Ⓐ

| 图 名 | 顶板构造示意图 | 编制人 | | 校核人 | | 制图人 | | 页 次 | T-05 |

H 节点与详图

目 录

| 图 名 | 节点与详图目录 | 编制人 | | 校核人 | | 制图人 | | 页 次 | J-01 |

目　录

| 图 名 | 节点与详图目录 | 编制人 | | 校核人 | | 制图人 | | 页 次 | J-02 |

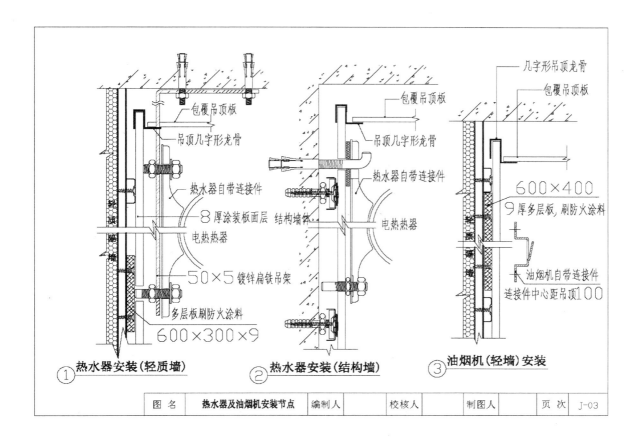

① 热水器安装(轻质墙)　　② 热水器安装(结构墙)　　③ 油烟机(轻墙)安装

| 图 名 | 热水器及油烟机安装节点 | 编制人 | | 校核人 | | 制图人 | | 页 次 | J-03 |

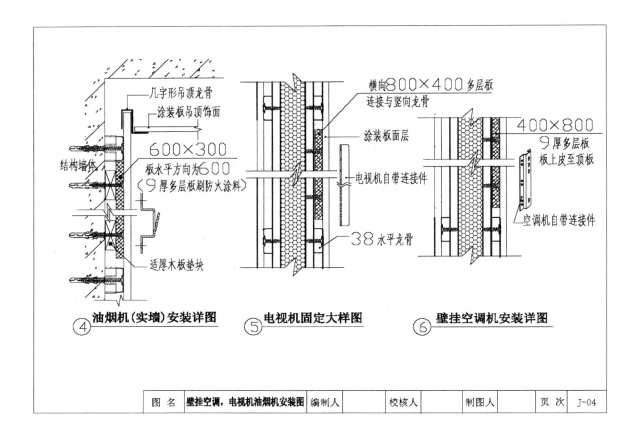

| 图 名 | 壁挂空调，电视机油烟机安装图 | 编制人 | | 校核人 | | 制图人 | | 页 次 | J-04 |

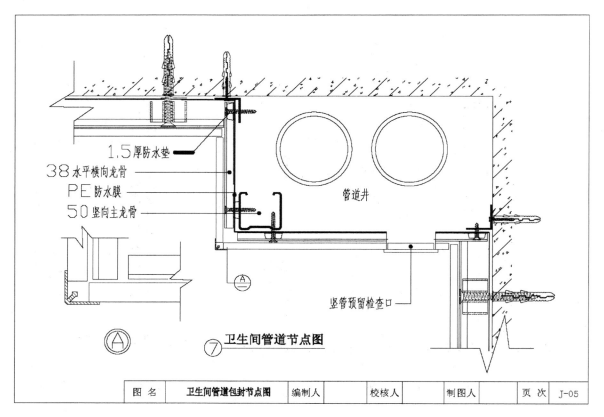

| 图 名 | 卫生间管道包封节点图 | 编制人 | | 校核人 | | 制图人 | | 页 次 | J-05 |

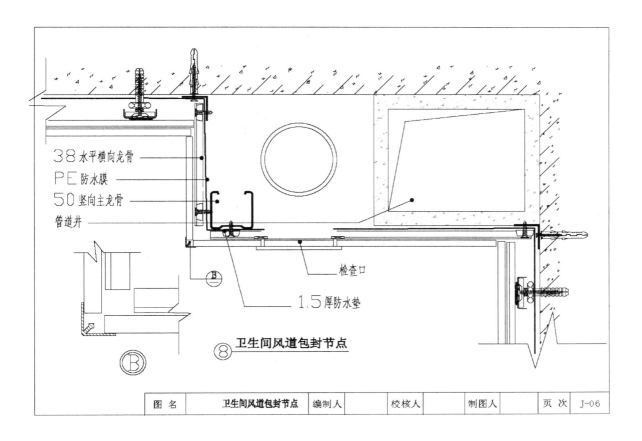

38水平横向龙骨
PE防水膜
50竖向主龙骨
管道井

检查口

1.5厚防水垫

⑧ 卫生间风道包封节点

| 图　名 | 卫生间风道包封节点 | 编制人 | | 校核人 | | 制图人 | | 页　次 | J-06 |

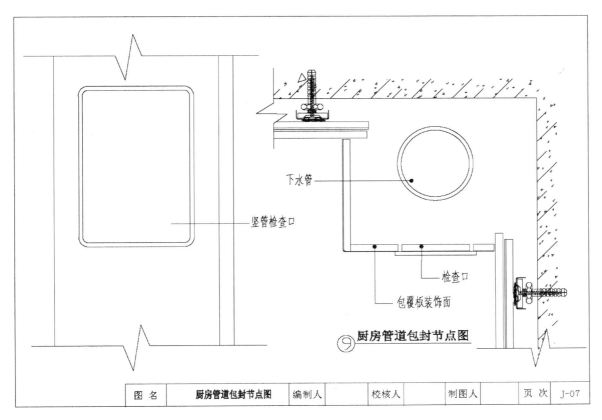

下水管

竖管检查口

检查口

包覆板装饰面

⑨ 厨房管道包封节点图

| 图　名 | 厨房管道包封节点图 | 编制人 | | 校核人 | | 制图人 | | 页　次 | J-07 |

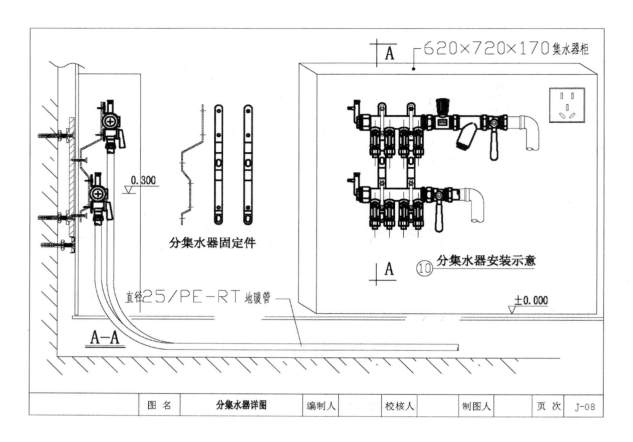

分集水器固定件

－620×720×170集水器柜

⑩ 分集水器安装示意

直径25/PE-RT地暖管

A-A

±0.000

0.300

| 图 名 | 分集水器详图 | 编制人 | | 校核人 | | 制图人 | | 页 次 | J-08 |

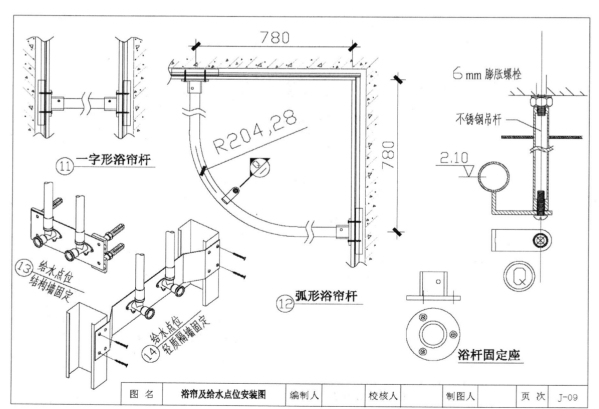

⑪ 一字形浴帘杆

780

780

R204.28

⑫ 弧形浴帘杆

6mm膨胀螺栓

不锈钢吊杆

2.10

浴杆固定座

⑬ 给水点位 结构墙固定

⑭ 给水点位 轻质隔墙固定

| 图 名 | 浴帘及给水点位安装图 | 编制人 | | 校核人 | | 制图人 | | 页 次 | J-09 |

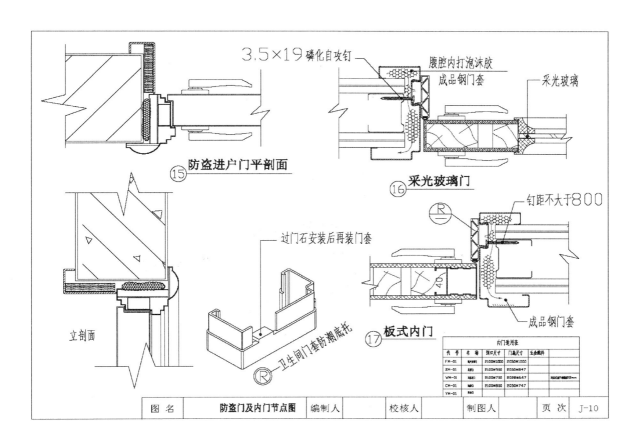

3.5×19磷化自攻钉　　腹腔内打泡沫胶　　成品钢门套　　采光玻璃

⑮ **防盗进户门平剖面**　　⑯ **采光玻璃门**

钉距不大于800

过门石安装后再装门套　　成品钢门套

立剖面　　Ⓡ 卫生间门套防潮底托　　⑰ **板式内门**

代号	名称	洞口尺寸	门扇尺寸	五金配件
FM-01	防盗门	2100×1000	2050×1000	
SM-01	双扇门		2050×847	
WM-01	卫生门	2100×700	2020×647	
CM-01	厨门	2100×800	2050×747	
YM-01	阳门			

| 图名 | **防盗门及内门节点图** | 编制人 | | 校核人 | | 制图人 | | 页次 | J-10 |

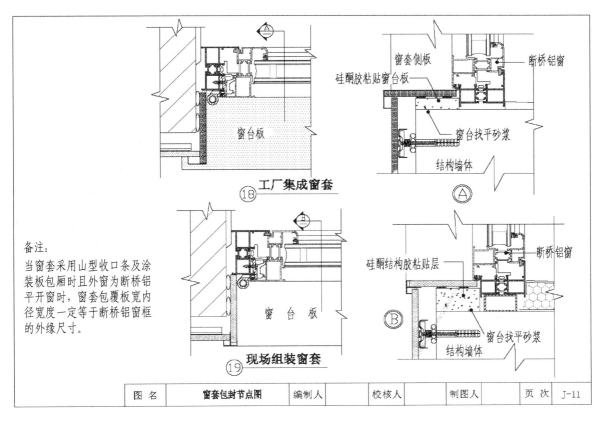

窗台板　　⑱ **工厂集成窗套**

窗套侧板　　断桥铝窗　　硅酮胶粘贴窗台板　　窗台找平砂浆　　结构墙体　　Ⓐ

备注：
当窗套采用山型收口条及涂装板包厢时且外窗为断桥铝平开窗时，窗套包覆板宽内径宽度一定等于断桥铝窗框的外缘尺寸。

窗台板　　⑲ **现场组装窗套**

硅酮结构胶粘贴层　　断桥铝窗　　窗台找平砂浆　　结构墙体　　Ⓑ

| 图名 | **窗套包封节点图** | 编制人 | | 校核人 | | 制图人 | | 页次 | J-11 |

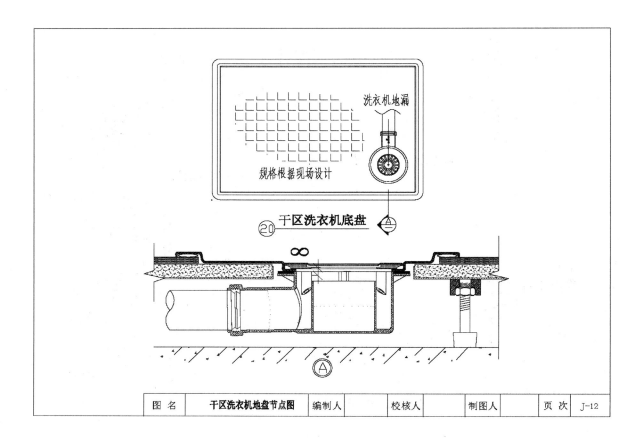

| 图　名 | **干区洗衣机地盘节点图** | 编制人 | | 校核人 | | 制图人 | | 页　次 | J-12 |

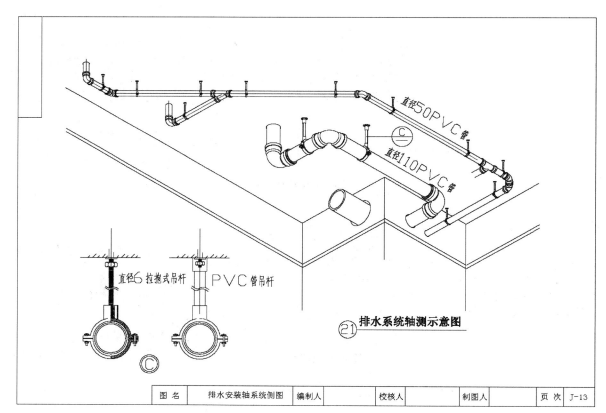

| 图　名 | 排水安装轴系统侧图 | 编制人 | | 校核人 | | 制图人 | | 页　次 | J-13 |

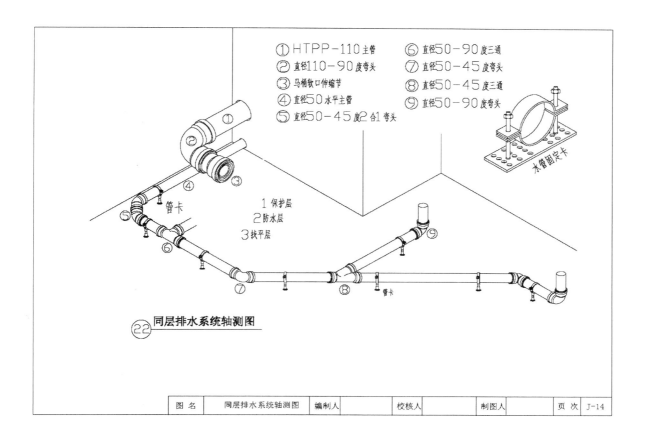

① HTPP-110主管　⑥ 直径50-90度三通
② 直径110-90度弯头　⑦ 直径50-45度弯头
③ 马桶软口伸缩节　⑧ 直径50-45度三通
④ 直径50水平主管　⑨ 直径50-90度弯头
⑤ 直径50-45度2合1弯头

1 保护层
2 防水层
3 找平层

水管固定卡

管卡

管卡

㉒ 同层排水系统轴测图

| 图　名 | 同层排水系统轴测图 | 编制人 | | 校核人 | | 制图人 | | 页次 | J-14 |

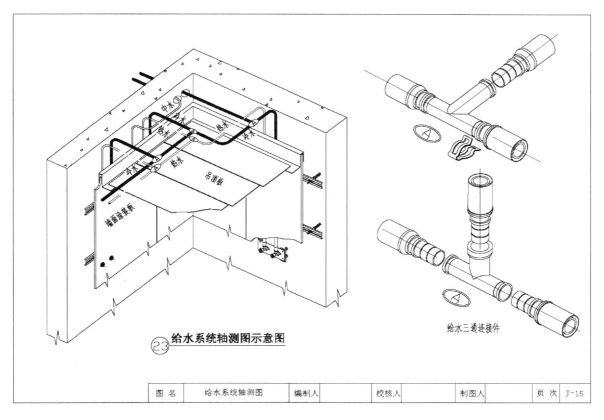

㉓ 给水系统轴测图示意图

吊顶板

墙面装装板

给水三通连接件

| 图　名 | 给水系统轴测图 | 编制人 | | 校核人 | | 制图人 | | 页次 | J-15 |

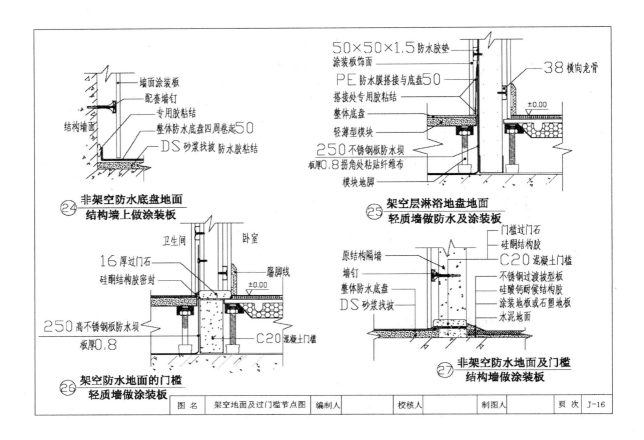

| 图名 | 架空地面及过门槛节点图 | 编制人 | | 校核人 | | 制图人 | | 页次 | J-16 |

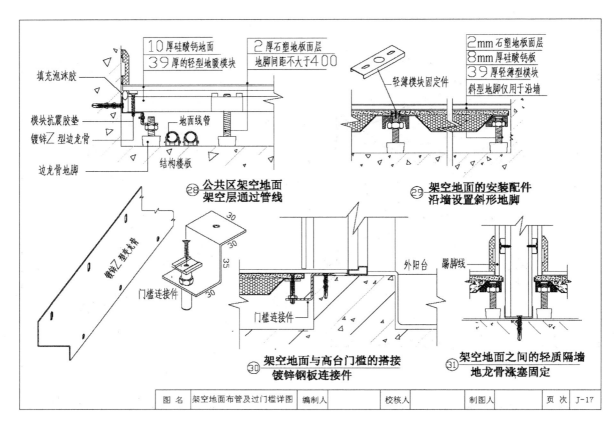

| 图名 | 架空地面布管及过门槛详图 | 编制人 | | 校核人 | | 制图人 | | 页次 | J-17 |

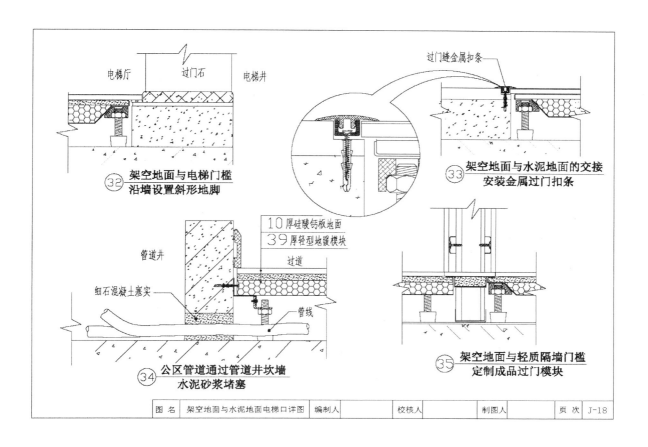

| 图 名 | 架空地面与水泥地面电梯口详图 | 编制人 | | 校核人 | | 制图人 | | 页 次 | J-18 |

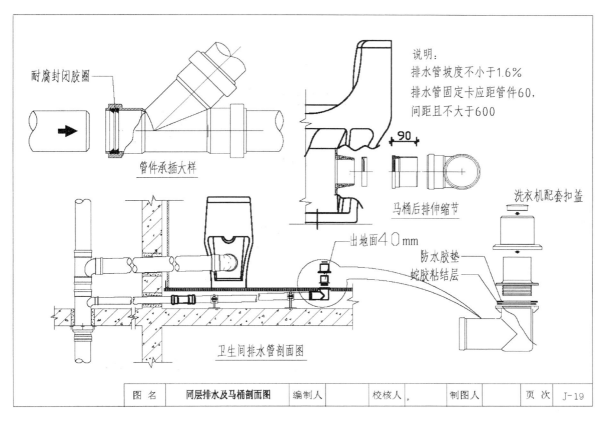

说明:
排水管坡度不小于1.6%
排水管固定卡应距管件60,
间距且不大于600

管件承插大样

马桶后排伸缩节

出地面40mm

洗衣机配套扣盖

防水胶垫

蛇胶粘结层

卫生间排水管剖面图

耐腐封闭胶圈

| 图 名 | 同层排水及马桶剖面图 | 编制人 | | 校核人 | , | 制图人 | | 页 次 | J-19 |

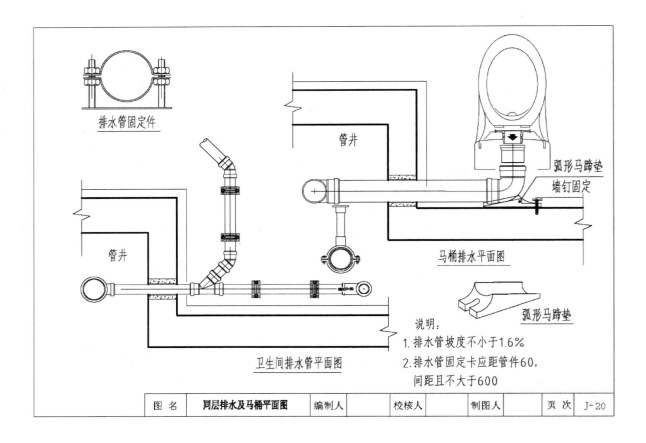

说明：
1. 排水管坡度不小于1.6%
2. 排水管固定卡应距管件60，间距且不大于600

排水管固定件

管井

马桶排水平面图

弧形马蹄垫
墙钉固定

弧形马蹄垫

卫生间排水管平面图

| 图　名 | 同层排水及马桶平面图 | 编制人 | | 校核人 | | 制图人 | | 页　次 | J-20 |

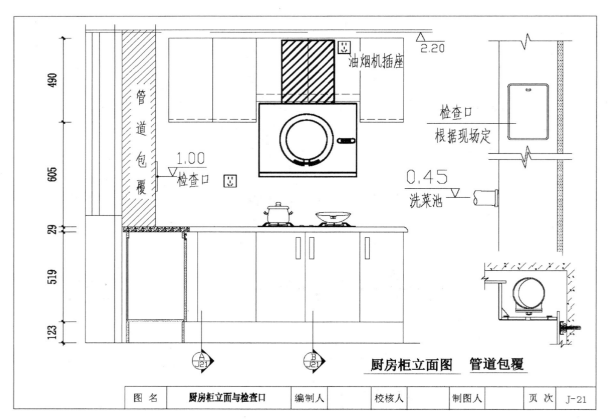

管道包覆

油烟机插座

检查口
根据现场定

洗菜池

检查口

厨房柜立面图　　管道包覆

| 图　名 | 厨房柜立面与检查口 | 编制人 | | 校核人 | | 制图人 | | 页　次 | J-21 |

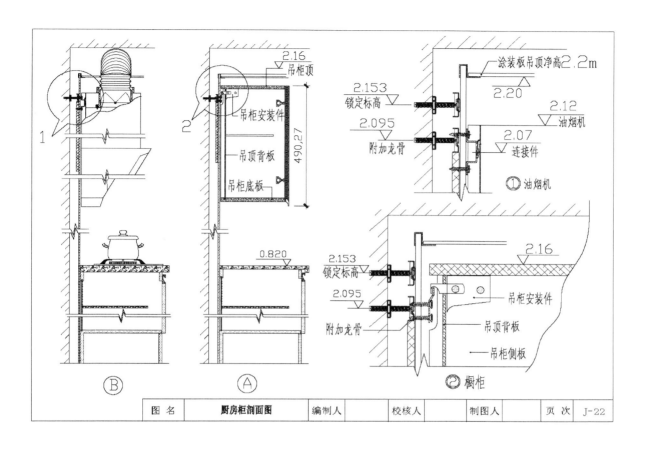

| 图 名 | 厨房柜剖面图 | 编制人 | | 校核人 | | 制图人 | | 页次 | J-22 |

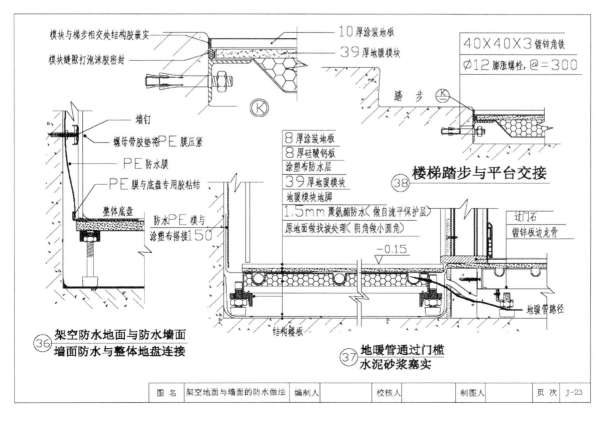

| 图 名 | 架空地面与墙面的防水做法 | 编制人 | | 校核人 | | 制图人 | | 页次 | J-23 |

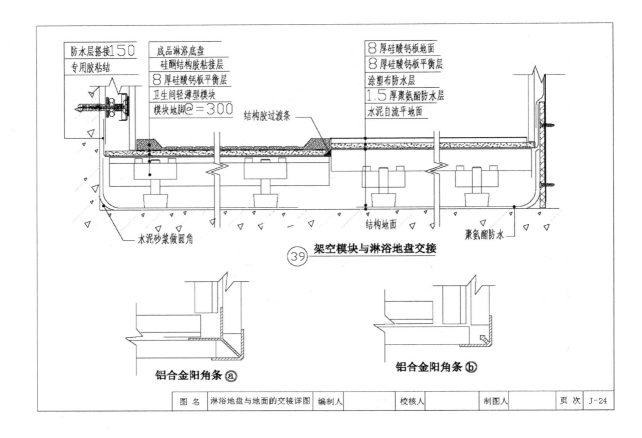

| 图 名 | 淋浴地盘与地面的交接详图 | 编制人 | | 校核人 | | 制图人 | | 页 次 | J-24 |

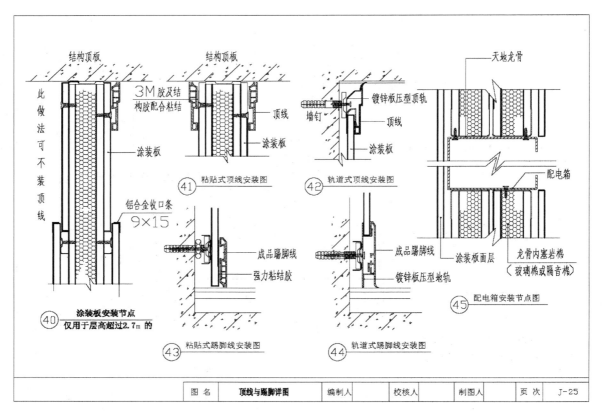

| 图 名 | 顶线与踢脚详图 | 编制人 | | 校核人 | | 制图人 | | 页 次 | J-25 |

I　各专业点位安装标准

点位安装标准　　附表-1

图例	项目名称	材质	规格
▬	户配电箱	成品电器	暗装，底距地1.8m
▼	单相二，三孔插座安全型	250V,10A	暗装，底距地0.3m
▼	单相三孔油烟机插座安全型	250V,10A	暗装，底距地1.9m
▼	单相三孔洗衣机插座安全型带开关防溅面盖	250V,10A	暗装，底距地1.5m
▼	单相二，三孔厨房插座安全型防溅面盖	250V,10A	暗装，底距地1.1m
▼	单相二，三孔冰箱插座安全型带开关防溅面盖	250V,10A	暗装，底距地1.5m
▼	单相二，三孔卫生间插座安全型 防溅面盖	250V,10A	暗装，底距地1.5m
▼	单相三孔空调壁挂机插座安全型带开关	250V 16A	暗装，底距地2.2m
▼	单相三孔电热水器插座安全型带开关防溅面盖	250V 16A	暗装，底距地2.0m
▼	分集水器电源		暗装，底距地0.58m
▼	单相二，三孔燃气报警插座(安全型单独回路)	250V,10A	暗装，底距地2.0m
⊗	LED 吸顶灯	220V 18W	起居室照明，吸顶安装
⊗	LED 吸顶灯	220V 16W	起居室、卧室照明，吸顶安装
⊛	LED 吸顶灯	220V 6W	厨卫、门厅、阳台照明，吸顶安装
▦	卫生间换气扇		吊顶内安装
⟋⟍	单联，双联，三联单控开关面板	250V,10A	暗装带指示，底距地1.3m
⊤	LED 镜前灯	5W	底距地2.0m
▽	分集水器开关		距地1.3m 暗装
TO	电话、网络双孔信息插座		距地0.3m暗装
TV	电视插座		暗装 距地0.3m
CH	对讲门口机接线盒	带紧急求助按钮	明装 距地1.3m
◁	红外幕帘探测器		吸顶安装

图例	项目名称	材质	规格
LED	局部等电位联结端子箱		暗装，底距地0.3m
FJSQ	分集水器		安装高度随暖通
HDD	户内弱电综合箱	成品电器	距地0.3m 暗装
▬ Z ▬	中水	铝塑复合管	De20
▬ J ▬	给水	铝塑复合管	De20
▬ RJ ▬	热水	铝塑复合管	De20
▬ ▬ ▬	排水	PP管(卫生间)、PVC管(厨房)	De110/50、DN50

暖通专业图例

▬▬▬	采暖供水管	PE-RT	De25
▬ ▬ ▬	采暖回水管	PE-RT	De25
FJSQ	分集水器		路/5 路/64路

末端设备安装高度

马桶角阀	距地面0.20m
淋浴器阀门	距地面1.15m
洗手盆龙头	距地面0.95m
洗菜盆龙头角阀	距地面0.45m
洗衣机龙头	距地面1.10m
热水器角阀	距地面1.45m

图名	各专业点位安装标准	编制人		校核人		制图人		页次	附表-01

参考文献及资料

[1] 中华人民共和国住房和城乡建设部. 建筑工业化发展纲要，1995

[2] 李忠富. 住宅产业化及其发展的必要性研究 [J]. 哈尔滨建筑大学学报，1999. 8

[3] 李忠富. 再论住宅产业化与建筑工业化 [J]. 建筑经济，2018. 1

[4] 中华人民共和国住房和城乡建设部. 装配式建筑评价标准（GB/T 51129—2017），2017. 12

[5] 中华人民共和国住房和城乡建设部. 装配式混凝土建筑技术标准（GB/T 51231—2016），2017. 1

[6] 李桦. 宋兵. 公共租赁住房居室工业化建造体系理论与实践 [M]. 北京：中国建筑工业出版社，2014. 3

[7] 北京市住房和城乡建设委员会，北京市质量技术监督局. 居住建筑室内装配式装修工程技术规程（DB 11/
     1553—2018），2018. 6

[8] 刘东卫. 装配式建筑标准规范的"四五六"特色——《装配式混凝土建筑技术标准》《装配式钢结构建筑技术
     标准》解读. 建筑设计管理，2017.

[9] 王广明，武振. 装配式混凝土建筑增量成本分析及对策研究 [J]. 建筑经济，2017. 1

[10] 宗德林，楚先锋，谷明旺. 美国装配式建筑发展研究 [J]. 住宅产业，2016

[11] 肖明. 日本装配式建筑发展研究 [J]. 住宅产业，2017

[12] 中华人民共和国 2017 年国民经济和社会发展统计公报. 2018. 2

[13] 蒋勤俭. 国内外装配式混凝土建筑发展综述究 [J]. 建筑工人，2010.

[14] 裴予. 中小型装配式建筑体系比较研究 [D]. 吉林大学工学硕士学位论文，2017. 6

[15] 修龙. 装配式建筑的再认识 [J]. 城市住宅，2016.

[16] 马涛.《装配式建筑评价标准》解读及几点体会. 2017. 12

[17] 马涛.《装配式建筑评价标准》宣贯——标准条文解读. 2018. 4

[18] 北京市规划和国土资源管理委员会. 北京市装配式建筑项目设计管理办法. 2018. 3

[19] 王唯博. 保障性住房新型工业化住宅体系理论与构建研究 [D]. 中国建筑设计研究院硕士论文，2016

[20] 樊则森，李新伟. 装配式建筑设计的 BIM 方法. 建筑技艺，2014

[21] 北京市建筑设计研究院有限公司. 北京市产业化公租房装配式剪力墙体系及部品研究导则. 2016

[22] 北京市保障性住房建设投资中心企业标准. 公共租赁住房产品标准与要求. 2018. 2